普通高等教育“十三五”规划教材

畜牧概论

郝瑞荣　主编

中国林业出版社

内 容 简 介

本教材共分10章，分别是绪论、动物营养原理、饲料及其加工调制、畜禽育种、畜禽繁殖、畜牧场规划设计与环境控制、猪生产技术、家禽生产技术、牛生产技术、羊生产技术。本教材为非动物科学专业的学生全面、系统了解畜牧业知识、理论、关键技术及主要生产环节而编著，可以作为动物医学、动物检疫、农林经济管理、水产养殖等专业所开设的《畜牧学概论》或《动物生产学》的课程教材，也可作为畜牧兽医科技人员的参考用书。

图书在版编目(CIP)数据

畜牧概论/郝瑞荣主编．—北京：中国林业出版社，2017.1(2023.10 重印)
普通高等教育"十三五"规划教材
ISBN 978-7-5038-8786-4

Ⅰ.①畜…　Ⅱ.①赫…　Ⅲ.①畜牧学－高等学校－教材　Ⅳ.①S81

中国版本图书馆 CIP 数据核字(2016)第 289056 号

中国林业出版社·教育分社
策划、责任编辑：高红岩
电话：(010)83143554　　　**传真：**(010)83143516

出版发行　中国林业出版社(100009　北京市西城区德内大街刘海胡同7号)
E-mail：jiaocaipublic@163.com　电话：(010)83143500
http：//lycb.forestry.gov.cn
经　销　新华书店
印　刷　三河市祥达印刷包装有限公司
版　次　2017年1月第1版
印　次　2023年10月第5次印刷
开　本　850mm×1168mm　1/16
印　张　20.75
字　数　540千字
定　价　40.00元

《畜牧概论》编写人员

主　编　郝瑞荣

副主编　冷　静　张俊珍

编　者　(按姓氏笔画为序)

成文敏(云南农业大学)
李丽娟(山西农业大学信息学院)
冷　静(云南农业大学)
肖定福(湖南农业大学)
杨雨鑫(西北农林科技大学)
张俊珍(山西农业大学)
张春勇(云南农业大学)
郝瑞荣(山西农业大学)
顾招兵(云南农业大学)
徐　明(内蒙古农业大学)
董新星(云南农业大学)

主　审　张拴林

前　言

畜牧学是动物医学、动物检疫、农林经济管理等非动物科学专业所开设的传统核心课程，围绕畜牧业生产的各个环节使学生理解畜禽营养需要、饲料加工、良种繁育等基础理论，系统掌握畜禽饲养管理及环境控制技术。近年来，随着我国高等教育体系改革不断深入，对教材提出了新的要求，教材编写不仅要反映学科的研究进展和学科建设的新成果，而且还要更好地适应素质教育和创新能力培养的要求，更要体现畜牧业生产的新模式、新技术，以适应非动物科学专业教学及生产实践的需要。

基于以上背景，中国林业出版社组织编写了《畜牧概论》。本着“重视理论基础，立足生产实践”原则，坚持系统性、先进性和实用性编写宗旨，《畜牧概论》的内容包括基础理论和各论两大部分，基础理论主要讲述家畜营养需要、饲料加工、家畜育种、繁殖和环境卫生等基本原理；各论部分则在上述基本原理的基础上，分别研究猪、禽、牛、羊等畜禽的具体饲养管理技术。本教材力求理论联系实际，以突出系统性、注重先进性、加强实用性为宗旨，内容广泛但又精练，技术新且实用。在编写过程中，广泛搜集资料，并借鉴国内外同类教材的优点，力求体现教学改革精神，反映学科前沿。为了培养学生独立分析思考问题的能力，同时也为了增强本教材的实用性，于每章后面设计了网上学习资源、思考题、主要参考文献以供学生课下自学。

尽管本教程是作为高等学校教材而编写的，但在内容上也兼顾了生产管理和技术人员在科学性、实用性、新颖性和完整性方面的要求。本教材既适用于高等农业院校动物医学、动物检疫、农林经济管理、水产养殖等专业所开设的《畜牧学概论》或《动物生产学》的课程教材，也可作为自学考试兽医专业本科生学习、辅导用书，同时，还可作为农村基层干部、畜牧兽医科技人员学习、培训的参考书。

本教材由来自全国5所高等农业院校的11位长期从事畜牧概论课程教学工作的老师共同编写完成。编者在不断总结各自教学实践、积累教学经验的基础上完成了本教材的编写工作。具体分工是：郝瑞荣（绪论），冷静、张春勇（第2章），李丽娟（第3章，不包括饲料卫生与安全部分），董新星（第4章），成文敏（第5章），顾招兵（第6章），肖定福（第7章），张俊珍（第8章），徐明（第9章），杨雨鑫（第3章的饲料卫生与安全部分及第10章）。书稿完成后首先由作者之间两两互校，最后由主编统一修改、补充和定稿。

在教材编写过程中，山西农业大学张拴林教授对书稿进行了仔细的审阅，提出了许多宝贵的修改意见；中国林业出版社、山西农业大学教务处、山西农业大学动物科技学院、云南农业大学教务处以及云南农业大学动科院有关领导对本教材的编写工作给予了极大的支持和帮助，谨此表示衷心的感谢！此外，本教材还参阅了国内外众多学者的著作和论著，部分已在参考文献中列出，限于篇幅仍有部分未加标注或列出，在此，谨向原作者表示诚挚的感谢和歉意。

由于编者水平所限，书中错漏和不妥之处在所难免，敬请广大读者和同行谅解并不吝指正。

编者

2016 年 5 月

目 录

第1章
绪论

畜牧业是从事畜禽养殖、繁殖，将牧草和饲料等植物能转变为动物能，为人类提供生活资料和生产资料的产业，是人类与自然界进行物质交换的重要环节，是农业的重要组成部分，与种植业、林业、渔业并称为农业生产的四大部门。随着社会经济的发展，人们生活水平的提高，消费结构的调整，人们对肉、蛋、奶、皮、毛等畜产品的需求快速增长，由此拉动了畜牧业的快速发展，畜牧业在农业中的地位也逐步提高。与此同时，畜牧业的快速发展也带来了环境污染、生态破坏、饲料资源短缺等一系列问题。畜牧养殖的规模化与环境污染之间形成了比较明显的倒“U”型农业环境库兹涅茨曲线。我国饲料资源不足，尤其是饲料粮、蛋白饲料不足，是畜牧业发展的瓶颈之一。

1.1 畜牧业在国民经济中的地位和作用

畜牧业是处于工业与农业之间的中间产业，具有承工启农的中轴作用，畜牧业的发展不仅可以带动饲料加工业、畜牧机械、兽药及食品、毛纺、制革等畜产品加工业的发展，还是促进农村生产力发展的支柱产业，是农村增产、农民增收的重要来源。畜牧业在农业中的比重逐步上升，畜牧业已不仅仅是提供初级动物产品的简单饲养部门，而是逐步发展成为集种养加、产供销、贸工牧一体化的综合性生产经营系统，已成为其他部门不可替代的重要产业部门，是国民经济的重要基础之一。

(1)提供高品质食物，改善人们食物结构

食物结构状况，基本上可以反映一个国家或地区农业生产的结构与水平。食物结构的改善，取决于农业生产结构的不断调整，尤其依赖于畜牧业结构的调整。发展畜牧业是改善食物结构的关键所在，通过发展畜牧业，为社会提供肉、蛋、奶等畜产品，改善人们食物结构。据测定，动物食品的蛋白质含量比谷物食品高70%，且营养全面，它含有人体所必需的各种氨基酸，是植物食品所不能替代的。2013年，我国猪肉、牛肉、羊肉、禽蛋和牛奶的产量分别达到了5 493.0、673.2、408.1、2 876.1和3 531.4万吨，人均占有量分别达到了40.4、4.9、3.0、21.1和26.1 kg。与世界平均水平相比，我国猪肉人均占有量已达到世界平均水平，而蛋类则已达到发达国家平均水平。但是我国现在的膳食结构，仍然存在着“质量不高，营养不平衡，结构不合理”等问题，主要表现在谷物类食品偏多，动物性食品偏少，尤其是牛羊肉和牛奶的人均占有量偏低。随着人们对生活方式和生活质量要求的提高，营养结构和膳食结构会发生很大变化，对牛、羊肉和奶类的需求会越来越大。畜牧业的发展，已成为丰富人民群众“菜篮子”工程的关键所在，是改善人民生活状况的现实需求，是提高人民生活水平的重要渠道。

(2)提供就业机会，吸纳农村劳动力

与种植业相比，畜牧业对大自然和土地资源的直接依赖相对较小，更大程度上利用了人力资源，能较多地吸纳农村剩余劳动力。在我国，畜牧业还属于劳动密集型产业，畜牧业发展不仅直接吸纳了大批的剩余劳动力，同时，承农启工，产业链长、关联度高，还带动相关产业的发展。一方面，畜牧业通过对饲草饲料的旺盛需求，拉动了粮、棉、油、菜等主要农产品生产；另一方面，带动了饲料、兽药、皮革、轻纺、食品等相关轻工业和服务业的发展，延长了产业链条，为农村富余劳动力的转移提供了更大空间，推动了农村劳动力的有序转移。因此，当前，我国畜牧业已经成为农业和农村经济的支柱产业，在带动相关产业发展，吸纳农村剩余劳动力，提供就业，增加农民收入等方面作出了巨大贡献。

(3)提供生产资料，促进畜产品加工业发展

畜牧业不仅为人们提供肉、蛋、奶等动物性食品，同时还能提供皮、毛、羽、动物内脏、骨等原料，促进食品、制革、毛纺、医药等工业的发展。肉、蛋、奶为食品工业的重要原料；动物皮和和毛皮可作为制革工业的重要原料；动物毛、绒、羽毛是毛纺织业及羽毛加工业的原料；动物血液、脏器、骨等是制药业及饲料工业的原料。畜产品加工是联系畜牧生产与人民生活需要的关键的、必不可少的中间环节，它肩负着促进畜牧业发展与保障人民生活的双重重任。中国畜产品加工业正逐步朝着规范化、规模化、集团化、一体化、低耗高效环保化方向发展，努力营造优质、多样、方便、多档次、低成本的畜产品生产与供应局面。

(4)畜牧业作为农业的中枢产业，促进农业持续协调发展

畜牧业、种植业、林业作为农业三大部门，相互依赖，相互促进。畜牧业的发展，促进农牧结合，推动种植业发展，将种植业由传统的“粮食作物—经济作物”二元结构变为“粮食作物—经济作物—饲料作物”的三元结构，同时充分利用农作物的副产品作为畜禽饲料。种养结合，种植业为畜禽生产提供饲料原料，同时畜牧生产又为种植业与林业提供有机肥料，达到三者互相利用、共同促进。其具体模式多种多样，例如，山区采用“山地山坡种树—林间种草—牧草养牛、羊—粪便沼气发酵—有机肥还田”，树、草、牧种养结合生态模式。又如，多层次立体农业结合模式，即根据能量多级利用和物质循环再生原理，组织多行业横向联合，做到立体开发、综合经营，“渔、农、林、牧、禽、果”结合，实现空中果、水面禽、水中鱼、堤边草、坡上牧的立体生产模式。不管哪一种模式，畜牧业不是作为独立的产业与其他生产过程割裂开来，而是作为农业循环经济中的枢纽性产业，形成多层次、多功能、结构有序、内外交流、协同发展的动态平衡生态系统。运用生态系统的生态位原理、食物链原理、物质循环再生原理和物质共生原理，采用系统工程方法，并吸收现代科学技术成就，以发展畜牧业为主，农、林、草、牧、副、渔因地制宜，合理搭配，促进农业持续协调发展。

1.2 我国畜牧业发展现状与已取得的成就

进入21世纪以来，我国畜牧业发展取得了举世瞩目的成就。畜牧业生产规模不断扩大，畜产品总量大幅增加，畜产品质量不断提高。特别是近些年来，随着强农惠农政策的实施，畜牧业生产方式发生了积极转变，规模化、标准化、产业化和区域化步伐加快，生产效率不

断提高。总之，我国畜牧业生产总体上呈现稳步、健康发展的态势，主要畜产品持续增长，生产结构不断优化，畜牧业逐步由数量型向质量型转变。

(1)畜牧业生产保持平稳发展态势

改革开放以来，我国畜牧业生产曾经经过一段快速发展时期，畜牧业综合生产能力不断增强，充分保障了城乡居民"菜篮子"产品供给。但生产快速膨胀的同时，又带来了许多突出的问题和矛盾，成为了影响我国畜牧业可持续发展的重要制约因素，主要表现在：畜牧资源不能得到科学开发和有效利用，畜产品质量安全问题突出，畜牧业带来的环境问题严峻。随着我国对经济可持续发展和资源、环境方面重视的程度不断增加，畜牧业生产方式发生积极转变，规模化、标准化、产业化和区域化步伐加快。从2010年至2014年，畜牧业产值分别占农林牧渔业总产值的30.04%、31.70%、30.40%、29.32%、28.33%，畜牧业生产总体保持平稳发展态势。近五年，主要家畜存栏数(表1-1)、畜产品产量(表1-2)及人均主要畜产品占有量(表1-3)基本呈现适度增长或平稳发展态势。生态畜牧产品消费理念已经形成，如何实现经济发展与生态保护双赢、人与自然和谐统一已引起社会的广泛关注。我国畜牧业已步入新常态，由数量型增长发展模式向着满足畜禽产品质量安全需求和环境可持续发展需求转变。

表1-1　近五年家畜年底存栏数

年份	牛(万头)	马(万匹)	猪(万头)	羊(万只)
2010	10 626.4	677.1	46 460.0	28 087.9
2011	10 360.5	670.9	46 862.7	28 235.8
2012	10 343.4	633.5	47 592.2	28 504.1
2013	10 385.1	602.7	47 411.3	29 036.3
2014	10 578.0	604.3	46 582.7	30 314.9

(引自《中国统计年鉴—2015》)

表1-2　畜产品产量　　万t

年份	猪牛羊肉	猪肉	牛肉	羊肉	禽蛋	牛奶
2010	6 123.1	5 071.2	653.1	398.9	2 762.7	3 575.6
2011	6 101.1	5 060.4	647.5	393.1	2 811.4	3 657.8
2012	6 405.9	5 342.7	662.3	401.0	2 861.2	3 743.6
2013	6 574.4	5 493.0	673.2	408.1	2 876.1	3 531.4
2014	6 788.8	5 671.4	689.2	428.2	2 893.9	3 724.6

(引自《中国统计年鉴—2015》)

表1-3　人均主要畜产品占有量　　kg

年份	猪牛羊肉	猪肉	牛肉	羊肉	禽蛋	牛奶
2010	45.8	37.8	4.9	3.0	20.6	26.7
2011	45.4	37.6	4.8	2.9	20.9	27.2
2012	47.4	39.4	4.9	3.0	21.1	27.7
2013	48.6	40.4	4.9	3.0	21.1	26.1
2014	49.8	41.5	5.0	3.1	21.2	27.3

(引自《中国统计年鉴—2015》)

(2)规模化、标准化水平逐步提高

小户散养方式所固有的生产粗放、信息不灵、防疫条件差、标准化程度低、良种化程度不高等问题，严重制约了产业的持续健康发展。2010 年以来，发展畜禽规模化、标准化养殖已经成为农业部促进产业转型升级的有力抓手，各省市都掀起了规模化、标准化示范创建活动，有力地推动着我国畜牧业规模化、标准化发展。全国畜牧业发展“十二五”规划将“加快推进畜禽标准化生产体系建设”作为战略重点之一，将标准化规模养殖作为现代畜牧业的发展方向。“十二五”规划指出，要按照“畜禽良种化、养殖设施化、生产规范化、防疫制度化、粪污处理无害化”的要求，加大政策支持引导力度，加强关键技术培训与指导，深入开展畜禽养殖标准化示范创建工作。进一步完善标准化规模养殖相关标准和规范，要特别重视畜禽养殖污染的无害化处理，因地制宜推广生态种养结合模式，实现粪污资源化利用，建立健全畜禽标准化生产体系，大力推进标准化规模养殖。“十二五”规划还将“畜禽标准化规模养殖工程”作为“十二五”时期畜牧业发展重大工程之一，继续实施了生猪、奶牛标准化规模养殖场(小区)建设项目，扩大了项目实施范围，对畜禽养殖优势区域和畜产品主产区的生猪、奶牛、肉牛、肉羊、蛋鸡和肉鸡规模养殖场(小区)基础设施进行了标准化建设。2015 年中央一号文件仍然提出，加大对生猪、奶牛、肉牛、肉羊标准化规模养殖场(小区)建设支持力度，实施畜禽良种工程，加快推进规模化、集约化、标准化畜禽养殖，增强畜牧业竞争力。在中央扶持政策和资金的引导下，我国畜禽养殖规模化、标准化水平逐步提高，畜禽生产水平以及畜产品质量安全水平明显提升。

(3)区域化进程稳步推进

全国畜牧业发展“十二五”规划指出，根据我国不同区域的资源禀赋、产业基础、养殖传统、供求关系，按照“突出区域特色，发挥比较优势，促进产业集聚，提高竞争能力”的原则，确立主导品种区域重点，因地制宜发展畜禽养殖业。在这一规划中，做了如下区域化布局：生猪生产向粮食主产区集中，重点建设东北、中部、西南和沿海地区优势区，稳步提高西北发展区；肉牛生产以牧区与半农半牧区为主要繁殖区，粮食主产区集中育肥，加强东北、西北、西南和中原肉牛优势区建设，推动南方草山草坡肉牛业发展；肉羊生产坚持农区牧区并重发展，加强中原、中东部农牧交错带、西北和西南等肉羊优势区建设；肉禽，稳定传统肉禽主产区生产，加快推动有潜力的区域发展；蛋禽，巩固中原、东北等主产区生产，推进蛋鸡养殖区域南移；奶牛，奶牛养殖仍以北方为主，加快南方发展，建设东北内蒙古产区、华北产区、西部产区、南方产区和大城市周边产区这五大奶业产区；绒毛用羊以西北、东北主产区为重点，推进细毛羊、半细毛羊、绒山羊等绒毛用羊优势产业带建设。继续加强北方草原的保护建设，加大南方草山草坡开发利用，在有条件的地区积极发展草原畜牧业。饲料工业要进一步提高东部，稳定发展中部，加快发展西部。目前，这些区域化布局正在稳步推进中。

(4)生产效率不断提高

畜牧业增长源泉主要来自两个方面：一是生产要素投入量的增长，二是生产效率的提高。畜牧业的长期可持续性的增长不可能依赖要素投入的无限扩张，而主要依赖于生产效率的不断提高。如何提高畜牧业的生产效率，即如何最有效地利用现有的物质资源和劳动力资源，生产出最大化的产品，或实现既定收入下成本最小，以获得畜产品生产的价格比较优势，从而实现畜牧业的进一步增长和农村经济的可持续发展，已成为人们所关心的重要问题。

技术进步、技术效率和规模效率的提高共同促成了畜牧业生产效率的提高。提高畜牧业的经济效益，实现畜牧业持续稳定地发展，必须依靠科技进步。畜牧业传统技术，如品种改良技术、高产养殖技术、畜禽防疫技术、饲料科学配方技术和环境治理技术等，促进了畜牧业生产效率的大幅度提高。高新技术在畜牧业生产中的广泛应用推动着畜牧业经济跨越发展。例如，利用生物技术开发饲料资源，培育高产优质饲料作物和牧草；利用现代基因工程、发酵工程、酶工程等技术开发饲料酶制剂、益生素、促生长的免疫制剂，改善动物肠道健康；利用人工授精、胚胎移植技术提高繁殖率，实现品种改良。

技术效率用来衡量技术在稳定使用过程中，生产者获得最大产出的能力，表示生产者的生产活动接近其生产边界（最大产出）的程度，即反映了生产者利用现有技术的有效程度。近年来，通过示范园区的建设，增强了先进技术的推广，使养殖户能够直接接受技术培训，提高了技术应用的有效性，缩小了农户技术应用上的差距。另外，通过对农村基层技术服务人员和广大农民的教育培训，增加了农村畜牧兽医体系力量，增强了农户对技术应用的认识，提高了采用技术的能力。

适度规模养殖使生产要素合理地集中，优化资源配置，可以有效地提高经济效益，体现了规模效益。

1.3 我国畜牧业存在的问题

我国畜牧业的发展取得了令人鼓舞的成就，畜牧业的发展对于建设现代农业，促进农民增收和加快社会主义新农村建设，提高人民群众生活水平都具有十分重要的意义。但畜牧业发展中也逐渐暴露出一系列的问题。总的来看，中国的畜牧业仍存在环境污染严重，饲料资源短缺，投入品不规范，产品质量不高、结构不合理，畜牧业产业链衔接不紧密等问题。

1.3.1 土地资源紧张制约畜牧业发展

畜牧业逐渐取代种植业成为农业第一大产业，是发达国家的普遍发展规律，也是现代农业的重要标志。但是，土地资源紧张制约我国现代畜牧业发展。随着畜禽养殖规模化的迅速发展，用地问题更为突出。虽然《中华人民共和国畜牧法》明确提出：“国家支持农村集体经济组织、农民和畜牧业合作经济组织建立畜禽养殖场、养殖小区，发展规模化、标准化养殖。农村集体经济组织、农民和畜牧业合作经济组织按照乡（镇）土地利用总体规划建立的畜禽养殖场、养殖小区用地按农业用地管理。”但我国人口众多，土地资源有限，绝大部分畜牧场受用地问题的制约无法扩大生产，特别是在一些经济发达、工业化程度较高的地区，土地资源紧缺对畜牧业发展的制约已显得十分突出。

1.3.2 畜牧业生产对生态环境的影响日益严重

畜牧业快速发展实现了畜产品产量及畜牧业产值增长的同时，也带来了非常严重的环境污染问题。在农区，随着集约化、规模化、工厂化畜牧业发展，产生的畜禽排泄物已远远超过了环境承载能力，由于畜禽养殖污染处理成本偏高，部分畜禽养殖者粪污处理意识薄弱，设施设备和技术力量缺乏，畜禽排泄物未经处理直接排入周围环境，或是长时间、大批量地堆放在露天，就会对当地的环境带来不可逆的破坏和污染，也会直接导致一些人畜易患疫病的发生。在牧区，超载过牧造成牧区草原退化、沙化、盐碱化是主要的生态环境问题。畜牧业生产对生态环境的影响日益严重。

(1)畜禽粪污对生态环境的影响

规模化养殖的不断发展与畜禽粪污治理的相对滞后，打破了传统的“畜—肥—粮”良性循环局面，出现了畜禽养殖总量增加与当地环境容量、种植业消化畜禽粪污能力不匹配的矛盾，导致养殖环境质量下降，疫病控制难度增大，已经成为全社会关注的热点问题。畜禽粪便污染土壤，畜粪中大量的氮、磷、微量元素、重金属以及病原微生物等都可直接进入土壤，改变土壤理化特性；畜牧场的污水可直接流入附近水域，引起水体富营养化；畜禽粪便及其代谢活动产生氨气、甲烷、硫化氢和粪臭素等臭气，产生异味，污染空气，妨碍人畜健康。

(2)病死畜禽对生态环境的影响

按照《中华人民共和国动物防疫法》规定，病死畜禽无害化处理必须深埋、化制或是焚烧，但是由于一些养殖场疾病防范意识薄弱，或者为了降低处理成本，存在病死畜随意丢弃现象，成为引发疾病和疫情的隐患。

(3)草原牲畜超载过牧对生态环境的影响

近年来，虽然保护草原生态环境的观念逐步增强，但草原生态总体恶化的局面仍未能根本改变。目前，草原牧区生产方式落后，管理粗放，超载过牧现象严重，草原畜牧业生产力不断下降，草原生态严重退化，对生态安全构成严重威胁。

(4)畜牧业对温室效应的助推作用

畜牧业是世界最大的甲烷来源，是产生二氧化碳的最大根源之一，同时也是一氧化二氮的最大来源。2006 年 11 月 29 日，联合国粮农组织报告《牲畜的巨大阴影：环境问题与选择》指出，全球 9% 的二氧化碳、65% 的一氧化二氮及 37% 的甲烷排放，都是来源于畜牧业所从事的人为相关活动，其中甲烷的温室效应为二氧化碳的 23 倍，一氧化二氮的温室效应为二氧化碳的 296 倍，二者都是比二氧化碳更具破坏力的温室气体。

1.3.3 饲料资源持续短缺

畜牧业的飞速发展会直接导致饲料用量大幅上升，畜牧养殖只有依靠饲料资源作为坚强的后盾，才能得到快速地发展。近年来，虽然我国粮食的总产量有一定程度增长，但饲料粮需求增量将高于国内粮食预期增量，当前我国畜牧业的发展，已经受到粮食产量的严重制约。目前，我国蛋白质饲料原料严重匮乏，主要蛋白质饲料原料大部分依靠进口。2012 年和 2013 年，我国分别进口大豆 5 838 万吨和 6 338 万吨，进口依存度达 75%。目前，我国鱼粉进口依存度也在 70% 以上，合成氨基酸 50% 以上需要进口。近年，全球玉米消费增量的大部分被中国消化。我国优质草种饲草进口依存度不断提高。苜蓿干草和草种的进口量成数倍增长。饲用玉米、蛋白草、油花草、氨基酸草、香槟草、黑麦草等养殖用饲草品种都要从国外购买。随着畜牧业的快速发展，饲料资源紧缺将成为畜牧业发展的关键制约因素。

1.3.4 畜产品质量安全问题日益突出

经过几十年的努力，我国肉、蛋、奶等畜产品短缺的问题已经基本解决，供求矛盾已不是消费者与畜产品之间的主要矛盾。随着人民生活水平的不断提高，社会公众对畜产品安全的关注度空前加大，畜产品安全问题已成为人们关注的焦点。由于畜产品生产者素质参差不齐，部分生产者质量安全意识淡薄，近些年畜产品质量安全问题日益突出，质量安全事件时有发生。

畜产品质量安全是个系统工程，涉及畜禽养殖、畜产品加工以及流通各个环节，从“农田到餐桌”的每一个环节出现问题都可能导致畜产品不安全。

(1)养殖环节

在畜禽养殖环节影响畜产品质量的有：产地环境、养殖环节投入品、动物疫病。

工业“三废”中含有许多有毒、有害的化学物质，如汞、砷、铅、铬、镉等金属毒物和氟化物等非金属毒物，其违规排放会使水、土壤和空气等自然环境受到污染，动物若长期生活于被污染环境，有毒、有害物质就会在体内蓄积，成为被污染的畜产品。

在农作物生长的过程中，所喷洒的农药部分会依附于农作物表面，通过植物果实、水、大气，残留农药、有毒代谢物或降解物质进入畜禽体内，通过食物链在畜禽体内蓄积。饲料原料在存放过程中会产生黄曲霉毒素等有毒物质，这些有害成分在畜禽体内蓄积，最终将对人体健康产生不良影响。非法使用违禁添加剂，会使添加剂残留在畜产品之中，导致一系列安全问题的出现。如以抗病和促生长目的，长期低剂量使用抗生素，导致抗生素残留；在疫病防治过程中超剂量使用兽药、滥用抗生素、使用廉价不安全兽药；不严格执行停药期规定，导致出栏上市的肉品有害物残留大大超标。此外，近年来，转基因作物及其副产物用作饲料的比例越来越高，转基因饲料对动物健康及畜产品的安全性仍需进一步进行评估。

多年来，尽管一些重大动物疫病得到了有效控制，但动物产品流通渠道增多且频繁，基层防疫落后，圈舍条件差，导致我国部分农村地区畜禽的流行疾病仍较多，并且传播的速度非常快。许多畜禽疾病属于人畜共患病，如布鲁氏菌病、结核病、禽流感等。如果处理不当，很可能从畜禽产品直接传染给人，造成严重的公共卫生安全隐患。

(2)加工环节

畜产品质量问题不仅在畜禽饲养过程中表现十分突出，而且在加工过程中由于设备简陋，环境卫生条件不达标，加工过程不规范，部分从业人员卫生素质不高，加之检疫检验不到位，监管困难，导致畜产品二次污染也非常严重，成为畜产品质量安全的又一隐患。另外，畜产品加工领域的非法违规行为，如注水增重，利用病死畜禽加工熟食，违规使用福尔马林等延长保鲜时间等，为消费者健康留下了极大的安全隐患。

(3)流通环节

流通环节硬件缺乏，如包装容器易破损，装运密度过高，专用冷藏运输车缺乏等，造成储运过程中大量畜产品被污染、变质。要结合可追溯体系的建设，严格市场主体的准入和退出机制。

畜产品质量安全问题不仅严重威胁到人民的健康水平，而且在相当程度上制约了相关产业的发展。2014年和2015年中央一号文件都将食品安全纳入年度重点工作，提出建立最严格的覆盖全过程的食品安全监管制度，严格农业投入品管理，建立全程可追溯、互联共享的农产品质量和食品安全信息平台。因此，建立健全监管体系，改进和完善监管方法，保障畜产品质量安全已成为当今社会公共卫生安全工作的重要内容，是现代畜牧业建设的重要目标和任务。

1.3.5 畜牧业市场行情无规则波动

畜产品价格不但受供求关系的影响，而且还受政府政策的影响，同时，畜产品来自生命的有机体，还要受自然和疫病因素的影响。作为广大人民群众生活的必需品，肉、蛋、奶等主要畜产品的价格稳定事关城乡居民的切身利益，也是促进国民经济稳定运行的客观需要。但随着全球一体化进程的加快，国内外多重环境影响的传导联动日益加深，市场变化的放大效应还将进一步增强，畜产品价格波动的趋势仍将延续，为实施供给和价格调控带来巨大挑战。

2014年中央一号文件关于健全农产品市场调控制度中指出，综合运用储备吞吐、进出口调节等手段，合理确定不同农产品价格波动调控区间，保障重要农产品市场基本稳定。科学确定重要农畜产品储备功能和规模。完善生猪市场价格调控体系，抓好牛羊肉生产供应。进一步开展国家对农业大县的直接统计调查。编制发布权威性的农产品价格指数。一号文件同时提出要逐步建立目标价格制度，在市场价格过高时补贴低收入消费者，在市场价格低于目标价格时按差价补贴生产者，并启动了生猪目标价格保险试点。这些措施在一定程度上会稳定生产，缓减价格波动幅度。

1.3.6 社会化服务体系尚不完善

随着畜牧养殖规模化、产业化、市场化发展，整个行业对服务产业的需求发生了根本性的变化，畜牧业社会化服务体系应运而生。但是，由于缺乏资本形成机制，没有雄厚的资金保障，现代畜牧业社会化服务体系还存在行业定位不准、组织结构不合理、办事效率低下等问题。由于我国社会化服务体系实力较薄弱，不能有效地组织生产领域里的各项服务，造成畜牧业生产领域组织化程度较低的现状，直接影响畜牧业生产水平的提高。基层网络服务信息空白，缺乏畜禽产品供应、价格趋势预测、重大动物疫情动态等信息的定期发布制度，不能真正起到规避市场风险，减少损失的作用。畜牧业社会化服务体系的完善，将为畜牧养殖产前、产中、产后提供一整套的服务，为强势畜牧业、现代畜牧业的发展保驾护航。

1.3.7 畜牧业科技含量有待提升

科技进步是促进畜牧业增长方式转变的根本要素。当前，我国畜牧业科技水平仍然较低。突出表现在以下几个方面：第一，畜牧业科技投入的渠道窄、资金少，直接制约了科技进步对畜牧业增长方式转变的推动。应该建立以企业为主体、产学研相结合的科技创新体系。第二，科技供给结构与需求结构不相适应。突出表现为外来引进技术多，自主创新技术少；一般性科技成果多，重大突破性成果少，科技成果的转化率也比较低。第三，科技推广服务跟不上畜牧业发展的要求。虽然通过示范园区的建设和对农村基层技术服务人员和广大农民的教育培训，一定程度上增强了先进技术的推广。但是代表着新型畜牧业技术推广主体的畜牧业专业技术协会、技术中介组织和科技企业等非政府或经营性的推广服务组织还不能满足市场多元化服务的需求。第四，畜牧业从业人员知识水平低，对先进技术的认识不足，领悟和接受能力差。

1.3.8 畜牧业生产组织化程度低

生产组织化程度低是制约畜牧业增长方式转变的突出问题。目前，我国大多数养殖户仍然是分散经营，面对开放、统一的大市场，规模狭小、经营分散、组织化程度低的畜牧业生产经营者，获得生产、销售、技术和信息的能力差、渠道少，难以准确把握必要的市场信息，生产经营活动往往具有很大的盲目性和不确定性，在市场交易谈判中处于劣势地位，进入市场的交易费用很高，不仅造成畜牧业生产水平低，参与市场竞争的能力弱，而且容易造成区域性、阶段性的盲目发展和供需失调，极易导致畜牧业的大起大落，造成大量资源浪费和经济损失，影响畜牧业生产的稳定发展和畜牧业收入的持续增长。

大量分散和独立生产经营的养殖农户和大市场的有效对接，需要提高我国畜牧业组织化程度，建立农牧民自己的养殖业组织，进而创建农牧民自我服务、自我约束、自我发展的畜牧业经济运行机制。让农牧民自己组织畜产品的生产、流通，不仅能降低生产经营成本，减少交易费用，而且有利于开拓畜产品市场，促进流通，提高经济效益。因此，提高农牧民的组织化程度，对增强我国畜产品的竞争能力、增加畜牧业收入意义重大，是一个必须解决的现实而迫切的问题。

1.4 畜牧业发展趋势

目前，我国畜牧业发展正面临着资源、环境压力严峻，环保和质量安全要求严苛，消费者对畜产品安全性、营养性和多样性的要求不断提高，养殖风险与市场波动问题日益突出，畜牧业须在新的挑战中不断发展。当前，我国畜牧业从总量上已经越过了供不应求的发展阶段，到了产量、质量并举，效率、环保并重的发展阶段。这就要求调整农牧业结构，转变畜牧业发展方式，实现节能减排环保安全的可持续发展。概括起来，我国畜牧业发展趋势体现在以下几个方面：草食畜牧业的发展会越来越突出；标准化、规模化养殖势在必行，产业化趋势日益明显；人民对畜产品的质量安全要求不断提高，生态绿色环保畜产品市场需求不断增加；疫病防控及社会化服务体系将逐步完善；互联网对未来中国畜牧业发展将产生深远影响。

(1)以市场为导向，优化产业结构

中国现已发展成为世界第一猪肉生产大国，据2013年全球前十大养猪企业及30个国家种猪存栏排名来看，我国母猪存栏量占全球50%以上，稳居全球第一位。我国是全球最大的养猪市场，远远高于世界其他国家和地区。2014年，我国猪、牛、羊肉总产量达到6 788.8万吨，其中猪肉产量为5 671.4万吨，占猪、牛、羊肉总产量的83.54%，牛、羊肉产量分别为689.2万吨和428.2万吨，分别占猪、牛、羊肉总产量的10.15%和6.31%，这些肉类产量的数据说明我国猪肉产量比重过大，而牛、羊肉比重过小。由于畜产品供求失衡，导致生猪价格波动较大，而牛、羊肉价格高居不下。因此，要在稳定生猪的基础上，加快肉牛、奶牛、肉羊等草食畜牧业的发展。同时，应该借鉴英国及欧洲其他国家在畜牧业生产中实行的“配额管理”的做法和经验，政府应根据市场需求，组织不同行业的专家，论证确定我国乃至各省每个畜种的养殖配额，政府宏观调控各种畜种养殖场养殖量和生产量的配额。各个养殖场场主须提前就养殖规模向政府提出申请，然后根据政府批复的养殖量和生产量的配额进行养殖场建设；已经存在的养殖场，增加养殖规模也需要申请配额并获得审批后方可增加，养殖数量需要遵从全国统一的配额。以市场为导向，政府宏观调控，调整和优化畜牧业产业结构，建立与市场需求结构相适应的畜产品结构，有利于促进畜牧业持续健康发展。

(2)以种养牧，以牧促种，实现农业良性循环

循环农业已成为当今世界农业发展的主潮流和趋势，是21世纪我国农业发展战略的选择。我国循环农业是依靠现代新技术、新设备、新工艺以及新产品支撑下的新型农业发展模式，其根本特征是实现农业的“一高二低”，即资源利用最高，能源消耗最低，污染排放最低。解决规模养殖场污染的最佳途径就是以种养牧，以牧促种，实现农牧结合，走农业良性循环之路。通过对农作物秸秆、畜禽粪便的循环利用，种植业为养殖业提供饲料饲草，养殖业为种植业提供有机肥等，不仅可以使养殖排放的粪便和废水能被农田作物消化吸收，降低污染排放，又可减少化肥、农药等化学物质的输入，降低生产成本，保证食品的安全质量标准，增加土壤有机质，改善土壤层粒结构，提高土地的生产能力。循环农业有很多模式，如“粮饲-猪-沼-肥”生态模式，又如西北地区“五配套”生态农业模式，即以沼气为纽带，形成以农带牧、以牧促沼、以沼促果、果牧结合的配套发展和良性循环体系，这些模式都是借助联结不同产业或不同组分之间物质循环与能量转换的接口技术，或资源利用在时空上的互补性所形成的2个或2个以上产业或组分的复合生产，达到“一净、二少、三增”，即净化环境，减少投资、减少病虫害，增产、增收、增效的目的。

(3)实现养殖设施化、自动化，提高畜牧生产水平

养殖设施化、自动化是运用先进适用的畜牧机械装备畜牧业，改善畜牧业生产经营条件，代替或减轻体力劳动，不断提高畜牧业的生产技术水平以及经济效益和生态效益。全国畜牧业发展“十二五”规划在加大财政支持力度中提出：“继续对畜禽养殖和牧草生产机械购置给予补贴，加快推进畜牧业生产机械化”。提高畜禽规模养殖设施化水平，是提升畜牧业综合生产能力和核心竞争力的关键。在国家畜禽养殖标准化的“六化”评价体系中，养殖设施化被列为评价指标之一。养殖设施化、自动化能够极大地解放劳动力，使全部生产过程主要依靠机械动力和电力来完成，使生产养殖的技术效率大大提高，使畜牧业生产水平迈上一个新的台阶，是实现畜牧业现代化的基本内容之一。

(4)增强生态环保意识，实现健康养殖

近年来，我国畜牧业生产保持了良好的发展态势，已成为我国农村经济的重要支柱产业和农民增收的重要来源。但是，随着畜牧业的快速发展，养殖污染等问题日益突出，已经成为制约畜牧业可持续发展和生态环境建设的瓶颈。增强生态环保意识，实现健康养殖是促进我国畜牧业持续健康发展的必由之路。首先，坚持发展与保护并重的方针。统一规划，合理

布局，科学建设，生态优先，统筹经济发展与生态文明建设，把节能减排要求贯穿到畜禽生产全过程，将经济发展与生态保护紧密结合，促进人与自然的和谐统一。其次，以市场为导向，以科技创新为动力，以环保为依托，以粪污无害化处理与废弃物资源化利用为关键，加快畜禽养殖方式转变，推动农业循环经济发展，实现粪污无害化和资源化，大力发展生态畜牧业，努力构建资源节约型、环境友好型现代畜牧业，实现畜牧业健康可持续发展。最后，落实畜禽规模养殖环境影响评价制度，建立健全农业生态环境保护责任制，加强问责监管，依法依规严肃查处各种破坏生态环境的行为。

(5)建立动物保健网络，完善疫病防控体系

随着畜牧业集约化、规模化、专业化水平的不断提高，动物疫病频发，制约了我国畜牧业的健康发展，也给许多养殖户带来了巨大的经济损失，频繁发生的人畜共患病更加带来了严重的公共卫生安全问题。随着社会对公共安全的重视，“预防为主”的概念已深入人心。建立动物保健网络，完善疫病防控体系是真正实现“预防为主”的有效手段。各省动物疫病预防控制中心建立了以省、市、县防控机构为主体，以乡(镇)防疫中心为支点，以村级动物防疫协防员为基础，由不同规模养殖场、散养户、活禽交易市场、牲畜屠宰场、兽医门诊等监测网点组成的动物疫病监测网络。但防控效果差，要最大限度地发挥疫病防控体系的作用，尚有待于在以下几方面做出更多努力。

① 加强动物疫病防控体系资金投入，加强基础设施建设。我国基层动物防疫条件落后，基层动物防疫人员工作环境差、工资待遇低、无编制，导致基层动物防疫名存实亡。增加经费投入，改善基层动物防疫人员工资待遇，加强疫情应急基础设施建设，增加防疫物资储备，在疫情突发时，确保应急物资及时到位，技术力量充足，快速组织实施应急反应措施，使疫情在最短时间内得到控制和扑灭。

② 切实落实防控责任制，做到联防联控，着力构建动物防疫的应急机制和长效机制，不断完善组织指挥系统、预警预报系统、防疫监督系统、疫情控制系统，狠抓以疫情监测、强制免疫、消毒灭源、检疫监督和疫情处置等为重点的防控措施的落实，全面提高科学防控水平，保障畜牧业健康发展。

③ 建立高素质的监测队伍，动物防疫工作专业性强，任务重，要求高，必须不断抓好教育培训，强化队伍素质，稳定监测队伍，不断提高监测水平，保障动物疫病监测的基础力量。

④ 健全补偿机制，尽管我国出台了一系列法律政策，加强了对重大动物疫病扑杀的公共财政补偿力度，但面对动物疫病防控的新问题新情况，动物疫病损失的补偿政策和 机制仍显得非常薄弱。全面有效的财政支持和健全的补偿机制是落实疫病防控的有力保障。

(6)完善利益联结机制，加快畜牧业产业化进程

畜牧业产业化是以国内外市场为导向，以提高经济效益为中心，对当地农业的支柱产业和主导产品实行区域化布局、专业化生产、一体化经营、企业化管理，把产加销、牧工商、贸工牧、产学研紧密结合起来，形成一条龙的经营体制。从当前畜牧产业化发展的状况来看，企业与农户的契约经营还很不完善，风险共担机制还没有真正建立起来，利益分配不均，加工和流通环节受益多，养殖环节风险大、收益小。这直接带来了两个方面的不良后果：作为畜牧加工企业无法获得质量可靠、数量保证的原料，企业的持续发展受到影响；作

为养殖户不能获得稳定的市场和预期收益，在竞争中处于弱势地位，积极性受挫。畜牧龙头企业与养殖户的利益联结问题，已成为当前畜牧产业化经营的焦点和难点。畜牧业产业链中的各个经营主体之间，必须形成一定程度的利益共同体，即龙头企业和基地养殖户(场)之间必须形成一定程度的风险共担、利益共沾的共同体，这是畜牧业产业化经营链条之间的凝聚力之所在，也是养殖户(场)提高收益率的一种利益机制。

(7)加强服务体系建设，健全畜牧业社会化服务

完善的服务体系是现代畜牧业发展的有效保障。完善畜牧业社会化服务体系的内容有以下几个方面：完善畜牧业监测预警体系，加大信息引导产业发展力度；建立健全畜牧业防灾减灾体系，提高畜牧业抗风险能力；完善产学研相结合的科技创新体系，深入推进畜牧业先进技术的研发和推广；强化公共防疫服务，提高服务质量和水平。要实现这些目标，要从以下几个方面入手：第一，加大畜牧业社会化服务体系资金注入，加大财政支持、信贷支持，鼓励龙头企业、大中专院校、科研院所等，积极投入畜牧业社会化服务体系建设之中，充分利用好社会闲散资金。第二，深化科技体制改革，优化各级科技资源配置，增加畜牧业社会化服务体系科技投入。第三，支持发展畜牧业合作社，提高农牧民的组织程度，增强抵御市场风险的能力，提高畜产品交易中的谈判地位，维护成员权益，起到自我保护作用。政府部门要加强对专业合作社的引导、扶持和服务，使其真正发展成为以自我服务、自我发展、风险共担为主要特征的新型服务组织。

(8)利用互联网技术为畜牧业服务

互联网的发展实现了畜牧业的数字化、信息化、智能化，对于加快现代畜牧业的发展有不可估量的作用。互联网有利于畜牧行业的信息传播，互联网的发展有利于促进畜牧行业原料及产品的流通，使产地与消耗地价格差变得更趋于合理，网络媒体将成为最为强势的信息发布渠道。互联网有利于新技术、新工艺推广，互联网技术的兴起提高了新技术、新工艺的推广速度。互联网有利于畜牧行业整体素质的提升，互联网不仅是一个信息传播渠道，还是一个强大的学习、交流平台，畜牧业从业人员可以利用互联网提升自己的专业素养和技术水平。互联网有利于提升企业管理效率，互联网的发展真正实现了办公无纸化、异地化。利用在线分析、疫病早期发现等应用系统，有利于专家进行在线疑难解答。发展畜牧业互联网、物联网，开发数字视频监控、终端识别，有利于政府监管，增加了畜牧产业链各环节的透明度，是实现畜产品可追溯的必经途径。内蒙古自治区已率先组建了电子商务交易技术国家工程实验室“互联网+畜牧业”研究中心，该中心以现代草原畜牧业生产监控及畜产品安全溯源信息服务数据平台为基础，以现代草原畜牧业为切入口，打造自治区“互联网+畜牧业”新型产业和草原绿色畜产品领先品牌。这一举措对于进一步促进政府监管创新，打造自主品牌的中国首家农产品有追溯可信大型电子商务交易平台具有重要意义。

1.5 畜牧概论的主要内容和学习要求

畜牧概论是一门研究动物生产原理与生产技能的综合性课程，涉及动物营养原理、饲料及其加工调制、畜禽遗传育种、动物繁殖、畜牧场的规划设计与环境控制、猪生产技术、家禽生产技术、牛生产技术和羊生产技术等内容。通过学习畜牧概论，要求了解我国畜牧业发

展现状及发展趋势；理解与畜牧生产有关的动物营养原理、饲料及其加工调制、畜禽遗传育种、动物繁殖、畜牧场的规划设计与环境控制等基本理论；掌握猪、禽、牛、羊等养殖关键技术，并能够理论联系实际，利用所学知识解决畜禽生产中遇到的问题。

网上资源

中华人民共和国国家统计局官网：http：//www. stats. gov. cn/
中华人民共和国农业部畜牧业司：http：//www. xmys. moa. gov. cn/

主要参考文献

蒋思文．2006. 畜牧概论[M]．北京：高等教育出版社．
李建国．2011. 畜牧学概论[M]．2 版．北京：中国农业出版社．
王恬．2011. 畜牧学通论[M]．2 版．北京：高等教育出版社．
岳文斌．2002. 畜牧学[M]．北京：中国农业大学出版社．

思考题

1. 我国畜牧业发展面临哪些问题？
2. 简述我国畜牧业的发展趋势。
3. 如何理解畜牧业发展的“新常态”？
4. 如何理解“互联网＋”对畜牧业的推动作用？

第 2 章

动物营养原理

营养是一切生命活动的基础，整个生命过程都离不开营养。动物营养是指动物摄取、消化、吸收、利用饲料中营养物质的全过程，是一系列化学、物理及生理变化过程的总称。动物营养学通过研究营养物质对生命活动的影响，揭示动物利用营养物质的量变质变规律，为动物生产提供理论根据和饲养指南。本章主要阐述动物营养学基本概念；饲料与动物体组成的差异；猪、鸡、牛的消化吸收特点；饲料各种营养物质与动物营养的关系；动物的营养需要、衡量指标及研究方法；维持需要的概念及意义；饲养标准的概念及作用。

2.1 营养物质及其来源

2.1.1 营养物质的种类

动物为了生存、生长、繁衍后代和生产，必须从外界摄取食物。能提供动物所需营养素，促进动物生长、生产和健康，且在合理使用下安全、有效的可饲物质称为饲料。一切能被动物采食、消化、利用，并对动物无毒、无害的物质，皆可作为动物的饲料。饲料中凡能被动物用以维持生命、生产产品的物质，称为营养物质或营养素，简称养分。营养素是饲料的构成成分，以某种形态和一定数量帮助维持动物生命和进行生产。饲料中营养物质可以是简单的化学元素，如 Ca、P、Mg、Na、Cl、K、S、Fe、Cu、Mn、Zn、Se、I、Co 等，也可以是复杂的化合物，如蛋白质、脂肪、碳水化合物和各种维生素。人们一直沿用德国 Weende 试验站的汉尼伯格(Hunneberg)和司徒门(Stohman)两位科学家所创立的方法来分析饲料，这种方法称为 Weende 饲料分析体系，也就是饲料常规成分分析体系，也称饲料近似成分分析或饲料概略养分分析(feed proximate analysis)。该方法将饲料中的养分分为六大类(图 2-1)。

(1)水分(moisture)

各种饲料均含有水分，其含量差异很大，最高可达 95% 以上，最低可低于 5%。水分含量越多的饲料，干物质含量越少，营养浓度越低，相对而言，营养价值也越低。水分含量多不利于饲料的贮存和运输，一般保存饲料的水分以不高于 14% 为宜。

饲料中的水分常以两种状态存在，一种是含于动植物体细胞间，与细胞结合不紧密，容易挥发的水，称为游离水或自由水；另一种是与细胞内胶体物质紧密结合在一起，形成胶体水膜，难以挥发的水，称结合水或束缚水。构成动植物体的这两种水分之和，称为总水分。常规饲料分析将饲料中总水分分为初水和吸附水。除去初水和吸附水的饲料为绝干饲料。绝

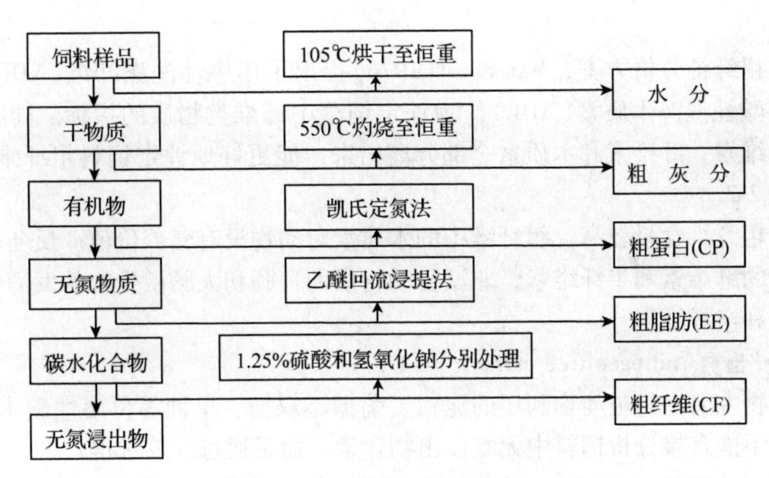

图 2-1 饲料常规概略养分分析方案

（引自王恬，2011）

干物质是比较各种饲料所含养分多少的基础。

(2) 粗灰分(crude ash)

粗灰分是饲料、动物组织和动物排泄物样品在550~600℃高温炉中将所有有机物质全部氧化后剩余的残渣。主要为矿物质氧化物或盐类等无机物质，有时还含有少量泥沙，故称粗灰分。

(3) 粗蛋白质(crude protein，CP)

粗蛋白质是常规饲料分析中用以估计饲料、动物组织或动物排泄物中一切含氮物质的指标，它包括了真蛋白质和非蛋白质含氮物两部分。非蛋白质氮包括游离氨基酸、硝酸盐、氨等。

常规饲料分析测定粗蛋白质，是用凯氏定氮法测出饲料样品中的氮含量后，用 $N \times 6.25$ 计算粗蛋白质含量。6.25 称为蛋白质的换算系数，代表饲料样品中粗蛋白质的平均含氮量为16%（$100/16=6.25$）。

(4) 粗脂肪(ether extract，EE)

粗脂肪是饲料、动物组织、动物排泄物中脂溶性物质的总称。常规饲料分析是用乙醚（新的国标已改用石油醚）浸提样品所得的乙醚浸出物。粗脂肪中除真脂肪外，还含有其他溶于乙醚的有机物质，如叶绿素、胡萝卜素、有机酸、树脂、脂溶性维生素等物质，故称粗脂肪或乙醚浸出物。

(5) 粗纤维(crude fiber，CF)

粗纤维是植物细胞壁的主要组成成分，包括纤维素、半纤维素、木质素及角质等成分。常规饲料分析方法测定的粗纤维，是将饲料样品经稀酸、稀碱各煮沸 30 min 后，所剩余的不溶解碳水化合物。其中，纤维素是由$\beta-1,4$ 葡萄糖聚合而成的同质多糖；半纤维素是葡萄糖、果糖、木糖、甘露糖和阿拉伯糖等聚合而成的异质多糖；木质素则是一种苯丙基衍生物的聚合物，它是动物利用各种养分的主要限制因子。该方法在分析过程中，有部分半纤维素、纤维素和木质素溶解于酸、碱中，使测定的粗纤维含量偏低，同时又增加了无氮浸出物的计算误差。

为了改进粗纤维分析方案，Van Soest(1976)提出了用中性洗涤纤维(NDF)、酸性洗涤纤维(ADF)、酸性洗涤木质素(ADL)作为评定饲草中纤维类物质的指标。同时，将饲料粗纤维中的半纤维素、纤维素和木质素全部分离出来，能更好地评定饲料粗纤维的营养价值。测定方案如图2-2。

粗饲料中粗纤维含量较高，粗纤维中的木质素对动物没有营养价值。反刍动物能较好地利用粗纤维中的纤维素和半纤维素，非反刍动物借助盲肠和大肠微生物的发酵作用，也可利用部分纤维素和半纤维素。

(6)无氮浸出物(nitrogen free extract，NFE)

无氮浸出物主要由易被动物利用的淀粉、菊糖、双糖、单糖等可溶性碳水化合物组成。常规饲料分析不能直接分析饲料中无氮浸出物含量，而是通过计算求得：

无氮浸出物% =100% -(水分+粗灰分+粗蛋白质+粗脂肪+粗纤维)%

常用饲料中无氮浸出物含量一般在50%以上，特别是植物籽实和块根块茎饲料中含量高达70%~85%。植物籽实中无氮浸出物含量高，适口性好，消化率高，是动物能量的主要来源。动物性饲料中无氮浸出物含量很少。

Weende分析法在饲料营养价值评定中起了十分重要的作用，但因其分析所得的每种养分指标均包含了多种具体的营养成分，在化学上不是一种物质，因此Weende法对饲料养分评定的准确性不够。

营养物质按其理化特性及功能又可分为水分、蛋白质、脂肪、碳水化合物、矿物质、维生素六类，其中，蛋白质、脂肪、碳水化合物是动物所需能量的来源，又称为“三大营养物质”，碳水化合物是动物最主要的能量来源。

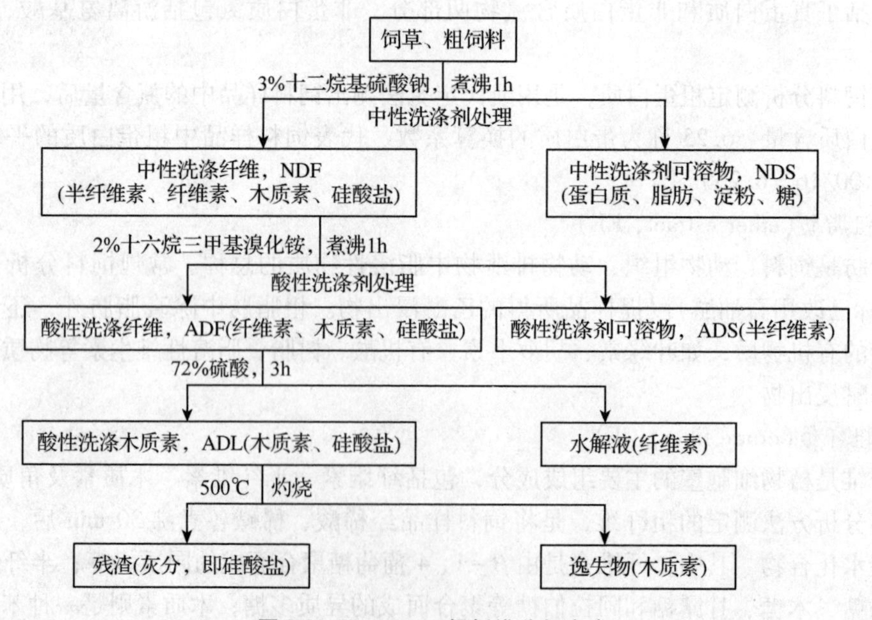

图2-2 Van Soest粗纤维分析方案

2.1.2 营养物质的基本功能

饲料中各种营养物质的基本功能可归结为 4 个方面：

(1)作为动物体的结构物质

营养物质是动物机体每一个细胞和组织的构成物质，如骨骼、肌肉、皮肤、结缔组织、牙齿、羽毛、角、爪等组织器官。所以，营养物质是动物维持生命和正常生产过程中不可缺少的物质。

(2)作为动物生存和生产的能量来源

在动物生命和生产过程中，维持体温、随意活动和生产产品，所需能量皆来源于营养物质。碳水化合物、脂肪和蛋白质都可以为动物提供能量，但以碳水化合物供能最经济。脂肪除供能外还是动物体贮存能量的最好形式。

(3)作为动物机体正常机能活动的调节物质

营养物质中的维生素、矿物质以及某些氨基酸、脂肪酸等，在动物机体内起着不可缺少的调节作用。如果缺乏，动物机体正常生理活动将出现紊乱，甚至死亡。

(4)作为动物产品的构成成分

营养物质在动物机体内，经一系列代谢过程后，还可以形成肉、蛋、奶、皮、毛等各式各样的动物产品。

2.1.3 营养物质的来源

2.1.3.1 动物与植物

动物的饲料有动物性的饲料也有植物性的饲料，他们都能提供动物所需的各种营养物质。动物和植物是自然界生态系统中两个重要组成部分，植物和大多数微生物能利用土壤和大气中的无机物合成自身所需要的有机物，属自养生物，动物则直接从外界环境中获得所需要的有机物，属异养生物。异养生物与自养生物是生物界生态系统内物质循环的两大主要生物群落，他们之间相互制约、相互依存，共同保持着生态系统内的物质平衡。

生产领域中，动物生产与植物生产是农业生产的两大支柱。植物生产除了为人类生存提供食物外，也为动物生产提供饲料，特别是人类不能直接利用的农作物副产物，可以通过动物转化成优质的动物产品，供人类食用。而动物生产又为植物生产提供有机肥料，有利于农作物增产。因此，动物生产和植物生产，不仅是人类生存的条件，而且他们之间也是相互依存、相互促进的。

2.1.3.2 动物体的营养物质组成

动物体的化学成分依动物种类、年龄、体重、营养状况不同而不同，见表 2-1。动物体内水分含量随年龄的增加而大幅度降低。成年动物体内含水相对稳定。动物体内水分随年龄增长而大幅度降低的主要原因是由于体脂肪的增加，动物体内水分和脂肪的消长关系十分明显。

脂肪和蛋白质是动物体内两种重要的有机物质。动物体内碳水化合物含量极少。蛋白质是构成动物体各组织器官重要的组成成分。动物体内各种酶、抗体、内外分泌物、色素以及对动物有机体起消化、代谢、保护作用的一些特殊物质多为蛋白质。动物体内的蛋白质是由各种氨基酸按一定顺序排列构成的真蛋白质。动物种类不同，体内的脂肪含量不同。一般说来，猪体脂肪贮量最高，牛、羊次之，鸡、兔、鱼等动物体内脂肪贮量较少。脂肪的含量与营养水平、采食量密切相关。同一种动物用高营养水平，特别是高能量水平饲喂，体脂的贮量则高。随着年龄和体重的增加，动物体脂肪和水分含量呈显著负相关。

表 2-1 动物体的化学成分 % *

动物种类	水分	蛋白质	脂肪	灰分	无脂样本			无脂干物质	
					水分	蛋白质	灰分	蛋白质	灰分
犊牛(初生)	74	19	3	4.1	76.2	19.6	4.2	82.2	17.8
幼牛(肥)	68	18	10	4.0	75.6	20.0	4.4	81.6	18.4
阉牛(瘦)	64	19	12	5.1	72.6	21.6	5.8	79.1	20.9
阉牛(肥)	43	13	41	3.3	72.5	21.9	5.6	79.5	20.5
绵羊(瘦)	74	16	5	4.4	78.4	17.0	4.6	78.2	21.8
绵羊(肥)	40	11	46	2.8	74.3	20.5	5.2	79.3	20.7
猪(体重 8 kg)	73	17	6	3.4	78.2	18.2	3.6	83.3	16.7
猪(体重 30 kg)	60	13	24	2.5	79.5	17.2	3.3	84.3	15.7
猪(体重 100 kg)	49	12	36	2.6	77.0	18.9	4.1	82.4	17.6
母鸡	57	21	19	3.2	70.2	25.9	3.9	86.8	13.2
兔子	69	18	8	4.8	75.2	19.6	5.2	79.1	20.9
马	61	17	17	4.5	73.9	20.6	5.5	79.2	20.8
人	60	18	18	4.3	72.9	21.9	5.2	80.7	19.3
小鼠	66	17	13	4.5	75.4	19.4	5.2	79.1	20.9
大鼠	65	22	9	3.6	71.7	24.3	4.0	86.0	14.0
豚鼠	64	19	12	5.0	72.7	21.6	5.7	79.3	20.7

注：* 除去消化道内容物。
(引自 Maynard, LA, 1979)

动物体内碳水化合物含量少于1%，主要以肝糖原和肌糖原形式存在。肝糖原占肝鲜重的2%~8%，总糖原的15%。肌糖原占肌肉鲜重的0.5%~1%，总糖原的80%。其他组织中糖原约占5%。葡萄糖是重要的营养性单糖，肝、肾是体内葡萄糖的贮存库。

动物体内灰分主要由各种矿物质组成，其中钙、磷占65%~75%。90%以上的钙，约80%的磷和70%的镁分布在动物骨骼和牙齿中，其余钙、磷、镁则分布于软组织和体液中。除以上矿物元素外，含量仅为动物体十万分之几至千万分之几的 Fe、Cu、Zn、Mn、Co、I、Se、Mo、F、Cr、Ni、V、Sn、Si、As 15 种元素，是动物必需的微量元素。

2.1.3.3 植物体的营养物质组成

表 2-2 列出了植物及其各部位的化学成分。植物不同部位，化学成分相对比例变异较大。植物整体水分含量随植物从幼龄至老熟，逐渐减少。碳水化合物是植物的主要组成成分。碳水化合物分为粗纤维和无氮浸出物。粗纤维是植物细胞壁的构成物质，在植物茎秆中含量较高。蛋白质、脂肪、矿物质的含量随植物种类不同差异很大。如豆科植物含蛋白质较多，牧草特别是豆科牧草含矿物质相对较多。

植物不同部位的成分差异较大。植物成熟后，将大量营养物质输送到籽实中贮存，因而籽实中蛋白质、脂肪和无氮浸出物含量皆高于茎叶，粗纤维含量则低于茎叶，如玉米籽实和玉米秸的成分差异较大。植物叶片是制造养分的主要器官，叶片中蛋白质、脂肪、无氮浸出物含量比茎秆高，粗纤维则比茎秆低。苜蓿叶与苜蓿茎相比，成分差异较大。动物生产上，叶片保存完整的饲料植物营养价值也相对较高。

表 2-2　植物性饲料及其化学成分　　%

植物种类	水分	蛋白质	脂肪	碳水化合物	灰分	钙	磷
植株(新鲜)							
玉米	66.4	2.6	0.9	28.7	1.4	0.09	0.08
苜蓿	74.1	5.7	1.1	16.8	2.4	0.44	0.07
猫尾草	72.4	3.5	1.2	20.7	2.2	0.16	0.10
植物产品(风干)							
苜蓿叶	10.6	22.5	2.4	55.6	8.9	0.22	0.24
苜蓿茎	10.9	9.7	1.1	74.6	3.7	0.82	0.17
玉米籽实	14.6	8.9	3.9	71.3	1.3	0.02	0.27
玉米秸	15.6	5.7	1.1	71.4	6.2	0.50	0.08
大豆籽实	9.1	37.9	17.4	30.7	4.9	0.24	0.58
猫尾干草	11.4	6.3	2.3	75.6	4.5	0.36	0.15

(引自 Maynard，L A，1979)

2.1.3.4　动、植物体营养物质组成的比较

① 一般说来，动物体内蛋白质含量较高，植物体内碳水化合物含量较高。

② 植物性饲料都含粗纤维，而动物没有。

③ 植物性饲料中的粗蛋白质中包括氨化物，而畜体组成中除体蛋白外，只含有游离氨基酸和某些激素。此外，动、植物性蛋白质的氨基酸组成比例不同，如动物蛋白质中的赖氨酸、蛋氨酸、色氨酸的含量比植物蛋白高。

④ 绝大多数植物性饲料中含有的脂肪不多，性质也与动物脂肪有别。

⑤ 植物性饲料中所含的无氮浸出物以淀粉为主，而畜体内仅含有少量的糖原和葡萄糖。

⑥ 植物性饲料矿物质钙较缺乏，钾、镁、铁较多，而动物体则相反，钙多，钾、镁较少。

2.1.3.5　营养物质其他来源

除了动、植物外，营养物质来源还有微生物性饲料与化工合成产品及天然矿物质饲料。

2.2　动物对饲料的消化吸收

饲料是营养物质的载体，动物采食饲料是为了从饲料中获得所需要的营养物质，饲料中的营养成分，除水、矿物质和维生素可被机体直接吸收利用外，碳水化合物、蛋白质和脂肪都是较复杂的大分子有机物，不能直接吸收，必须在消化道内经过物理的、化学的和微生物的消化，分解成为简单的小分子物质，才能被机体吸收利用。饲料在消化道内的这种分解过

程称为消化。饲料经过消化后，营养物质通过消化道黏膜上皮细胞进入血液循环的过程称为吸收。

不同动物对不同饲料的消化利用程度不同，饲料中各种营养物质消化吸收的程度直接影响其利用效率，了解动物消化饲料的基本规律和特点，有利于合理向动物供给饲料，科学认识动物的营养过程，提高饲料利用效率，降低动物生产成本，节约利用饲料。动物种类不同，消化道结构和功能也不同，但是对饲料中营养物质的消化却具有许多共同的规律。

2.2.1 动物消化系统及消化特点

2.2.1.1 消化系统的结构

(1) *单胃类动物*

单胃类包括单胃肉食类、单胃杂食类和单胃草食类，这里只介绍单胃杂食类猪的消化系统示意图(图 2-3)和单胃草食类马的消化系统示意图(图 2-4)。

(2) *禽类*

鸡的消化系统示意图见图 2-5。

(3) *反刍类*

牛、绵羊、山羊、骆驼等均属复胃动物。牛的消化系统示意图见图 2-6。

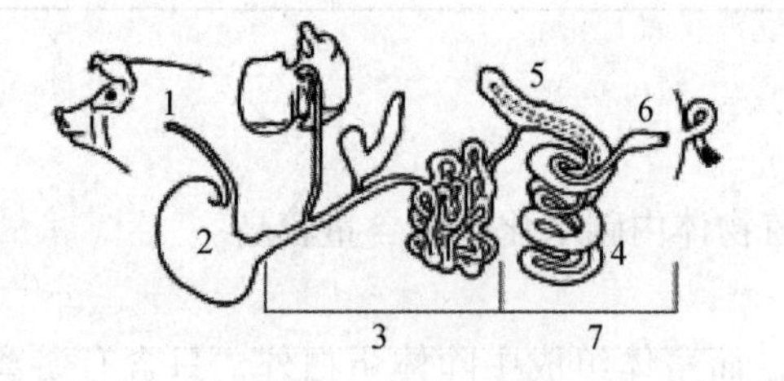

图 2-3 猪的消化系统

1. 食道 2. 胃 3. 小肠 4. 结肠 5. 盲肠 6. 直肠 7. 大肠

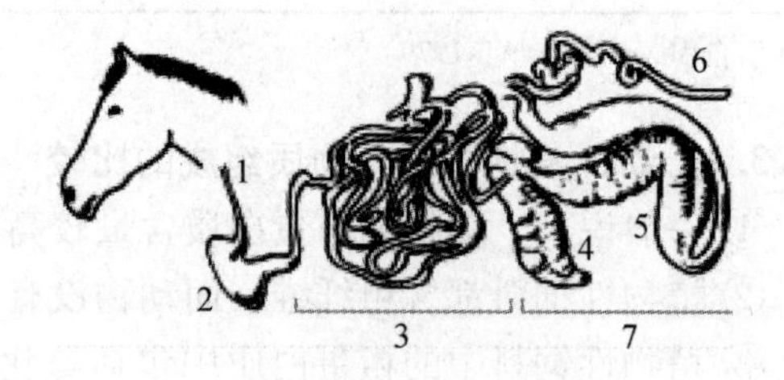

图 2-4 马的消化系统

1. 食道 2. 胃 3. 小肠 4. 盲肠 5. 结肠 6. 直肠 7. 大肠

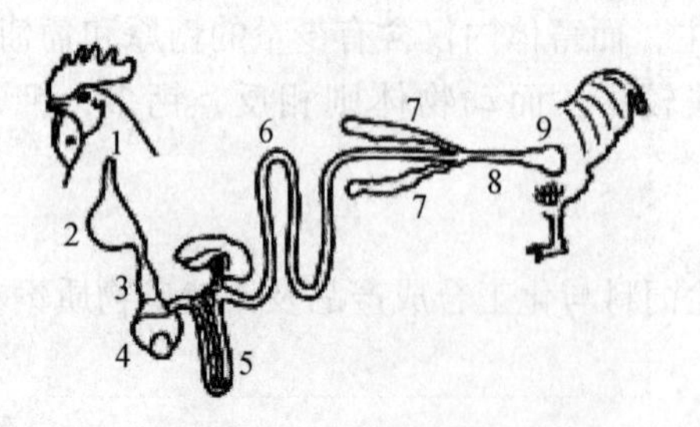

图 2-5 鸡的消化系统

1. 食道 2. 嗉囊 3. 腺胃 4. 肌胃 5. 十二指肠 6. 小肠 7. 盲肠 8. 直肠 9. 泄殖腔

(引自 McDonaldP，2002)

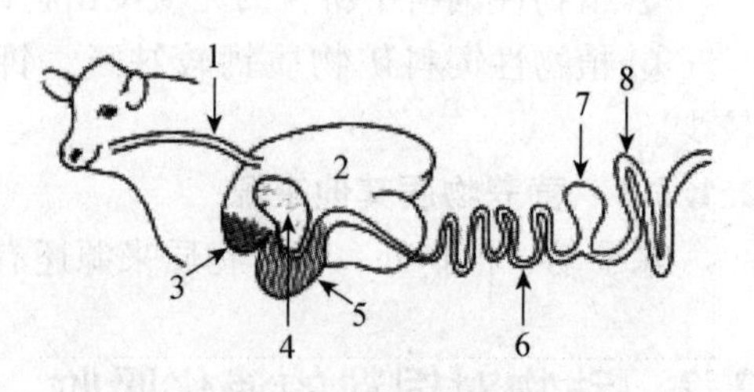

图 2-6 牛的消化系统

1. 食道 2. 瘤胃 3. 网胃 4. 瓣胃 5. 皱胃 6. 小肠 7. 盲肠 8. 大肠

2.2.1.2 消化特点

(1)单胃类动物

除单胃草食类动物外，单胃杂食类动物的消化特点主要是酶的消化，微生物消化较弱。

猪口腔内牙齿对饲料咀嚼比较细致，咀嚼时间长短与饲料的柔软程度和动物年龄有关。一般粗硬的饲料咀嚼时间长，随年龄的增加咀嚼时间相应缩短。生产中猪饲料宜适当粉碎以减少咀嚼的能量消耗，同时又有助于胃、小肠中酶的消化。猪饲粮中的粗纤维主要靠大肠中微生物发酵消化，消化能力较弱。

马和兔主要靠上唇和门齿采食饲料，靠臼齿磨碎饲料，咀嚼比猪更细致。咀嚼时间越长，唾液分泌越多，饲料的湿润、膨胀、松软就越好，越有利于胃内酶的消化。该类动物的饲料喂前适当切短，有助于采食和磨碎。

马胃的容积较小，盲肠和结肠却十分发达。盲肠容积可达 32~37 L，约占消化道容积的16%，而猪和牛仅占7%。盲肠中的微生物种类与反刍动物瘤胃类似。食糜在马盲肠和结肠中滞留时间长达 72 h 以上，饲草中粗纤维 40%~50% 被微生物发酵分解为挥发性脂肪酸、氨和二氧化碳。消化能力与瘤胃类似。兔的盲肠和结肠有明显的蠕动与逆蠕动，从而保证了盲肠和结肠内微生物对食物残渣中粗纤维进行充分消化。

(2)禽类

禽类对饲料中养分的消化类似于非反刍动物猪的消化。不同的是禽类口腔中没有牙齿，靠喙采食饲料，喙也能撕碎大块食物。鸭和鹅呈扁平状的喙，边缘粗糙面具有很多小型的角质齿，也有切断饲料的功能。饲料与口腔内的唾液混合，吞入食管膨大部——嗉囊中贮存并将饲料湿润和软化，再进入腺胃。食物在腺胃停留时间很短，消化作用不强。禽类的肌胃壁肌肉坚厚，可对饲料进行机械性磨碎，肌胃内的砂粒更有助于饲料的磨碎和消化。禽类的肠道较短，饲料在肠道中停留时间不长，所以，酶的消化和微生物的发酵消化都比猪的弱。未消化的食物残渣和尿液，通过泄殖腔排出。

(3)反刍动物

反刍动物牛、羊的消化特点是前胃(瘤胃、网胃、瓣胃)以微生物消化为主，主要在瘤胃内进行。皱胃和小肠的消化与非反刍动物类似，主要是酶的消化。

与非反刍动物相比，其消化系统与消化过程主要具有如下一些特点：

① 反刍动物没有上门齿和犬齿　反刍动物依赖上齿龈垫和下门牙，结合唇和舌一起采食饲料。

② 具有4个胃——瘤胃、网胃、瓣胃和皱胃　瘤胃、网胃和瓣胃又可合称为前胃。瘤胃提供了一个能加工大量饲料所需的容积和适宜大量微生物群生活的环境。皱胃(又称真胃)，其功能相当于单胃动物的胃。新生反刍动物的瘤胃很小，而皱胃是四个胃中最大者。因此，新生反刍畜的消化与单胃动物相近。正常情况下，犊牛吮吸的母乳由食管沟绕过前胃，直接进入皱胃，在皱胃中发生凝乳和乳蛋白消化。随着动物的生长发育，某些微生物在动物胃肠道中定居下来后，瘤胃才逐渐发育成熟。

③ 反刍特性　反刍动物采食饲料不经充分咀嚼就匆匆咽入瘤胃，被唾液和瘤胃水分浸润软化后，在休息时逆呕胃中的粗饲料，然后回嚼这些粗饲料颗粒所组成的食团，并再行吞下的过程称为反刍。反刍动物每天可能要花费 8 h 或更多的时间用于反刍，时间的多少视食

物的性质而不同。纤维多的饲料引起较长时间的反刍。优质饲草含较少的纤维，所需的回嚼也较少，通过瘤胃的速度也较快。饲料在瘤胃经微生物充分发酵，其中70%~85%干物质和50%的粗纤维在瘤胃内消化。食糜由瘤胃、网胃、瓣胃进入真胃和小肠，进行酶的消化。当食糜进入盲肠和大肠时又进行第二次微生物发酵消化。饲料中粗纤维经两次发酵，消化率显著提高，这也是反刍动物能大量利用粗饲料的营养基础。

④ 嗳气　微生物在瘤胃发酵产生大量的气体(主要是CO_2和甲烷)，这些气体必须排出，不然将发生瘤胃膨胀。正常情况下这些气体能顺利地通过嗳气被排出，很少的一部分被吸收进血液，并随血液循环经肺被排出。

2.2.2　动物对饲料的消化方式

单胃类动物、禽类、反刍类动物的消化道构造和功能均有差异，但是它们对饲料中各种营养物质的消化却具有许多共同的规律，其消化方式主要归纳为物理性消化、化学性消化和微生物消化。

2.2.2.1　物理性消化

物理性消化主要靠动物的咀嚼器官——牙齿和消化道管壁的肌肉运动把食物压扁、撕碎、磨烂，增加食物的表面积，易与消化液充分混合，并把食糜从消化道的一个部位运送到消化道的另一个部位。

(1)口腔中的物理性消化

动物口腔内饲料的消化主要是物理性消化。家禽口腔内没有牙齿，靠喙采食饲料。喙能撕碎大块食物。

猪口腔内牙齿对饲料的咀嚼比较细致，咀嚼时间长短与饲料的柔软程度和猪的年龄有关。一般粗硬的饲料咀嚼时间长，随着猪年龄的增加，咀嚼时间相应缩短。

非反刍草食动物，马主要靠上唇和门齿采食饲料，靠臼齿磨碎饲料，咀嚼比猪更细致。咀嚼时间越多，饲料的润湿、膨胀、松软越好，越有利于胃内继续消化。草食性的家兔，靠门齿切断饲料，臼齿磨碎饲料，并与唾液充分混合而吞咽。该类动物的饲料饲喂前适当切短，有助于采食和牙齿磨碎。

反刍动物采食饲料后，不经充分咀嚼就吞咽到瘤胃。饲料在瘤胃受水分及唾液的浸润被软化，休息时再反回口腔仔细咀嚼，这是反刍动物特有的反刍现象，也是饲料在口腔内进行的物理性消化。经反刍后的食糜，颗粒很细，有利于微生物的进一步消化。

(2)胃肠内物理性消化

饲料在动物胃、肠内的物理性消化，主要靠管壁肌肉的收缩，对食糜进行研磨和搅拌。家禽靠肌胃壁强有力的收缩磨碎食物，饲料中有少许砂石，更有利于肌胃机械性的磨碎饲料。

2.2.2.2　化学性消化

动物对饲料的化学性消化主要是酶的消化。酶的消化是高等动物主要的消化方式，是饲料变成动物所吸收的营养物质的一个过程，对非反刍动物的营养具有特别重要的作用。各种消化酶均有其专一作用的特征，可以将酶分为三大类：分解碳水化合物的是淀粉酶，分解蛋白的是蛋白酶，分解脂类的是脂肪酶。主要的消化酶列于表2-3。

表 2-3　胃肠道分泌的主要消化酶及其作用物

	酶的类别、名称	来源	作用物	末产物	附注
淀粉分解酶	唾液淀粉酶	唾液	淀粉、糊精	糊精、麦芽糖	反刍类无
	胰液淀粉酶	胰	淀粉、糊精	麦芽糖、异麦芽糖	反刍类少
	麦芽糖及异麦芽糖酶	小肠	麦芽糖、异麦芽糖	葡萄糖	反刍类少
	乳糖酶	小肠	乳糖	葡萄糖、半乳糖	哺乳幼畜多,反刍类无
	蔗糖酶	小肠	蔗糖	葡萄糖、果糖	
	低聚葡萄糖苷酶	小肠	低聚糖	单糖	
脂肪分解酶	唾液腺脂酶	唾液	甘油三酯	甘油二酯+脂肪酸	幼畜稍多
	胰脂酶	胰	甘油三酯	单酸甘油酯	
	小肠脂酶	小肠	甘油三酯	甘油+脂肪酸	
	卵磷脂酶	胰、小肠	卵磷脂	溶血卵磷脂	
蛋白分解酶	胃蛋白酶	胃	蛋白质	蛋白质、胨、多肽	
	凝乳蛋白酶	胃	乳酪蛋白	酪蛋白钙	
	胰蛋白酶	胰	蛋白质、蛋白胨	蛋白质、肽、氨基酸	
	胰凝乳蛋白酶	胰	蛋白质、肽	氨基酸、肽、蛋白质	
	羧基肽酶	胰	肽	氨基酸、肽	
	肠肽酶	小肠	肽	氨基酸、双肽	
	多核苷酸酶	小肠	核酸	单核酸	
	微生物分泌的纤维分解酶	瘤胃、大肠	纤维素	挥发性脂肪酸	

不同种动物同一部位消化酶分泌的特点不同，动物口腔分泌物中通常含有黏液，用来润湿食物，便于吞咽。人的唾液中含淀粉酶较多，猪和家禽唾液中含有少量淀粉酶，牛、羊、马唾液中不含淀粉酶或含量极少，但存在其他酶类，如麦芽糖酶、过氧化物酶、脂酶等。唾液淀粉酶在动物口腔内消化很弱，随食糜进入胃内。在胃内还可以进一步消化。反刍动物唾液中所含碳酸氢钠和磷酸盐，对维持瘤胃适宜酸度具有较强的缓冲作用。不同生长阶段的动物，分泌消化酶的种类、数量、酶的活性不同。

2.2.2.3　微生物消化

消化道微生物在动物消化过程中起着积极的不可忽视的作用。这种作用对反刍动物的消化十分重要，是反刍动物能大量利用粗饲料的根本原因。微生物消化的最大特点是，可将大量不能直接被宿主动物利用的物质转化成为高质量的营养素。反刍动物的微生物消化场所主要在瘤胃，其次在盲肠和结肠。单胃草食动物的微生物消化主要在盲肠和结肠。

成年反刍动物瘤胃容积庞大，大型牛为 140~230 L，小型牛为 95~130 L，几乎占整个腹腔的左半边，约为四个胃总容积的 80%，为消化道容积的 70%。瘤胃好似一个厌氧的高效率的发酵罐。瘤胃中经常有食糜流入和排出，食物和水分相对稳定，渗透压接近血浆水平，温度通常保持在 38.5~40℃，pH 值维持于 5~7.5，呈中性而略偏酸，很适合厌氧微生物的繁殖。瘤胃微生物种类复杂，主要为兼气性的纤毛虫和细菌两大类群。其数量随着饲料种类、饲喂制度及动物年龄等因素的不同而变化。一般成年反刍动物每毫升瘤胃液含细菌 0.4×10^{10}~6.0×10^{10}，含纤毛虫 0.2×10^{6}~2.0×10^{6} 个，总体积占瘤胃内容物的 5%~10%，其中，细菌和纤毛虫各半。瘤胃微生物若按鲜重计算，绝对量达3~7 kg。瘤胃微生物除纤毛虫和细菌外，还有酵母类型的微生物和噬菌体等。

瘤胃中微生物能分泌α-淀粉酶、蔗糖酶、呋喃果聚糖酶、蛋白酶、胱氨酸酶、半纤维素酶和纤维素酶等。这些酶将饲料中糖类和蛋白质分解成挥发性脂肪酸、NH_3等营养性物质，同时微生物发酵也产生CH_4、CO_2、H_2等气体，通过嗳气排出体外。有试验证明，绵羊由瘤胃转入真胃的蛋白质，约有82%属菌体蛋白，可见，饲料蛋白质在瘤胃中大部分已转化成了菌体蛋白。瘤胃微生物不仅与宿主存在共生关系，而且微生物之间彼此存在相互制约、相互共生关系。纤毛虫能吞食和消化细菌，除了菌体能提供营养来源外，还可利用菌体酶类来消化营养物质。

瘤胃微生物在反刍动物的整个消化过程中具有两个优点：一是借助于微生物产生的纤维素分解酶(β-糖苷酶)，消化宿主动物不能消化的纤维素、半纤维素等物质，提高动物对饲料中营养物质的消化率；二是微生物能合成必需氨基酸、必需脂肪酸和B族维生素等物质供宿主利用。瘤胃微生物消化的不足之处是微生物发酵使饲料中能量损失较多，优质蛋白质被降解，一部分碳水化合物发酵生成CH_4、CO_2、H_2等气体，排出体外而流失。

单胃草食动物的微生物消化也是比较重要的。例如，马的盲肠类似瘤胃，食糜在马盲肠和结肠滞留达12 h以上，经微生物充分发酵，饲草中粗纤维40%~50%被分解为挥发性脂肪酸、NH_3和CO_2。家兔的盲肠和结肠有明显的蠕动与逆蠕动，从而保证盲肠和结肠内微生物对食物残渣中粗纤维进行充分消化。

2.2.3 消化后营养物质的吸收

饲料中营养物质在动物消化道内经物理的、化学的、微生物的消化后，经消化道上皮细胞进入血液或淋巴的过程称为吸收。动物营养研究中，把消化吸收了的营养物质视为可消化营养物质。

各种动物口腔和食道内均不吸收营养物质。非反刍动物，胃可以吸收少量葡萄糖、小肽和水。各种动物营养物质的主要吸收场所在小肠。反刍动物不同于非反刍动物的是瘤胃可吸收氨和挥发性脂肪酸，其余3个胃主要是吸收水和无机盐。

2.2.3.1 吸收机制

高等动物可消化营养物质的吸收机制有3种方式：

(1)胞饮吸收

胞饮吸收是细胞通过伸出伪足或与物质接触处的膜内陷，从而将这些物质包入细胞内，以这种方式吸收的物质，可以是分子形式，也可以是团块或聚集物形式。初生哺乳动物对初乳中免疫球蛋白的吸收是胞饮吸收，这对初生动物获取抗体具有十分重要的意义。

(2)被动吸收

被动吸收是通过滤过、渗透、简单扩散和易化扩散(需要载体)等几种形式，将消化了的营养物质吸收进入血液和淋巴系统，这种吸收形式不需要消耗机体能量。一些分子量低的物质，如简单多肽、各种离子、电解质和水等的吸收即为被动吸收。

(3)主动吸收

主动吸收与被动吸收相反，必须通过机体消耗能量，是依靠细胞壁“泵蛋白”来完成的一种逆电化学梯度的物质转运形式，这种吸收形式是高等动物吸收营养物质的主要方式。

2.2.3.2 影响消化率的因素

凡影响动物消化生理、消化道结构及机能和饲料性质的因素，都会影响消化率。影响消化率的因素很多，主要有动物、饲料、饲料的加工调制、饲养水平等几个方面。

(1)动物

① 动物种类　不同种类的动物，由于消化道的结构、功能、长度和容积不同，因而消化力也不一样。一般来说，不同种类动物对粗饲料的消化率，差异较大。牛对粗饲料的消化率最高，羊稍次，猪较低，家禽几乎不能消化粗饲料中的粗纤维。精料、块根茎类饲料的消化率，动物种类间差异较小。

② 年龄及个体差异　动物从幼年到成年，消化器官和机能发育的完善程度不同，则消化力强弱不同，对饲料养分的消化率也不一样。蛋白质、脂肪、粗纤维的消化率随动物年龄的增加呈上升的趋势，尤以粗纤维最明显，无氮浸出物和有机物质的消化率变化不大。老年动物因牙齿衰残，不能很好磨碎食物，消化率又逐渐降低。

(2)饲料

① 种类　不同种类和来源的饲料因养分含量及性质的不同，可消化性也不同。一般幼嫩青绿饲料的可消化性较高，干粗饲料的可消化性较低；作物籽实的可消化性较高，而茎秆的可消化性较低。

② 化学成分　饲料的化学成分以粗蛋白质和粗纤维对消化率影响最大。饲料中粗蛋白质越多，消化率越高；粗纤维越多，则消化率越低。随饲料中粗纤维含量增加，有机物质的消化率下降，这在非反刍动物中反应十分明显。

③ 饲料中的抗营养物质　饲料中的抗营养物质是指饲料本身含有，或从外界进入饲料中的阻碍养分消化的微量成分。抗营养物质有：影响蛋白质消化的抗营养物质或营养抑制因子，有蛋白质酶抑制剂、凝结素、皂素(皂苷)、单宁、胀气因子等；影响矿物质消化利用的，有植酸、草酸、葡萄糖硫苷、棉酚等；影响维生素消化利用的抗营养物质，有存在于大豆中的脂氧化酶，能破坏维生素A、胡萝卜素，双香豆素能影响维生素K的利用，甲基芥子盐吡嘧胺等影响维生素 B_1 的利用，异咯嗪等影响维生素 B_2 的利用。各种抗营养因子都不同程度地影响饲料消化率。

(3)饲养管理技术

① 饲料的加工调制　饲料加工调制的方法很多，有物理的、化学的、微生物的方法。各种方法对饲料养分消化率均产生影响，其程度视动物种类不同而有差异。适度的磨碎有利于单胃动物对饲料干物质、能量和氮的消化；适宜的加热、膨化可提高饲料中蛋白质等有机物质的消化率。粗饲料用酸碱处理有利于反刍动物对纤维性物质的消化；凡有利于瘤胃发酵和微生物繁殖的因素，皆能提高反刍动物对饲料养分的消化率。

② 饲养水平　随饲喂量的增加，饲料消化率降低。以维持水平或低于维持水平饲养，养分消化率最高，而超过维持水平后，随饲养水平的增加，消化率逐渐降低。饲养水平对猪的影响较小，对草食动物的影响较明显。

2.2.4 动物对营养物质的消化吸收

2.2.4.1 单胃动物对营养物质的消化吸收

(1)蛋白质的消化吸收

蛋白质的消化发生在胃、小肠和大肠。饲料中的蛋白质从口腔转移到胃内，首先盐酸使之变性，蛋白质立体的三维结构分解成单股，肽键暴露，在胃蛋白酶、十二指肠胰蛋白酶和糜蛋白酶等内切酶的作用下，蛋白质分子降解为含氨基酸数不等的各种多肽。在小肠中，多肽经胰腺分泌的羧基肽酶和氨基肽酶等外切酶的作用变为游离氨基酸(食入蛋白的60%以上)和寡肽。寡肽能被吸收入肠黏膜，经二肽酶水解为氨基酸。小肠中未消化的蛋白质进入大肠，部分受肠道细菌作用，分解为氨基酸和氨，为细菌所利用，合成菌体蛋白，与未消化蛋白质一起由粪中排出。

吸收主要在小肠上2/3的部位进行。氨基酸经肠壁吸收，进入血液，运送到全身各个器官及各种组织细胞中，合成体蛋白。试验证明，各种氨基酸的吸收速度不相同。一些氨基酸的吸收速度的顺序是：胱氨酸＞蛋氨酸＞色氨酸＞亮氨酸＞苯丙氨酸＞赖氨酸≈丙氨酸＞丝氨酸＞天门冬氨酸＞谷氨酸。

一些新生的哺乳动物如仔猪在出生后36 h内、牛犊在2~3日龄内具有吸收完整蛋白质的能力，能直接吸收完整的蛋白质如免疫球蛋白(IgG)进入淋巴系统。吸收机制系通过胞饮进行。猪初乳中含有较强的胰蛋白酶抑制剂，同时仔猪胃酸分泌能力低，可防止免疫球蛋白在消化道被消化。因此，给新生幼畜及时吃上初乳，可保证其获得足够的抗体，对幼畜的健康非常重要。

(2)碳水化合物的消化吸收

① 淀粉的消化代谢　饲料中淀粉被唾液淀粉酶水解产生可溶性淀粉糊精，再分解为麦芽糖，但由于饲料在口腔逗留时间较短，此消化作用并不重要。食糜进入胃后，在胃液的酸性环境中，迫使唾液淀粉酶的作用停止，直到进入小肠，在胰液淀粉酶的作用下继续分解为麦芽糖。再由麦芽糖酶将其分解为葡萄糖并被吸收。未消化完的淀粉在大肠受细菌的作用产生挥发性脂肪酸和气体，气体由粪排出，挥发性脂肪酸则被肠壁吸收，参与畜体代谢。

② 纤维素的消化代谢　饲料中纤维性物质进入猪胃和小肠后不发生变化。转移至大肠后，经细菌发酵，纤维素被分解成为挥发性脂肪酸和CO_2，后者经氢化作用变为CH_4，由肠道排出。挥发性脂肪酸被肠道吸收，参与畜体代谢。

(3)脂肪的消化吸收

饲料脂肪在小肠内受到胆汁、胰脂肪酶和肠脂肪酶的作用，分解为甘油和脂肪酸，被肠壁直接吸收，沉积于畜体脂肪组织中，变为体脂肪。脂肪酸中的不饱和脂肪酸在猪体内被吸收后，不经氧化即直接转变为体脂肪，因此，猪体脂品质受食入饲料脂肪性质的影响很大。

2.2.4.2 反刍动物营养物质的消化吸收

(1)蛋白质的消化吸收

反刍动物真胃和小肠中蛋白质的消化和吸收与单胃动物无差异。由于瘤胃中微生物的作用，使反刍动物对蛋白质和含氮化合物的消化利用与单胃动物有很大的不同。

进入瘤胃的饲料蛋白质，在微生物(细菌、原生虫和厌氧真菌)的作用下水解成肽和氨基酸，其中多数氨基酸又进一步降解为挥发性脂肪酸、氨和二氧化碳。很多瘤胃细菌又能够以氨、一些简单的肽类及游离氨基酸为氮源合成微生物蛋白质(MCP)，其中氨为主要氮源。

① 饲料蛋白质在瘤胃中的降解　饲料蛋白质进入瘤胃后，一部分被微生物降解生成氨，生成的氨除用于微生物合成菌体蛋白外，其余的氨经瘤胃吸收，入门静脉，随血液进入肝脏合成尿素。合成的尿素一部分经唾液和血液返回瘤胃再利用，另一部分从肾排出，这种氨和尿素的合成和不断循环，称为瘤胃中的氮素循环。它在反刍动物蛋白质代谢过程中具有重要意义。它可减少食入饲料蛋白质的浪费，并可使食入蛋白质被细菌充分利用合成菌体蛋白，以供畜体利用(图 2-7)。

饲料蛋白质经瘤胃微生物分解的那一部分称为瘤胃降解蛋白质(RDP)，不被分解的部分称为非降解蛋白质(UDP)或过瘤胃蛋白。饲料蛋白质被瘤胃降解的那部分的百分含量称为降解率。各种饲料蛋白质在瘤胃中的降解率和降解速度不一样，蛋白质溶解性越高，降解越快，降解程度也越高。例如，尿素的降解率为 100%，降解速度也最快，酪蛋白降解率 90%，降解速度稍慢。植物饲料蛋白质的降解率变化较大，玉米为 40%，大麦可达 80%。常见几种饲料蛋白质的降解率见表 2-4。

表 2-4　几种饲料蛋白的降解率

饲料	降解率(%)	饲料	降解率(%)
尿素	100	大豆粕	60
酪蛋白	90	苜蓿干草	60
大麦	80	玉米	40
棉子粕	70	鱼粉	30
花生粕	65		

② 微生物蛋白质的产量和品质　瘤胃中 80% 的微生物能利用氨，其中 26% 可全部利用氨，55% 可以利用氨和氨基酸，少数的微生物能利用肽。瘤胃微生物能在氨源和能量充足的情况下，合成足以维持正常生长和一定产乳量的蛋白质。用近于无氮的日粮加尿素，羔羊能合成维持正常生长所需的 10 种必需氨基酸，其粪、尿中排出的氨基酸是摄入日粮氨基酸的 3~10 倍，其瘤胃中氨基酸是食入氨基酸的 9~20 倍。用无氮日粮添加尿素喂奶牛 12 个月，产乳 4 271 kg；当日粮中 20% 的氮来自饲料蛋白时，产乳量提高。在一般情况下，瘤胃中每千克干物质，微生物能合成 90~230 g 菌体蛋白，至少可供 100 kg 左右的动物维持正常生长或日产乳 10 kg 奶牛所需。

瘤胃微生物蛋白质的品质次于优质的动物蛋白，与豆饼和苜蓿叶蛋白相当，优于大多数的谷物蛋白。

瘤胃微生物在反刍动物营养中的作用应一分为二地对待，一方面它能将品质低劣的饲料蛋白质转化为高质量的菌体蛋白，这是主流，同时它又可将优质的蛋白质降解。尤其是高产奶牛需要较多的优质蛋白质，而供给时又很难逃脱瘤胃的降解，为了解决这个问题，可对饲料进行预处理使其中蛋白质免遭微生物分解，即所谓保护性蛋白质。主要处理方法有：对饲料蛋白质进行适当热处理；用甲醛、鞣酸等化学试剂进行处理；某种物质(如鲜猪血)包裹在蛋白质外面，这样可使饲料中过瘤胃蛋白增加，使更多的氨基酸进入小肠。

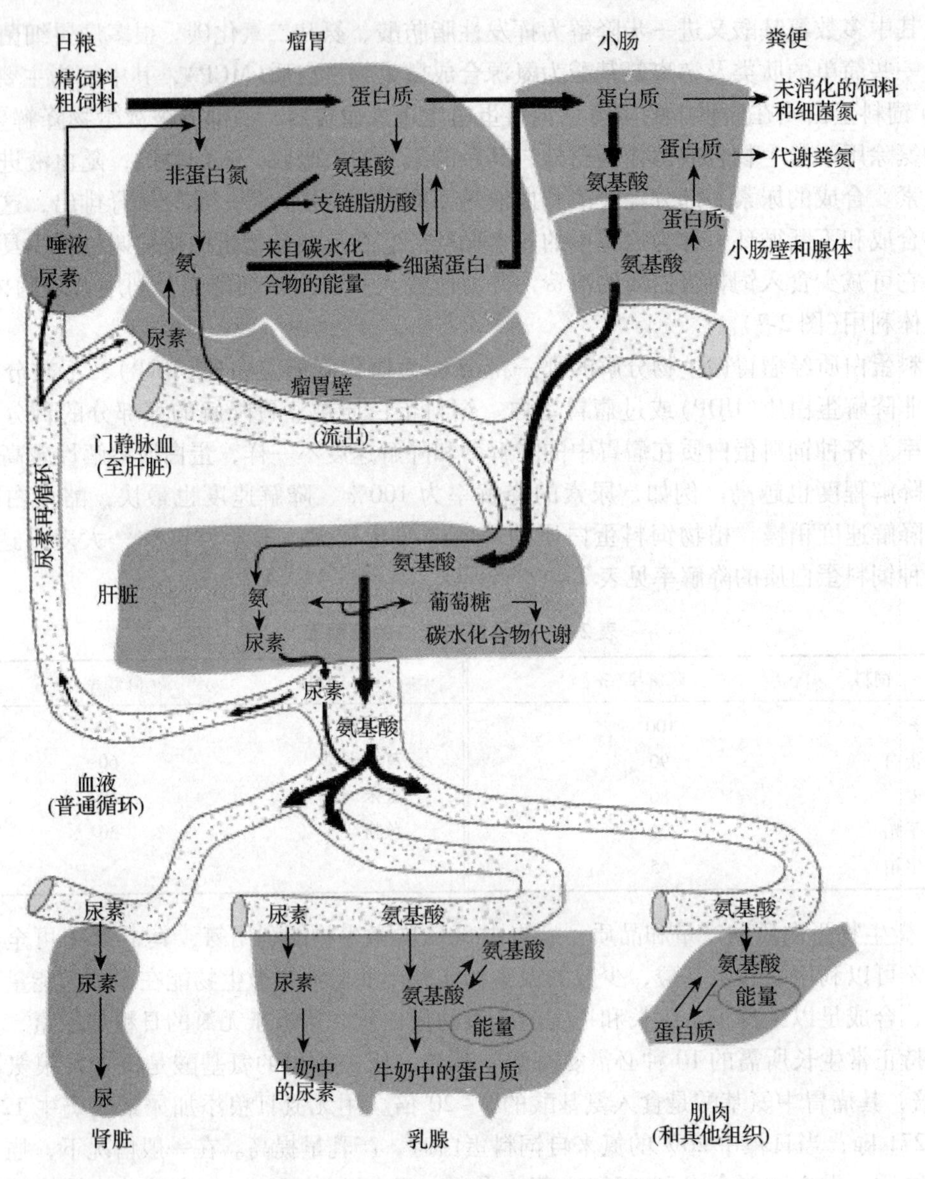

图2-7 反刍家畜体内蛋白质的消化代谢

(2)碳水化合物的消化吸收

①粗纤维的消化吸收　饲料中的粗纤维(crude fiber，CF)由纤维素、半纤维素、多缩戊糖及镶嵌物质(木质素、角质等)组成，是饲料中最难消化的营养物质。家畜消化液中没有分解纤维素的酶，但是瘤胃和大肠内的一些细菌、原虫以及真菌等可分泌纤维素酶，能分解部分纤维素作为动物机体的能量来源。

前胃是反刍动物消化粗饲料的主要场所。前胃内微生物每天消化的碳水化合物占采食粗纤维和无氮浸出物的70%~90%。其中，瘤胃相对容积大，是微生物寄生的主要场所，每天消化的量占总采食碳水化合物的50%~55%，具有重要营养意义。

饲料中粗纤维被反刍动物采食后，在口腔中不发生变化。进入瘤胃后，瘤胃细菌分泌的纤维素酶将纤维素和半纤维索分解为乙酸、丙酸和丁酸。3种脂肪酸的摩尔比例受日粮结构的影响而产生显著差异。一般地说，饲料中精料比例较高时，乙酸摩尔比例减少，丙酸摩尔比例增加，反之亦然。约75%的挥发性脂肪酸经瘤胃壁吸收，约20%经皱胃和瓣胃壁吸收，约5%经小肠吸收。碳原子含量越多，吸收速度越快，丁酸吸收速度大于丙酸。3种挥发性脂肪酸参与体内碳水化合物代谢，通过三羧循环形成高能磷酸化合物(ATP)产生热能，以供动物利用。乙酸、丁酸有合成乳脂肪中短链脂肪酸的功能，丙酸是合成葡萄糖的原料，而葡萄糖又是合成乳糖的原料。

瘤胃中未分解的纤维性物质，到盲肠、结肠后受细菌的作用发酵分解为挥发性脂肪酸、CO_2和CH_4。挥发性脂肪酸被肠壁吸收，参与代谢，CO_2、CH_4由肠道排出体外，未被消化的纤维性物质由粪排出。

② 淀粉的消化吸收　由于反刍动物唾液中淀粉酶含量少、活性低，因此，饲料中的淀粉在口腔中几乎不被消化。进入瘤胃后，淀粉等在细菌的作用下发酵分解为挥发性脂肪酸与CO_2，挥发性脂肪酸的吸收代谢与前述相同，瘤胃中未消化的淀粉与糖转移至小肠，在小肠受胰淀粉酶的作用，变为麦芽糖。进一步在有关酶的作用下，转变为葡萄糖，并被肠壁吸收，参与代谢。小肠中未消化的淀粉进入盲肠、结肠，受细菌的作用，产生与前述相同的变化。

(3)脂肪的消化吸收

反刍动物采食的饲料脂肪在瘤胃微生物作用下发生水解，产生甘油和各种脂肪酸，其中包括饱和脂肪酸和不饱和脂肪酸。不饱和脂肪酸在瘤胃中经过氢化作用变为饱和脂肪酸。甘油很快被微生物分解成挥发性脂肪酸。脂肪酸进入小肠后被消化吸收，随血液运送至体组织，变成体脂肪贮存于脂肪组织中。

2.3　饲料营养物质及其功能

饲料的各种养分在动物消化道被吸收后，作为营养源供其维持生命、保持健康和生产动物产品所需。

2.3.1　水与动物营养

水是动物所必需的营养成分，动物失去全部脂肪、1/2以上的蛋白质仍能存活，但失去1/10的水就会有死亡的危险。但由于水和空气一样在自然界的来源很丰富，其重要性往往被忽视。

2.3.1.1　水在体内的分布

水占动物体重的70%左右，从幼龄到成年，体内水分含量的变化范围为体重的50%~80%。水在动物的器官和组织中分布是不等的，肌肉中含水量为72%~78%，血液80%左右，脂肪组织含水量最少，不到10%。

2.3.1.2　水在动物体内的功能

动物体内水的营养生理作用很复杂，生命过程中许多特殊生理作用都有赖于水的存在。

(1)水是动物体的主要组成成分

动物体内的水大部分与蛋白质结合形成胶体，使组织细胞具有一定的形态、硬度和弹性。

(2)水是一种理想的溶剂

因为水有很高的电解常数，很多化合物容易在水中电解。动物体内水的代谢与电解质的代谢紧密结合。体内各种营养物质的吸收、转运和代谢废物的排出都必须溶于水后才能进行。

(3)水是化学反应的介质

水的离解较弱，属于惰性物质，但是由于动物体内酶的作用，使水参与很多生物化学反应，如水解、氧化还原、有机化合物的合成和细胞的呼吸过程等。有机体内所有聚合和解聚合作用都伴有水的结合或释放。

(4)调节体温

水的比热大，导热性好，蒸发热高，所以水能储蓄热能，迅速传导热能和蒸发散失热能，有利于恒温动物体温的调节。如动物肌肉连续活动20 min，无水散热，其温度可使蛋白质凝固。水的蒸发散热对具有汗腺的动物更为重要。

(5)润滑作用

动物体关节囊内、体腔内和各器官间的组织液中的水，可以减少关节和器官间的摩擦力，起到润滑作用。唾液使饲料便于吞咽。

2.3.1.3 水的来源和排出

(1)动物体内水的来源

动物体内水来源于饮水、饲料水和代谢水3个方面。

① 饮水　饮水是动物水的重要来源。动物饮水的多少与动物种类、饲料类型、日粮结构和环境温度等有关。一般牛的饮水量最多，猪次之，家禽饮水少。

② 饲料水　饲料含水量变动于10%~95%之间，也是动物体内水分的重要来源。饮水和饲料水为外源水，经肠黏膜吸收进入血液，然后输送到身体的各器官组织。

③ 代谢水　代谢水又称内源水，系指动物体内有机物质代谢过程中生成的水。用牛和马进行试验证明，代谢水约占总摄水量的5%~10%。

(2)体内水的排泄

动物体内的水经复杂的代谢过程后，通过粪、尿的排泄，肺脏和皮肤的蒸发，以及动物产品等途径排出体外，保持动物体内水的平衡。

① 粪和尿的排泄　动物由尿排出的水受总摄水量的影响，摄水量多，尿的排出增加。正常情况下，随尿液排出的水可占总排水量的1/2左右。一般饮水量越少，环境温度越高，动物的活动量越大，由尿排出的水就越少。粪便中排水量因动物种类不同而异，牛粪含水量高达80%，羊粪含水量仅65%~70%。粪中水分受饲料性质和饮水的影响。

② 肺脏和皮肤蒸发　肺脏的水蒸气呼出的水量，随环境温度的提高和动物活动量的增加而增加。由皮肤表面失水的方式有两种：一是由血管和皮肤的体液中简单地扩散到皮肤表面而蒸发，母鸡以这种方式失水可占总排水量的17%~35%；二是通过排汗失水，在适宜的环境条件下，排汗丢失的水不多，但在应激时，具有汗腺、自由出汗的动物失水较多。

③ 经动物产品排出　泌乳动物除以上几种方式失水外，泌乳也是水排出的重要途径。牛乳平均含水量高达87%。试验证明，牛每形成1 kg乳，需供水4~5 kg。充分满足奶牛饮水对于保证产乳量有重要意义。产蛋家禽每产1 kg蛋，排出水0.7 kg左右。1枚60 g重的蛋，含水42 g以上。产蛋家禽缺水，产蛋率明显下降。

2.3.1.4　动物的需水量及水质

(1)动物的需水量

动物的需水量因动物种类、生产目的、日粮组成(蛋白质、矿物盐和粗纤维的含量)和气温等不同而有差异。

在正常情况下，动物的需水量与采食的干物质量呈一定比例关系。一般每千克干物质需饮水2~5 kg 。对于保水能力差和喜欢在潮湿环境生活的动物，需水量要多一些。鸟类需水量通常低于哺乳动物。初生动物单位体重需水量要比成年动物高。活动会增加动物饮水量，紧张的动物又比安静的动物需更多的水。动物生理状况不同需水量不同。高产奶牛、高产母鸡、重役马需水量比同类的低产动物多。

动物的需水量(不包括代谢水)通常按其采食饲料干物质的量来计算。在适宜环境中，猪每摄入1 kg干物质，需饮水2~2.5 kg，马和鸡则为2~3 kg(NRC，1974)，牛为3~5 kg，犊牛为6~8 kg。妊娠也增加对水的需要，产多羔母羊需水比产单羔母羊多。表2-5总结了在适宜环境中畜禽以干物质采食量来计算的预期需水量。

(2)动物对水质的要求

为了保护畜禽的健康，在建场时必须对水进行检查。检查水源品质的主要标志之一是水中溶解盐类的含量，其中阴离子有碳酸根、硫酸根、盐酸根等，阳离子有镁、钙、钠等。根据试验，水中盐分的含量在5 000 mg/L以内对各种家畜都比较安全，家禽耐受水中的含盐量上限为3 000 mg/L。

被污染的水中常含有一些有毒元素，如铅、汞等重金属，不仅会危害畜禽健康和降低其生产性能，而且还会通过产品影响人类的健康。

表2-5　适宜环境条件下畜禽对水的需要量

动物	需水量(L/d)	动物	需水量(L/d)
肉牛	22~66	猪	11~19
奶牛	38~110	家禽	0.2~0.4
绵羊和山羊	4~15	火鸡	0.4~0.6
马	30~45		

(引自NRC，1974)

2.3.2　蛋白质与动物营养

蛋白质是由氨基酸组成的一类数量庞大的物质的总称。蛋白质是细胞的重要组成成分，它涉及动物代谢的大部分生命攸关的化学反应，在生命过程中起着重要的作用。

2.3.2.1　蛋白质的营养生理作用

蛋白质在动物的生命活动中具有重要的营养作用。

(1)蛋白质是构成机体组织细胞的主要原料

动物的肌肉、神经、结缔组织、腺体、精液、皮肤、血液、毛发、角、喙等，都以蛋白质为其主要成分，起着传导、运输、支持、保护、连接、运动等多种作用。肌肉、肝、脾等组织器官，干物质含蛋白质 80% 以上。它也是乳、蛋、毛的主要组成成分。除反刍动物，食物蛋白质几乎是唯一的可用以形成动物体蛋白的氮来源，是脂肪和碳水化合物所不能代替的。

(2)蛋白质是机体内功能物质的主要成分

在动物的生命和代谢活动中起催化作用的酶、起调节作用的激素、具有免疫和防御机能的免疫体和抗体，都是以蛋白质为其主体构成的。另外，蛋白质在维持体内的渗透压和水分的正常分布方面也都起着重要作用。

(3)蛋白质是组织更新、修补的主要原料

在动物的新陈代谢过程中，组织和器官的蛋白质不断在更新，损伤组织也需修补。根据同位素测定，全身蛋白质经 6~7 个月可更新一半。

(4)蛋白质可供能和转化为糖、脂

在机体营养不足时，蛋白质也可分解供能，维持机体的代谢活动。当摄入蛋白质过多时，也可能转化成糖、脂和分解产热供机体代谢用。日粮氨基酸不平衡时，多余的氨基酸在体内也同样如此。

2.3.2.2 氨基酸与蛋白质营养

蛋白质是氨基酸的聚合物。氨基酸数量、种类和排列顺序的变化组成各种不同的蛋白质，因此蛋白质的营养实际上是氨基酸的营养。组成蛋白质的氨基酸约 20 种，由于氨基酸的种类和比例不同，使各种饲料蛋白质具有不同的营养价值。

(1)必需氨基酸与非必需氨基酸

必需氨基酸(EAA)系指那些在动物体内不能合成，或合成速度及数量不能满足正常生长需要，必须由饲料来供给的氨基酸。成年单胃动物需要 8 种必需氨基酸：赖氨酸、蛋氨酸、色氨酸、亮氨酸、异亮氨酸、苯丙氨酸、苏氨酸、缬氨酸。生长动物除上述 8 种氨基酸外，尚需精氨酸、组氨酸。雏鸡为了正常生长，还需要甘氨酸、胱氨酸、酪氨酸。对于猪和家禽，蛋氨酸需要量的 50% 可用胱氨酸代替，苯丙氨酸需要量的 30% 可用酪氨酸代替，家禽甘氨酸需要量的一部分可用丝氨酸代替。因此，胱氨酸、酪氨酸和丝氨酸有时称为半必需氨基酸。

反刍动物瘤胃微生物能合成机体所需的全部氨基酸。但对于高产奶牛，瘤胃合成的量不能完全满足需要。

非必需氨基酸(NEAA)是指可不由日粮提供，体内能够合成的氨基酸，而不是动物生长和维持生命活动过程中不必需的。人和动物对非必需氨基酸的需要约占必需氨基酸和非必需氨基酸总量的 60%，非必需氨基酸绝大部分仍由日粮提供，不足部分才由体内合成。

(2)限制性氨基酸

限制性氨基酸系指一定饲料或日粮的某一种或几种必需氨基酸的含量低于动物的需要量，而且由于它们的不足限制了动物对其他必需氨基酸和非必需氨基酸的利用，其中缺乏最严重的称第一限制性氨基酸，相应为第二、第三、第四……限制性氨基酸。当喂以玉米－豆饼型日粮时，对于猪，赖氨酸为第一限制性氨基酸，而蛋氨酸、色氨酸则为第二、第三限制性氨基酸。对鸡来说，蛋氨酸为第一限制性氨基酸，第二是赖氨酸。

(3) 氨基酸平衡

饲料中各种氨基酸的数量和比例要符合动物生理需要，而不是越多越好。某种氨基酸过剩，即超过再合成蛋白质要求界限时，其多余的量，将通过脱氨基作用被当作能源利用，或作为体脂的原料而被积蓄起来。当然，此种利用方式是不经济的。

氨基酸和其他营养物质一样，也同样存在着可利用性的问题，若配比适当则其利用率高，反之则低。研究证明，对生长猪来说，各种氨基酸和赖氨酸之间的适合比例是：赖氨酸100，蛋氨酸+胱氨酸50，色氨酸15，苏氨酸60，异亮氨酸50，亮氨酸100，组氨酸33，苯丙氨酸+酪氨酸96，缬氨酸70。

为了便于平衡饲粮氨基酸，生产中常添加合成氨基酸，如合成赖氨酸、蛋氨酸等。这些氨基酸一般是猪、禽饲粮的前几种限制性氨基酸。通过添加合成氨基酸，可降低饲粮粗蛋白质水平，改善饲粮蛋白质的品质，提高其利用率，从而减少氮的排泄。当赖氨酸缺乏较严重时，仅添加合成赖氨酸就能使饲粮粗蛋白质水平降低3%~4%。例如，当用菜籽饼作为育肥猪的主要蛋白质饲料时，一般需添加0.2%~0.3%的合成赖氨酸。以可消化(可利用)氨基酸为基础，按畜禽理想蛋白质氨基酸模式平衡饲粮配方，是保证饲粮氨基酸平衡的有效途径。

(4) 氨基酸互补作用

对猪、禽等单胃动物，供给单一某种植物性饲料，往往不能满足机体对各种氨基酸的需要，因而影响体蛋白的合成。如果把两类或几类饲料合理搭配，混合使用，取长补短，互相补充，便可以达到氨基酸平衡，提高饲用价值，这种作用就称为氨基酸互补作用。例如，玉米蛋白质的利用率为51%，肉骨粉为42%，如果用两份玉米和一份肉骨粉混合饲喂，其蛋白质利用率可提高到61%；又如用饲料酵母喂猪时，其蛋白质的生物学价值为72%，用向日葵饼喂饲时，其蛋白质生物学价值为76%，如将其按1∶1比例混合使用，蛋白质生物学价值可达79%，氨基酸互补作用较好的还有豆科干草粉和禾本科子实的搭配：豌豆和小麦粉，大豆饼和葵花子饼混合应用等。因此，为畜禽配合饲料，应该有效地利用氨基酸互补原理，合理搭配饲料，配合饲粮，从而充分发挥各种饲料蛋白质的营养价值。

2.3.2.3 理想蛋白质

蛋白质的营养实质是氨基酸的营养，理想蛋白质是将动物所需蛋白质氨基酸的组成和比例作为评定饲料蛋白质质量的标准，并将其用于评定动物对蛋白质和氨基酸的需要。在20世纪40年代提出理想蛋白质，但将理想蛋白质正式与单胃动物氨基酸需要量的确定及饲料蛋白质营养价值的评定联系起来，则是1981年ARC(英国)提出的猪的营养需要。

(1) 理想蛋白质的概念

所谓的理想蛋白质，是指这种蛋白质的氨基酸在组成和比例上与动物所需蛋白质的氨基酸的组成和比例一致，包括必需氨基酸之间以及必需氨基酸和非必需氨基酸之间的组成和比例，动物对该种蛋白质的利用率应为100%。

(2) 理想蛋白质的必需氨基酸模式

对于猪和肉鸡的理想蛋白质氨基酸模式已经进行了大量研究，表2-6列出了几套猪和肉鸡的理想蛋白质必需氨基酸模式。

表2-6 猪、禽理想蛋白必需氨基酸模式[a] 占 Lys%

氨基酸	生长肥育猪					肉鸡		肉鸭	
	ARC[a] (2003)	中国[b] (2004)	日本[c] (1993)	SCA (1990)	NRC[d] (2012)	SCA (1987)	NRC[e] (1994)	ARC (1985)	NRC[f] (1994)
赖氨酸	100	100	100	100	100	100	100	100	100
精氨酸	45	39	—	—	45	100	114	94	122
甘氨酸+丝氨酸	—	—	—	—	—	—	114	127	—
组氨酸	34	31	33	33	35	39	32	44	—
异亮氨酸	58	53	55	54	53	60	73	78	70
亮氨酸	100	94	100	100	101	136	109	133	140
蛋氨酸	30	27	—	—	29	45	45	44	44
蛋氨酸+胱氨酸	59	57	51	50	58	—	82	83	78
苯丙氨酸	57	58	—	—	61	70	65	—	—
苯丙氨酸+酪氨酸	100	91	96	96	96	120	122	128	—
脯氨酸	—	—	—	—	—	—	55	—	—
苏氨酸	65	64	60	60	64	78	73	66	—
色氨酸	19	18	15	14	17	19	18	19	26
缬氨酸	70	68	71	70	67	81	82	89	87

注：a：表中均是以总氨基酸为基础，ARC(2003)、中国(2004)、NRC(2012)由营养需要标准推算得出，ARC为农业研究委员会，SCA为美国大豆协会；b：瘦肉型20~35 kg生长猪；c：30~70 kg生长猪；d：20~50 kg生长猪；e：0~3周龄肉鸡；f：0~2周龄肉鸭。

2.3.2.4 影响饲料蛋白质利用率的因素

影响动物对蛋白质利用率的因素很多，但概括起来可分为两大类：动物本身因素和饲料因素。

(1)动物本身的因素

不同种类动物其蛋白质代谢有差异。据测定，饲料粗蛋白质的平均生物学价值，乳牛为75%，羊约为60%，猪蛋白质平均生物学价值低于反刍动物，一般在60%以下。不同年龄动物对饲料蛋白质利用率也不同，幼龄时高，随着年龄增长，蛋白质代谢逐渐减弱。

(2)饲料因素

当日粮中能量不足时，蛋白质将被作为能量利用，这是一种很大的浪费，因此，饲料能量不足将对蛋白质的利用造成极大的影响。因此，现行饲养标准中都规定了能量蛋白比这一指标。

2.3.2.5 反刍动物对非蛋白氮的利用

反刍动物瘤胃中寄生的微生物，能将非蛋白态的含氮化合物分解生成氨，合成菌体蛋白，供宿主利用，所以人工合成的非蛋白氮化合物被广泛用于反刍动物。目前使用的有尿素、羟甲基尿素、异丁基二脲和淀粉糊化尿素等。在应用非蛋白氮喂反刍动物时应注意以下几个问题：充分供给足够的碳源；日粮中硫、磷、铁、钴等含量应充足，氮与硫适宜比例为

(10~14):1；日粮粗蛋白水平不易太高；用量要适宜。一般奶牛日粮中尿素用量不要超过日粮干物质的1%，并且要均匀混合，如果日粮是含非蛋白氮高的饲料，如青贮料，尿素用量可减半。尿素用量应逐渐加入，需2~4周时间作为适应期。

2.3.3 脂类与动物营养

脂类是动物营养中的又一类重要营养素。其种类繁多，化学组成各异。营养分析中把这类物质统称为粗脂肪。根据结构不同，可分为真脂肪与类脂肪两大类。真脂肪由脂肪酸与甘油结合而成，类脂肪由脂肪酸、甘油及其他含氮物质等结合而成。

2.3.3.1 脂类在动物体内的营养作用

(1)脂类是体细胞的必要成分

动物体组织细胞含1%~2%的脂类物质。除简单脂类外，大多数脂类，特别是磷脂类和糖脂类是细胞膜的重要组成成分，原生质也并非是单纯的蛋白质，而是一种蛋白质和脂肪形成的乳状液。

(2)脂类的供能贮能作用

脂类是含能最高的营养素，因此是动物维持和生产的重要能量来源。动物生命活动所需的能量约30%由脂肪氧化供应。动物采食的脂肪除直接供能外，多余的转变成体脂沉积。体脂是动物机体理想的能量储备物质。

(3)脂类是脂溶性维生素的溶剂

饲料中脂溶性维生素(维生素A、维生素D、维生素E和维生素K)必须溶解于脂肪中才能被畜体吸收和利用。饲喂脂肪不足的饲料有可能引起脂溶性维生素缺乏症。

(4)供给动物必需脂肪酸

凡是体内不能合成，必须由日粮供给，或能通过体内特定先体物形成，对机体正常机能和健康具有重要保护作用的脂肪酸都称为必需脂肪酸(EFA)。按此定义，脂肪酸中的十八碳二烯酸(亚油酸)和十八碳三烯酸(α-亚麻酸)称为必需脂肪酸。根据试验，用不含脂肪的饲料喂动物时会发生鳞片性皮肤炎，尾部坏死，生长停滞，甚至死亡，对繁殖和泌乳也有不良影响。家畜对必需脂肪酸需要量较少，猪日粮含有1.0%~1.5%的脂肪就能满足需要，鸡日粮中含有2%~3%植物性脂肪就能满足需要。由谷物和蛋白质饲料组成的日粮都能为猪、禽提供必需脂肪酸。

(5)脂类的其他作用

沉积于动物皮下的脂肪具有良好绝热作用，在冷环境中可防止体热散失过快，对生活在水中的哺乳动物显得更重要，此外，禽类尤其是水禽尾脂腺中的脂肪对羽毛的抗湿作用特别重要。

2.3.3.2 脂类的氧化酸败

脂类的氧化酸败分自动氧化和微生物氧化。氧化酸败一方面降低脂类的营养价值，另一方面产生不适宜气味。自动氧化是一种自由基激发的氧化，先形成氧化物，再与氢结合形成氢化氧化物，继续分解，形成不适宜的酸败味。氧化是种自身催化加速进行的过程。微生物氧化是一个由酶催化的氧化。存在于植物饲料中的脂肪氧化酶或微生物产生的脂肪氧化酶最容易使不饱和脂肪酸氧化。催化的反应与自动氧化一样，但反应形成的过氧化物，在同样温、湿度条件下比自动氧化多。因此，在饲料贮藏期间，尽可能减少或避免脂类氧化酸败。

2.3.4 碳水化合物与动物营养

碳水化合物在动物体内含量不足1%，但在动物日粮中碳水化合物占1/2以上，是动物生产中的主要能源，来源丰富，成本低。淀粉是单胃动物的主要能量来源。

2.3.4.1 粗纤维在动物营养中的作用以及影响利用率的因素

(1)粗纤维在动物营养中的作用

饲料中粗纤维的作用，无论对单胃或复胃动物都是不可忽视的。贵在数量适当，对象明确，充分权衡利弊关系，达到合理利用的目的。

① 作为营养物质　反刍动物瘤胃和马属动物盲肠内有大量微生物，微生物能分泌纤维素酶和半纤维素酶，将纤维素、半纤维素分解为乙酸、丙酸与丁酸，这些挥发性脂肪酸可作为动物营养源，经瘤胃壁或肠壁吸收，通过血液运至各组织代谢。高纤维饲料对促进反刍动物瘤胃正常消化机能甚为重要，如能经碱化处理，作为牛、羊粗饲料，将是一个极大的资源。含粗纤维多的饲料体积大，采食较慢，食入的可消化养分相对较少，所以对于高产及幼龄反刍动物，粗料喂量不宜过高。猪、禽等消化道内发酵作用差，不能很好地消化和利用粗纤维，因此要严格控制日粮中粗纤维水平。一般，猪日粮中粗纤维不超过9%，鸡不超过5%。

② 作为填充物质　填充胃的容积，给家畜以饱腹感。家畜的采食量取决于家畜消化器官的容量，如果饲料容积大，则将限制其采食量。如饲料容积小，容重大，能量浓度高，并采用自由进食方式时，有时又可引起动物过肥，降低肥育猪瘦肉质量，降低饲料利用效率。而在配合饲料中加大粗料比例，增加粗纤维给量，则可以达到控制能量、采食量的目的。种畜饲料中适当增加粗纤维，有利于维持正常体况。

③ 促进胃肠蠕动及粪便排泄　粗纤维对肠黏膜有刺激作用，所以适量采食粗纤维，可促进胃肠蠕动，排出体内代谢废物。

(2)影响反刍动物粗纤维利用率的因素

同类反刍动物对饲料粗纤维的消化率受一系列因素影响，主要因素如下：

① 日粮粗蛋白质水平　是改善瘤胃对粗纤维消化的重要因素。因为蛋白质是微生物繁殖的基质，蛋白质过低将限制微生物的繁殖，从而影响对纤维的分解力。如以低品质干草(含粗蛋白质3.28%~4.51%)喂绵羊时，粗纤维的消化率为49%，若补加10 g尿素，可将粗纤维的消化率提高10%左右。

② 饲料中粗纤维含量　饲料中粗纤维含量越高，粗纤维本身消化率越低，而且同时降低其他养分的消化率。日粮粗纤维过高，对不同动物影响也不同，如在一定水平上，日粮中的粗纤维每增加1%，则降低有机物质消化率：成年牛0.38%，马1.26%，猪1.68%，兔1.45%，鸡2.33%。

③ 日粮中矿物质　日粮中加入不同种类的矿物质添加剂可以提高粗纤维的消化率，试验证明，日粮中加入适量的钙、磷、硫等，可提高粗纤维的消化率。研究证明，在体外条件下，硫在瘤胃内容物的浓度为0.16%~0.24%时，粗纤维的分解最为理想。补加食盐对提高

瘤胃粗纤维的消化率有重要作用。

④ 饲料加工技术　饲料加工技术不同，粗纤维消化率不同。粗饲料粉碎过细，反刍动物对饲料粗纤维的消化率约降低10%~15%。其主要原因是由于粉碎过细加速了饲料通过瘤胃、网胃的速度，从而减少了微生物作用于饲料的时间。若加工成颗粒饲料，因在瘤胃内停留的时间过长，发酵产酸致使瘤胃内的pH值降低，影响微生物区系纤维素酶的活性，减少分解纤维素的微生物群体，导致纤维素消化降低。秸秆饲料经热压碱化处理，粗纤维的消化率可提高20%~40%，其机理是由于处理后木质素破坏，提高了纤维素的膨胀力与渗透性及皂化过程，使酶与被分解的底物充分接触。

2.3.4.2 无氮浸出物在动物体内的营养作用

(1)形成体组织器官所必需的成分

五碳糖是细胞核酸的组成成分；许多糖类可与蛋白质结合成糖蛋白；半乳糖与类脂肪是神经组织所必需；碳水化合物的代谢产物，如低级脂肪酸可与氨基作用形成氨基酸，供体组织合成所需。

(2)畜禽体内热能的主要来源

肌肉及肝脏中的糖原随时都可经生理氧化产生热能，以保持体温，以及供呼吸、循环、消化道蠕动、肌肉运动等体内各器官的正常活动所需。

(3)转化为体脂贮存体内

饲料无氮浸出物供作能量尚有多余时，可转变为体脂肪沉积于体内。肉用动物的适当的体脂沉积可改善肉的品质。泌乳动物可用以形成乳脂。

除供以上所需外，尚有多余可转变为肝中和肌肉中的糖原，贮备供需时之用。

2.3.5 矿物质与动物营养

所有的动物在生活或生长过程中，均需要矿物质元素。现已知畜禽所必需的矿物质元素有钾、钠、钙、镁、硫、磷、氯、锰、锌、铁、铜、钴、硒、碘、氟、钼16种之多。当日粮中必需矿物质元素不足时会出现各种临床症状，影响畜禽的健康和生产性能，但如果日粮中含量过高，超过需要量时，对动物也会产生不利影响。根据矿物质元素占动物体重的百分比，可将矿物质分为常量元素和微量元素。含量占体重的0.01%以上的矿物质元素为常量元素，常量元素包括钾、钠、钙、镁、硫、磷、氯；含量占体重0.01%以下的矿物质元素为微量元素，微量元素包括锰、锌、铁、铜、钴、硒、碘、氟、钼等。在营养学中把上述的常量元素和微量元素统称为必需矿物元素。

2.3.5.1 必需矿物元素的主要功能

这些必需矿物元素在动物体内具有重要的营养生理功能，不同的必需矿物元素具有不同的营养生理作用。总体上，必需矿物元素的营养生理作用有以下几种：

① 构成机体组织的重要原料。主要是构成骨组织，其矿物元素的含量占机体总量的80%；其次为发、毛、羽毛、角组织。

② 细胞内外液的重要组成部分，参与维持电解质和渗透压的平衡。

③ 作为缓冲剂，维持体内的酸碱平衡。

④ 作为酶的组成成分(参与辅酶或辅基的组成，如锌、锰、铜、硒等)和激活剂(如镁、

氯等)，影响酶的活性，参与体内物质代谢。

⑤ 维持神经肌肉的正常功能。

⑥ 构成特殊化合物的组成成分，如激素(甲状腺素、胰岛素等)，参与体内的代谢调节。

与蛋白质、脂类和碳水化合物三大有机养分比较，矿物元素营养具有特殊性，表现在以下几个方面：矿物元素不是能源物质，但参与机体构成和代谢调节，影响有机养分的代谢；相对有机养分而言，动物对矿物元素的需要量较少，尤其是微量元素；重要性不亚于有机养分，缺乏或过量均可导致动物生产性能大幅度下降，甚至死亡，在生产上容易产生缺乏症或中毒症；在动物体内的代谢过程中可反复周转使用；需求具有地方特异性，饲粮中是否需供给某元素，取决于所用饲料生长的土壤中该元素的含量和该元素在动物体内的代谢情况。

2.3.5.2 矿物元素在体内的含量与分布特点

动物体内矿物元素含量分布有如下特点：① 按无脂空体重基础表示，每个元素在各种动物体内的含量比较近似，尤其是常量元素。② 体内电解质类元素含量从胚胎期到发育成熟的不同阶段都比较稳定。③ 不同组织器官中的元素含量依其功能不同而含量不同，如钙、磷是骨骼的主要组成成分，因此，骨中钙、磷含量丰富；铁主要存在于红细胞中。动物肝中微量元素含量普遍比其他器官含量高。

2.3.5.3 钙、磷

钙和磷是动物体内必需的矿物质元素。现代动物生产条件下，钙、磷已成为配合饲料中添加量较大的营养素。

(1)钙、磷在动物体内的含量及分布

钙、磷是动物体内含量最多的矿物质元素，平均占体重的1%~2%，其中98%~99%的钙、80%的磷在骨骼和牙齿中，其余存在于软组织和体液中。

骨中钙约占骨灰分的36%，磷约占17%。正常的钙磷比是2∶1。动物种类、年龄和营养状况不同，钙磷比有变化。钙、磷主要以两种形式存在于骨中，一种是结晶型化合物，主要成分是羟基磷灰石[$Ca_{10}(PO_4)_6(OH)_2$]；另一种是非晶型化合物，主要含$Ca_3(PO_4)_2$、$CaCO_3$和$Mg_3(PO_4)_2$。

血液中钙基本只存在于血浆中。多数动物正常含量是9~12 mg/100 mL，产蛋鸡一般高3~4倍。其中，游离钙离子约占50%，钙结合蛋白约占45%，螯合形式的钙约占5%。血中磷含量较高，为35~45 mg/100 mL，主要以$H_2PO_4^-$的形式存在于血细胞内。血浆中磷含量较少，成年动物仅4~9 mg/100 mL，生长动物稍高，主要以离子状态存在，少量与蛋白质、脂类、碳水化合物结合存在。

(2)钙、磷不足对动物的影响

幼畜在生长时需要较多的钙、磷来形成骨骼，如饲料中钙、磷供应不足，则生长缓慢，严重时可患佝偻病，患病幼畜由于软骨继续增生，而钙化不全，会表现骨端变粗，四肢关节肿大，骨质松软，以至管骨弯曲变形。肋骨处也会由于软骨增生，而形成念珠状突起。成年动物钙、磷不足时，则易患骨软化症。这多发生于母畜怀孕后期及产后，以及产蛋母鸡。一般情况下，妊娠后期及产乳高峰的母畜会出现钙、磷的负平衡。这是由于母畜动用本身骨中的钙、磷来供给胎儿及泌乳的需要。如果长期处于钙、磷负平衡，就会发生骨软化症。产蛋母鸡缺钙时，产软壳蛋、薄壳蛋，产蛋量和孵化率都下降。

(3)影响钙、磷利用的因素

① 肠中的酸度　当肠道内容物呈酸性时有利于磷和钙的吸收，在酸性条件下可阻止磷酸钙的生成，使钙、磷溶解度增加。

② 饲料中钙、磷的比例　一般家畜饲料中的钙磷比在2∶1～1∶1吸收率高，如钙过多，则与磷酸根形成不易溶解的磷酸钙而妨碍磷的吸收，反之，过多的磷酸根与钙结合降低了钙的利用。

③ 维生素D的供给　维生素D可使小肠酸度提高有利于磷和钙的吸收。

④ 饲料中草酸、植酸的含量　饲料中的草酸与钙结合形成草酸钙沉淀物，不能被单胃家畜吸收。在谷物及其加工副产品中含有植酸磷。植物中的总磷有30%～70%是以植酸磷的形式存在，植酸磷与钙、镁结合成植酸钙镁盐，不易被单胃动物所利用。

2.3.5.4　钠、钾和氯

体内钠、钾、氯的作用主要有：作为电解质维持渗透压，调节酸碱平衡，控制水的代谢；钠对传导神经冲动和营养物质吸收起重要作用；细胞内钾与很多代谢有关；钠、钾、氯可为酶提供有利于发挥作用的环境或作为酶的活化因子。体内电解质平衡(正负离子平衡)是保证动物发挥正常生产性能的重要条件，电解质营养已成为挖掘动物营养和饲养潜力的一个重要方面。饲粮酸碱度或电解质平衡与体内电解质平衡之间、酸碱平衡与营养物质利用效率之间的关系颇受动物营养学家重视。

(1)饲粮电解质平衡状况的表示方法

饲粮电解质平衡状况常用的表示方法为饲粮电解质平衡值(dietary electrolytes balance, DEB)，主要根据饲料中的阴阳离子的摩尔数计算而得，即：

$$DEB(每千克饲粮) = (Na^{+} + K^{+} + Ca^{2+} + Mg^{2+})\,mmol - (Cl^{-} + S^{2-} + P^{2-})\,mmol$$

在实际情况下通常不考虑Ca^{2+}、Mg^{2+}、S^{2-}、P^{2-}等离子，可用简化式计算：

$$DEB(每千克饲粮) = (Na^{+} + K^{+} - Cl^{-})\,mmol$$

(2)电解质平衡的营养生理重要性

电解质平衡的基本营养生理功能是：电解质是动物体内酸碱平衡缓冲系统的基本组成部分。电解质平衡有利于调节水的代谢和摄入，如动物对Na^{+}、K^{+}、Cl^{-}摄入量的变化反应非常敏感，摄入量增加，饮水量即增加；电解质平衡保证营养素的适宜代谢环境，避免重要营养素(如赖氨酸等)在体内充当碱性离子(如钾不足)利用而降低营养素的利用效率。已有试验证明，动物在低营养条件下，补充碳酸氢钾表现出赖氨酸节约效应；酸碱平衡变化甚至影响体内钙、磷和维生素D_3的代谢。

(3)电解质平衡失调对动物的影响

电解质平衡失调会打破离子平衡、酸碱平衡和体内的缓冲系统，对动物的危害包括：生产性能下降，动物腹泻，家禽蛋壳质量下降，肉鸡出现胫骨短粗症，导致酸中毒或碱中毒，动物抗应激反应能力下降等。

其他矿物质元素与动物营养见表2-7。

表2-7 其他矿物元素与动物营养

矿物质	主要功能	缺乏所引起的症状	相互关系	来源	中毒量（mg/kg）*
镁（Mg）	骨的形成所必需；酶的激活剂	血管舒张，血压下降，过度激动性痉挛（牧草痉挛），食欲丧失	过量镁影响钙、磷的代谢	硫酸镁、氧化镁	
硫（S）	含硫氨基酸的组分；硫胺素和生物素的组分；辅酶A的组分，在脂肪、碳水化合物及能量代谢中具有重要作用	影响含硫氨基酸的合成，生长停滞，产毛减少		蛋白质饲料、硫元素或硫酸盐	
铁（Fe）	血红素的成分，与氧的输送有关	贫血	铁代谢需铜辅助	硫酸亚铁	
铜（Cu）	促进血红素的形成；与几种酶的活性、毛的发育、色素产生、骨的发育、生殖泌乳等有关	营养性贫血；运动不协调，关节肿胀，骨骼有脆性，羊毛褪色		硫酸铜、碳酸铜	猪250，绵羊10~15
锌（Zn）	为多种酶的组分，如酞酶，碳酸酐酶等；蛋白质的合成与代谢所必需；为胰岛素的组分	味觉减退，生长受阻，被毛发育不良，羊毛脱落，猪皮肤角质化	过量钙妨碍锌的吸收，过量锌干扰铜的代谢	碳酸锌、硫酸锌	牛 900 ~ 1 200，猪2 000，鸡1 000~3 000
锰（Mn）	为骨骼有机间质的组分，形成骨骼所必需；对体内生化过程有关酶具有激活作用：氧化磷酸化作用，氨基酸代谢，脂肪酸合成，胆固醇代谢；与生长、生殖有关	生长受阻，跛行，腿变短呈弯弓形，关节变大，睾丸退化，家禽的胫骨粗短	钙过量时减少锰的吸收	硫酸锰、碳酸锰	牛 1 000 ~ 2 000，猪500，鸡1 000
钴（Co）	为维生素 B_{12} 的组分，与瘤胃细菌的生长有关	食欲不振，消瘦，贫血		氯化钴、硫酸钴	牛60，绵羊100~200
碘（I）	甲状腺素的组分，参与调节代谢率	甲状腺肿，产弱胎、死胎，初生仔猪无毛，生长畜呈呆小病		碘化钾、碘酸钾	牛 50，猪 400 ~ 800，鸡300
硒（Se）	预防雏鸡胰脏退化和纤维质化	羔羊、犊牛发生营养性肌肉萎缩；家禽患渗出性素质症；猪的肝坏死	与维生素E的吸收有关	亚硒酸钠	牛3~4，猪5~8，鸡10~20
钼（Mo）	为黄嘌呤氧化酶的组分，促进瘤胃微生物繁殖	生长缓慢，影响尿酸的形成	钼可干扰铜的代谢，钼与硫生成硫代钼酸盐，再与铜反应生成难溶的硫代钼酸铜		牛 10 ~ 20，猪 1 000，鸡200
氟（F）	预防龋齿			氟化钠	绵羊60~200，鸡500~1 000

注：*此处的kg是指饲料中干物质的质量。

2.3.6　维生素与动物营养

2.3.6.1　维生素的概念及分类

维生素(vitamin)是人类和动物代谢所必需的需要量很少的低分子有机化合物，体内一般不能合成，必须由饲粮提供，或者提供其先体物。维生素既非能量源，又非动物组织构成成分，但它为维持动物正常生理机能所必需，是具有高度生物学活性的一类有机物。各种维生素在动物生命代谢活动中起着各自特有的作用。虽然维生素不是构成各组织的主要成分，但在动物体内的作用极大，起着控制新陈代谢的作用。多数维生素是辅酶的组成部分，维生素缺乏，会影响辅酶的合成，导致代谢紊乱，动物会出现各种病症，影响动物健康和生产性能。

根据溶解性，维生素可分为脂溶性维生素和水溶性维生素两大类。脂溶性维生素都溶于脂肪及乙醚、氯仿等有机溶剂，不溶于水。它们包括维生素 A、维生素 D、维生素 E、维生素 K。这类维生素中的大部分能在体内蓄积，短时期供给不足不会对畜禽生产力和健康产生不良影响，而长期超量却会产生有害作用。已证明维生素 A、维生素 D 和维生素 K 过多对动物有毒性作用。水溶性维生素都溶于水，它们包括 B 族维生素和维生素 C。B 族维生素包括硫胺素(维生素 B_1)、核黄素(维生素 B_2)、烟酸和烟酰胺、维生素 B_6、泛酸、叶酸、生物素、胆碱、维生素 B_{12}及肌醇等。B 族维生素几乎都是辅酶或辅基的组成部分，参与机体各种代谢。水溶性维生素很少或几乎不在体内贮备。因此，短时期缺乏或不足就会影响生产和动物健康。

反刍动物瘤胃微生物可合成 B 族维生素和维生素 K，所以成年反刍动物一般不会缺乏。单胃动物因大肠合成、吸收利用少，幼龄动物合成少，所以 B 族维生素必须依靠饲料补充。一般情况下，维生素 C 在成年动物体内均可合成满足需要，仅在逆境或应激条件下会感不足。

近年来的研究表明，维生素除了传统的营养作用以外，在动物饲料中添加高剂量的某些维生素有增进动物免疫应答能力，提高抗毒、抗肿瘤、抗应激能力以及提高畜产品品质等作用。这使得维生素添加剂在动物饲料中得到更广泛的应用。

2.3.6.2　维生素的营养特点

① 它们不参与机体构成，也不是能源物质，主要以辅酶和催化剂的形式广泛参与体内新陈代谢，从而保证机体组织器官的细胞结构和功能正常。

② 生物体对其需要量甚微，每日需要量一般在毫克或微克水平，但由于它们在体内不能合成或合成量不足，且维生素本身也在不断地进行代谢，因此必须由饲粮供给，或者提供其先体物。

③ 维生素缺乏可引起机体代谢紊乱，产生一系列缺乏症，影响动物健康和生产性能，严重时可导致动物死亡。维生素供应过多时会出现中毒现象，过量的脂溶性维生素会引起严重的中毒症状，而过量的水溶性维生素相对毒性要小得多。

维生素的缺乏主要表现为下列一般症状：食欲下降，外观发育不良，生长受阻，饲料利用率下降，生产力下降，对疾病抵抗力下降等非特异性症状。但有些维生素缺乏可表现出特异性的缺乏症，如干眼病(维生素 A)、脚气病(维生素 B_1)、糙皮症(烟酸)、坏血病(维生素 C)、佝偻病(维生素 D)等。

维生素的中毒不常见，水溶性维生素除维生素B_{12}外，几乎不在体内贮存，故一般不会中毒。脂溶性维生素易在体内沉积，摄入过量时可引起中毒。例如，维生素A过量可导致骨畸形；维生素D过量可使得血钙过多，动脉中钙盐广泛沉积，各种组织和器官发生钙质沉积以及骨损伤。

2.3.6.3 动物对维生素的需要特点

第一，不同动物对各种维生素的需要量不同。第二，生物体对维生素的需要量不是固定不变的，受多种因素的影响，如动物的健康状况、生长阶段及其他营养素的供给情况等。提高饲粮中维生素含量，可提高动物的抗应激或对疾病的抵抗力。第三，动物对维生素的需要量还受其他多种因素的影响，包括维生素的来源、饲粮结构与成分、饲料加工方式、贮藏时间、饲养方式等，如集约化饲养条件下，动物对维生素的需要量增加。第四，提高饲粮中某些维生素含量，可提高畜产品的品质或生产出富含维生素的畜产品。

2.3.6.4 各种维生素的特性、功能、缺乏症

各种维生素的特性、功能、缺乏症与来源见表2-8。

表2-8 各种维生素的特性、功能、缺乏症与来源

维生素名称	特性及易发生缺乏症条件	主要生理功能	缺乏症	来源
维生素A（视黄醇、抗干眼病维生素）	动物体内有维生素A，植物体内有胡萝卜素，动物可将胡萝卜素转化为维生素A，遇热不稳定，易受紫外线及氧化剂破坏	维持上皮组织的健全与完整，尤其是眼、呼吸、消化、生殖、泌尿系统；维持正常视觉；促进生长发育	干眼病、夜盲症，上皮组织角质化，抗病力弱，生产性能降低，种鸡的孵化率降低	绿色饲草，胡萝卜，黄玉米，鱼肝油，蛋黄
维生素D（钙化醇、抗佝偻病维生素）：麦角固醇－D_2（麦角钙化醇），7－脱氢胆固醇－D_3（胆钙化醇）	结晶的维生素D比较稳定，但易被高温、紫外线和多烯脂肪酸酸败过程的过氧化作用破坏；舍饲条件下，阳光照晒少时，易缺乏	促进小肠黏膜细胞钙结合蛋白的合成，促进钙、磷吸收与骨骼的钙化	幼畜佝偻病，成年家畜骨软化症	家畜经日光照射在体内生成；鱼肝油，干草，合成维生素D_2、维生素D_3
维生素E（生育酚、抗不育维生素）	对酸、热稳定，对碱不稳定、易氧化；在具有不饱和脂肪酸和矿物质的情况下更易氧化	维持正常生殖机能；防止肌肉萎缩；抗氧化剂，保护维生素A及不饱和脂肪酸	不育症，肌肉萎缩，溶血性贫血，雏鸡小脑软化症，渗出性素质病，火鸡雏肌胃糜烂	植物油，绿色植物，小麦麦胚，蚕蛹，合成维生素E
维生素K	耐热，但易被光、碱破坏	促进肝脏合成凝血酶原及凝血因子	凝血时间延长，可发生皮下肌肉及肠胃道出血	绿色植物，肠内细菌，工业合成维生素K
硫胺素（维生素B_1）	对热和酸稳定，遇碱易分解，温度高于100℃时被破坏	作为能量代谢的辅酶，促进食欲，促进生长，为正常碳水化合物代谢所必需	神经系统代谢障碍，鸡可出现多发性神经炎，胃肠道机能障碍	谷物外皮，青绿饲料

（续）

维生素名称	特性及易发生缺乏症条件	主要生理功能	缺乏症	来源
核黄素（维生素 B_2）	对热和酸稳定，遇光和遇碱易破坏	是酶系统的组成部分，为体内生物氧化所必需	幼畜停止生长，脱毛，出现神经症状，小鸡卷爪麻痹症，生长受阻，腹泻，成鸡孵化率低	青绿饲料，酵母、发酵饲料及工业合成核黄素
烟酸及烟酰胺（维生素 PP）	稳定，遇酸、碱、热、氧化剂都不易破坏	为辅酶Ⅰ和辅酶Ⅱ的组成成分，为体内生物氧化所必需	小鸡溜腱症，生长受阻，嘴、舌深红色炎症，成鸡产蛋量和孵化率降低；生长猪下痢，皮炎，坏孔性肠炎	工业合成烟酸，青绿饲料，苜蓿，体内由色氨酸转化
吡哆醇（维生素 B_6）	对热稳定，对光不稳定	为蛋白质和氮代谢辅酶，参与红细胞形成，在内分泌系统中起作用	幼畜生长缓慢或停止，小猪细胞血红蛋白过少，贫血，运动失调	酵母，豆类，肉
泛酸	对湿热及氧化剂、还原剂均稳定，干热及在酸、碱中加热则易破坏	辅酶 A 和酰基载体蛋白质的组成部分，为中间代谢的必要因子	肾上腺皮质萎缩，出血坏死，角膜血管增生、变厚，出现神经症状，小鸡生长不良，羽毛粗糙，嘴、眼、肛门周围皮肤变性，成鸡孵化率降低	纯泛酸钙，苜蓿粉，奶粉，发酵制品
生物素	在高温及氧化剂下能被破坏	参与碳水化合物、脂肪与蛋白质代谢	皮炎，贫血，脱毛症，小鸡脚上、喙边皮肤裂口并变性，溜腱症，成鸡孵化率降低；猪蹄裂，后肢痉挛	谷物，豆饼，苜蓿粉，干酵母，乳制品，青绿草
叶酸	在中性、碱性中对热稳定，在酸性中加热易分解，易被光破坏	参与一碳基团代谢，与核酸蛋白质合成、红细胞和白细胞成熟有关	巨幼红细胞性贫血，白细胞减少，停止生长，小鸡生长不良，溜腱症，成鸡产蛋率、孵化率下降	植物绿叶，小麦，豆饼
胆碱	为磷脂及乙酰胆碱等组成成分，与神经冲动的传导有关，参与脂肪代谢	是神经递质的重要组成部分，同时也是体内甲基的提供者之一	脂肪代谢障碍，肝脏发生脂肪浸润，产蛋母鸡易引起脂肪肝，产蛋下降，生长鸡溜腱症	天然饲料脂肪中均含有，纯胆碱
钴胺素（维生素 B_{12}）	遇强酸、日光、氧化剂、还原剂均易破坏	参与核酸与蛋白质合成以及其他中间代谢	巨幼红细胞性贫血，神经系统损害，生长猪毛粗乱，皮炎，后肢运动不协调，降低繁殖率；家禽生长不良，孵化率低	鱼粉，肉粉，肝，发酵制品，维生素 B_{12} 制剂

2.4 动物的营养需要与饲养标准

动物为了维持生命、生产产品和繁衍后代，需要从外界摄取各种营养物质。动物种类不同，生产目的与水平不同，对营养物质的需要量也不同。动物营养不仅研究不同种类动物需要的营养物质种类及其作用，而且还阐明各种营养物质的需要量，这是合理配制日粮的依据，也是动物饲养实践的科学指南。

2.4.1 营养需要

2.4.1.1 营养需要的概念

营养需要(nutrient requirement)也称营养需要量，是指动物在最适宜环境条件下，正常、健康生长或达到理想生产成绩对各种营养物质种类和数量的最低要求。营养需要量是一个群体平均值。动物对养分的需要包括两部分，一部分用于维持动物基本的生命活动，表现为维持基础代谢和必要的自由活动，这部分需要称为维持需要；动物对养分需要的另一部分主要用于动物的生长或生产，称为生产需要，根据生产目的的不同，又可把生产需要分为生长需要、产乳需要、产蛋需要、产毛需要等。维持需要仅维持动物自身的生命，不产生经济效益，生产需要才对人类真正有用。维持需要占营养需要的比例越低，动物生产的经济效益就越高。

2.4.1.2 营养需要的测定

测定动物营养需要的方法包括综合法和析因法两种。

(1)综合法

综合法是根据动物的总体反应来确定其对某种营养物质的总需要量。综合法是营养需要研究中最常用的方法，包括饲养试验法、平衡试验法、屠宰试验法、生物学法等，其中严格控制的饲养试验法用得最多。在严格控制试验条件的情况下，根据剂量(某养分的摄入量)-效应(增重、产蛋、泌乳、产毛等)反应的原则，通过回归分析法，求出维持状态(不生产或不增重)和生产单位产品时的养分需要量。测定生长肥育动物、泌乳母畜和产蛋家禽的能量、蛋白质需要量，主要用饲养试验法。维生素和矿物元素需要量的测定，也主要用饲养试验法并辅以分析被测物质在血液和组织中的含量或特定酶活。

(2)析因法

析因法是把动物对营养物质的总需要量剖析为多个部分的营养需要(如维持需要、产乳需要、产毛需要、产蛋需要等)，通过测定各个部分的营养需要，而得到动物对营养物质的总需要量。

动物对各种营养物质的总需要量，可剖析为维持生命活动和保证生产两大部分，即：

总营养需要 = 维持需要 + 生产需要

生产需要又可细分为产乳、产蛋、增重、繁殖、产毛等。用公式表示为：

$$R = aW^b + cX + dY + eZ$$

式中，R 为动物对某种营养物质的总需要量；W 为体重；W^b 为代谢体重；a 为常数，表示每千克代谢体重的维持需要；X、Y、Z 分别为不同产品(乳、脂、肉、蛋、妊娠产物等)中某营养物质的含量；c、d、e 分别为营养物质形成产品时利用率的倒数。

2.4.1.3 维持需要

(1)维持与维持需要

维持是动物生存过程中的一种基本状态。动物保持体重不变，体内营养素相对恒定，分解代谢和合成代谢处于动态平衡状态，即为维持状态。动物既不生产产品，也不从事劳役，并保持体况正常和体重不变时对各种养分最低需要量即为维持需要。维持需要实际上也是维持动物正常生命活动的最低需要，主要用来弥补周转代谢过程中的损失和必要的活动。维持需要不是固定不变的，环境温度的改变、运动量的变化，都会使维持需要改变。

(2)研究维持需要的意义

动物食入的养分，一部分用于维持生命活动和必要的自由活动(维持需要)，一部分用于生产产品(生产需要)。动物生产中，维持需要属于无效损失，营养物质满足维持需要的生产利用率为零，只有生产需要才能产生经济效益。但维持需要又是必要的损耗，因为只有在满足维持需要的基础上，摄入的养分才能用于生产，虽不直接进行生产，却又是生产中必不可少的。因此，维持需要是动物的一种基本需要，是研究其他各种生产需要的前提和基础。

维持需要占总营养需要的比例很大。由于维持需要不产生经济效益，因此，必须合理平衡维持需要与生产需要的关系。现代动物生产中，饲料成本是影响生产效益的主要因素，平均占总生产成本的50%~80%。因此，必须尽可能地降低维持的饲料消耗，提高生产需要的比例，从而提高生产效率。表2-9表明，生产需要所占比例越大，则维持需要所占比例越小，生产效率就越高。生产实践中，培育优良品种，优化畜群结构，采取科学的饲养管理方法以提高动物的生产力，应视为节省维持需要的关键措施。

表2-9 畜禽能量摄入与生产之间的关系

种类	体重(kg)	摄入ME(MJ/d)	产品(MJ/d)	维持需要ME(MJ/d)	维持占比(%)	生产占比(%)
猪	200	19.65	0	19.65	100	0
猪	50	17.14	10.03	7.11	41	59
鸡	2	0.42	0	0.42	100	0
鸡	2	0.67	0.25	0.42	63	37
奶牛	500	33.02	0	33.02	100	0
奶牛	500	71.48	38.46	33.02	46	54
奶牛	500	109.93	76.91	33.02	30	70

(引自杨凤，2001)

(3)主要养分的维持需要

① 能量　动物维持状态下对能量的需要主要用于基础代谢、逍遥运动及体温调节的能量消耗。基础代谢是指动物在理想条件下维持自身生存所必要的最低限度的能量代谢。此种代谢仅限于维持细胞内必要的生化反应和组织器官必要的基本活动。基础代谢的理想条件要求动物必须处于：适温环境条件；饥饿和完全空腹状态；绝对安静(意识正常)和放松状态；健康及营养状况良好。满足上述条件的基础代谢也称最低代谢，但对于动物而言，很难准确测定这种最低代谢。

动物营养研究中，通常以绝食代谢代替基础代谢。动物绝食到一定时间，达到空腹条件时所测得的能量代谢称为绝食代谢。动物的绝食代谢水平一般比基础代谢略高，但仍比较稳定。大量研究表明，各种成年动物的绝食代谢产热量用单位代谢体重($W^{0.75}$)表示比较一致。平均为：

$$绝食代谢产热量(kJ/d)=300W^{0.75}$$

即成年动物每天每千克代谢体重的绝食代谢产热量为300 kJ(净能)。成年动物绝食代谢的平均值不适合于生长动物，单位代谢体重的绝食代谢产热量随生长动物年龄的增加而减少。

维持的能量需要除包括绝食代谢能量外，还包括随意活动的能耗及必要的抵抗应激环境的能耗。但由于随意活动量很难准确评定，同时也难以评判抵抗应激环境的能量消耗，因此，估计动物维持的能量需要，一般是在绝食代谢的基础上，根据具体情况(活动量、环境温度等)，酌情增加一定的安全系数。牛、羊在绝食代谢基础上增加20%~30%可满足维持需要，猪、禽可增加50%。舍饲动物增加20%，放牧则增加25%~50%，公畜另加15%，处于应激条件下的动物增加100%甚至更高。例如，我国奶牛饲养标准规定，在中等温度舍饲条件下，成年奶牛的维持能量需要为$356W^{0.75}$ kJ，第一和第二泌乳期奶牛尚处于生长发育阶段，应在维持基础上分别增加20%和10%；对放牧饲养的奶牛的维持能量需要，根据行走路程和速度的不同分别作了规定；还提出了不同气温条件下维持能量需要的调整参数。

② 蛋白质和氨基酸　动物体内蛋白质始终处于分解代谢与合成代谢的动态平衡，在维持状态下动物也必须从饲料中获得一定数量的蛋白质，以补充机体蛋白质的消耗。即使日粮中不含蛋白质，动物仍然由粪便、尿液及体表排出一定数量的氮。其中，粪氮称为代谢粪氮，即从粪中排出的非饲料来源的氮，主要来源于消化液、胃肠道分泌的消化酶和脱落的消化道上皮细胞等；尿液中损失的氮称为内源尿氮，即最低限度的体蛋白质净分解代谢从尿中排出的氮，以区别于不适合体蛋白质合成直接进入氧化分解代谢产生的外源尿氮，主要包括体内蛋白质代谢产生的尿素或尿酸以及肌肉中肌酸分解产生的肌酸酐；由体表损失的氮，主要是皮肤表皮细胞和毛发衰老脱落损失的氮。代谢粪氮、内源尿氮和体表损失氮的总和称为基础氮代谢(总内源氮)，即维持的蛋白质需要。其中主要是代谢粪氮和内源尿氮。

通过基础氮代谢或饲养试验可估计蛋白质的维持需要。经反复试验研究，基础氮代谢与代谢体重间呈一定的比例关系，通过此关系即可计算出维持的蛋白质需要。例如：

猪维持的可消化粗蛋白质需要量(g/d)=$2.04W^{0.75}$

牛维持的可消化粗蛋白质需要量(g/d)=$2.84W^{0.75}$

我国奶牛维持的可消化粗蛋白质需要量(g/d)=$3.0W^{0.75}$

动物在维持状态下对各种必需氨基酸的需要量变化较大，其需要量也与代谢体重呈一定的比例关系。表2-10为成年猪、禽部分必需氨基酸的维持需要。

表2-10　成年猪、禽必需氨基酸的维持需要　mg/kg $W^{0.75}$

动物	赖氨酸	蛋氨酸	蛋+胱氨酸	色氨酸	苏氨酸	苯丙氨酸	苯丙+酪氨酸	亮氨酸	异亮氨酸	缬氨酸	精氨酸	组氨酸
猪	36	10	44	9	54	18	44	25	27	24	-72*	12
禽		22	58	10	82	12	57	81	73	82	81	

注：*表示体内精氨酸合成能满足维持需要和部分生产需要。(引自杨风，2001)

③ 矿物质　动物在维持状态下，矿物质的代谢仍十分活跃，矿物元素的代谢同样存在内源损失。但与其他养分相比，研究动物矿物质的维持需要困难很多。不仅因为矿物质在体内代谢复杂，机体对各种矿物元素的贮备能力和重复利用程度均影响矿物质的维持需要，而且矿物质在体内功能广泛，很难准确地选择一个反映维持需要的客观标志。例如，甲状腺素释放的碘，血红蛋白分解释放的铁，多数能被重复利用。胃液中的氯在肠道中又可被重复吸收。但重复利用是不完全的，且各种矿物元素的重复利用率也各不相同。因此，目前关于动物矿物质维持需要的研究资料较少，且结果也不一致，以钙、磷的研究稍多。

④ 维生素　由于维生素在体内代谢过程中的特殊作用，保证其维持需要非常重要。由于研究困难，目前维生素维持需要的相关研究资料较少。部分研究资料表明，脂溶性维生素的维持需要与体重呈正比。维生素 A 的需要量为每 100 kg 体重 6 600～8 800 IU，胡萝卜素 6～10 mg。维生素 D 的需要量为每 100 kg 体重 90 IU。但从动物生产的角度考虑，将维生素的维持需要与生产需要分开实际意义不大。

2.4.1.4　影响维持需要的因素

(1) 动物

动物的种类、品种、年龄、性别、健康状况、皮毛的类型及密度等都影响维持需要。动物种类不同，维持需要量明显不同，牛每天维持需要的绝对量比家禽高数十倍。不同品种的动物，维持需要量也不同，产蛋鸡的维持需要高于肉鸡，奶牛的维持需要高于肉牛。不同生长阶段的动物，维持需要量差异也比较大，年龄越小，单位体重的基础代谢越高，如牛每千克代谢体重绝食代谢耗能量，8 日龄时为 30 月龄时的 2 倍。动物的生理状态也是影响维持需要的重要因素，真正处于休闲状态的动物的维持需要较低。若动物处于生产状态（如妊娠、产乳、产蛋、生长等），由于采食量增加，代谢增强，营养物质的损耗就多，而这些额外的损耗很难与非生产时的维持损耗区分，一般均计算在维持消耗中，故处于生产状态的动物维持需要往往较高。此外，健康状况良好的动物维持需要明显比处于疾病状态的动物低。皮厚毛多的动物，在环境温度较低时维持需要比皮薄毛少的动物少。

(2) 活动量

动物静卧、站立、走动时的能量消耗都不同。试验证明，站立与静卧各半的动物，代谢强度比全天强迫站立的低 15%；乳牛行走 1 km，维持能量需要量平均增加 3.1%。在维持状态下，动物的活动量越大，消耗的能量越多，则维持需要越高。饲养方式不同，动物的活动量差异较大，维持需要也明显不同。如舍饲动物的活动能耗约为基础代谢的 20%，放牧时则为 50%～100%。笼养鸡的活动量较小，维持活动的能耗约为基础代谢的 37%，而平养鸡则为 50% 左右。

(3) 饲料

日粮的种类及组成不同，对维持需要的影响很大，其中，热增耗是一个重要影响因素。

热增耗过去又称为特殊动力作用或食后增热，是指绝食动物在采食饲料后短时间内，体内产热高于绝食代谢产热的那部分热能。热增耗以热的形式散失。

热增耗的来源有：① 消化过程产热，如咀嚼饲料，营养物质的主动吸收和将饲料残余部分排出体外时的产热。② 营养物质代谢做功产热。体组织中氧化反应释放的能量不能全部转移到 ATP 上被动物利用，一部分以热的形式散失掉，如葡萄糖（1 mol）在体内充分氧化时，31%的能量以热的形式散失掉。③ 与营养物质代谢相关的器官肌肉活动所产生的热量。④ 肾脏排泄做功产热。⑤ 饲料在胃肠道发酵产热。事实上，在冷应激环境中，热增耗是有益的，可用于维持体温。但在炎热条件下，热增耗将成为动物的额外负担，必须将其散失，以防止体温升高；而散失热增耗，又需消耗能量。

由于蛋白质、脂肪和碳水化合物的热增耗不同，因而不同的饲料种类及日粮组成，由于三大有机营养物质的绝对含量和相对比例不同，热增耗也不同。蛋白质热增耗最大，饲料中蛋白质含量过高或者氨基酸不平衡，会导致大量氨基酸在动物体内氧化，使热增耗增加，因此蛋白质含量高的饲料或日粮热增耗大，维持需要高。所以，生产中合理设计饲料配方，平衡饲养，提高饲料利用率，是降低动物维持需要的重要技术措施。

(4)环境温度

环境温度与动物的体温和产热密切相关。任何动物都有等热区或适宜温度，在等热区内，动物的代谢率最低，维持需要的能量最少。温度过低或过高都增加维持需要量。

总之，只有从上述诸方面合理组织生产，通过营养学及环境学措施减少冷热应激对动物的影响，尽量使动物处于适温环境下，才能降低维持需要的比例，提高饲料利用率和生产效益。

2.4.1.5 生产需要

动物的种类、生长阶段、生理状态及生产目的不同，其生产需要也不同。根据生产类型，可将生产需要划分为生长、肥育、繁殖、产乳、产蛋、产毛、役用等营养需要。生产需要与维持需要之和就是动物的总营养需要。

(1)生长的营养需要

生长是极其复杂的生命现象，从外表看，生长是动物体躯的增长和器官、肌肉、骨骼等重量的增加，其生物学本质是机体细胞的增殖和增大，是机体中蛋白质、脂肪、矿物质和水分等养分的合成效果，因此营养是生长发育的物质基础。

家畜的生长按一定的规律进行，掌握这些规律才能进行合理饲养。从体重变化来看，家畜的绝对生长速度(日增重)呈现S形曲线。生长的第一阶段，生长速度很快，坡度很陡。该阶段从出生开始，一直延伸到成年体重的1/3~1/2，转折点在家畜性成熟期。这个阶段的时间长短，因家畜种类和饲养水平等不同。第二阶段从前一阶段止起到成年或生长结束，该阶段家畜生长速度逐渐变慢，到接近成年时生长极慢。从家畜相对生长速度(相对于体重的增长倍数、百分比或生长指数)来看，家畜生长随体重或年龄的增长而呈直线下降之势。从这些家畜的生长规律可知，动物体重(年龄)越小，生长强度越大，也即需要的饲料营养浓度越高。

从体组织变化来看，骨骼、肌肉与脂肪的增长也遵循一定规律进行。生长的各个阶段，不同体组织的生长速度相差很大。动物体各组织生长的顺序依次是：脑—骨骼—肌肉—脂肪。肌肉和脂肪等发育较晚。家畜出生后，骨骼生长首先到达高峰，以后生长逐渐减缓；肌肉的增长高峰在稍晚些时候到来；在家畜接近成熟时，脂肪的沉积才逐渐增加，其高峰最后到来。

按照家畜生长发育的规律、特色及其影响因素，通过饲养试验、平衡试验和屠宰试验，按综合法或析因法的原理，分阶段确定家畜的蛋白质、脂肪、糖类、维生素与矿物元素等的需要量，可制订出家畜生长各阶段所相应的营养需要。

(2)繁殖的营养需要

繁殖是生物的重要机能之一，也是畜牧生产的重要环节。畜牧生产的基础是繁殖数量多、品质优良的幼畜，作为再生产和扩大生产之用。影响家畜繁殖的因素很多，营养是其中的重要因素。家畜的繁殖一般包括性成熟、公畜精子产生和交配、母畜的卵子形成、受胎、妊娠、分娩及泌乳等。家禽的产蛋也是一种繁殖现象，但产蛋的营养需要与一般母畜的卵子形成相比，相差悬殊。产乳家畜(如乳牛)泌乳也远远超过母畜给仔畜哺乳的营养需要。蛋和乳属于重要畜产品，故常把产蛋和泌乳的营养需要单独讲述。

母畜受胎后，开始时胚胎很小。在妊娠期中，胚胎的生长速度递增。妊娠的前2/3期内需要的养分不多，而妊娠的后1/3期内需要大量营养物质，以供胎儿发育的需要。以猪为例，母猪的妊娠产物，几乎有1/2以上的能量是妊娠最后1/4期内储积起来的。在妊娠期中，按干物质量计算，蛋白质约占妊娠产物的2/3，妊娠期中变化很小。胚胎中脂肪和铁的含量变化也不大，钙和磷的含量随妊娠期延伸而递增。必须注意的是，妊娠初期，孕畜的营养需要虽然数量不多，但在妊娠前期母畜缺乏某些维生素和微量元素，如缺乏维生素A、维生素E、硒等，往往会造成胚胎发育不可弥补的损害。对于妊娠母畜，以往的饲养方法是使其在妊娠期间(尤其是后期)沉积大量养分，以保证分娩后泌乳初期营养供应不上时的需要。但从饲料转化效率来考虑，这种方法是不经济的。饲料先转化为体脂肪，沉积的体脂肪在泌乳期中再转化为乳成分，饲料经过两次转化，每次转化都要损失部分养分。繁殖的营养需要，特别要注意妊娠母畜和种公畜都要有适宜的营养水平，要使种畜维持健康的体质和正常体况，不沉积过多的体脂肪，保持良好的繁殖性能。

(3)泌乳的营养需要

泌乳是哺乳动物特有的机能。一头年产4 000 kg乳的奶牛，每年从乳中排出的干物质相当于身体干物质的2.5倍以上。乳中所含的养分来源于血液，而血液中的养分又来源于饲料。为了提高泌乳家畜的泌乳量和乳的品质，必须满足泌乳家畜的营养需要。

蛋白质是乳的重要成分，泌乳的蛋白质需要可根据产乳量、乳蛋白质含量以及泌乳家畜的饲料蛋白转化为乳蛋白的效率来推算。根据试验，泌乳的可消化粗蛋白质需要量为乳中蛋白质含量的1.4~1.6倍。合成乳脂和乳糖的原料是血液中的脂肪酸和葡萄糖，要使牛乳中乳脂和乳糖达到一定水平，日粮必须有适宜的粗纤维、粗脂肪和糖类。泌乳家畜的乳腺细胞不能合成矿物质和维生素，乳中的矿物质和维生素均由血液直接转移入乳腺。因此，饲料中的矿物质和维生素的含量，直接影响乳中矿物质和维生素的含量。

在正常饲养管理条件下，母畜的泌乳具有规律性变化，形成一条泌乳曲线。母畜分娩后，泌乳量逐渐上升达到泌乳高峰，以后泌乳量逐渐下降。分娩至泌乳高峰所需时间和泌乳高峰持续时间受遗传因素、产前体况和产后饲养管理等条件影响。泌乳母牛一般在产后3~4周到达泌乳高峰。泌乳高峰期持续时间越长，其产奶量越高。

目前，我国以奶牛为主的泌乳营养需要资料大多通过析因法研究而得。泌乳畜总的营养需要是将维持需要、产奶需要与体重增减需要累加之和。确定产乳营养需要的依据是乳的成分、产奶量和乳成分中对来自饲料及畜体组织分解的养分和利用率。由于乳的能值随乳成分尤其是乳脂率的变化而变化，为方便泌乳能量需要的计算和泌乳力的比较，一般将不同乳脂率的乳折算成含脂4%的乳，即标准乳，或称乳脂校正乳(fat corrected milk，FCM)。我国奶牛饲养标准的能量体系，采用产奶净能，以奶牛能量单位(NND)表示，即用1 kg含脂4%的标准乳所含产奶净能3.138 MJ作为一个NND。奶牛维持的粗蛋白需要定为4.6$W^{0.75}$ g，可消化粗蛋白为3$W^{0.75}$ g。泌乳畜随泌乳期泌乳量的变化，其矿物元素与维生素的代谢也各有特点。

(4)产蛋的营养需要

产蛋鸡的生产能力仅次于奶牛，一只母鸡一年产蛋所生产的干物质相当于它身体干物质的4~5倍。家禽的代谢率高，与哺乳动物相比，其用于维持的能量较高。鸡蛋大约含水分66%、蛋白质13%、脂肪10.5%、灰分10.5%。可见，鸡产蛋不仅需要足够的能量，还需要有大量的蛋白质和矿物质。

在一定范围内，家禽能根据饲料的能量浓度来调节采食量，因此其能量食入一般比较恒定。也就是说，如果饲料含能量高，家禽采食量就减少，反之亦然。研究表明，营养水平对蛋的组成成分影响不大，但对产蛋量和蛋重的影响非常显著。蛋中含蛋白质高，必须供给产蛋禽蛋白质丰富的饲料，才能发挥其产蛋潜力。矿物质与产蛋量和蛋的品质有密切关系。钙是产蛋鸡限制性营养物质，如果日粮中其他养分都很充足，而钙的供应量不足，将明显影响产蛋率，并使产蛋鸡体重下降。铁、锰、锌等微量元素和各种维生素对产蛋禽也甚是重要。

(5)产毛的营养需要

产毛的营养需要通常与维持需要一起考虑。产毛家畜饲养标准中的营养需要量，一般都包括产毛需要在内。从家畜机体整个营养需要来看，产毛的营养需要与维持、生长、繁殖和泌乳等生产需要相比，所占比例很小。一头培育绵羊品种年产毛仅6~8 kg。绵羊是主要产毛家畜，羊毛中角蛋白含量丰富 。角蛋白中含硫氨基酸占10%~13%，其中胱氨酸为7%，此外还有含硫的甲硫氨酸，因此硫元素与甲硫氨酸对产毛畜较为重要。

实践发现，给予维持饲养即可满足羊毛生长的需要。但当营养水平低于维持时，绵羊的体重减轻，尽管毛仍在生长，但生长速度变慢。营养水平提高，绵羊体重增加，毛生长加快。羊毛的品质与营养水平有关，高营养水平使羊毛直径增加；低营养水平，羊毛直径变小；营养不足或饥饿，将导致毛生长延缓、毛纤维出现饥饿痕，羊毛质量差。

2.4.2 饲养标准

2.4.2.1 饲养标准的内容

根据大量饲养试验结果和动物生产实践的经验总结，对各种特定动物所需要的各种营养物质的定额作出的规定，这种系统的营养定额及有关资料统称为饲养标准(feeding standard)。一般以表格形式出现，以每日每只具体需要量或占日粮的百分含量表示。一个完整的饲养标准应包括两个主要部分，即动物营养需要量表和常用饲料营养价值表。饲养标准是动物营养需要研究应用于动物饲养实践的最有权威的表述，反映了动物生存和生产对饲料及营养物质的客观要求，高度概括和总结了营养研究和生产实践的最新进展，具有很强的科学性和广泛的指导性。饲养标准不仅是动物饲养的准则，使动物饲养者做到胸中有数，不盲目饲养，而且还是动物生产计划中组织饲料供给、设计饲料配方、生产平衡饲粮和对动物实行标准化饲养的技术指南和科学依据。

饲养实践中只有按饲养标准的营养定额平衡供应各种养分，才能使饲料利用率和动物的生产性能最高。但是，由于饲养标准中规定的各种养分的定额数值，是在试验条件下所得结果的平均值，并未完全考虑到饲养实践中的各种具体情况，如动物个体间的差异、饲料适口性的不同、环境条件的改变及市场形势的变化等都影响动物的需要和饲养；同时，饲养标准是在一定的生产技术条件下制订的，随着科学技术水平的提高，需要重新调整饲养标准的营养定额，使之更为符合饲养实践的要求；此外，不同国家和地区的饲料资源状况和饲养管理水平差异较大，应用饲养标准时应根据自身的生产实际和饲料饲养条件，适当进行调整。因此，制订饲粮配方和饲养计划时，要合理选择饲养标准，对饲养标准要正确理解，灵活应用。

2.4.2.2 饲养标准的指标

饲养标准中所涉及的养分种类因动物种类而异。一般猪和家禽饲养标准中所涉及的营养指标比反刍动物多。饲养标准的一般营养指标包括以下几种。

(1)采食量

采食量指干物质或风干物质采食量。此指标常见于反刍动物或猪的饲养标准，家禽饲养标准通常无此指标。

(2)能量

能量指标包括消化能、代谢能和净能。通常，牛用净能，家禽用代谢能，猪用消化能或代谢能。某些国家的饲养标准中往往不同程度地标出总可消化养分(TDN)、饲料单位、淀粉价等传统能量单位。我国牛的饲养标准为了突出实用性，用奶牛能量单位(NND)表示奶牛的能量需要，用肉牛能量单位(RND)表示肉牛能量需要。一个 NND 相当于 1 kg 含脂 4% 的标准乳的能量(3.138 MJ)，一个 RND 相当于 1 kg 中等品质的玉米所含的综合净能值(8.08 MJ)。

(3)蛋白质

蛋白质包括粗蛋白质和可消化粗蛋白质。我国各种动物一般都用粗蛋白质表示蛋白质需要，奶牛两者都列出。随着反刍动物营养研究的深入，逐步采用瘤胃降解蛋白质、瘤胃未降解蛋白质或降解食入蛋白质、未降解食入蛋白质衡量反刍动物的蛋白质需要。

(4)氨基酸

一般列出部分或全部必需氨基酸的需要量。

(5)维生素

维生素包括脂溶性维生素和水溶性维生素。单胃动物一般列出部分或全部维生素，而反刍动物仅列出部分或全部脂溶性维生素。

(6)矿物元素

一般按常量元素和微量元素的顺序列出。常量元素中除硫外全部列出，有的饲养标准还列出了有效磷指标。微量元素中不同的标准列出的指标不统一，但大都列出铁、铜、锰、锌、碘、硒等指标。

(7)必需脂肪酸

亚油酸已作为鸡的必需脂肪酸列入饲养标准。

2.4.2.3 饲养标准的表达方式

不同动物饲养标准的表达方式有所不同，主要有以下几种：

(1)按每日每头需要量表示

如我国奶牛饲养标准规定体重400 kg的生长母牛，若日增重达到500 g，每日每头需要日粮干物质5.94 kg，能量13.81 NND，产乳净能43.35 MJ，可消化粗蛋白质417 g，粗蛋白质642 g，钙34 g，磷23 g，胡萝卜素44.0 mg，维生素A 17.6 IU。一般反刍动物的营养需要以此种方式表达。

(2)按单位饲粮中营养物质浓度表示

该表达方式分风干基础和全干基础两种，对任食饲养和配合饲料生产或配方设计很适用。如0~4周龄的肉用仔鸡，需要代谢能12.13 MJ/kg，粗蛋白质21.0%，钙1.00%，总磷0.65%，有效磷0.45%，食盐0.37%。一般单胃动物的营养需要都按此种方式表示。

(3)按单位能量中的养分含量表示

主要表示为单位能量中的蛋白质和必需氨基酸的需要量，这种表示方法有利于动物平衡摄食。如0~6周龄的生长鸡日粮，1 MJ代谢能需要67 g粗蛋白质，蛋氨酸+胱氨酸2.07 g。

(4)按体重或代谢体重表示

营养物质的需要量与动物的体重或代谢体重成正比，此方法便于计算任何体重的营养需要。

(5)按生产力表示

动物的营养需要与生产力成正比，此方法便于计算不同生产性能动物的营养需要。如奶牛每产1 kg标准奶需要粗蛋白质58 g。

2.4.2.4 国内外主要的饲养标准

饲养标准的种类大致可分为二类，一类是国家规定和颁布的饲养标准，称为国家标准；另一类是大型育种公司根据自己培育出的优良品种或品系的特点，制订的符合该品种或品系营养需要的饲养标准，称为专用标准。饲养标准在使用时应根据具体情况灵活运用。

当今，国际上最具代表性的营养需要标准是美国科学院全国理事会公布的系列标准，简称NRC标准。其次是英国农业研究理事会公布的标准，简称ARC标准。我国已公布猪、鸡、奶牛等动物的饲养标准，并在生产实践中广泛应用。

网上资源

动物营养学报：http：//www.chinajan.com

国家农业科学数据共享中心动物科学与动物医学数据分中心：http：//animal.agridata.cn/

中国营养学会：http：//www.cnsoc.org/cn

饲料数据库：http：//www.chinafeeddata.org.cn/

饲料行业信息网：http：//www.feedtrade.com.cn/

中国畜牧兽医学会动物营养学分会：http：//www. ananutri. com/

主要参考文献

周安国，陈代文．2011. 动物营养学[M].3 版．北京：中国农业出版社．

李建国．2011. 畜牧学概论[M].2 版．北京：中国农业出版社．

王恬．2011. 畜牧学通论[M].2 版．北京：高等教育出版社．

GB/T 10647—2008 饲料工业术语[S]. 北京：中华人民共和国国家质量监督检验检疫总局，中国国家标准化管理委员会．

McDonald P. 2002. Animal Nutrition[M]. 3rd ed. Longman, New York: Pearson Edition.

思考题

1. 按照常规饲料分析，饲料中营养物质可分为哪几类?
2. 简述植物与动物体的化学组成有何异同。
3. 比较家禽、单胃家畜与反刍动物消化系统的主要特点。
4. 比较脂溶性维生素与水溶性维生素的营养特点。
5. 矿物质如何分类? 通常所说的矿物元素指的是哪些元素?
6. 蛋白质的营养作用主要有哪些?
7. 反刍动物与单胃动物的蛋白质消化代谢有何异同?
8. 常量元素和微量元素对畜禽有哪些作用?
9. 什么是氨基酸的平衡、氨基酸的互补作用?
10. 反刍动物是如何利用非蛋白氮的?
11. 反刍动物纤维的营养意义是什么?
12. 饲料的 Weende 分析法与 Van Soest 分析法的异同比较。
13. 什么是营养需要和饲养标准?

第3章

饲料及其加工调制

饲料是能被动物摄取、消化、吸收、利用或促进生长、修补组织、调节生理过程的物质，是动物生产必不可少的。在动物生产中，饲料成本占整个动物生产成本的50%~80%以上。降低饲料成本是提高养殖业经济效益的关键。本章主要内容为：饲料的分类、各类饲料营养特性及营养价值评定、饲料的加工与调制、饲料卫生与安全等。

3.1 饲料的分类及营养特性

饲料原料种类繁多，一般按照简便、实用、科学的原则对饲料原料进行划分。目前，国际分类法是由美国的哈里斯(L. E. Harris)1963 年首创的“3 节、6 位数、8 大类”的饲料分类法，中国饲料分类法是张子仪院士等主持下的饲料分类法和编码系统。

3.1.1 饲料分类

饲料分类是给每种饲料确定一个标准名称，该名称能够反映该饲料的营养特性和饲喂价值。

3.1.1.1 国际分类法

L. E. Harris 根据饲料干物质中的化学成分和营养价值，将饲料特性、营养成分和营养价值相同或相近的饲料分为一类，使每一种饲料都有了统一的名称，并对每一种饲料冠以6 位数的国际饲料编码(international feeds number，IFN)，以第 1 节代表饲料所属的类别，共 8 大类，用1~8 表示，第2 节(2 位数)，表示大类下面的亚类；第3 节(3 位数)，代表该饲料在此类饲料中的编号，或将第2 节和第3 节合成5 位数，代表饲料的编号顺序，每类饲料可容纳99 999 种饲料，总共可编入799 992 种饲料。如5 -06 -270，代表第5 大类(蛋白质饲料)中第6 亚类的270 号饲料，或第5 大类饲料中的第6 270 号饲料，表3-1 列出了饲料分类的基本条件和编码。

3.1.1.2 中国饲料分类法

1987 年，张子仪院士等在国际饲料分类法的 8 大类基础上，结合中国传统饲料分类习惯将饲料分成17 亚类，两者结合对每类饲料冠以相应的中国饲料编码(Chinese feed number，CFN)(表3-2)。采用3 节、7 位数、8 大类编号系统，可表示为△—△△—△△△△。第1 节(1 位数，1~8)表示国际标准饲料分类号；第 2 节(2 位数)表示饲料亚类(1~17)；第 3 节(4 位数)表示饲料号。例：2 -01 -0102 是第 2 大类青绿饲料，属于青绿植物类，第 102 号饲料。可供8 ×17 ×9 999 =1 359 864 种饲料编号。

表 3-1 国际饲料分类和编码 %

编号	分类	划分饲料类别依据		
		水分（自然含水）	粗纤维（干物质）	粗蛋白质（干物质）
1-00-000	粗饲料	<45	≥18	—
2-00-000	青绿饲料	≥45	—	—
3-00-000	青贮饲料	≥45	—	—
4-00-000	能量饲料	<45	<18	<20
5-00-000	蛋白质饲料	<45	<18	≥20
6-00-000	矿物质饲料	—	—	—
7-00-000	维生素饲料	—	—	—
8-00-000	饲料添加剂	—	—	—

（引自韩又文，1999）

3.1.2 饲料的营养特性

3.1.2.1 能量饲料(energy feed)

能量饲料指饲料干物质中，粗蛋白含量低于20%，粗纤维含量低于18%的一类饲料，主要包括谷实类、糠麸类、块根块茎类及其加工副产品、油脂及其他。

(1)谷实类饲料

① 玉米(maize)

• 营养特性：粗纤维少、无氮浸出物含量高、粗脂肪含量为3.5%~4.5%。粗蛋白含量低，约7%~9%，但品质差，必需氨基酸缺乏，特别是赖氨酸、色氨酸严重不足。粗灰分少，约1%，钙少(0.02%)、磷多(0.25%)，磷以植酸盐形式存在。V_D和V_K缺乏，V_{B_2}和V_{B_5}(结合态)较少，V_{B_1}和V_E较多。黄玉米维生素A原丰富，约2.0 mg/kg，含β-胡萝卜素、叶黄素和玉米黄质等色素。

• 饲用价值：一般小猪不超过60%，种母猪不超过30%，育肥猪不超过85%，过量使用影响背脂厚度。注意补充赖氨酸和磷。鸡以黄玉米最佳，可使蛋黄、鸡脚、皮肤等着色。粉碎粒度稍粗较合适。未粉碎的玉米喂反刍动物有18%~33%不能消化，适当粉碎(不宜过细)为适宜，过细诱发猪胃溃疡，绵羊可不粉碎。

② 小麦(wheat)

• 营养特点：有效能值较高，但低于玉米。小麦的粗蛋白含量在10%~16%，居谷实类之首，但必需氨基酸特别是赖氨酸不足，因而品质较差。小麦中无氮浸出物多，占干物质75%以上。小麦的矿物质含量一般都高于其他谷实，磷、钾等含量较多，但半数以上的磷为植酸磷，生物有效性低。小麦中非淀粉多糖含量较高，可达小麦干重的6%以上，影响小麦的消化率。添加适量的阿拉伯木聚糖酶、β-葡聚糖酶等酶制剂，可防止消化不良，提高消化率。

表3-2 中国饲料分类和编码

饲料类别(亚类)	小类及其饲料编码(1-3位编码)	水分(自然含水,%)	CF含量(%)	CP含量(%)
青绿植物类	2-01-0000	>45	—	—
树叶类	鲜树叶2-02-0000	>45	—	—
	风干树叶1-02-0000	—	≥18	
青贮饲料类	常规青贮料3-03-0000	65~75	—	—
	半干青贮料3-03-0000	45~55	—	—
	谷实青贮料4-03-0000	28~35	<18	<20
块根、块茎、瓜果类	含天然水分的块根、块茎、瓜果2-04-0000	≥45	—	—
	脱水的块根、块茎、瓜果4-04-0000	—	<18	<20
干草类	第一类干草1-06-0000	<15	≥18	
	第二类干草4-05-0000	<15	<18	<20
	第三类干草5-05-0000	<15	<18	≥20
农副产品类	第一类副产品1-06-0000	—	≥18	—
	第二类副产品4-06-0000	—	<18	<20
	第三类副产品5-06-0000	—	<18	≥20
谷实类	4-07-0000		<18	<20
糠麸类	第一类糠麸类4-08-0000	—	<18	<20
	第二类糠麸类1-08-0000	—	≥18	—
豆类	第一类豆类5-09-0000	—	<18	≥20
	第二类豆类4-09-0000	—	<18	<20
饼粕类	第一类饼粕5-10-0000	—	<18	≥20
	第二类饼粕1-10-0000	—	≥18	≥20
	第三类饼粕4-10-0000	—	<18	<20
糟渣类	第一类糟渣类1-11-0000	—	≥18	—
	第二类糟渣类4-11-0000	—	<18	<20
	第三类糟渣类5-11-0000	—	<18	≥20
草籽树实类	第一类草籽、树实1-12-0000	—	≥18	—
	第二类草籽、树实4-12-0000	—	<18	<20
	第三类草籽、树实5-12-0000	—	<18	≥20
动物性饲料类		—		
矿物质饲料类		—		
维生素饲料类		—		
添加剂				
油脂及其他		—		

• 饲用价值：小麦对猪的适口性好，可做猪的能量饲料，等量替代玉米可改善胴体品质。小麦对鸡的饲用价值约为玉米的90%，以1/3~1/2的取代量为宜。鸡饲粮中小麦和玉米的适宜比例为1∶1~1∶2；不宜粉碎过细。小麦是反刍动物的良好能量饲料，饲用前应破碎或压扁，用量控制在50%以下，以免引起瘤胃酸中毒。

③ 大麦(barely)

• 营养特性：能值一般只有玉米的90%。脂质含量为2%，以甘油三酯为主(73.3%~79.1%)。无氮浸出物含量为67%~68%，低于玉米。粗纤维含量是玉米的2倍。非淀粉多糖含量高，达10%以上。粗蛋白含量平均12%，比玉米高，质量稍优于玉米，赖氨酸含量为0.42%，在谷物饲料中最高。钙少，磷多。胡萝卜素、V_D、V_K不足，硫胺素多，核黄素少，烟酸丰富。大麦易被麦角菌感染而得麦角病，使籽粒畸形，并含有麦角毒，降低大麦产量和适口性，甚至引起家畜中毒。

• 饲用价值：大麦不宜喂仔猪，但脱壳、蒸汽处理的大麦片或粉可少量地喂仔猪；玉米和大麦2∶1配合喂肉猪最佳，可生产优质硬脂猪肉，脂肪白、背膘薄、瘦肉多，是育肥后期的一种较理想的饲料。大麦饲养鸡效果明显比玉米差(含β-葡聚糖等)，雏鸡不宜超过30%。反刍家畜对大麦中β-葡聚糖利用率较高，大麦喂量以小于40%为佳；大麦用于肉牛肥育与玉米价值相近，喂奶牛可提高乳和黄油的品质。

④ 燕麦(oat)

• 营养特性：粗纤维高达10%~13%，淀粉不足60%，因此有效能值低于玉米；粗蛋白含量为10%，较高，品质较差，赖氨酸达0.4%；粗脂肪含量高，约4.5%以上，不饱和脂肪酸比例高，不宜久存。

• 饲用价值：猪配合饲料中燕麦的添加量以25%~30%为宜。蛋鸡可添加40%，雏鸡添加10%~15%，过多可能引起消化障碍。喂奶牛时，磨粉为好，否则不易消化。喂肉牛时，其价值只有玉米的85%。

⑤ 高粱(sorghum)

• 营养特性：能值低于玉米。粗脂肪较玉米低，约为3.8%，饱和脂肪酸高。粗蛋白含量和玉米相近或略高，平均为8%~9%，品质较差，必需脂肪酸缺乏。钙少，磷多，70%为植酸磷。泛酸、烟酸、生物素高于玉米，V_{B_2}、V_{B_6}与玉米相当。高粱中含单宁，颜色越深含量越多，影响适口性和消化率。

• 饲用价值：用作猪饲料，其饲用价值相当于玉米的90%~95%，高粱可取代生长猪饲粮中25%~50%玉米。鸡日粮单宁含量不得超过0.2%，高单宁高粱用量10%~20%，低单宁的浅色高粱用量40%~50%。牛饲粮中高粱的饲喂效果与玉米相近，可完全用于代替玉米和大麦。

⑥ 稻谷(paddy)

• 营养特性：能值仅为玉米的67%~85%，粗脂肪含量为1.6%，以油酸(45%)及亚油酸(33%)为主。无氮浸出物高达60%以上，粗纤维含量大于8%。粗蛋白含量为7%~8%，亮氨酸稍低。B族维生素丰富，β-胡萝卜素极低。钙少，磷多。

• 饲用价值：稻谷不宜用作仔猪、雏鸡的饲料。生长猪、育肥猪、妊娠猪可使用稻谷，但须严格控制用量。

(2) 糠麸类饲料

① 小麦麸(wheat bran)

• 营养特性：有效能值较低。无氮浸出物含量在60%左右，粗纤维含量较高，约为10%，粗脂肪含量在4%左右，不饱和脂肪酸居多。粗蛋白含量为12%~17%，赖氨酸为

0.6%，蛋氨酸低，含量为0.15%。B族维生素及V_E含量高，不含$V_{B_{12}}$，胡萝卜素、V_D的含量少，钙少磷多，磷0.78%，其中植酸磷占75%。

• 饲用价值：小麦麸容积大，可调节饲料的养分浓度，改善饲料的物理性状，具有轻泻性，可通便润肠，防止便秘，是妊娠期和哺乳期母猪良好饲料；小麦麸用于幼猪不宜过多，以免引起消化不良；用于肉猪肥育用量以15%~25%为宜。小麦麸能值低，不适宜做肉鸡料；种鸡、蛋鸡在不影响热能情况下可以使用，用量以5%~10%为宜；控制后备种鸡体重时，用量为15%~20%。乳牛精料小麦麸用量为25%~30%，肉牛精料用量为50%。

② 米糠(paddy bran)

• 营养特性：有效能值较高，粗脂肪含量为10%~17%，不饱和脂肪酸较多，油酸和亚油酸占79.2%。粗纤维含量高，约8%。无氮浸出物含量低，不足50%。粗蛋白含量较高，约13%，赖氨酸含量较高，约0.81%。富含V_E和B族维生素，缺乏胡萝卜素、V_D、V_C。粗灰分高，钙少，磷多，其中植酸磷高达86%，锰、钾、镁较多。米糠含抗营养因子，如植酸、胰蛋白酶抑制因子、非淀粉多糖。脂肪酶活性较高，长期贮存易引起脂肪变质。

• 饲用价值：米糠宜熟喂或制成脱脂米糠后饲喂。对生长育肥猪长期饲用米糠，可使其脂质变软，肉质下降，肉猪用量不超过20%；仔猪宜少用或不用米糠，用量过多，生长和饲料效率降低，软化体脂，降低胴体品质。米糠喂鸡一般是作为补充B族维生素、锰及必需脂肪酸，雏鸡用量小于5%；成年鸡可增至10%。米糠喂牛适口性好，能值高，添加量以20%~30%为宜，用量过多影响牛乳和牛肉品质，体脂和乳脂变黄、变软。酸败米糠会引起适口性降低并导致腹泻。

③ 砻糠(rice hulls)和统糠(rice mill by-product)

• 砻糠：稻谷加工糙米时脱下的谷壳粉，粗纤维含量达40%以上，半数以上为木质素，粗蛋白仅含3%，硅酸盐含量17%，影响钙、磷的吸收利用。不适于饲喂猪、鸡，饲喂反刍家畜，需经过适当加工处理。一般多用作畜舍的垫料。

• 统糠：一种是稻谷一次加工成白米分离出的糠，占稻谷的25%~30%，其营养价值介于砻糠与米糠之间。另一种是将加工分离出的米糠与砻糠人为地加以混合而成，根据混合比例分为一九统糠、二八统糠、三七统糠等，其营养价值随其中砻糠比例的提高而下降。

④ 其他糠麸 主要有大麦麸、玉米糠、高粱糠、小米糠。其营养特性如表3-3。

表3-3 其他糠麸的营养特性

	干物质(%)	总能(MJ/kg)	消化能(MJ/kg)	可消化粗蛋白(g/kg)	粗纤维(%)	钙(%)	磷(%)
大麦麸	87.0	16.22	12.37	115	5.07	0.33	0.48
玉米糠	87.5	16.22	10.91	58	9.50	0.08	0.48
高粱糠	88.4	16.72	12.00	62	6.90	0.30	0.44
小米糠	90.0	18.43	11.91	74	8.00	—	—

(引自王成章，王恬，2003)

• 饲用价值：粗麸对猪用量宜低，细麸及混合麸可参照小麦麸使用，用量太高引起便秘。粗麸不宜用于鸡饲料，蛋鸡饲料中混合麸以10%以下为宜，肉鸡饲料中应避免使用。

用于奶牛饲料，粗麸宜少用，特别在哺乳及育成期。肉牛在不影响热能需要时尽量使用，可改善肉质，生长肉牛用量为10%~20%。玉米糠不宜饲喂仔猪。高粱糠适口性差，加入5%的豆粕，饲养效果可得到提高。饲喂猪、鸡时，小米糠的饲用价值最高。

(3)块根块茎类饲料

① 木薯(cassava)

• 营养特性：有效能值高，淀粉含量高，占鲜重25%~30%。粗纤维含量低。粗蛋白含量为1.5%~4%，品质差，氨基酸组成不佳，缺乏赖氨酸、半胱氨酸、色氨酸。钙、钾含量高而磷低，微量元素及维生素几乎为零。含一定量的氰氢酸，易造成动物中毒。

• 饲用价值：喂猪适口性差，木薯氢氰酸对猪生长影响大，氢氰酸低的木薯在肉猪料中用30%无不良影响。家禽饲料中木薯的用量应低于10%，木薯使用量超过50%导致生长减慢及死亡率增加。反刍动物日粮中木薯的使用量应不超过30%，否则会产生不良影响。

②甘薯(sweet potato)

• 营养特性：又名红薯、白薯、山芋、红苕、地瓜等。水分含量达60%~80%，适口性好。有效能值高于其他块根类。脱水甘薯中无氮浸出物含量高，淀粉含量大于85%。粗蛋白含量低，仅4.5%，蛋白质品质较差。

• 饲用价值：甘薯不论是生喂还是熟喂，应将其切碎或切成小块，避免引起牛、羊、猪等动物食道梗塞。甘薯适口性好，猪肥育和泌乳期间饲喂适量甘薯可促进消化、蓄积体脂和增加泌乳量，肉猪饲料中甘薯可取代玉米的1/4，或不超过日粮15%。蛋鸡饲料中甘薯喂量控制在10%以内。甘薯有促进奶牛消化和增加泌乳量效果，平衡蛋白质、氨基酸等成分后可取代热能来源的50%左右。

③马铃薯(potato)

• 营养特性：又叫土豆、地蛋、山药蛋、洋芋等。鲜样含水比甘薯高，含干物质17%~26%，无氮浸出物80%~85%，粗纤维含量低，粗蛋白占干物质6%~12%，主要是球蛋白，生物学价值高，氨基酸模式平衡。马铃薯中含有龙葵素，其毒性有出血性胃肠炎、红细胞溶血、中枢神经抑制、强心作用等，饲喂时要注意。

• 饲用价值：马铃薯可生喂，也可熟喂，生喂时宜切碎后投喂。脱水马铃薯块茎粉碎后加入动物饲粮，是较好的能量饲料。热处理后饲用，适于各种动物。仔猪喂量不超过60%，生长猪可添加到60%以上，育肥肉猪饲料添加量为25%。肉鸡饲料中可添加20%~30%，蛋鸡日粮中可添加10%。

④ 甜菜渣(beet pulp)

• 营养特性：主要成分是无氮浸出物，占干物质的60%以上，消化能值高；粗蛋白较少，且品质差，蛋氨酸含量极少。钙、镁、铁等矿物元素含量较多，但磷、锌等元素很少。甜菜渣中维生素较贫乏，但胆碱、烟酸含量较多。

• 饲用价值：新鲜甜菜渣适口性好，可以直接喂，对母畜有催乳作用；甜菜渣粗纤维含量高，体积大，不宜做仔猪和鸡的饲料。可用于母猪和育肥猪，用量可占日粮的20%。干甜菜渣主要作为反刍动物饲料，可取代混合精料中50%的谷实类饲料。喂马一般少于日粮的30%。

⑤糖蜜(molasses)

• 营养特性：糖蜜的主要成分是糖类，甘蔗糖蜜含蔗糖24%~36%，甜菜糖蜜含蔗糖47%左右，能量高，粗蛋白低，且大多为非蛋白氮。糖蜜中矿物质含量较多，钾含量最高。维生素含量低，胡萝卜素、V_D极少。

• 饲用价值：有甜味，适口性好；有黏稠性，减少粉尘，可做颗粒饲料黏结剂；富含糖分，提供易利用能源；为瘤胃微生物提供充足速效能源。喂量过多易引起鸡、猪软便，不宜做雏鸡和仔猪饲料。蛋鸡、肉鸡用量不超过5%；生长育肥猪用量为10%~20%；反刍动物混合精料用量：奶牛5%~10%，肉牛10%~20%，肉羊不超过10%。

(4)油脂及乳清粉

① 油脂(grease)

• 营养特性：油脂热能为碳水化合物和蛋白质的2.25倍，代谢能水平为玉米的2.5倍，是必需脂肪酸的重要来源之一。添加的油脂与基础日粮中的油脂，在脂肪酸组成上具有协同作用，互为补充；可以促进非脂类物质的吸收；能改善色素和脂溶性维生素的吸收；油脂热增耗低，可减轻畜禽热应激。

• 饲用价值：母猪临产前和泌乳阶段添加油脂可改善初乳成分，分娩前一周添加，用量以10%~15%为宜；仔猪开食料中添加5%~10%油脂可提高仔猪的增重和抗寒能力；肉猪饲料中添加3%~5%的油脂，可提高增重，改善饲料效率，体重60 kg后不再用。肉鸡前期日粮添加2%~4%猪油等廉价油脂，后期添加必需脂肪酸含量高的油脂(大豆油、玉米油等)，可改善肉质。在奶牛日粮中添加油脂，可使奶牛的能量代谢达到正平衡，从而使产奶高峰提前出现，提高产奶量和减少营养代谢病的发生。奶牛日粮中油脂的含量最多不能超过日粮干物质的7%。在正常情况下，奶牛基础日粮本身就含有3%左右的油脂，因此，补充量应为3%~4%。奶牛日粮中添加的油脂，一般应是经特殊处理过的包被油脂，以防止油脂在瘤胃中很快被微生物分解(其分解产物对纤维分解菌有抑制作用)，不利于日粮中纤维素的消化。

②乳清粉(whey powder)

• 营养特性：其成分因品种、季节、饲粮及制作乳酪种类不同而差异较大，蛋白质含量不低于11%，主要为β-乳球蛋白质，营养价值高；乳糖含量达65%~70%；钙、磷含量较高，且比例适宜；富含水溶性维生素，缺乏脂溶性维生素；食盐含量高，采食量多时，易引起食盐中毒。乳糖和食盐是限制乳清粉用量的主要因素。

• 饲用价值：随年龄增长猪对乳清粉利用率降低。生长猪乳清粉的添加量可达到20%，育肥期肉猪不超过10%，过多易导致消化不良，发生腹泻。鸟饲料中一般不添加乳清粉。

3.1.2.2 蛋白质饲料(protein feeds)

蛋白质饲料是指干物质中粗纤维低于18%、粗蛋白高于20%的饲料。生产中使用的蛋白质饲料有：植物性蛋白质饲料、动物性蛋白质饲料、非蛋白氮饲料及单细胞蛋白质饲料。

(1)植物性蛋白饲料

植物性蛋白饲料主要包括油料饼粕类和其他制造业的副产品。

① 饼粕类

• 大豆饼粕(soybean cake meal)：大豆饼和豆粕粗蛋白含量高，为40%~50%，必需氨基酸组成合理，赖氨酸在饼粕类中含量最高为2.4%~2.8%，赖氨酸与精氨酸比例恰当，约为100:130，色氨酸(1.85%)和苏氨酸(1.81%)含量也很高，蛋氨酸含量不足。粗纤维含量低，淀粉含量低，可利用能量较低。脂肪的含量因榨油方式不同而异。钙少，磷多，磷多属植酸态磷。硒含量低。胡萝卜素、V_{B_1}和V_{B_2}少，烟酸和泛酸多，胆碱丰富，V_E较高。大豆饼粕是猪的优质饲料，适于任何种类和任何阶段的猪，需注意的是在人工代乳料和仔猪补料中，要限量使用，以10%以下为宜。大豆饼粕是家禽最好的植物性蛋白质饲料，适用于任何阶段的家禽，幼禽效果更好。各阶段牛的饲料中均可添加大豆饼粕，适口性好，对奶牛有催乳效果。

• 棉籽(仁)饼粕(cotton seed cake meal)：粗蛋白含量高，达30%以上。赖氨酸含量为1.3%~1.6%，只有大豆饼粕的1/2，精氨酸含量过高，达3.6%~3.8%，赖氨酸与精氨酸之比为100:270，蛋氨酸含量低。碳水化合物以糖类(戊聚糖)为主，粗纤维随脱壳程度不同而异。粗脂肪含量饼高于粕。棉籽(仁)饼粕含钙少、磷多，其中71%左右为植酸磷，硒含量低。V_{B_1}含量丰富，胡萝卜素、V_D少。棉籽(仁)饼粕含棉酚、环丙烯脂肪酸、单宁和植酸等抗营养因子。游离棉酚是主要限饲因素，可引起动物蓄积性中毒，加热可使游离棉酚失活，但降低赖氨酸利用率。单胃动物要限制棉酚摄入，肉鸡限制在0.015%~0.04%之间，蛋鸡不超过0.02%；育肥猪游离棉酚的摄入量不超过0.01%。游离棉酚尤其损害雄性动物的生殖细胞，种用动物禁用。猪禽日粮中棉籽(仁)饼粕的用量不宜超过总蛋白的25%~30%，反刍动物不限。

• 菜籽饼粕(rape seed cake meal)：菜籽饼粗蛋白含量大约35%，菜籽粕粗蛋白含量大约38%；含硫氨基酸较高，精氨酸含量低，赖氨酸与精氨酸比例适宜。粗纤维含量为12%~13%，有效能值较低。钙、磷、硒含量高，磷多属植酸磷，利用率低。烟酸和胆碱含量高，是其他饼粕类饲料的2~3倍。含有硫葡萄糖苷、芥子碱、植酸、单宁等抗营养因子。菜籽饼粕适口性差，母猪饲料中添加量低于3%，生长肥育猪喂量不超过5%。一般幼雏应避免使用，为防止肉鸡风味变劣，添加量宜低于10%；蛋鸡、种鸡饲料中菜籽饼粕添加量为8%，蛋鸡采食过量，鸡蛋有鱼腥味。牛长期过量使用菜籽饼粕会引起甲状腺肿大，不脱毒一般以7%以内为佳。

• 花生(仁)饼粕(peanut cake meal)：花生饼粕是花生去壳后再经脱油后的副产品，是优质的蛋白质饲料来源。花生饼粗蛋白含量约44%，浸提粕含量约47%，氨基酸组成不佳，赖氨酸、蛋氨酸、苏氨酸含量低；精氨酸高达5.2%，位于饼粕类之首。赖氨酸与精氨酸比例为100:380。花生饼粕和精氨酸含量低的菜籽饼粕、血粉配合使用效果较好。有效能值在饼粕类中最高，粗脂肪含量为4%~6%，以油酸为主，不饱和脂肪酸占53%~78%，亚油酸占30%，容易发生酸败。钙、磷含量与大豆饼粕相当，铁含量较高。花生饼粕有香味，适口性极好。肉猪饲料中，以不超过10%为宜，避免下痢、体脂变软。雏鸡以及肉鸡前期最好不饲喂花生饼粕，肉鸡后期饲喂量不宜超过4%，家禽育成期可添加6%，产蛋鸡可添加9%。泌乳奶牛饲料中花生饼粕的添加量宜在2%以下，其他阶段宜在4%以下。感染黄曲霉的花生饼粕不能饲喂。

• 亚麻仁饼粕(flax cake meal)：亚麻是我国高寒地区主要油料作物，多分布在西北地区。粗蛋白为32%~36%，赖氨酸、蛋氨酸含量低，精氨酸含量高，赖氨酸与精氨酸比例为

100∶250 左右，粗纤维含量为 8%~10%；钙、磷、硒含量高。B 族维生素含量丰富，胡萝卜素、V_D 含量少。抗营养因子主要为生氰糖苷、亚麻籽胶、抗维生素 B_6。在肉猪饲料中添加量可达 8%。母猪饲料中添加亚麻仁饼粕可预防便秘。鸡对氢氰酸敏感，且亚麻仁饼粕含有黏性物质，蛋鸡日粮不宜超过 5%。对于反刍家畜而言，亚麻仁饼粕适口性好，肥育效果好，犊牛、羔羊、成年牛羊及种用牛羊均可使用。

• 芝麻饼粕（sesame cake meal）：粗蛋白达 40% 左右，与豆饼接近，蛋氨酸较高，达 0.8% 以上，赖氨酸低，仅 0.8% 左右，精氨酸高达 3% 左右，赖氨酸与精氨酸比例（100∶420）极不平衡。代谢能值比豆饼低。有苦涩味，适口性较差。仔猪不宜饲喂芝麻饼粕；肥育猪饲喂量不宜超过 10%，且要补充赖氨酸。雏鸡饲料中禁用芝麻饼粕，其他生长阶段芝麻饼粕喂量不宜超过 10%，喂量过高，可能引起脚软和生长抑制。

• 葵花饼粕（sunflower cake meal）：葵花子壳干物质中，粗纤维达 64%，粗蛋白达 6.0%，脂肪达 2.0%，葵瓜子仁干物质中，粗蛋白达 22.4%，脂肪达 53.9%，葵花子饼粕属于粗饲料，粗蛋白较高，达 28%~32%，粗纤维高达 20% 以上。脱壳葵瓜子仁饼粕粗纤维含量为 11%~13%，粗蛋白高达 41% 以上。产蛋鸡葵花子饼粕用量宜在 10% 以下，脱壳葵瓜子仁饼粕用量可增至 20%，用量太高会导致蛋壳产生斑点。生长肥育猪饲料中脱壳葵瓜子仁饼粕可取代 1/2 的豆粕，但应适当补充维生素和赖氨酸。对于反刍动物而言，葵花饼粕是良好的蛋白质饲料。

② 其他植物性蛋白质饲料　有玉米蛋白粉、粉浆蛋白粉、豆腐渣、啤酒糟、玉米干酒糟（玉米 DDGS）、酱油渣等，其营养特性及饲养价值如下。

• 玉米蛋白粉：粗蛋白质含量为 40%~60%，赖氨酸、色氨酸不足，蛋氨酸含量高。粗纤维低，易消化。矿物质含量少，铁较多，钙、磷较少。维生素中胡萝卜素含量较高，B 族维生素含量较低。富含色素，是较好的着色剂。鸡饲料中玉米蛋白粉的添加量以 5% 以下为宜，颗粒化后可添加至 10% 左右。猪饲料中玉米蛋白粉与大豆饼粕配合使用可一定程度上平衡氨基酸，用量在 15% 左右。奶牛、肉牛精料玉米蛋白粉的添加量以 30% 为宜，过高影响生产性能。

• 粉浆蛋白粉：利用蚕豆、绿豆或豌豆制作粉丝过程中的浆水经浓缩而得。粗蛋白可达 80% 以上，总氨基酸含量可达 75% 以上。蛋鸡饲料加 2%~5%，不影响产蛋率和蛋重。猪日粮加 5% 具有较好的饲养效果。

• 豆腐渣：豆腐渣干物质中粗蛋白、粗纤维、粗脂肪含量较高，维生素含量低；含有抗胰蛋白酶因子。鲜豆腐渣是牛、猪、兔的良好多汁饲料，能提高奶牛产奶量，提高猪日增重。育肥猪使用过多豆腐渣会出现软脂，影响胴体品质。

• 啤酒糟：粗蛋白含量为 22%~27%，粗纤维较高，矿物质、维生素丰富，粗脂肪高达 5%~8%，其中亚油酸占 50% 以上，无氮浸出物 39%~43%，以戊聚糖为主。仔猪饲料中不宜添加啤酒糟；在补足赖氨酸的前提下，肉猪饲料中啤酒糟的添加量可占饲料总蛋白质的 50%。肉鸡饲料中不宜添加啤酒糟，蛋鸡、种鸡饲料中可添加 5%~10%。啤酒糟用于反刍动物，饲喂效果较好，犊牛饲料可使用 20%，肉牛可取代部分或全部的豆粕用于蛋白源，奶牛可使用 50%。

• 玉米 DDGS：粗蛋白含量 28%~35%，粗脂肪含量高，达 10 % 以上，粗纤维较高，达

7%~10%，叶黄素、胡萝卜素、V_E 及 B 族维生素丰富，含有未知促生长因子。仔猪不宜使用，肉猪可用至20%。肉鸡饲料以5%以下为宜，蛋鸡、种鸡饲料10%以下。玉米 DDGS 是反刍动物的优质饲料，牛的精料中玉米 DDGS 可添加到50%。

• 酱油渣：含有大量菌体蛋白，粗蛋白高达24%~40%，脂肪含量约14%；含 B 族维生素、无机盐、未发酵淀粉、糊精、氨基酸、有机酸等，粗纤维高，无氮浸出物低，有机物质消化率低，有效能值低，粗灰分含量高，食盐高达7%。仔猪禁用酱油渣，肉猪酱油渣喂量控制在5%以内。奶牛精料中酱油渣添加量达到20%，不影响适口性、产奶量及乳品质；肉牛饲料中酱油渣添加量不宜超过10%，超量会使肉质软化。绵羊过多采食酱油渣会造成饮水量上升和腹泻。

(2) 动物性蛋白饲料

动物性蛋白质饲料主要是畜禽加工，水产、乳品业等加工副产品。与植物性蛋白质饲料相比，动物性蛋白质饲料的用量要小得多，主要作用是补充某些必需氨基酸的不足，为家畜提供丰富的矿物质及 B 族维生素。常用的动物蛋白质饲料有鱼粉、肉骨粉、血粉、羽毛粉、皮革粉和蚕蛹粉等。

① 鱼粉(fish meal)

• 营养特性：蛋白质含量在60%以上，真蛋白质占95%以上，赖氨酸达4.5%以上，蛋氨酸达1.7%以上。蛋白质消化率高达90%以上，必需氨基酸比例平衡，利用率高，蛋白质生物学价值高。脂肪含量小于1%。矿物质含量丰富，钙达6%左右，磷达3%左右，钙、磷利用率高，铁的含量达到1 500~2 000 mg/kg，锌可达100 mg/kg以上，硒达3~5 mg/kg。富含 B 族维生素，尤其是 $V_{B_{12}}$、V_{B_2}，真空干燥的鱼粉含有较丰富的 V_A、V_D。含有未知因子，能刺激动物生长发育。

• 饲喂价值：鱼粉的饲用价值比其他蛋白饲料高，促进动物增重，改善饲料利用率，提高产蛋量和蛋壳质量。用量受价格限制，一般低于10%。家禽饲粮中使用过多可导致禽肉、蛋产生鱼腥味。肉猪饲粮中用量8%以下，否则体脂变软、肉带鱼腥味。

② 肉骨粉(meat and bone meal)

• 营养特性：肉骨粉的质量因原料组成和肉、骨的比例不同而差异较大。粗蛋白质含量为20%~50%，氨基酸组成不佳，赖氨酸含量为1%~3%，含硫氨基酸3%~6%，色氨酸低于0.5%。热能一般为7.98~11.72 MJ/kg。钙7%~10%，磷3.8%~5.0%，钙、磷含量高且比例适宜，磷利用率高。维生素含量比鱼粉低，$V_{B_{12}}$为0.07 mg/kg。

• 饲喂价值：比豆粕和鱼粉差。一般幼龄畜禽不宜使用，猪鸡饲粮以5%以下为宜。反刍动物禁用。

③ 血粉(blood meal)

• 营养特性：蛋白质高达80%以上，但氨基酸不平衡，赖氨酸、色氨酸、组氨酸和苏氨酸含量高，蛋氨酸含量偏低，异亮氨酸缺乏。碳水化合物和脂肪含量低，不含粗纤维。粗灰分含量较低，钙、磷含量低，铁含量高达2 800 mg/kg，维生素含量较低。

• 饲喂价值：血粉适口性差，氨基酸组成不平衡，具有黏性，采食过量易引起腹泻。雏鸡、仔猪饲料用量不宜超过2%，成年猪、鸡用量不宜超过4%。育成牛、成年牛用量为6%~8%。

④ 羽毛粉(feather powder)

• 营养特性：蛋白质含量高，为80%~85%。氨基酸极不平衡，甘氨酸、丝氨酸、异亮氨酸含量高，赖氨酸、蛋氨酸、色氨酸含量很低，消化率平均为70%左右。钙低，磷高，含硫丰富，达1.5%，约为其他动物性和植物性饲料的3倍以上，锌和硒含量较高。

• 饲喂价值：饲喂价值低，主要用于家禽，改善羽毛生长发育，防止啄癖。雏鸡饲料中添加1%~2%的羽毛粉，对防止啄羽等恶癖有效；肉鸡、蛋鸡饲料羽毛粉的添加量以4%为宜，另外，要补充含硫氨基酸；日粮添加2%~3%羽毛粉，可促进羽毛生长、缩短换羽期。生长猪日粮以3%~5%为宜。

⑤ 蚕蛹粉(silkworm chrysalis)

• 营养特性：蛋白质含量高，达60%以上。含氮物中有4%为几丁质氮，其余为优质的蛋白质。氨基酸含量高且平衡，特别是蛋氨酸、色氨酸、苏氨酸、组氨酸和异亮氨酸含量高，精氨酸低，适合与其他饲料配伍。脂肪含量高，约20%，能值高。脂肪酸以不饱和脂肪酸为主，能补充必需脂肪酸，营养价值高。不含粗纤维。缺钙，磷丰富。B族维生素丰富。蚕蛹粉易氧化酸败，不易贮存。

• 饲喂价值：蚕蛹粉广泛用于猪、禽等饲粮。但因价格较贵，用量不高，在猪、鸡饲粮中蚕蛹粉的用量应控制在5%以下。

(3) 单细胞蛋白质饲料(single-cell protein, SCP)

单细胞蛋白质是单细胞或具有简单结构的多细胞生物菌体蛋白统称。可生产SCP的微生物有酵母、霉菌、微型藻类及非病原性细菌。其中，饲料酵母是单细胞蛋白的主要产品。

• 营养特性：一般粗蛋白含量为40%~80%，氨基酸比较平衡，蛋白质生物学价值高。细菌的蛋白质和含硫氨基酸含量比酵母高，但赖氨酸含量低于酵母。SCP含有葡聚糖、甘露聚糖和壳多糖等，影响其消化利用。正烷烃酵母的消化率为70%~90%，甲醇细菌的消化率为80%。

• 饲喂价值：配合饲料中添加3%~5%的SCP不影响动物生产性能。用量过高，会影响适口性。SCP生产过程中，容易污染杂菌和积累有毒、有害物质，使用时应特别注意。

(4) 非蛋白氮(NPN)

凡含氮的非蛋白可饲物质均称为非蛋白氮饲料，包括尿素及其衍生物类，如缩二脲、异丁基双脲、脂肪酸脲、羧甲基纤维素尿素、磷酸脲等；氨态氮类，如液氨、氨水等；铵盐类，如硫酸铵、氯化铵、乳酸铵等；肽类及其衍生物，如酰胺、胺等。NPN是反刍动物的氮源，用得较多的是尿素。

①NPN的特性　以尿素为例，白色结晶，无臭，味微咸苦，易溶于水，吸湿性强。水解后释放出刺鼻的氨。纯尿素含氮量为46%，商品尿素含氮量45%。每千克尿素含氮量相当于2.8 kg蛋白质含氮量。用适量尿素取代牛、羊饲粮中蛋白质饲料，可以降低成本。

②NPN利用原理　反刍动物的瘤胃中生活着大量细菌、原虫、真菌等。瘤胃细菌可以产生脲酶，将尿素分解为二氧化碳和氨，瘤胃细菌可将碳水化合物发酵产生挥发性脂肪酸和酮酸。瘤胃细菌可以利用氨和酮酸合成微生物氨基酸，进而合成微生物蛋白质(MCP)。这些微生物蛋白质随着瘤胃食糜流入真胃和小肠，被消化吸收(图3-1)。

③ 用量和用法　一般牛羊NPN不超过日粮中总氮的35%。尿素占混合精料2%~3%或

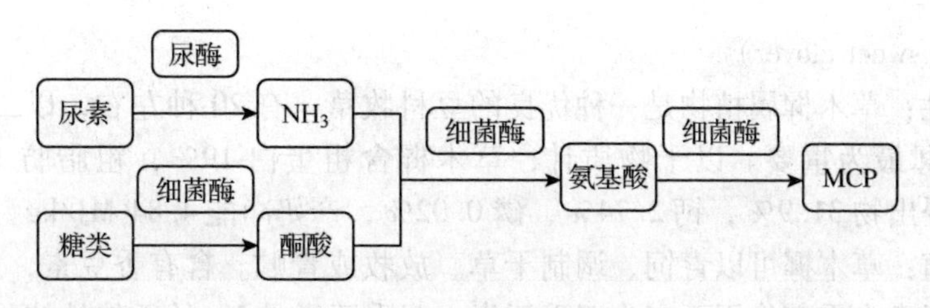

图 3-1 NPN 作用原理

日粮干物质的 1%~1.5%。对肉牛和奶牛，饲喂量为每头每日 150~300 g，绵羊和山羊为2~30 g。不要将尿素等放在饮水中饲喂；避免将 NPN 与含脲酶活性高的饲料搭配使用，如生大豆粕；添加尿素等 NPN，需经过 5~7 d 的过渡期。

④ 合理利用 NPN 的技术　利用 NPN 要满足微生物生长所需的各种条件，干物质中可消化总养分大于 75%，粗蛋白为 9%~12% 时，NPN 利用率大。饲粮碳水化合物为易发酵类型时，有利于 NPN 的利用。每添加 1 kg 尿素，应搭配 10 kg 易发酵的碳水化合物，其中 2/3 为淀粉。添加糖蜜有利于 NPN 的利用。饲粮中应提供足够的微生物生长需要的矿物元素，如钴、硫、钠、氯等。氮与硫比例不宜高于 15:1。

延缓 NPN 的分解，通过选用分解速度慢的 NPN 或包被处理的 NPN，使其在瘤胃分解的速度与微生物将氨转化为微生物蛋白的能力相匹配，NPN 的利用率可提高。

3.1.2.3 青绿饲料

青绿饲料是指鲜嫩青绿，柔软多汁，富含叶绿素，自然含水量大于 60% 的植物性饲料，种类很多，主要包括天然牧草、人工栽培牧草、青饲作物、叶菜类、非淀粉质根茎类、水生饲料、树叶、野草野菜等。天然牧草主要包括禾本科、豆科、菊科与莎草科的牧草。栽培牧草是指人工播种栽培的各种牧草。其中，豆科和禾本科牧草产量高、营养好，是人工栽培的主要牧草。

(1) 豆科牧草

① 紫花苜蓿(alfalfa)

• 营养特性：属多年生草本植物。紫花苜蓿的营养价值与刈割时期相关，适宜收割期为初花期至盛花期，在中等现蕾期收割最为理想。在初花期刈割苜蓿干物质中，粗蛋白含量可以达到 20%~22%，必需氨基酸平衡，赖氨酸高达 1.34%，产奶净能 5.4~6.3 MJ/kg，矿物质、维生素与微量元素含量丰富。

• 饲喂价值：紫花苜蓿为牧草之王，适时刈割饲用价值高，可青饲、放牧、调制干草及草粉等。鲜苜蓿草，泌乳奶牛日饲喂 15~20 kg，青年牛 10 kg，羊 2~3 kg。紫花苜蓿茎叶中含有皂角素，大量采食易引起牛、羊臌胀病。

② 三叶草(clover)

• 营养特性：新鲜的红三叶草干物质含量为 13.9%，粗蛋白含量为 2.2%。白三叶草为多年生牧草，再生性好，耐践踏。粗蛋白含量高于红三叶草，粗纤维含量较低。

• 饲喂价值：草质柔软，适口性好。适于放牧、制干草、青贮，放牧时注意预防臌胀病。

③ 草木樨(sweet clover)

• 营养特性：草木樨属植物是一种优良的豆科牧草，有20种左右，以二年生白花草木樨和黄花草木樨最为重要。以干物质计，草木樨含粗蛋白19%，粗脂肪1.8%，粗纤维31.6%，无氮浸出物31.9%，钙2.74%，磷0.02%，产奶净能4.84 MJ/kg。

• 饲喂价值：草木樨可以青饲、调制干草、放牧或青贮。含有香豆素，且有不良气味，适口性差；香豆素在霉菌作用下变为双香豆素，双香豆素是V_K的天然拮抗物。饲喂时防止V_K缺乏。

④ 紫云英(Chinese milkvetch)

• 营养特性：又称红花草，富含蛋白质、矿物质和维生素。现蕾期的紫云英营养价值最高。以干物质计，含粗蛋白1.76%，粗脂肪4.14%，粗纤维11.82%，无氮浸出物44.46%，产奶净能8.49 MJ/kg，灰分7.82%。

• 饲喂价值：适口性好，猪特别喜欢采食。鲜喂时以1 kg精饲料配合6~7 kg鲜紫云英为好。牛、羊、马等反刍动物应适量饲喂，以免引起臌胀病。

(2)禾本科牧草

① 黑麦草(perennial ryegrass)

• 营养特性：有多年生黑麦草和一年生黑麦草。开花前期的黑麦草营养价值最高，新鲜黑麦草干物质含量约17%，粗蛋白含量为2.0%，产奶净能为1.26 MJ/kg。

• 饲喂价值：适口性好，可青饲、放牧或调制干草。当株高40~50 cm时可以刈割或放牧；抽穗盛期刈割调制干草。

② 无芒雀麦(bromegrass)

• 营养特性：又名无芒草、禾萱草。生长期干物质中粗蛋白含量为20%，粗脂肪含量为4%，粗纤维含量为23%，无氮浸出物含量为42%。

• 饲喂价值：适口性好，适时刈割饲用价值高。耐践踏，再生力强，可青饲、放牧。

③ 黑麦(rye)

• 营养特性：属一年或越年生草本植物。黑麦干物质中粗蛋白含量为18%，赖氨酸含量高，脂肪高，富含铁、铜、锌等微量元素和胡萝卜素。

• 饲喂价值：可直接喂饲奶牛、羊、猪和其他畜禽。可青饲、调制干草或青贮，也适于放牧。黑麦较易感染麦角菌，形成有毒的麦角，种子中混有5%麦角即不能饲用。

④ 苏丹草(Sudan grass)

• 营养特性：一年生禾本科牧草。苏丹草的营养价值与刈割时期密切相关，抽穗期干物质含量为21.6%，粗蛋白含量为15.3%，粗脂肪含量为2.8%，粗纤维含量为25.9%，无氮浸出物含量为47.2%。

• 饲喂价值：适口性好，草食家畜喜食。适于刈割鲜喂、晒制干草。幼嫩茎叶含氢氰酸，株高50~60 cm放牧。

⑤ 高丹草(Sudan)

• 营养特性：一年生禾本科牧草，茎秆柔软纤细，木质素低，拔节期干物质含量为17%、粗蛋白含量为3%、粗脂肪含量为0.8%、无氮浸出物含量为7.6%、粗纤维含量为3.2%、钙1.7%。适宜刈割期是抽穗至初花期，即株高1~1.5 m。可调制干草和青贮，也可放牧。

• 饲喂价值：适口性好，适于喂牛、羊、兔、鹅等多数畜禽。

3.1.2.4 矿物质饲料

矿物质饲料指可饲用的天然矿物质及工业合成的无机盐，主要是用来补充动物需要的矿物质元素。目前已证明必需的矿物元素主要有16种，其中，钙、磷、钠、钾、氯、镁、硫等动物体内含量高于0.01%属于常量矿物质元素，铁、锌、锰、铜、钴、碘、硒、钼、氟9种在动物体内含量低于0.01%属于微量矿物质元素。

(1)常量矿物质饲料

① 钙补充料

• 石灰石粉(limestone)：天然的碳酸钙，一般含钙34%~39%，是补充钙最方便、最廉价的原料。猪用石粉的细度为0.36~0.61 mm，禽用石粉粒度为0.67~1.30 mm。蛋鸡在产蛋期以粗颗粒为好。一般情况下，仔猪添加量为1%~1.5%，育肥猪添加量为2%，种猪添加量为2%~3%；雏鸡添加量为2%，肉鸡添加量为2%~3%，蛋鸡、种鸡添加量为7.0%~7.5%。

• 贝壳粉(oyster)：主要成分为碳酸钙。含钙量为34%~38%，为灰色或灰白色粉末。贝壳中常夹杂细沙、泥土，钙量常有变化。新鲜贝壳须经灭菌处理。死贝的壳有机质已分解，比较安全。

• 蛋壳(egg shell meal)：含钙量为24%~38%，蛋壳中含有膜和一定的蛋白，因此蛋壳还有7%的蛋白质和0.09%的磷。蛋鸡和种鸡饲料中添加蛋壳可以增加蛋壳的强度。须经灭菌处理。

② 磷补充料

• 磷酸一钙(calcium phosphate monobasic)：又名磷酸二氢钙，分子式 $Ca_2(H_2PO_4)_2 \cdot H_2O$。纯品为白色结晶粉末，含钙15.90%，含磷24.58%。利用率比磷酸二钙或磷酸三钙好。本品磷高、钙低，配制饲粮时易于调整钙磷平衡。

• 磷酸二钙(calcium phosphate dibasic)：有无水磷酸氢钙($CaHPO_4$)及二水磷酸氢钙($CaHPO_4 \cdot 2H_2O$)两种，含钙量分别为29.6%和23.29%；含磷量分别为22.77%和18.0%。二水磷酸氢钙的钙磷比为1.29∶1，利用率较高。

• 磷酸三钙(calcium phosphate tribasic)：又称磷酸钙，有一水盐和无水盐，以后者居多。纯品为白色无臭粉末，饲料用为灰色或褐色，且有臭味，含钙29%以上，磷15%~18%。

• 骨粉(bone meal)：是家畜骨骼经过脱脂、脱胶后加工而成，是最常用的磷源饲料。一般含钙30%左右，含磷13%~15%，钙磷比例均接近2∶1，利用率高。

• 磷酸铵(ammonium phosphate)：含氮9%以上，含磷23%以上，含氟不可超过磷量的1%，含砷量不可超过25 mg/kg，铅等重金属应在30 mg/kg以下。作为反刍动物磷和氮补充料，添加量不可超过饲粮的2%。作为非反刍动物磷补充料，不可超过饲粮的1.25%。

③ 钠与氯补充料

• 食盐(sodium chloric)：有海盐和矿盐之分。精制食盐含NaCl 99%以上，粗盐含NaCl 95%。精制食盐含氯60 %，含钠39 %，氯钠含量不平衡。一般家禽和猪添加量为0.3%~0.5%，反刍动物和草食动物添加量为1%。可以以粒状添加到配合饲料中，也可以制成块状，由动物舔食(主要是放牧家畜)。

• 碳酸氢钠(sodium bicarbonate)：小苏打，无色结晶粉末，无味，略具潮解性，水溶液呈微碱性，受热易分解放出二氧化碳。含钠27%，生物利用率高，为优质钠源，添加0.5%~2%调节瘤胃pH值，防止精料型饲粮引起代谢性疾病，与氧化镁配合使用效果更佳，夏季添加0.5%可缓减热应激。

④ 硫补充料

• 硫酸钙(calcium sulfate)：化学式为 $CaSO_4 \cdot 2H_2O$，白色晶体或粉末，含钙20%~23%，含硫16%~18%，生物利用率高，主要用于硫补充料，预防鸡啄羽、啄肛。一般添加量为1%~2%。另外还有蛋氨酸、胱氨酸、硫酸钠、硫酸钾、硫酸镁等硫补充料。

⑤ 镁补充料

• 硫酸镁(magnesium sulphate)：无色结晶或白色粉末，无臭、味苦。分子式为 $MgSO_4$、有无水硫酸镁、一水硫酸镁、七水硫酸镁。无水硫酸镁含镁20.2%、含硫26.63%，一水硫酸镁含镁17.56%、含硫23.16%，七水硫酸镁含镁9.86%、含硫13.01%。

• 氧化镁(magnesium oxide)：分子式为MgO，白色细粉，无臭、无味，含量高，适口性好，作为放牧牛、羊的补充料，效价较高。

(2) 微量矿物质饲料

微量矿物质饲料是各种动物生产必需的，添加量虽少，作用却不容忽视。主要有含锌矿物质饲料、含铁矿物质饲料、含铜矿物质饲料、含锰矿物质饲料、含钴矿物质饲料、含碘矿物质饲料、含硒矿物质饲料。

3.1.2.5 维生素饲料

维生素是一类动物代谢所必需而需要量极少的具有特殊生物活性的低分子有机化合物。畜禽饲料中需要添加的维生素有维生素A、维生素D、维生素E、维生素K、硫胺素、核黄素、吡哆醇、维生素 B_{12}、氯化胆碱、烟酸、泛酸钙、叶酸、生物素等。

3.1.2.6 饲料添加剂

饲料添加剂是指为了某种目的，向基础饲粮中加入的各种少量或微量物质，包括营养性饲料添加剂(氨基酸、维生素、微量元素等)和非营养性饲料添加剂(保健促生长剂、饲料保藏剂、畜产品品质改进剂、饲料质量提高剂等)。

3.2 饲料加工调制

饲料原料种类繁多，有些饲料营养价值低，不易消化，有些饲料含抗营养因子，适口性差。为提高饲料的利用率及适口性，最大限度地发挥出饲料营养潜力，降低成本，提高经济效益，可采用适宜的加工调制、贮存方法。

3.2.1 饲料加工调制的一般方法

粗饲料经过适宜加工处理，可明显提高其营养价值。一般粉碎处理可提高采食量7%；加工制粒可提高采食量37%；化学处理采食量可提高18%~45%，有机物的消化率可提高30%~50%。

3.2.1.1 物理调制方法

(1)机械加工

① 铡碎　用铡草机切短至1~2 cm；稻草柔软可稍长，玉米秸秆粗硬切短至1 cm左右。切短的目的是有利于咀嚼，防止挑食，减少浪费，便于拌料，提高了采食量。玉米秸青贮时，应使用铡草机切碎，便于踩实。

② 粉碎　用粉碎机粉碎至8~10 mm，便于拌料和提高动物的采食量及利用率。粉碎的细度不应太细，以便反刍。粉碎机筛底孔径以8~10 mm为宜。冬、春季节饲喂绵山羊的粗饲料应加以粉碎。如用作猪禽配合饲料的干草粉，要粉碎成面粉状，以便充分搅拌。喂猪的草粉粒度应能通过0.2~1.0 mm直径的筛孔。

③ 揉碎　利用揉搓机将粗硬的秸秆特别是玉米秸揉搓成丝条，使其疏松柔软，增加了适口性，提高采食量和饲料利用率。可饲喂牛、羊、骆驼等反刍家畜。

(2)热加工

① 蒸煮　切碎的粗料在容器内加水或者通汽蒸煮，降低纤维结晶度，软化秸秆，提高适口性和消化率。

② 膨化　切碎的粗料放入密闭容器，经一定时间的高压热力处理后，打开热喷罐口骤然减压，使其暴露在空气中膨胀。经热喷处理后，秸秆中高度交联的纤维束变得蓬松，部分化学键断裂，可消化性提高。

③ 高压蒸汽裂解　物料放入热压器，通高压蒸汽，使物料连续发生蒸汽裂解，以破坏纤维素——木质素的紧密结构，并将纤维素和半纤维素分解出来。

(3)制粒

将秸秆粉碎后制成颗粒饲喂动物，可提高采食量和增重效率。颗粒饲料质地坚硬，能满足瘤胃的机械刺激，瘤胃内降解后有利于微生物发酵及皱胃消化。草粉与精料混合制成颗粒饲料可获得更好效果。牛的颗粒饲料可较一般畜禽的大些，采食量相同情况下颗粒饲料的利用效率高于长草。

(4)盐化

铡碎或粉碎的秸秆饲料，用1% 的食盐水与等量的秸秆充分搅拌后，放入容器内或在水泥地面堆放，用塑料薄膜覆盖，放置12~24 h使其自然软化，可明显提高适口性和采食量。在东北地区广泛利用，效果良好。

(5)碾青

碾青是将秸秆铺在地面上，上铺同样高度的青饲料，最上面再铺秸秆，然后用磙碾压，青饲料流出的汁液被上下两层秸秆吸收。碾青处理可缩短青饲料晒制的时间，提高粗饲料的适口性和营养价值。

3.2.1.2 化学调制方法

化学处理是指用氢氧化钠、石灰、氨、尿素等碱性物质处理，破坏纤维素和半纤维素与木质素之间的酯键，使之更易被瘤胃微生物所消化，从而提高粗饲料的消化率。最常用的方法包括碱化处理、氨化处理、氨碱复合处理。

(1)碱化处理

① 氢氧化钠处理　此法原理是通过羟基破坏秸秆的木质素与半纤维素间的酯键，木质

素形成羟基木质素而大部分溶解，释放出纤维素和半纤维素，并使饲料软化，提高了粗饲料消化率。具体方法有两种：

• 浸泡法：用8倍于秸秆质量的1.5%氢氧化钠溶液浸泡秸秆12 h，然后用水冲洗，直到洗到中性。这样处理的秸秆保持原有的结构和气味，动物喜食，其有机物质消化率可提高25%。但该法一费劳力，二需大量的清水，并因冲洗将流失大量有营养价值的物质，还会造成环境污染，无法普及。

• 喷洒法：用占秸秆质量4%~5%的氢氧化钠，配制成30%~40%的溶液，喷洒到粉碎的秸秆上，随喷随拌，堆置3~7 d，不经冲洗而直接饲喂。该法处理后，其有机物质消化率可提高15%。该法应用较广，但易对土壤造成污染。

② 石灰水处理　又叫氢氧化钙处理。该法在去除木质素的同时，提供钙质，虽然改善消化率的程度不及氢氧化钠，且易发霉，但石灰来源广，成本低，对土壤无害。方法是每100 kg秸秆，用3 kg生石灰，加200~300 kg水制成石灰乳，浸泡切碎的秸秆1 d后捞出，放在倾斜的木板上控干水分，再经过1~2 d即可饲喂牲畜。

(2)氨化处理

氨化处理指用液氨、氨水、尿素或其他铵盐处理粗饲料。氨溶于水形成的氢氧化铵同样具有碱化作用。虽然对木质素的作用效果不及氢氧化钠，但可提高被处理秸秆的粗蛋白质含量，在生产中较适用。氨化饲料饲用要训饲、放掉余氨，且霉烂部分不能饲喂，并补充其他养分。

(3)氨-碱复合处理

为了使秸秆饲料既能提高营养成分含量，又能提高饲料的消化率，把氨化与碱化二者的优点结合利用，即秸秆饲料氨化后再进行碱化。稻草氨化处理的消化率仅55%，而复合处理后则达到71.2%。

3.2.1.3　生物学调制方法

生物学调制方法指微生物处理，利用有益微生物在厌氧条件下，加入水分和糖分发酵，分解纤维素或木质素，增加菌体蛋白、维生素等有益物质，软化秸秆，改善味道。常见的生物方法：自然发酵、加精料发酵、人工瘤胃发酵、秸秆微贮等。

3.2.2　粗饲料的加工与调制

3.2.2.1　干草类的加工与调制

干草类饲料有青干草和干草粉两种。青干草是指青草或栽培青饲料在未结实以前刈割，经日晒或人工干燥而制成的干燥饲草。制备良好的干草仍保留一定的青绿颜色，所以也称为青干草。干草粉是将适时刈割的牧草经人工快速干燥后，粉碎而成的青绿色草粉。

(1)青干草调制方法

牧草适时收割，兼顾产草量和营养价值；收割过早，营养价值虽高，但产量会降低；收割过晚会使营养价值降低。一般禾本科牧草及作物应在抽穗期至开花期收割，豆科牧草在开花初期到盛花期收割；收割时还要避开阴雨天气；避免日晒和雨淋使营养物质损失。干草调制方法有自然干燥和人工干燥法。

① 自然干燥法　分为田间干燥法和架上干燥法两种。其方法是在晴朗的天气，将刈割

后的青干草就地摊在田间的地面上或草架阴干，让青绿饲料中的水分在自然条件下，借助太阳的照射和风吹而很快蒸发掉，当水分降到50%以下时，将其堆成小堆，使其继续蒸发水分干燥；当水分含量降到14%~15%时，再将其堆成垛保存。采用这种方法加工调制的青干草中可消化干物质的损失量占到了原料的15%~35%。可节约大量的能源，成本低。草架阴干法比地面自然干燥的营养物质损失减少17%左右，消化率提高2%左右。

② 人工干燥法　有低温和高温两种干燥法。低温干燥法是指在45~50℃的一间小室内，将刈割后的青绿饲草放在其中，停留数小时，使青绿饲草尽快脱水干燥，当水分降到14%~15%时，即可堆垛。高温干燥法是利用干燥设备，采用500~1 000℃的热空气将青绿饲草脱水6~10 s，水分很快就可以降到14%~15%，然后堆垛。采用人工干燥法加工调制的青干草其养分可保存到原料的80%~90%，但成本高。

(2)干草的营养特点及饲喂价值

① 干草的营养特点　干草的营养取决于制作干草的植物种类、生长阶段和调制方法。一般情况下，豆科植物制成的干草粗蛋白、钙含量高于禾本科植物；开花期干物质中可消化粗蛋白、消化能均高于籽实成熟期；人工干燥的干草养分损失最少，架上晒制的干草次之，田间地面干燥的干草养分损失最多。

② 干草的饲喂价值　豆科、禾本科或豆科和禾本科混播的牧草草粉，蛋白质、维生素、β-胡萝卜素含量高，可在反刍动物和单胃动物饲粮中应用。如在现蕾至初花期刈割并且调制良好的优质紫花苜蓿草粉，在雏鸡和产蛋鸡饲粮中可添加不超过5%，青年鸡饲料中可添加量不超15%；育肥猪和母猪饲粮中可分别添加不超过10%和15%；兔饲粮中可添加20%~50%。草粉饲喂的粒度要求：禽类和仔猪1 mm，大猪2 mm。

(3)干草品质的质量评定

在生产实践中，优质青干草的品质鉴定主要是根据其外观而加以鉴定的。优质干草在外观上要求均匀一致，不霉烂或结块，无异味，色泽浅绿或暗绿，不混入砂石、铁钉、塑料废品、破布等有害物质。实验室评定方法：从草垛各个部位采集草样，均匀混合，进行评定，结果如下：

① 凡含水量在17%以下，毒草及有害草不超过1%，混杂物及不可食草在一定范围之内，不经任何处理即可贮藏或者直接喂养家畜，定为合格干草(等级干草)。

② 含水量高于17%，有相当数量的不可食草和混合物，须经适当处理或加工调制后，才能用于喂养家畜或贮藏者，属可疑干草(或等外干草)。

③ 严重变质、发霉，有毒、有害植物超过1%，或泥沙杂质过多，不适于用作饲料或贮藏者，属不合格干草。

3.2.2.2　秸秕类饲料

秸秕是秸秆和秕壳的简称，秸秆主要是由茎秆和经过脱粒后剩下的叶子所组成，秕壳则是从籽粒上脱落下的小碎片和数量有限的小的或破碎的颗粒物组成。大多数农业区都有相当数量的秸秕用作饲料。

(1)秸秕类饲料的营养特性及饲喂价值

① 秸秕饲料的特性　粗纤维含量高，一般在30%~45%，其中木质素含量高，木质素严重影响饲料能量价值。饲料中木质素含量与代谢能成反比。秸秕类饲料粗蛋白含量低，平

均2%~8%，蛋白质品质极差。粗灰分含量高，其中硅酸盐含量多，钙、磷等元素含量少。

② 秸秕饲料的饲用价值 饲料质地粗硬，容积大，适口性差，只适于饲喂牛、羊、马等草食家畜，可以提供有效粗纤维和起到维持饲养的作用。奶牛日粮中使用一定比例的秸秕饲料，可保证奶的乳脂率。单胃动物和禽类日粮中的秸秕饲料基本上是用作稀释日粮养分浓度和填充消化道容积。同类作物的秸秆与秕壳相比，通常是后者优于前者。

(2)常见秸秆饲料的种类

① 秸秆饲料种类

• 稻草：粗蛋白含量为3%~5%，可消化粗蛋白0.2%，粗脂肪为1%左右，粗纤维为35%；粗灰分含量较高，约为17%，但硅酸盐所占比例大；钙、磷含量低，分别为0.29%和0.07%。稻草经氨化处理后，含氮量可增加1倍，且其中氮的消化率可提高20%~40%。

• 玉米秸：外皮光滑，质地坚硬，适口性差。反刍家畜对玉米秸的粗纤维消化率为65%，无氮浸出物消化率为60%。尚青绿时胡萝卜素含量较高，约3~7 mg/kg。夏播玉米秸比春播玉米秸粗纤维少，易消化；上部比下部、叶片比茎秆营养价值高。

• 麦秸：主要有小麦秸、大麦秸和燕麦秸，麦秸能量低，难消化，适口性差，是质量较差的粗饲料。小麦秸粗纤维含量高，含有硅酸盐和蜡质，适口性差，氨化或碱化处理后用于饲喂牛、羊，效果好；大麦秸产量比小麦秸少，但适口性和粗蛋白质优于小麦秸；燕麦秸是饲用价值最好的麦类秸秆，对牛DE为9.17 MJ/kg、对羊DE为8.87 MJ/kg。

• 豆秸：主要是大豆秸、豌豆秸和蚕豆秸等，成熟后叶子大部分凋落，主要以茎秆为主，且茎已木质化，质地坚硬，维生素与蛋白质少，消化率极低，营养价值不大。大豆秸适于喂反刍家畜，尤其适于喂羊。豌豆秸营养价值最高，但新豌豆秸易腐败变黑。

• 谷草：即粟的秸秆，质地柔软厚实，适口性好，营养价值较高，是马、骡的优良粗饲料，铡碎与精饲料、青贮料混喂牛、羊，饲养效果更好。

② 秕壳饲料种类

• 豆荚类：CP含量较高。豆荚NFE含量为42%~50%，粗纤维为33%~40%，CP为5%~10%，牛和绵羊DE分别为7.0~11.0 MJ/kg、7.0~7.7 MJ/kg，饲用价值较好，适于反刍家畜利用。

• 谷类皮壳：有稻壳、小麦壳、大麦壳、荞麦壳和高粱壳等。稻壳消化能低，适口性差，勉强用作饲料；大麦秕壳有芒刺，易引起口腔炎。

• 其他秕壳：如花生壳、油菜壳、棉籽壳、玉米芯和玉米苞叶等。营养价值很低，需粉碎后与精料、青绿多汁饲料搭配使用，主要用于饲喂牛、羊等反刍家畜。

3.2.3 青贮饲料的加工与调制

青贮饲料是以适当的方法，将新鲜的、青绿多汁饲料长期贮存起来，使其基本保持原来的青绿、多汁和营养状态，并具有酸香味的饲料。它保持青绿饲料营养特性，与干草相比，营养物质损失少，适口性好，适用于奶牛、肉牛、羊以及兔等。

3.2.3.1 青贮饲料加工原理

(1)青贮原理

青贮发酵是一个复杂的生物化学过程，其实质是在于控制饲料中各种微生物的活动。通过选择适宜的原料、调节原料的水分、充分压实的方法将饲料中的大部分氧气排出，再利用植物细胞的呼吸作用和微生物的活动将残余的氧气耗尽，达到厌氧状态自然引起乳酸菌发酵，使饲料中的糖类转变为乳酸，当乳酸在青贮原料中积累到一定浓度，pH 值下降到 3.8~4.2 时，抑制了包括乳酸菌在内的各种微生物的繁衍，从而达到长期保存饲料的目的。

(2)青贮过程

① 好气性活动阶段　好气性微生物和各种酶利用富含碳水化合物的汁液进行活动，消耗氧气，产生二氧化碳和热量，形成厌氧环境。大约 1~3 d。

② 乳酸发酵阶段　饲料中有有益微生物和有害微生物两类。前者如乳酸菌等厌氧细菌，但饲料中很少；后者如腐败菌、霉菌、变形菌等好氧性微生物占优势。青贮过程是要抑制后一种，助长前一种细菌。通过第一阶段，饲料中 O_2 已被植物耗尽，使后一类微生物受到抑制，这时正是前一类微生物繁殖的好环境，若饲料中可溶性糖含量适宜，则会迅速繁殖生长，在此过程中会形成大量乳酸，使饲料 pH 值下降到 3.3~4.2，基本上抑制了其他微生物生长。此阶段历时 2~3 周。

③ 稳定阶段　pH 值下降到 3.0 后，各种微生物包括乳酸菌的增殖也受到抑制，停止活动，青贮饲料进入稳定阶段，营养物质不再损失。这样一切利用饲料养分的过程都停止，使饲料处于无菌条件下，达到保存目的。此阶段也要 2~3 周以后才能达到。

3.2.3.2　青贮设施

(1)青贮塔

地上圆筒形建筑，用砖和混凝土修建而成，长久耐用。一般塔高 10~14 m，直径 3~6 m。装填需用履带式传送机，或者特制吹风筒。取用可从塔顶或塔底用旋转机械进行。青贮品质好，便于机械化作业，但成本高。

(2)青贮窖(壕)

窖址应选择在地势高燥、土质坚硬、地下水位低、靠近牛舍、远离水源和粪坑的地方，底部向一侧倾斜，便于排水。用砖石或混凝土结构修筑永久性窖。青贮窖的容量因饲料种类、含水量、原料切碎程度、窖深而变化，不同青贮饲料每立方米质量为：叶菜类、紫云英、甘薯块根为 800 kg；甘薯藤为 700~750 kg；牧草、野草、全株玉米等为 600 kg；青贮玉米秸为 450~500 kg。窖的四壁呈 95°倾斜，窖底的尺寸稍小于窖口；窖深以 2~3 m 为宜，窖的宽度应根据日需要量决定，即每日从窖的横截面取 4~8 cm 为宜；窖的大小以集中人力 2~3 d 装满为宜。

(3)圆筒塑料袋

选用 0.2 mm 以上厚实的塑料膜做成圆筒形，与相应的袋装青贮切碎机配套；袋的大小以每袋青贮 20 d 左右喂完为好。装完毕后将袋口扎紧，分层放置在棚架上，最上层用重物压住。塑料袋可以放在牛舍内、草棚内和院子内，避免直接晒太阳使塑料袋老化碎裂；并防鼠、防冻。

(4)草捆青贮

草捆青贮主要用于牧草青贮，也可用于水稻和玉米青贮。将新鲜的牧草收割并压制成大圆草捆，装入塑料袋，系好袋口便可制成优质的青贮饲料。注意保护塑料袋，不要让其破漏。草捆青贮取用方便，在国外应用较多。

3.2.3.3 青贮饲料加工方法

(1)普通青贮饲料制作

普通青贮饲料制作工艺为：收割→搂集→装车→运输→卸车→切碎→装填→压实→密封。

① 适时收割 豆科牧草适宜收割期为开花初期，禾本科牧草及麦类在抽穗初期，甘薯藤在霜前或收薯前1~2 d，带穗玉米秸在玉米成熟时收割。

② 切短 青贮原料收割后，应立即运至贮藏地点切短青贮。小批量原料可用铡刀铡短，大规模青贮需用青贮料切碎机切短。对牛、羊来说，细茎植物(如禾本科牧草、豆科牧草、草地青草、甘薯藤、叶菜类)切成3~5 cm即可；粗茎植物(如玉米、向日葵等)切成2~3 cm，较为适宜。

③ 装填与压实 铡短的青饲料，应及时装填。装填前，在窖底部先填一层10~15 cm厚的切短秸秆或干草，吸收多余的青贮汁液。在窖壁四周可铺设塑料薄膜，以加强密封，防止漏气、透水。此外，应根据青贮料含水多少进行水分调节。装填青饲料时应逐层装入，每次厚20~30 cm，边装边踏实，一直装满窖并超出1 m左右为止。青贮料的紧实程度是青贮成败的关键之一，以发酵完成后饲料的下沉一般不超过窖深的10%为宜。

④ 密封 青贮原料装填到超过窖口1 m左右时，即可加盖封顶。封顶时先盖一层切短秸秆或20~30 cm厚软草并铺盖塑料薄膜，然后再用土覆盖拍实，厚约30~50 cm并做成馒头形，以利排水。

⑤ 管理 青贮窖(壕)密封后，要防止雨水渗入窖内，距窖四周约1 m处应挖排水沟。以后还要经常检查，如窖顶有裂缝时，应及时覆土压实，防止漏气、防止雨水淋入。

⑥青贮窖的启封 经过20~30 d的青贮发酵，即可开窖启用。开窖时从一侧剖面开启。从上到下，随用随取，切忌一次开启的剖面过大，否则，容易导致二次发酵。开启后，窖中的饲料必须连续取用，中间间隔天数多时，应在取用完毕后封窖。

⑦ 二次发酵的预防 发酵完成后，由于开窖后剖面太大，大量空气进入窖内，导致好氧性微生物(如霉菌、酵母菌等)的繁殖，饲料温度上升，最后霉烂变质，这种现象称为二次发酵。避免二次发酵的主要措施就是严格按照青贮操作规程选择原料、压实、密封、随用随取。

(2)青贮添加剂

为保证青贮顺利进行和增强青贮饲料的粗蛋白质和矿物质营养效果，常常在实践中添加各种添加物质，大体上分为以下几类：

① 无机酸添加剂 常用的有盐酸、硫酸和磷酸。由8%~10%盐酸70份，8%~10%硫酸30份混合制成。青贮时，按原料量的5%~7%添加此种混合液。主要用于高水分青贮料，迅速降低青贮原料的pH值，抑制某些细菌的活动，防止腐败，并有利于乳酸菌的活动。但无机酸有很强的腐蚀性，对窖壁有腐蚀作用，对皮肤有刺激作用，使用时要注意。

② 有机酸及其盐类添加剂 主要是作为防腐剂和酸化剂。主要有甲酸、乙酸、丙酸、苯甲酸及其盐类，其中甲酸及其盐类用得最多。采用甲酸浓度多为85%以下，用量一般是每吨青贮原料添加85%的甲酸2.85 kg。有机酸较无机酸的酸化作用较弱，但有较强的抗菌作用，添加于青贮料中能很好地抑制霉菌，防止养分的流失。

③ 甲醛　有抑制杂菌、防止腐败以及防止青贮过程中和反刍动物瘤胃中微生物对蛋白质、氨基酸的脱氨基作用，降低氨的产生，提高蛋白质、氨基酸的利用率。一般使用剂量为每100 kg青贮料添加0.5%的甲醛0.10~0.66 kg。主要用于豆科牧草等高蛋白饲料或含水量高、嫩叶量大、易腐败植物的青贮。

④ 酶类　主要添加纤维素酶和半纤维素酶，添加剂量通常为0.01%~0.25%。可使饲料中的多糖水解为单糖，有利于乳酸发酵，并可减少养分损失，提高青贮饲料的营养价值。

⑤ 接种物(发酵剂)　加入促进发酵的活菌制剂(如乳酸菌培养物)，使青贮料在很短的时间内进行强烈的乳酸发酵，pH值迅速降低，抑制有害微生物的活动，减少营养物质的消耗、分解和流失，降低有毒物质的产生，保证青贮的质量。

⑥ 加食盐　食盐的添加剂量一般为0.2%~0.5%。添加食盐有利于细胞液渗出，促进乳酸菌发酵，增加适口性，提高青贮料的品质，特别是在青贮原料含水量较低、质地粗硬的情况下，添加食盐贮存的效果更好。食盐还具有破坏某些饲料毒素的作用。

(3)半干青贮

半干青贮又称低水分青贮。当原料中含蛋白质量高，含可溶性碳水化合物量低时，只要使其干物质量提高，就能调制出优质青贮。

① 半干青贮料制作的基本原理　原料含水少，造成对微生物的生理干燥。青饲料刈割后，经风干至水分含量45%~50%。这样的风干植物对腐败细菌、酪酸菌以至乳酸菌，均造成生理干燥状态，使其生长繁殖受到限制。因此，在青贮过程中，微生物发酵微弱，蛋白质不被分解，有机酸形成数量少。虽霉菌在风干植物体上仍可大量繁殖，但在切短镇压紧实的青贮厌气条件下，其活动也很快停止。

② 半干青贮方法　以苜蓿为例，在刈割后要在田间晾晒至半干状态，晴朗的天气约24 h，一般不超过36 h，使水分降到45%~55%，苜蓿晾晒至叶片卷缩，出现筒状，未脱落，同时小枝变软易折断。入窖时要切碎，长度约2 cm。以后步骤同普通青贮。

3.2.3.4　青贮饲料品质评定

我国目前没有统一的国家标准，一般有两种方法：感官鉴定和化学鉴定。

(1)感官鉴定

感官鉴定主要根据青贮饲料的颜色、气味、质地等进行评定，生产实践中多采用此方法，其鉴定标准见表3-4。

表3-4　青贮饲料感官鉴定标准

等级	颜色	气味	酸味	结构
上等	青绿色或黄绿色，富有光泽	具芳香酒酸味，香味浓	强烈	湿润适度、紧密，茎、叶、花保持原状，易分离
中等	黄褐色或褐色	具芳香酒酸味，香味淡	中等	湿润过度，质地柔软，茎、叶、花大部分保持原状，易分离
劣等	黑色或褐色、暗墨绿色	无芳香酒酸味，具刺激臭味	较淡	干燥或黏结成块，茎、叶、花无明显结构
等外	黑色	具有特殊刺鼻腐臭味或强烈的霉味	无	结构黏结成块、污泥状，不可饲用

(引自岳文斌，2002)

(2)化学鉴定

pH值3.8~4.5为上等，4.6~5.0为中等，5.0以上为下等。

有机酸含量：品质好的应该含有较多的乳酸，少量乙酸，而不含丁酸。

氨态氮：氨态氮与总氮的比值是反映青贮饲料中蛋白质及氨基酸分解的程度，比值越大，说明蛋白质分解越多。

3.2.3.5 青贮饲料的饲喂

(1)饲喂量

青贮饲料饲喂时应讲究青-干草搭配和青-精料搭配。最好将精料、青贮料和干草充分搅拌后混合饲喂。青贮饲料主要用于奶牛、肉牛、羊、马及兔，特别适用于饲喂奶牛，可明显提高产奶量和日增重，一般一头日产奶量在30 kg以上牛可每日饲喂青贮饲料30 kg，干草8 kg；产奶量在20 kg以下牛可每日饲喂青贮饲料15~20 kg，干草8~10 kg；干奶期可每日饲喂青贮饲料10~15 kg，其他全喂干草。产前、产后15 d内应停止饲喂青贮饲料。其他动物每天饲喂量为肉牛10~20 kg/d、犊牛5~10 kg/d、育肥牛5~15 kg/d、羊5~8 kg/d。

(2)饲喂时注意事项

青贮饲料取用时应一层一层取，每次取用厚度不少于10 cm，每次取完后均要踏实封严。发现青贮饲料有异味或有霉变应立即停喂。发现饲喂青贮饲料的牛、羊出现拉稀等现象时，应立即停喂青贮饲料，待查明原因恢复正常后再继续饲喂。每天要及时清理饲槽、剩料，定期清洗、消毒料槽。饲喂青贮饲料及混合草料最好每日3~4次，少喂勤添，注意与精料和干草合理搭配，变换饲料时要避免饲喂过渡。

3.3 配合饲料

配合饲料(formula feed)是以动物的营养和生理特征为基础，根据其在不同情况下的营养需要，有目的地选取不同饲料原料均匀混合在一起，使单一饲料中的营养成分可以充分发挥互补作用，且保证活性成分的稳定性，进而提高饲料的营养价值和经济效益。配合饲料是由粮食、各种加工副产品、植物茎叶、矿物质饲料及微量添加剂等配合而成，可使各方面饲料资源得到充分利用，并运用各种饲料添加剂，加速畜体生长、减少疾病发生，提高饲料利用率。

通常按饲料的营养成分和用途分为以下4种：

(1)添加剂预混合饲料

添加剂预混合饲料是将一种或多种微量的添加剂原料(各种维生素、微量元素、合成氨基酸和非营养性添加剂等)与稀释剂或载体按一定配比均匀混合而成的产品，称为添加剂预混合饲料，简称预混料。通常要求其在配合饲料中添加0.01%~5%。主要有以下几类：

① 单一预混合饲料　一种添加剂与适当比例的载体或稀释剂配制而成的均匀混合物。如含硒1%亚硒酸钠、2%生物素、10%硫酸黏杆菌素等。

② 维生素预混合饲料　维生素添加剂与适当比例的载体或稀释剂配制而成的均匀混合物。

③ 微量元素预混合饲料　微量元素添加剂与适当比例的载体或稀释剂配制而成的均匀

混合物。

④ 复合预混合饲料　各种维生素、微量元素、合成氨基酸和非营养性添加剂与适当比例的载体或稀释剂配制而成的均匀混合物。

(2) 浓缩饲料

由添加剂预混合饲料、蛋白质饲料和常量矿物质饲料(钙、磷和食盐)配制而成的配合饲料。浓缩饲料含营养成分的浓度很高，某些成分为全价配合饲料的2.5~5倍。一般在全价配合饲料中占20%~40%的比例。使用时遵照说明书进行，必须与饲粮的其他成分混合均匀，不能直接饲喂动物，不能大幅度增加或减少。

(3) 全价配合饲料

由60%~80%能量饲料和浓缩饲料配合而成；或由添加剂预混合饲料、蛋白质饲料和常量矿物质饲料(钙、磷和食盐)及能量饲料配制而成的配合饲料。全价配合饲料能够全面满足饲喂对象的营养需要，不需要另外添加任何营养性物质，可直接饲喂动物。

(4) 精料补充料

由添加剂预混合饲料、蛋白质饲料和常量矿物质饲料(钙、磷和食盐)、能量饲料配制而成的配合饲料。饲喂对象是反刍动物(牛、羊等)，补充青或粗饲草或青贮饲料不足的养分。饲喂时必须与粗饲料、青饲料或青贮饲料搭配。

3.4 饲料卫生与安全

近年来，饲料的卫生与安全问题已成为全世界关注的焦点，各种由饲料引起的养殖业问题以及食品安全事件，对养殖业、饲料工业和人民生活健康带来了极大威胁。饲料卫生与安全是指饲料在转化为畜产品的过程中对动物健康及正常生长、畜产品食用、生态环境的可持续发展不会产生负面影响的概括。饲料中不应该含有对动物健康与生产性能造成实际危害的有毒、有害物质或因素，并且这类有毒、有害物质或因素不会残留、蓄积和转移而威胁到人体健康，或对人类的生存环境构成威胁。饲料卫生是饲料安全的基础，饲料卫生的质量决定饲料安全的状况。

3.4.1 饲料的生物性污染

饲料的生物性污染主要是指有害微生物及其毒素对饲料产生的危害，主要包括微生物(细菌、霉菌)、昆虫和寄生虫的污染等。饲料发生生物性污染后，通过3个方面对养殖业产生不良影响：一是有害生物的致病性；二是有害生物的有毒代谢产物使动物中毒；三是有害生物的生长、繁殖过程中造成饲料营养价值降低或损毁。

3.4.1.1 污染饲料的细菌

(1) 非致病性细菌

非致病性细菌是引起饲料腐败变质的重要原因，它们在生长繁殖过程中需要消耗饲料中的营养物质，同时产生酶，分解饲料养分，从而使饲料营养价值降低。

① 假单胞杆菌属(*Pseudomonas*)　该属种类繁多，达200余种，在自然界分布极为广泛，土壤、水体、动植物体表及各种含蛋白质饲料中均存在。革兰阴性菌，单细胞，偏端单

生或偏端丛生鞭毛，无芽孢。大多数为化能异养菌，利用有机碳化物作为碳源和能源；少数为化能自养菌，能利用H_2和CO_2为能源。

② 微球菌属(*Micrococcus*) 该属外形为球状，单生、成对或形成四联、八叠，或不规则聚集。自然界中分布广，存在于土壤、水体、脊椎动物皮肤、牛奶和其他食品以及陈旧饲料中。革兰染色阳性，但易变成阴性。无鞭毛，不运动。属化能异养菌，好氧，能将葡萄糖氧化成乙酸，或彻底氧化为H_2O和CO_2。生长环境为需氧，需维生素，具有较高的耐热性和耐盐性，最适生长温度20~28℃。

③ 芽孢杆菌属(*Bacillus*) 革兰阳性菌，有鞭毛，有芽孢，在一定条件下有些菌株能形成荚膜或色素。广泛存在于水和土壤中，发热的粮食和陈粮中也较多。属化能异养菌，好氧或兼性厌氧，能利用各种底物，进行呼吸型或代谢发酵型代谢。

(2)致病性细菌

致病性细菌是引起畜禽细菌性中毒的主要原因，包括沙门菌、肉毒梭菌、大肠杆菌、葡萄球菌等。这些细菌不仅能引起畜禽疾病，而且能在畜禽体内产生毒性更大的细菌毒素，从而引起畜禽患病。

① 沙门氏菌(*Salmonella*) 属于革兰阴性菌，短杆，有鞭毛，具有运动性。不产生芽孢及荚膜，兼性厌氧，生长温度在10~42℃，最适生长温度为37℃。沙门氏菌在饲料中大量繁殖，摄食后，除引起相应的肠道疾病外，菌体还在肠道内崩解，释放出内毒素，使动物中毒。内毒素是一种多糖-类脂-蛋白质化合物，对肠道黏膜、肠壁及肠壁的神经有强烈的刺激作用，造成肠道黏膜肿胀、渗出和脱落。由肠壁进入血液后，作用于体温调节中枢和血管神经运动，引起体温上升和运动神经麻痹。

② 大肠杆菌(*Escherichia coli*) 属于革兰阴性菌，单个或成对，周生鞭毛，运动或不运动，无芽孢，兼性厌氧。在好氧条件下，进行呼吸代谢。在厌氧条件下，进行混合酸发酵，产生CO_2和H_2，产气产酸。在15~45℃环境下均可生长，最适生长温度为37℃，最适pH 7.4~7.6。大肠杆菌可产生大肠菌素，引起动物出现腹泻、下痢等症状。

③ 肉毒梭菌(*Clostridium botulinum*) 属于革兰阳性粗短杆菌，大杆，有鞭毛，有芽孢，无荚膜，厌氧，生长温度在15~40℃，最适生长温度为35℃左右。肉毒梭菌本身无致病能力，在适宜条件下分泌毒性很强的外毒素——毒梭菌毒素。肉毒梭菌毒素中毒多发生于禽类，特别是水禽。引起动物四肢无力、全身麻痹、运动不便、不能站立；运动麻痹、视觉障碍、咀嚼吞咽困难、全身进行性衰弱；最终导致呼吸及心脏麻痹而死亡。

④ 葡萄球菌(*Staphylococcus*) 葡萄球菌类型繁多，存在于空气、水、土壤、动物的皮肤及牛的乳房中。有非致病性的腐生葡萄球菌，致病性弱的表皮葡萄球菌，以及致病性强的金黄色葡萄球菌。属于革兰阳性菌，葡萄状排列，无鞭毛，无芽孢，无荚膜，兼性厌氧。耐热，生长温度在0~47℃，最适生长温度为35~37℃。能分解葡萄糖、麦芽糖、蔗糖，产酸不产气。养分充足的饲料或鱼肉剩饭等被葡萄球菌污染时，迅速繁殖分泌外毒素——肠毒素，对胃和小肠，引起局部炎症。进入血液后作用于血管运动神经，加剧局部瘀血、水肿、渗出；作用于植物神经，引起局部胃肠剧烈蠕动。症状为剧烈呕吐、大量流涎、腹痛腹泻、粪便带血、脱水、肌肉痉挛、虚脱。

(3)饲料细菌污染的危害

细菌对饲料的危害表现在3个方面：一是引起饲料腐败变质。饲料污染细菌并达到一定数量时，在以饲料细菌为主的多种因素作用下，饲料降低或失去营养价值等一系列变化。特征为饲料发黏、渗出物增加，并出现特殊难闻的恶臭味。导致饲料中主要营养素，如蛋白质、碳水化合物、脂肪等降解为低分子化合物，使其营养价值降低。二是对动物机体健康的危害。病原细菌除污染饲料后大量繁殖，导致动物消化道感染而造成中毒外，还可在适宜条件下繁殖并产生毒素，对动物肠道黏膜、肠壁等造成刺激作用，引起肠道黏膜肿胀、出血、黏膜脱落。毒素被动物吸收进入血液后，还可作用于体温调节中枢和血管运动神经，引起体温上升和血管运动神经麻痹，最终可因败血症休克而死亡。三是细菌污染饲料对人类的危害。饲料受细菌污染后，一些病原菌，如沙门氏菌、大肠杆菌等，可感染或定植于动物体内，再经动物产品传播给人类，引发人类食品性感染。

(4)饲料细菌污染的控制

细菌污染饲料的途径广泛，很难避免，因此对污染的控制应以预防为主，饲料原料应从原料选择、生产加工、运输贮藏、销售流通以及饲喂各个环节加以控制。要严格检测饲料原料，保持原料新鲜；采用正确的生产加工方法；利用畜禽粪便加工饲料需经高温干燥或发酵处理；保持良好的仓储条件；在饲料中添加防腐剂；并严格执行国家饲料卫生标准。

3.4.1.2 污染饲料的霉菌

霉菌在自然界种类繁多，数量庞大，分布广泛，许多霉菌是有害的。由于饲料营养丰富，适合霉菌生长繁殖，因此饲料霉菌污染十分普遍，且给养殖业造成严重损失。对饲料造成污染的霉菌有200多种，主要有曲霉菌属，如黄曲霉、杂色曲霉、棕曲霉等；青霉菌属，如扩展青霉、黄绿青霉等；镰刀菌属，如合谷镰刀菌、三线镰刀菌、串珠镰刀菌等；其他菌属，如麦角菌属、链格孢菌属、木菌属等。

霉菌在合适的温度、环境湿度、饲料中水分含量、氧气等条件下，会快速生长繁殖，造成饲料的霉变，引起饲料的变质，营养成分受到破坏，各种营养物质的平衡失调。如将饲料中的蛋白质转变为酮、醛、胺类等，碳水化合物造成淀粉分解、能值降低，脂肪发生脂肪酸腐败、酸败，影响饲料的适口性和采食量。同时，霉变饲料会影响动物的健康和畜产品安全。某些霉菌产生的霉菌毒素，引起动物真菌毒素中毒病，破坏动物免疫机能，使细胞免疫系统机能和后天抵抗力降低。霉菌毒素还会在动物组织中残留，人类食用畜产品后会影响人体健康。

3.4.1.3 霉菌毒素

霉菌毒素是霉菌在生长繁殖过程中产生的有毒的二级代谢产物。迄今为止，已经分离和鉴定出的霉菌毒素有300多种。霉菌毒素进入动物胃肠道后主要通过简单扩散或主动运输等方式由血液进入组织器官中，并沉积在动物体内。经动物器官转化后，可通过尿液(被消化道吸收和代谢的毒素，如黄曲霉毒素、玉米赤霉烯酮、赭曲霉毒素A)、粪便(未被消化道吸收的毒素经胆汁排入肠道的毒素代谢产物，如T-2毒素、赭曲霉毒素)、乳汁(经过细胞内过滤、被动扩散，通过乳腺泡的主动转运，如黄曲霉毒素B_1、赭曲霉毒素、玉米赤霉烯酮)等途径排出动物体外。

动物采食含霉菌毒素的饲料后，会引起慢性或急性中毒，造成动物生长繁殖障碍，干扰和抑制动物的免疫系统引起动物免疫抑制，导致动物癌变死亡(表3-5)。有些霉菌毒素及代谢产物在动物体内代谢转化较慢，可在动物的肝脏、肾脏等组织器官及排泄物中残留，造成动物性产品污染，人类食用后对健康危害很大。

表3-5 主要霉菌毒素及其中毒危害

霉菌毒素	产毒霉菌	易感动物	中毒症状
黄曲霉毒素	黄曲霉、寄生曲霉	所有动物	肝毒作用，全身性出血、消化机能障碍、神经功能紊乱
杂色曲霉毒素	杂色曲霉、构巢曲霉	反刍动物、小鼠、猴	肝脏、肾脏坏死
赭曲霉毒素	赭曲霉、鲜绿青霉	猪、牛、禽、马	肾病，肝细胞坏死
展青霉素	扩展青霉	牛、鸡、小鼠、兔	奶牛以中枢神经系统症状为主；鸡腹水肿，消化道严重出血
T-2毒素	三线镰刀菌、拟枝孢镰刀菌	猪、牛、禽	拒食、呕吐及内脏广泛出血
玉米赤霉烯酮	禾谷镰刀菌、黄色镰刀菌	猪、牛、禽	生殖器官病变、雌性激素综合征
甘薯毒素	甘薯长喙壳菌、茄病镰刀菌	牛、羊、猪	急性肺水肿与间质性肺泡气肿
麦角毒素	麦角菌	牛、羊、猪、禽	中枢神经兴奋和末梢神经坏死

(引自瞿明仁，2008)

(1)黄曲霉毒素

黄曲霉毒素(aflatoxin，AF)是一种毒性很强，在全世界各地都普遍存在的霉菌毒素，主要发生在高温、高湿的热带亚热带地区，花生、玉米、高粱、水稻、小麦、甘薯等适合曲霉菌的生长。产生黄曲霉毒素的最适温度为25~32℃，相对湿度为86%~87%。当饲料原料中水分超过15%时，霉菌可生长繁殖；当水分达到17%~18%时，可产黄曲霉毒素。产黄曲霉毒素的黄曲霉主要是黄曲霉菌(*A. flavus*)和寄生曲霉菌(*A. parasiticus*)。

① 理化性质 黄曲霉毒素是无色、无味，晶体物质，难溶于水，可溶于氯仿、甲醇、乙醇等多种有机溶剂，稳定性好，耐高温，加热到268~300℃才发生裂解。黄曲霉毒素在中性、弱酸性溶液中稳定，可被强酸、强碱和氧化剂分解。

② 毒性与中毒机制 黄曲霉毒素的毒性很大，不同品种、年龄、性别和营养状况的畜禽对黄曲霉毒素的敏感性有差异。一般来说，幼龄动物的敏感性强。家畜对黄曲霉毒素的敏感性顺序大致为：雏鸭>雏火鸡>雏鸡、仔猪>犊牛>育肥猪>成年牛>绵羊。

黄曲霉毒素的中毒机制：黄曲霉毒素在肝微粒体酶活化形成具有高致癌活性的环氧化物，一部分与谷胱甘肽转移酶、葡萄糖醛酸转移酶等结合，然后催化水解而解毒；另一部分则与生物大分子(如DNA、RNA以及蛋白质和类脂)发生反应，形成黄曲霉毒素加合物，从而导致生物大分子失去生物功能，最终导致细胞死亡，表现为急性中毒，如黄曲霉毒素与核酸结合可引起突变而表现为慢性中毒。黄曲霉毒素中毒导致：第一，损害肝脏。肝细胞变性、肝小叶中心坏死、胆囊水肿、胆小管增生；抑制磷脂及胆固醇的合成，致使脂肪在肝脏内沉积，引起肝肥大。第二，抑制动物的免疫系统。抑制体内RNA聚合酶，阻止蛋白质合成，导致血清总蛋白含量减少；抑制巨噬细胞及T淋巴细胞功能。第三，致癌性、致突变性及致畸性。肝癌、胃腺癌、肾癌；胎鼠死亡及发生畸形。

(2)玉米赤霉烯酮

玉米赤霉烯酮(zearalenone，ZEA)，又称 F-2 毒素。首先由赤霉病玉米中分离得出，是玉米赤霉菌的代谢产物。它的产毒菌株主要是禾谷镰刀菌，粉红镰刀菌、串珠镰刀菌、三线镰刀菌、木贼镰刀菌等也能产生玉米赤霉烯酮。玉米赤霉烯酮主要存在于玉米、大麦、小麦、燕麦、高粱、水稻、豆类、青贮和干草、谷物加工副产品(DDGS)等饲料原料中。

①理化性质　玉米赤霉烯酮是一种二羟基苯甲酸内酯类化合物，熔点161~163℃，不溶于水、二硫化碳、四氯化碳，溶于碱性溶液、乙醚、氯仿、苯、甲醇、乙醇等。

②毒性与中毒机制　动物采食含 ZEA 的饲料后，部分毒素在胃肠道持续吸收，经肝肠循环，使 ZEA 的代谢产物在体内滞留时间长，增大对动物的毒害作用。其代谢产物主要分布在子宫、卵巢、肝脏等器官中，在肝脏和肠黏膜中被 3-OH 类固醇脱氢酶还原为玉米赤霉烯醇，从粪便和尿液中排出。少量 ZEA 还能通过血液循环进入乳汁中，最后由乳汁排出。

玉米赤霉烯酮的中毒机制：玉米赤霉烯酮具有潜在的雌激素作用，强度为雌激素的10%。玉米赤霉烯酮可被还原为α-玉米赤霉烯醇、β-玉米赤霉烯醇两种异构体，可促进子宫 DNA、RNA 和蛋白质合成，造成动物雌激素亢进症。ZEA 作用的主要靶器官是雌性动物生殖系统，同时对雄性动物也有一定的影响。可竞争性地与子宫、乳腺和肝脏中的雌激素受体位点结合，造成雌激素含量升高，造成神经系统的亢奋，导致脏器出血，最终导致动物死亡。

(3)脱氧雪腐镰刀菌烯醇

脱氧雪腐镰刀菌烯醇(deoxynivalenol，DON)，又称呕吐素，属单端孢霉烯族化合物。禾谷镰刀菌和大刀镰刀菌是 DON 的主要产毒菌株。脱氧雪腐镰刀菌烯醇是饲料的主要污染物质，玉米、全价饲料检出率100%。

① 理化性质　脱氧雪腐镰刀菌烯醇是一种无色针状结晶，熔点 151~152℃。较强热抵抗力，110℃被破坏，121℃高温加热 25 min 仅少量破坏，干燥及酸不影响其毒力。较易溶于有机溶剂。

② 毒性与中毒机制　动物感染 DON 毒素后，经采食摄入的 DON 毒素，会被快速吸收，24 h 内被清除，在胃肠、肝、肾、脑等组织中沉积较多。DON 毒素在肝脏中转化为 DON-1，从肾脏排泄。DON 毒素是一种蛋白质合成抑制剂，能与肽酰转移酶结合，其为 60S 核糖体的重要组成部分，抑制蛋白质的合成。浓度较高的 DON 毒素也是核酸合成抑制剂，可抑制 DNA 和 RNA 的合成。DON 毒素能引起细胞脂质过氧化，损伤细胞膜的功能。DON 毒素能够产生自由基，引起过氧化反应，损伤机体。另外，DON 毒素可改变外周和中枢 5-羟色胺的活性，影响动物采食量。DON 毒素还对机体免疫功能具有抑制作用，可抑制胸腺细胞增殖或凋亡。

3.4.2 饲料的非生物性污染

饲料的非生物性污染是指多种化学物质，如有毒重金属和非金属、某些有机或无机化合物、饲料脂肪在酸败过程中产生的有毒、有害物质，均可污染饲料，严重影响饲料的安全性，造成对畜产品和环境的污染。

3.4.2.1 有毒元素的污染

有毒元素的污染主要是指铅、砷、汞、氟等元素的污染。自然界中，由于某些地区自然地质化学条件特殊，其地层中的有毒元素含量较高，或者来自工业“三废”的排放、农业生产活动的污染，以及饲料在生产加工过程中的人为添加等均可造成饲料中有毒元素的超标，对畜禽造成危害。

有毒元素被动物吸收后，随血液循环到全身各组织器官，在机体内蓄积，引起动物出现中毒。机体反应所需的酶中有金属离子或需要金属离子激活，如铁、铜、锰、锌等，有毒元素通过置换生物分子中的金属离子，从而使酶的生物学功能受到影响；或者有毒元素与酶的活性中心(巯基、氨基、羟基、羧基等)的功能基团结合或使其受到破坏，使酶的活性被抑制，导致动物中毒。

(1)铅

来自铅矿冶炼、含铅农药和汽车尾气中的铅可污染饲料作物和原料。自然界中以+2价离子存在，在动物体内的主要吸收部位是十二指肠，吸收率为5%~15%。吸收进入机体的铅首先在肝脏、肾脏、脾脏、肺脏、脑等组织器官中分布，经血液循环进入肝脏，从胆汁排入肠道，最终沉积在骨骼中。动物体内90%~95%的铅蓄积在骨骼中，而没有毒性；1%的铅存在于血液中。当血铅浓度增高达到一定含量时，发生中毒。铅还可以通过胎盘屏障，传递给胎儿，导致胎儿铅中毒。铅可通过肾脏、肝脏、乳汁、汗液、唾液、毛发等途径排泄出体外。

(2)砷

来自农药直接污染饲料植物、含砷矿石冶炼后废渣污染土壤、水体，间接污染饲料作物、含砷化合物污染水体可污染饲料作物和原料。砷为类金属，具有金属和非金属的性质，以+3价离子存在的砷具有较高的毒性。砷主要在消化道吸收，吸收后随血液迅速分布到全身，主要在肝脏、肾脏、脾、肺、骨骼、皮肤、毛发、蹄甲等组织器官沉积。特别是表皮组织的角蛋白因还有较高的巯基，易与砷牢固结合而长期蓄积。摄入的砷主要经肾脏随尿液排出，汗液、乳汁、呼吸也可排出；摄入砷酸盐或亚砷酸盐，以甲基砷从尿中排出。

砷的毒性作用主要是影响机体内酶的功能，As^{3+}可与细胞内酶蛋白的巯基结合，使含有巯基的酶(丙酮酸氧化酶、6-磷酸葡萄糖脱氢酶、细胞色素氧化酶、胆碱氧化酶等)活性降低或失活。从而干扰组织细胞的新陈代谢，危害神经系统，麻痹血管运动中枢，导致心脏、肝脏、肾脏等器官发生脂肪变性及坏死。

(3)氟

我国东北、华北和西北地区是高氟地区，导致动物在采食该地区饲料作物、牧草或饮水过程中氟的摄入量过多，引起中毒。同时，摄入含氟高的磷矿石制成的磷酸盐、骨粉等饲料原料，也会引起动物中毒。氟是体内必须元素，参与机体钙磷代谢。吸收部位在胃和小肠，95%以上的氟沉积在骨骼和牙齿中。氟主要通过肾脏随尿液排出，占88%~92%，其余的通过粪便和汗液排出。

氟摄入过多，可与血液中的钙结合，形成难溶性的氟化钙；血钙降低，导致钙代谢障碍；动用骨骼中的钙，引起动物钙缺乏症。可与很多含金属的酶结合形成化合物或抑制其活性，特别是含镁的酶(酸性磷酸酶、三磷酸腺苷酶等)。可取代骨骼中羟磷灰石的羟基使其变成氟磷灰石，影响成骨细胞和破骨细胞的活力，从而影响骨的生长和再生。

3.4.2.2 饲料脂肪酸败的污染

油脂作为一种高能饲料，可为动物提供必需脂肪酸，提高饲料的适口性和饲料转化效率。但由于饲料在贮存、加工和调制过程中，脂肪组成、温度、湿度、光照、氧气等因素，易导致脂肪发生氧化酸败，影响饲料的营养价值，给养殖业带来损失。

(1)脂肪氧化酸败机理

脂肪酸败的过程主要有两个方面，一是化学氧化，包括油脂的水解酸败和自动氧化酸败。油脂在高温、高湿等条件下，分解成脂肪酸和甘油的过程。饲料中存在的金属离子或自由基和酶等物质，诱发脂类物质和氧气发生反应，生产氢过氧化物和新的自由基，最后形成低分子的醛、酮、酸、醇等物质。二是微生物氧化，是指存在于植物饲料中的脂氧化酶或微生物产生的脂氧化酶可使不饱和脂肪酸氧化，分解为脂肪酸和甘油，油脂酸价增高。脂肪酸在氧气存在的情况下，碳链被氧化而断裂，经过中间产物(酮酸、甲基酮等)最后彻底氧化为 CO_2 和 H_2O。

(2)脂肪酸败对动物健康和饲料品质的影响

酸败过程中的氧化产物，如短链脂肪酸、脂肪聚合物、醛、酮、过氧化物、烃类等，具有不愉快气味及苦涩滋味，降低饲料的适口性。酸败过程中，多不饱和脂肪酸发生氧化，其相对比例下降，导致饲料中必需脂肪酸(亚油酸、亚麻酸)缺乏，降低了饲料的营养价值；氧化酸败产物(如醛、酮等)对机体代谢中的重要酶系，如琥珀酸氧化酶、细胞色素氧化酶等，具有损害作用，影响酶活性。酸败过程中的代谢产物对机体的免疫活性细胞有毒害作用，可导致机体免疫球蛋白生成下降，肝和小肠上皮细胞损伤率提高，从而影响机体的免疫机能。

网上资源

美国饲料周刊：http：//www.feedstuffs.com/ME2/Default.asp
美国玉米加工协会：http：//www.corn.org/
中国饲料数据库：http：//www.chinafeeddata.org.cn/
农业部饲料工业中心：http：//www.mafic.ac.cn/
中国饲料原料网：http：//www.feed.sd.cn/
中国饲料技术网：http：//www.feedtech.com.cn/
中国饲料添加剂网：http：//www.chinafeedadditive.com/

主要参考文献

张子仪．2000．中国饲料学[M]．北京：中国农业出版社．
陈喜斌．2008．饲料学[M]．北京：科学出版社．

陈代文．2005．动物营养与饲料科学[M]．北京：中国农业大学出版社．

王成章，王恬．2003．饲料学[M]．北京：中国农业大学出版社．

忠艳．2005．饲料学[M]．哈尔滨：东北林业大学出版社．

瞿明仁．2008．饲料卫生与安全学[M]．北京：中国农业出版社．

王建华，冯定远．2000．饲料卫生学[M]．西安：西安地图出版社．

于炎湖．1990．饲料毒物学[M]．北京：中国农业出版社．

LOWREY O S, ARTHUR EDISON CULLISON. 2009. Feeds & Feeding[M]. BiblioLife.

ENSMINGE M E, OLDFIELD J E. 2002. Feeds and Nutrition[M]. Prentice Hall.

思考题

1. 试述玉米、小麦、大豆饼粕、鱼粉、苜蓿对动物的饲喂价值。
2. 用青绿饲料要注意哪些问题？
3. 饲料青贮的关键技术是什么？
4. 如何合理利用粗饲料？粗饲料的加工方法有哪些？
5. 玉米在饲料中用量过多，有何不良影响？为什么？
6. 如何提高棉籽饼粕、菜籽饼粕、花生饼粕蛋白质利用率？
7. 生产实践使用维生素添加剂时应注意哪些问题？
8. 试述青贮饲料、青干草的制作步骤、营养特性及饲喂价值。
9. 说明各种配合饲料的相互关系，用图表示。

第4章

畜禽育种

畜禽育种是提高现代畜牧生产效率的诸多因素中贡献率最高的。只有充分发掘现有畜禽遗传资源，提高畜禽品种或种群的遗传素质，才能在现代畜牧生产的环境中获取最大化的产出效益。畜禽育种就是通过一切可能途径以改进畜禽遗传素质来生产量多质优的畜产品。本章主要阐述品种的概念和标准、分类和影响品种形成的因素；生长与发育的概念及其基本规律；家畜性能测定的概念及方法；选种、选配的概念和方法；品系和品种的类型和培育方法；杂种优势的概念和利用措施；生物技术在畜禽育种中的应用情况；畜禽遗传资源的保护现状和措施及管理和利用。

4.1　畜禽品种概述

4.1.1　品种的概念

4.1.1.1　种和品种

物种(species)：又称种，是指具有一定形态、生理特征和自然分布区域的生物类群，是生物分类系统的基本单位。不同物种之间个体一般不交配，即使交配也不能产生有生殖能力的后代。种是生物进化过程中由量变到质变的结果，是自然选择的产物。

品种(breed)：指具有一定的经济价值和种用价值，主要性状的遗传性比较一致，且能适应一定的自然环境和饲养条件的一种家养动物群体，是人工选择的产物，是一个与众不同的概念。品种具有独特的经济有益性状，能满足人类一定的要求，主要性状能稳定遗传，对一定的自然和经济条件有适应性，并可随人工选择和生产方向的改变而发生变化。

品种是畜牧学上的概念，而种则是生物学上的概念；品种是人工选择的产物，而种则是自然选择的产物；品种间的差别主要为经济特性(如生产性能、繁殖性能等)，而种间的差别则主要表现为生物学特性(如形态构造、生理机能等)；不同品种间可以相互交配并正常繁殖后代，而不同种间一般存在生殖隔离(个别种间如马、驴除外)。

4.1.1.2　品种应具备的条件

(1)来源相同

品种内个体间有基本相同的血统来源，个体彼此间有血缘上的联系，遗传基础非常相似，具有共同的基因库(gene pool)。

(2)性状及适应性相似

体型外貌、生理机能、经济性状、适应性相似，这是品种的基本特征，以此区别不同的品种。

(3)遗传性稳定

能将典型的特征遗传给后代，这是纯种家畜与杂种家畜的根本区别。

(4)一定的遗传结构

在具备品种的基本共同特征的前提下，一个品种内可分为若干个品系，每个品系(或类群)各具特点。这些类群可以是自然隔离形成，或是育种者有意识培育而成。这种异质性为品种的遗传改良和丰富畜产品奠定了基础。

(5)足够的数量

个体数量足够才能避免过早和过高的近交、保持个体适应性等，并保持品种内的异质性和多样的市场需求。

(6)被政府或品种协会承认

经过政府或品种协会等权威机构审定，确定是否满足上述条件，并命名，才能正式成为品种。

4.1.2 品种的形成

随着人类社会的发展，家畜的数量逐渐增多，分布越来越广。于是由于各地自然环境条件和社会经济条件的差异，以及交通不便等因素产生的地理隔离，使分布于各地的群体在一定时间后产生体型外貌、适应性等方面的分化，即出现了家畜品种的雏形。人们给这些不同产地各具特色的家畜群体命名以示区别就是最初的家畜品种。一个品种会随着人类选择的方向变化，导致品种发生这些变化的主要因素有社会经济条件和自然环境。

4.1.2.1 社会经济条件

社会的市场需求是形成不同用途培育品种的主要因素。例如，在工业革命之前的社会经济中，由于农业、军事的需要，养马业受到特别重视，根据用途培育成了许多骑乘型和役用型品种。在机械工业充分发展之后，马原本的用途越来越有限，而如今马主要的用途为运动、娱乐和观赏，如用于各种赛事的赛马、作为伴侣动物的矮马等。

社会经济是影响品种形成和发展的主导因素，比自然环境更重要。市场需求、生产性能水平、集约化程度都影响着品种的形成和发展，每一个品种都在随着时代和社会变化，经历着形成、发展和消亡的过程。

4.1.2.2 自然环境条件

生物在长期的进化历程中逐渐积累了对所生存环境一定的适应能力，人工选择的品种也不例外。影响品种形成的自然环境包括光照、海拔、温度、湿度、空气、水质、土质、植被和食物结构等。如把杜洛克等优良猪种引入到海拔 3 000 m 的青藏高原，则很难正常生活。各品种都是在当地自然条件下育成的，有明显的地域适应性，如果人为强行改变其生活环境，往往会因不适应新环境而患病甚至死亡。

4.1.3 品种的主要分类方法

4.1.3.1 按品种的改良程度

按品种的改良程度将品种分为原始品种和改良品种。

原始品种指未经严格的人工选择而形成的品种，具有很强的适应自然的能力，抗病力强。因一般只生活在一定的地理区域和自然环境里，也称为地方品种，如梅山猪、秦川牛、北京油鸡等。

培育品种是基于明确的育种目标，在遗传育种理论与技术指导下，经过较系统的人工选择育成的品种，集中了特定的优良基因。产品相对专门化，经济性状的表现更好，即经济价值更高，但适应性、抗病力不如原始品种，如瘦肉型猪、蛋鸡、肉鸡、奶牛、肉牛等。

4.1.3.2 按品种的体型外貌特征

按体型大小分为大型、中型、小型，如马有重挽马(大型)、蒙古马(中型)、矮马(小型)。

按角的有无分为有角品种和无角品种。

按尾的大小或长短，绵羊分为大尾品种(大尾寒羊)、小尾品种(小尾寒羊)和脂尾品种(乌珠穆沁羊)等。

按毛色或羽色，猪有黑、白、红、花斑等品种；鸡有红羽、白羽、黑羽、芦花羽等，都是重要的品种特征。

按蛋壳颜色，有褐壳(红壳)、白壳和绿壳。

4.1.3.3 按品种的主要用途

按品种的主要用途将品种分为专用品种和兼用品种。

专用品种，即具有一种主要生产用途的品种，如三江白猪、仙居鸡、内蒙古绒山羊。

兼用品种，即具有两种及以上生产用途的品种，如藏羊、蒙古羊、三河牛。

猪可根据胴体瘦肉率分为脂肪型、鲜肉型、瘦肉型；鸡分为蛋用、肉用、兼用、药用和观赏；牛分为乳用、肉用、役用、兼用等；山羊分为绒用、肉用、乳用、毛皮用及兼用等。

实际生产中，这些分类方法并不是绝对的，可根据畜种和需要将3个分类方法结合起来用。

4.2 畜禽生产性能测定

性能测定是指确定家畜个体在有一定经济价值的性状上的表型值的育种措施，是家畜育种工作的基础，即最基本的工作，没有性能测定，就无从获得育种工作所需的各种信息。生产性能测定的目的在于：为家畜个体遗传评定提供信息；为估计群体遗传参数提供信息；为评价畜群的生产水平提供信息；为畜牧场的经营管理提供信息；为评价不同的杂交组合提供信息。

4.2.1 生产性能测定的一般原则

4.2.1.1 选择测定性状的依据

① 性能测定的性状应具有足够的经济意义。家畜育种就是通过遗传改良提高畜群生产力从而获得最大经济收益，所以一定要选择有经济价值的性状来测定，且需用发展的眼光来衡量其经济价值。

② 测定的性状要有一定的遗传基础。必须考虑所测定的性状是否有从遗传上改进的可能性。

③ 为选种而确定的衡量指标要有生物学基础。

④ 性能测定的数据应符合育种工作所采用的统计分析的要求。

4.2.1.2 测定方法的确定

测定方法要保证测定结果的精确性，即必须保证测定数据可靠；测定方法要有广泛适用性，在确定测定方法时需考虑在育种工作涵盖的地区和单位是否可行；测定方法经济实用，以降低测定成本。常用的测定方法有体型外貌测量、体重测定、屠宰率测定、产奶量测定、乳蛋白率测定等。

4.2.1.3 测定结果的记录与管理

测定结果的记录要准确、完整、简洁；标清影响性状表现的各种系统环境因素(年度、季节、场所、操作人员等)；测定结果的记录要便于经常调用和长期保存；性能测定结果要用专用的记录本记录。

4.2.1.4 性能测定的具体实施

性能测定应由一个中立性、有权威的性能检测机构来实施，保证记录结果的完整性、可靠性和客观性；性能测定的实施应考虑测定费用高低；在一个育种方案实施的范围内，相同的性状测定的实施应高度统一；测定性状应随畜禽生产的市场变化而变化；测定方法应随技术条件的改进而改进；性能测定工作应具有系统性和长期性，只有长期坚持才能看到育种的成效。

4.2.2 生产性能测定的基本形式

性能测定的基本形式从以下3种角度去划分。

(1)测定站测定与场内测定

从性能测定实施场所的角度划分为测定站测定(station test)和场内测定(on-farm test)。

测定站测定：指将待测的畜群集中在一个专门的性能测定站，并在一定时间内进行性能测定。

场内测定：指直接在各个畜牧场内进行的性能测定。

测定站测定的优点是：① 测定结果具有客观性、中立性；受环境影响小，被测畜群个体间的差异主要是遗传差异，有利于遗传评定和遗传参数的估计。② 可以对需要特殊测量设备或较高技术要求、较多测定人力的性状进行测定。

其缺点是：① 测定成本较高。② 成本高从而测定规模有限，导致选择强度低。③ 容易传播疾病。④ 测定结果与场内测定有出入(因存在基因型－环境互作，也就是同一基因型在不同环境会有不同表现)。

场内测定的优缺点刚好与测定站测定相反。若场间个体缺乏遗传联系，不能让不同场一起进行遗传评定。20世纪六七十年代，发达国家在鸡、猪等畜种中普遍使用测定站测定，但80年代以后，因使用新的遗传评定方法，如动物模型BLUP，这种方法可以校正不同环境的影响，并能借助不同畜群间的遗传联系进行不同种群间的种畜比较，也由于人工授精技术的发展，为种公畜的跨群体使用提供了条件，从而增加了群体间的遗传联系，使得场内测定的重要缺陷得以弥补，于是场内测定逐渐取代测定站测定，成为各国性能测定的主要方式。而测定站测定主要用于测定一些需要大量人力或者特殊设备才能测定的性状，如采食量、胴体品质性状等，有时也用于商品肉畜禽的品质测定。

(2)个体测定、同胞测定和后裔测定

根据测定对象与待进行遗传评定的个体间的亲缘关系进行划分：

① 个体测定(individual test) 测定对象就是需要进行遗传评定的个体本身，可用于遗传力较高的性状，如日增重。

② 同胞测定(sib test) 测定对象是需要进行遗传评定的个体的同胞。

③ 后裔测定(progeny test) 测定对象是需要进行遗传评定的个体的后代。

(3)大群测定和抽样测定

按照性能测定的目的来划分测定方式：

① 大群测定(mass test) 目的是为个体遗传评定提供信息。指对种畜群中所有符合条件的个体都进行测定。

② 抽样测定(sample test) 指的是根据统计学要求随机抽取一定数量的个体进行性能测定。主要用于从不同杂交组合中筛选出一个最佳的杂交组合，以用于商品生产(杂交组合的性能评定)。

然而在实际工作中，应遵循这个基本原则：遗传评定时应尽可能同时利用一切可以利用的信息，因此3种测定方式应结合起来同时利用。

4.2.3 生产性能测定的指标和方法

4.2.3.1 牛生产性能测定

(1)产奶性能测定

产奶性能测定主要针对乳用和乳肉兼用牛品种，主要用产奶量和乳成分度量。度量指标包括产奶量、乳成分和一些综合指标。

产奶量(milk yield)：通常指奶牛305 d的产奶量。

乳成分(milk composition)的度量指标包括乳脂量和乳脂率(milk fat percentage)。乳脂率指奶中所含脂肪的百分率，是评定乳品质量的重要指标。

此外，还有一些综合性指标，如可用乳脂率为4%的标准乳(standard milk)的奶量来综合衡量牛的产奶性能，即：

$$标准乳量(kg) = (0.4 + 15 \times 乳脂率) \times 产奶量$$

奶牛泌乳期产奶量与产犊年龄有很大关系，为比较不同胎次奶牛的产奶量，可将不同胎次的泌乳期产奶量乘以校正系数(表4-1)，得到校正为第5胎(成年)的产奶量，即成年当量。

表4-1 不同胎次的成年当量校正系数表(中国奶牛协会，1992年)

胎次	1	2	3	4	5	6	7
系数	1.351 4	1.176 5	1.087 0	1.041 7	1.000 0	1.013 2	1.055 0

测定工作由第三方DHI(Dairy Herd Improvement)实验室完成，指标一般包括产奶量、乳脂率、乳蛋白率、乳脂量、乳蛋白量、体细胞计数(somatic cell count，SCC)，每隔30 d(26~33 d)采样一次，早、中、晚取样比例为4∶3∶3，测定后将数据传输到数据库(奶牛数据处理中心)。一个泌乳期可得到10个测定日记录，可用于估算整个泌乳期产奶量、乳脂

率、乳蛋白率、乳脂量、乳蛋白量。

(2)挤奶能力测定

挤奶能力度量指标包括：

① 排乳速度(挤奶强度)(milking rate) 指一次挤奶中间阶段时1 min的挤奶量。

② 前乳房指数(front to rear index, IFR) 一次挤奶中，前乳区的挤奶量占总挤奶量的百分比。一般前乳房指数的范围为40%~46.8%。

③ 泌乳均衡性(milk proportionality) 指泌乳期内产奶量上升的速度、泌乳高峰持续的时间及产奶量下降的速度。如果产奶量上升的速度快，泌乳高峰持续时间长，且产奶量下降的速度较慢，则表示泌乳均衡性好，通常具有较高的产奶量。

(3)次级性状测定

次级性状(secondary trait)泛指在育种中具有较高经济意义，而本身遗传力偏低的一类性状，如繁殖性状、抗病性状等，据育种实践表明，配妊时间、使用年限和乳房炎发病率等次级性状的经济意义几乎与产奶性状的重要性相当，性能测定中应对次级性状予以足够的重视。

① 配妊时间(breeding interval) 母牛产后第一次输精到最后妊娠所间隔的天数。

② 不返情率(non-return rate) 一头公牛的所有与配母牛在第一次输精后的一定时间间隔(60~90 d)内不返情的比例，是衡量公牛配种能力的重要指标。

③ 乳房炎(mastitis)抵抗力 指的是对乳房炎的抵抗能力。目前，乳房炎检测方法包括兽医临床诊断及检测牛奶中体细胞数(正常为5万~20万个/mL)。

④ 奶牛使用年限(cow longevity) 指牛在牛群中实际的使用年限，健康长寿、稳定高产的奶牛群是提高现代奶牛业经济效益的基础。测定指标包括终生胎次和保持力(persistency)。终生胎次越多则牛群的使用年限越长；保持力指同群同龄母牛60月龄(或90月龄等)在群内继续生产的比例。保持力越大，表明牛群的使用年限越长，然而我国奶牛的使用年限普遍较短，平均的终生胎次仅3胎左右。

4.2.3.2 猪生产性能测定

(1)繁殖性能测定

猪繁殖性能测定在生产中占有非常重要的地位，因为繁殖性能直接影响经济效益，只能做场内测定，主要测定以下指标：

① 初产日龄(age at first farrowing) 母猪头胎产仔时的日龄。

② 窝间距(litter interval) 两次产仔之间的间隔天数，由产仔日期计算而得，可计算出每年可完成的窝数。

③ 窝产仔数(litter size) 包括总产仔数(不包括木乃伊胎)和活仔数(产仔后24 h内存活的仔猪数)。根据窝产仔数还可计算一头母猪一年的总产仔数。

④ 总产仔数(total number born, TNB) 母猪一窝所生的全部仔猪数，包括死胎、产后即死和木乃伊胎。

⑤ 活产仔数(number born alive, NBA) 产后24 h内存活的仔猪数。

⑥ 断奶仔猪数，即育成仔猪数(litter size at weaning) 断奶时一窝中仍然存活的仔猪数。

⑦ 初生窝重(primary litter weight) 出生时一窝仔猪的总重量。

⑧ 断奶窝重(litter weight at weaning) 断奶时一窝仔猪的总重量。

⑨ 泌乳力(milk ability) 仔猪出生后 21 d 的窝重(含寄养的仔猪在内)。

⑩ 受胎率(conception rate) 配种受胎的母畜数占参加配种母畜数的比例。

⑪ 情期受胎率(cycle conception rate) 一个发情期内配种受胎的母畜数占参加配种母畜数的比例。

(2)生长性能及活体胴体组成测定

生长性能和活体胴体组成通常一起测定，是衡量一头猪经济价值最重要的指标，所以也是猪性能测定中最重要的工作。主要测定的指标为：

① 体高(height at withers) 鬐甲顶点到地面的垂直高度。

② 体长，即体斜长(body length) 两耳连线中点沿背线至尾根的距离。

③ 胸围(chest girth) 沿肩胛软骨后缘量取的垂直周径。

④ 管围(circumference of cannon bone) 左前肢管部最细处的周径。

⑤ 达到目标体重日龄(age at the target weight) 在一定饲养管理条件下达到一定体重所需的日龄，反映肉用家畜的经济早熟型。当中，目标体重指的是标准的屠宰体重。加拿大、中国为 100 kg，美国为 250.15 磅，约合 113.47 kg。

⑥ 达目标体重校正日龄(correction age at the target weight) 当称重时猪体重为 75 ~ 115 kg，将之校正为 100 kg 目标体重的日龄。

⑦ 平均日增重(average daily gain，ADG) 测定期内平均每天的增重，单位为 g。

⑧ 饲料转化效率(feed conversion rate，FCR) 每单位增重所消耗的饲料量，通常用料重比来表示。

⑨ 活体背膘厚(alive backfat thickness) 这是猪独有的指标。我国通常用测膘仪(超声波仪)分别测定最后肋骨、腰角前缘以及肩胛前缘三点距背中线 4 ~ 6 cm 处测量，以三点平均值表示背膘厚的值。也可在最后胸肋处测定一个点来表示。

⑩ 胴体重(carcass weight) 屠宰放血后去头、蹄、尾、毛、内脏(保留肾脏及其周围脂肪)的左半扇胴体重。

⑪ 屠宰率(dressing percentage) 胴体重占宰前活重的百分比。

⑫ 背膘厚(backfat thickness) 指 6 ~ 7 肋间背膘厚，或肩部最厚处、胸腰结合处和腰荐结合处三点背膘厚的平均值。

⑬ 皮厚(skin thickness) 6 ~ 7 肋间的皮厚。

⑭ 胴体直长(carcass length) 胴体在倒挂状态下从耻骨联合前缘中点至第一颈椎前缘中点的长度。

⑮ 胴体斜长(carcass slant length) 胴体在倒挂状态下从耻骨联合前缘中点至第一肋骨与胸骨结合处的长度。

⑯ 眼肌面积(loin muscle area) 胸腰结合处背最长肌(眼肌)的横截面积。

⑰ 胴体瘦肉率(lean meat percentage) 左半胴体去皮、骨、脂、板油和肾脏后的分离出的瘦肉重占肉、脂、皮、骨总重的百分比。

⑱ 肉质(meat quality) 是一个综合性状，包括肉色、pH 值、嫩度、系水率、大理石纹、风味、肌内脂肪含量等。

⑲ 肉色(meat color) 在胸腰接合处取新鲜背最长肌横断面，目测肉色对照标准肉色图评分，也可用分光光度计或者肉色计等仪器度量肉色。

⑳ 大理石花纹(marbling) 反映肌肉纤维间脂肪的含量和分布，影响肉质、风味的主要因素，取12~13肋处新鲜背最长肌横切面，在4℃存放24 h，对照肌肉大理石花纹评分标准图，目测评分。

㉑ pH值(pH value) 用pH测定仪测量屠宰后45 min倒数3~4肋间的背最长肌，记为pH 1，pH 1小于5.9为PSE肉(白肌肉)。将后腿肌肉放于4℃冷却24 h，测pH值记为pH 24，pH 24大于6.0为DFD肉(黑干肉)。

㉒ 系水力(water holding capacity) 用来衡量肌肉的保水能力。方法一：屠宰后取最后肋处新鲜背最长肌肉样，测定在一定压力下一定时间内的水分损失量，也称肌肉失水率。方法二：取相同的肉样，将其悬挂于4℃，测定在自然重力下一段时间内(一般为24 h)的失水率，也称滴水损失。

4.2.3.3 鸡生产性能测定

鸡的生产方向主要分为产蛋和产肉，因这两个性能之间的强负相关，很难同时提高，因而现代养鸡业形成了蛋鸡和肉鸡两个独立体系，蛋鸡和肉鸡需要测定的性状和方法基本一致，只是性状的重要性不同。

(1)产蛋性能的测定

产蛋量(egg production)：个体在一定时间范围内的产蛋总数。通常有40周龄、55周龄和72周龄等。

产蛋总重，即总蛋重(total egg weight)：指一只鸡或某群鸡在一定时间范围内产蛋的总质量。

蛋重(egg size)：即单个蛋的质量(g)，测定时取不超过24 h的新鲜蛋称重。过大、过小的蛋都不好，一是影响种蛋的合格率和孵化率，二是欧美国家以“一打”为量销售鸡蛋。

蛋品质(egg quality)：指蛋壳颜色、蛋壳强度、蛋壳厚度、蛋白(黄)品质、蛋白形状、蛋中血斑含量等，需要特定仪器测定，多采取抽样测定。

料蛋比(feed conversion rate，FCR)：指产蛋鸡在一段时间内饲料消耗量与产蛋总重之比(饲料利用率)。

(2)产肉性能的测定

体重(weight)：不同周龄时鸡的体重。

料重比(feed conversion rate，FCR)：指在一定时间内饲料消耗量与增重之比。

屠体重(dressed weight)：屠宰后去羽毛的体重(湿拔毛法须沥干水分)。

半净膛重(eviscerated weight with giblet)：屠体除去气管、食道、嗉囊、肠、脾、胰和生殖器官，留心、肝、肾、腺胃、肌胃和腹脂的质量。

全净膛重(eviscerated weight)：半净膛重去心、肝、肾、腺胃、肌胃、腹脂和头脚的质量。

屠宰率(dressing percentage)：全净膛重或半净膛重占宰前活重的比例。

腹脂率(abdominal fat percentage)：腹脂重占宰前活重的比例。

胸肌率(breast percentage)、腿肌率(leg percentage)：胸肌、腿肌重占宰前活重的比例。

4.2.3.4 羊生产性能测定

(1)绵羊产毛性能的测定

测定时间：1周岁和成年时进行。

测定项目：毛长、细度、剪毛量、净毛率、弯曲度、密度、被毛手感、剪毛后体重等。

毛长：测量位置为肩胛后缘一掌处。测定时打开毛丛，用尺子量取从皮肤表面到毛顶端的自然长度。

细度：两种测定方法，一种用支数表示，即1 kg羊毛能够纺成1 000 m长的毛纱的段数；另一种用羊毛直径(μm)表示，用羊毛细度测量仪测量。

剪毛量(wool yield)：一次剪毛的羊毛量。

净毛率(clean wool yield)：一次剪下的羊毛除去杂质后净毛的重量与剪毛量的比重。

弯曲度、油汗含量、细度匀度、长度匀度、密度、被毛手感都是通过肉眼观察、经验评定，分为好、中和差3个等级。

(2)山羊的生产性能测定

山羊主要分为乳用山羊和毛用山羊。对乳用山羊的泌乳性能测定与奶牛相似，对毛用山羊的产毛性能的测定与绵羊相似。

4.2.3.5 外貌评定

家畜的体型外貌能在一定程度上反映家畜的内部机能、生产性能和健康状况，不同生产方向的家畜呈现出不同的形态特征，如肉用家畜体态呈方形或圆桶形，乳用家畜体态呈三角形或楔形。家畜外形鉴定的方法主要是肉眼观察和评分鉴定。当中对种用家畜体型外貌的基本要求为：符合或基本符合品种的体型外貌特征；发育正常，体格健壮；无遗传缺陷；生殖器官和泌乳器官(母畜)发育良好。

4.2.3.6 记录系统

性能测定的最后环节是测定结果记录，其中，必须准确迅速识别个体，即个体编号。基本原则是唯一性，有明确含意，简洁易读。编号方法包括打耳缺(猪)，戴耳标(牛)，戴项链(牛)、翅号(鸡)，电子标记(奶牛、蛋鸡)等。我国奶牛目前广泛采用奶牛终生编号系统的耳号(中国奶牛协会设计)。奶牛终生编号系统共10位，分4个区：第一区占用两位，为省(市)代号；第二区占用三位，为省市所辖牛场编号；第三区占用两位，为年度号；第四区占用三位，为牛场内每年出生犊牛的顺序号。一个个体的父母亲及其祖先的编号记录称为系谱，每头种畜都必须有完整的系谱记录，以便追溯个体的每个祖先。现代化家畜育种规模越来越大，需要通过计算机网络系统传递育种数据资料，将各个种畜场的育种资料统一汇总，以进行遗传评定或遗传参数估计。

4.3 畜禽的选种与选配

4.3.1 选择原理与方法

4.3.1.1 选择的概念

选择是物种进化和品种发展的动力；选择同时是手段，给予不同个体以不同的繁殖机会；选择也是一个过程，通过外界因素的作用，将群体中的遗传物质重新安排，以期达到既定目标。选择分为自然选择和人工选择。

自然选择(natural selection)是通过自然界的力量完成的选择过程。效应在于生物对环境的适应，就是适者生存，是物种进化的重要阶段。在整个物种进化过程中，自然选择起主要的导向作用，它控制着群体内变异发展的方向，同时导致适应性性状的形成。自然选择的类型有：选择有利于接近均数的基因型的稳定化选择；选择有利于分布一端的表现型的定向选择；选择有利于一种以上的表现型的岐化选择。目前保留下的生物资源都是自然选择的结果。

人工选择(artificial selection)是由人类施加措施实现的选择过程。按照人为制定的标准选择，其目的是使家畜更加有利于人类，由育种者来决定家畜个体参加繁殖的机会，“选优去劣”，可定向地改变群体的基因频率，从而打破了群体基因频率的平衡状态。

自然选择主要是为了生物本身的利益；人工选择是为了人类利益，但不一定对生物有利。自然选择单调化；人工选择多样化。自然选择涉及种内、种间关系，主要作用于表型；人工选择只涉及种内关系，主要作用于基因型。自然选择效果缓慢；人工选择进展较快。人工选择又是不断地克服自然选择的过程，当停止了人工选择措施，群体出现一种“回归”，所以育种的全过程中均应坚持不懈地实施人工选择，育成品种仍需不断地选择，使生产性能改进和提高，对选择效果不明显的性状，也可以避免性状退化。

选择的理论和方法是家畜育种学中研究相当深入、理论体系比较完整、效果十分明显的领域之一，目前使用的大多数家畜优良品种均是经过长期人工选择而育成的。

4.3.1.2 质量性状的选择

家畜质量性状一般包括：表征性状，毛色、有无角、鸡的冠型；血型和血浆蛋白多态性，红细胞抗原因子和白细胞抗原因子，血浆蛋白质(酶)等；遗传缺陷，主要源于隐性有害基因，表现为形态学、解剖学或组织学、代谢功能障碍、生活力低等；伴性性状，由性染色体携带的基因称为伴性基因，由这类基因决定的性状，总是伴随着性别遗传。

选择并不产生新的基因和基因型，通过选择可提高被选择基因的频率，并减少被淘汰的基因的频率。

(1)对隐性基因的选择

实际上是对显性基因的淘汰过程。当显性基因的外显率是100%，且杂合子与显性纯合子的表型相同时，则可以通过表型鉴别，一次性地将显性基因全部淘汰但一次性淘汰的做法会使部分“高产基因”随之丢失。明智的育种策略是，在保证生产性能不下降的前提下，逐步完成对隐性基因的选择。

选择后的基因型频率＝(原始基因型频率×留种率)/Σ(原始基因型频率×留种率)。

(2)对显性基因的选择

实际是对隐性纯合个体及隐性基因携带者淘汰的过程。

方法1：根据表型淘汰隐性纯合个体。淘汰所有可识别的隐性纯合个体，开始能较快地降低群体中隐性基因的频率，但逐渐变缓，且很难降至0。要想从群体中彻底清除隐性基因，单独根据表型淘汰隐性个体几乎是不可能的；除非设法识别出杂合个体，而将其淘汰。

方法2：通过测交鉴定显性杂合个体

测交(test mating)：通过被测个体与一定亲属关系个体的配种计划，观察后代的表现，以期判断个体的基因型，淘汰全部隐性纯合个体，同时鉴定出显性杂合个体并予以淘汰，这样可很快在群体中清除隐性基因，鉴定杂合个体的可靠性，直接关系到选择显性基因的效率。制订测交方案，或发展更准确的检测技术，以鉴定隐性基因的携带者，是选择的关键。

4.3.1.3 数量性状的选择

(1)单性状选择的基本方法

经典的动物育种学将单性状的选择方法分为：个体选择(individual selection)、家系选择(family selection)、家系内选择(within-family selection)、合并选择(combined selection)。

个体的表型值可分剖为两个组分：个体所在的家系均值 P_f，个体表型值与家系均值之差($P_i - P_f$)，也称家系内偏差，用 P_w 表示，于是，$P_i = P_f + (P_i - P_f) = P_f + P_w$。

若对上式中的家系均值(P_f)和家系内偏差(P_w)两部分分别进行不同的加权，构成一个选择指数：$I = b_f P_f + b_w P_w$，以 I 作为估计育种值来选择形成了4种选择方法：

① 当 $b_f = b_w = 1$ 时，$I = P_f + P_w = P_i$，为个体选择。

② 当 $b_f = 1$，$b_w = 0$ 时，$I = P_f$，为家系选择。

③ 当 $b_f = 0$，$b_w = 1$ 时，$I = P_f$，为家系内选择。

④ 当 $b_f \neq 0$，$b_w \neq 0$ 时，$I = b_f P_f + b_w P_w$，为合并选择。

个体选择：也称为大群选择(mass selection)，只是根据个体本身性状的表型值选择；简单易行，对于中、高遗传力性状，选择有效；但必须是个体自身有表现或活体可以度量的性状。如猪的肥育期日增重($h^2 = 0.4$)、体长($h^2 = 0.59$)、饲料利用率($h^2 = 0.4$)等，在不太严格的育种方案中可使用这一选择方法。个体选择的准确性取决于性状的遗传力大小，即 $r_{AI} = h$。

家系选择：家系指的全同胞和半同胞家系，更远的家系的信息对选择意义不大；以整个家系为一个选择单位，只根据家系均值决定个体的去留。家畜育种中家系选择主要应用于限性性状，对于遗传力偏低的性状，采用含量较大的家系选择，效果良好。

家系内选择：在稳定的群体结构下，不考虑家系均值的大小，只根据个体表型值与家系均值的偏差来选择，在每个家系中选择超过家系均值最多的个体留种。家系内选择主要应用于群体规模较小，家系数量较少，且性状遗传力偏低时，因此，家系内选择用于小群体内选配、扩繁和小群保种方案中。

合并选择：同时使用家系均数和家系内偏差两种信息来源，根据性状遗传力和家系内表型相关，分别给予两种信息以不同加权，合并为一个指数 I，公式为 $I = b_f P_f + b_w P_w = h^2 P_f + h^2 P_w$，选择效果总体上优于其他3种方法。

(2)多性状选择的基本方法

影响家畜经济效益的性状是多种多样的，在制订育种方案时，就必须考虑家畜的多个重要经济性状，即实施多性状选择。

顺序选择法(tandem selection)：又称单项选择法，对计划选择的多个性状逐一选择和改进，每个性状选择一个或数个世代，待一个性状得到预期选择效果，停止选择，再选择第二个性状，然后再选择第三个性状等。缺点是耗时长，且选择效果不理想。选择效果很大程度上取决于选择性状间的遗传相关，如果选择性状间呈正相关，则可获得满意的效果；如选择性状间呈负相关，则很难获得理想效果。

独立淘汰法(independent culling)：也称独立水平法，将所要选择的家畜生产性状各确定一个选择界限，凡是要留种的家畜个体，必须同时超过各性状的选择标准。同时考虑了多个性状的选择，优于顺序选择法。但选择效果仍不理想，容易将那些在大多数性状上表现十分突出，而仅在个别性状上有所不足的家畜淘汰掉，而各性状上都表现平平的个体反倒有可能保留下来。

综合指数法(index selection)：根据遗传基础和经济重要性，将各性状分别给予适当的加权，然后综合到一个指数，个体的选择仅依据这个综合指数的大小。综合考虑了性状的遗传特性和经济重要性，选择效果优于前两种，但遗传参数估计不准确或经济重要性确定不合适等会影响预期的选择效果。

4.3.1.4 辅助性状选择

辅助性状选择一般没有直接经济意义，其价值在于，用以估测因性别或表现时间较晚或测定难度大的生产性状。辅助选择性状的类型包括与目标性状有遗传相关的其他生产性状、表征性状及体型外貌性状、生化遗传多态性和血型、分子遗传标记。

4.3.2 个体遗传评定——选择指数法

4.3.2.1 相关概念

只有基因的加性效应部分才能真实遗传给后代，是可以通过育种改良稳定和改进的。个体加性效应值反映了其在育种贡献上的大小，所以称为育种值。根据个体表型值和个体间的亲缘关系所估计的育种值称为估计育种值(estimated breeding value，*EBV*)。

一个亲本只有一半的基因传给下一代，即个体育种值的一半可以传给后代，在遗传评估中定义为估计传递力(estimated transmitting ability，*ETA*)，是个体估计育种值的1/2，表示为$ETA=0.5EBV$。

为便于直接比较个体育种值的相对大小，计算个体育种值占所在群体均数的百分数，即相对育种值(relative breeding value，*RBV*)。

在对多个性状实施选择时，根据不同性状在育种和经济上的重要性对每一性状进行适当加权所得的值称为综合育种值(total breeding value)。遗传评定(genetic evaluation)就是评估畜禽个体遗传价值的高低，以此作为衡量指标来选择优秀的个体作为种畜，其实质内容即育种值估计，备选个体按照育种值排队，遗传价值越高的个体种用价值越高。遗传评定是畜禽育种工作的中心任务。

4.3.2.2 单性状育种值估计

家畜选种中，所依据的亲属信息资料通常有本身记录、亲代记录、旁系亲属记录(同胞记录)和后代记录共4类。可只利用某一类亲属(包括个体本身)的信息，也可以利用多类亲属的信息。利用单一亲属信息来源估计的育种值称为个体育种值，利用多种亲属信息来源估计的育种值称为复合育种值。

(1)单一亲属信息资料的育种值估计

通常通过建立育种值对表型值的回归方程来估计个体育种值，即：

$$EBV = b_{AP}(P^{*} - \bar{P})$$

b_{AP} 表示个体育种值对信息表型值的回归系数或加权系数；P^* 表示用于评定育种的信息表型值，$\bar{P}$ 表示该信息来源处于相同条件下的群体均值。当中，

$$b_{AP} = \frac{r_A nh^2}{1 + (n-1) r_P}$$

n 是个体本身度量的次数或同类亲属个体数；r_A 是提供信息的亲属个体与被估个体亲缘系数；r_P 是多个表型值间的相关，如果是一个个体多次测量，$r_P = r_e$（重复力）；如果多个同类个体单次测量，$r_P = r_{A*} h^2$（r_{A*} 为提供信息的同类个体间的亲缘系数）。

个体表型一次记录选择的准确性直接取决于性状遗传力，多次度量可以提高 *EBV* 准确性，尤其对于遗传力低的性状。性状的重复力越高，多次度量的效率越低，单次测定结果代表性好，因多次度量延长时间，影响 ΔGt。个体测定是效率最高的测定方式，应充分利用，除非限性性状、有碍于种用性状的性状，适用于肉牛、猪、肉鸡育种。

利用系谱信息估计个体育种值称为系谱测定。系谱信息包括父母以及祖先的测定信息，越远的亲属，利用价值越小。系谱信息估计育种值最大的好处是可做早期选择，但只利用系谱信息准确性太低，适用于种畜初选。

根据同胞信息估计个体育种值称为同胞测定。同胞分为半同胞和全同胞，估计育种值时全同胞效率高于半同胞。同胞信息中不包括本身记录。利用同胞记录估计育种值的好处是可以较早、更多地获得信息，且可用于限性性状或可能不利于种用的性状。适用于世代多胎畜种，如猪、禽类。

利用后裔信息估计育种值称为后裔测定。后裔包括半同胞后裔和全同胞后裔，用半同胞后裔信息的效率高于全同胞后裔。个体后代性能是评价该个体种用价值最可靠标准。后裔信息估计育种值的好处是准确，信息量大，可用于限性性状，但世代间隔长，适合于单胎畜种，如牛、羊等。

(2) 多项亲属信息资料的育种值估计

同时利用多种亲属信息估计育种值，可有效提高遗传评定的准确性。用如下的多元回归方程来估计育种值：

$$\hat{A} = \sum b_i X_i = b'X$$

其中，X_i 为第 i 种亲属的表型信息；b_i 为被估个体育种值对 X_i 的偏回归系数；X 为信息表型值向量；b'为偏回归系数向量。进一步的计算此书就不做详细介绍。

4.3.2.3 多性状综合遗传评定

应用数量遗传学原理，根据性状的遗传特性、经济价值和育种价值，把所需选择提高的主要性状综合成一个便于个体间相互比较的数值，即为综合选择指数。根据指数的高低进行选择，就能达到同时提高多个性状的目的。这种估计最简单可行的方法就是建立一个信息性状的线性函数 I，简化的综合选择指数的制订涉及参数少，更为简单，便于实际应用。当多个性状相关程度低时，更为实用。

$$I = W_1 {h_1}^2 \frac{P_1}{\bar{P}_1} + W_2 {h_2}^2 \frac{P_2}{\bar{P}_2} + \cdots + W_n {h_n}^2 \frac{P_n}{\bar{P}_n} = \sum_{i=1}^{n} W_i {h_i}^2 \frac{P_i}{\bar{P}_i}$$

其中，n 为同时选择的性状数；W_i 为第 i 个选择性状的经济重要性（加权值）；${h_i}^2$ 为第 i

个选择性状的遗传力；P_i 和 $\bar{P}_i$ 分别为第 i 个选择性状的个体表型值和群体均值。

4.3.3 个体遗传评定——BLUP 法

20 世纪 60 年代以来，Henderson 的线性模型理论和方法，以更精确的统计推断方法得以在育种中应用，继而发展为混合模型方程组理论和方法，创建了育种值和遗传参数估计新方法——最佳线性无偏预测(best linear unbiased prediction，BLUP)，极大地提高了家畜育种的效率。最佳指的是估计误差最小，估计育种值与真实育种值的相关最大；线性指估计是基于线性模型(估计值与观察值呈线性关系)；无偏指估计值的数学期望为真值(固定效应)或被估计量的数学期望(随机效应)；预测即预测一个个体将来作为亲本的种用价值(随机遗传效应)。

畜禽育种中适合应用 BLUP 法预测个体育种值，它将观察值表示成固定效应、随机效应和随机残差的线性组合，将表型值表示成遗传效应、系统环境效应(畜群、年度、季节、性别等)、随机环境效应(窝效应、永久环境效应)的线性组合，在同一个估计方程组中既完成固定效应的估计，又能实现随机遗传效应的预测。BLUP 相比其他育种值估计方法能更有效地校正环境效应，如年龄、群体等效应；能更充分利用所有亲属的信息；能对不同群体进行联合遗传评定(但需要不同群体间有一定的遗传联系)；可避免选择、淘汰和遗传水平等的变化对 *EBV* 的影响；能校正由于选择交配所造成的偏差；育种值估计的准确性更高。

BLUP 法提供最佳线性无偏预测值的前提是所用的数据是正确并完整的，所用的模型是真实模型，模型中随机效应的方差组分或方差组分的比值已知。实际中，上述前提几乎都不能满足：记录的差错和不完整是很难完全避免的；从理论上说，系谱记录须追溯到最初的基础群才能得到正确的加性遗传相关矩阵，但这往往是不可能的；所用的模型(操作模型)也与真实模型是有区别的；方差组分或方差组分比值的真值一般也是未知的，只能用估计值去代替。

由 BLUP 得到的育种值估计值往往并不是真正最佳、无偏的，但是对于同一数据资料，BLUP 优于所有传统的育种值估计方法，未来将还可能出现比 BLUP 更好的方法。

4.3.4 家畜的选配

交配是有性繁殖动物的繁殖形式，目的在于繁衍后代。随机交配指的是任何雌雄个体间有相同的交配机会，而非随机交配指雌雄个体间具有不同交配概率。选配(selective mating)是有意识、有计划地决定公、母畜的配对，其目的是通过有意识地组合后代的遗传基础，以达到培育或利用良种的目的。选配是对家畜的配对加以人为控制，使优秀个体获得更多的交配机会，并使优良基因更好地重新组合，促进畜群的改良和提高，创造必要的变异，为培育新的理想类型创造条件，稳定遗传性，使理想的性状固定下来，把握变异的方向，并加强某种变异。

4.3.4.1 品质选配

品质选配(assortative mating)又称选型交配，是考虑交配双方品质对比情况的一种选配方式。品质既可指一般品质(体质、体型、生物学特性、生产性能、产品质量等方面)，也可特指遗传品质(数量遗传学中指 *EBV* 的高低)。分为同质选配和异质选配。

(1)同质选配(positive assortative mating)

同质选配又称为选同交配或同型交配，指以表型相似性或基因型为基础的选配，即选用性状、性能表现一致，或育种值相似的公母畜配种，以获得与亲代品质相似的优秀后代。交配双方越相似，就越有可能将共同的优秀品质遗传给后代。

同质选配可保持和巩固种畜的优秀品质，增加优秀个体的数量，使畜群的主要生产性能逐渐趋于一致。同质选配只能用于品质优秀的种畜，选配时以1~2个性状为主，高遗传力性状的选配效果较好。

假如对群体连续进行同质选配，可使杂合子频率不断降低，纯合子频率不断增加，群体将分化为由纯合子组成的亚群体。而同质选配结合选择，既改变基因型频率又改变基因频率，群体将以更快的速度达到纯合。

(2)异质选配(negative assortative mating)

异质选配又称为选异交配或异型交配，指以交配双方表型不同或遗传品质不同为基础的选配。分两种类型：

① 以综合优点为目的异质选配　选择具有不同优良性状的公母畜交配，以期将两个优良性状结合在一起，使后代兼有双亲的不同优点。

② 以“以优改劣”为目的异质选配　选择同一性状优劣程度不同的公母畜交配，以优良性状纠正不良性状(即以优改劣)。但需要注意的是，不可选有相反缺陷的公母畜相配，企图获得中间理想类型，实际上这样的交配并不能克服缺陷，却有可能使后代缺陷更严重。

异质选配可以综合双亲优良性状，丰富后代的遗传基础，创造新的理想类型。

综上，在品种或品系培育的初期，可采用异质选配创造理想类型；品种或品系培育的后期，采用同质选配固定理想类型。

4.3.4.2 亲缘选配

亲缘选配是考虑交配双方亲缘关系的一种选配。交配双方亲缘关系较近称为近交(inbreeding)；交配双方没有亲缘关系、或亲缘关系较远称为远交(outbreeding)。近交在畜牧学上指6代以内彼此间有亲缘关系的家畜相互交配，即其所生子女的近交系数在0.78%以上。判断家畜是否为近交个体，是通过查看系谱中父系和母系是否有重复出现的共同祖先。如有共同祖先，则为近交个体，共同祖先出现的数量越多，代数越近，则近交程度越高。

亲缘选配的关键在于亲缘关系的远近，而亲缘关系的远近可用近交系数(inbreeding coefficient, *F*)来度量。近交系数指个体通过双亲从共同祖先得到相同基因的概率，也即通过近交使基因纯合的大致百分数。个体近交系数计算的一般公式为：

$$F_X = \sum\left[\left(\frac{1}{2}\right)^N (1 + F_A)\right]$$

其中，N 为父亲(或母亲)到共同祖先再到母亲(或父亲)这一通径链上的所有个体数；F_A 为某一通径链上共同祖先A的近交系数。

计算近交系数时，在箭头式系谱中找出连接个体父母和共同祖先的所有通径链，父亲开始，先退到共同祖先，后进到母亲，途中最多只能改变一次方向；每一个体在同一通径链中只能出现一次，不能重复，最后根据公式，计算出个体的近交系数。

若需要对畜群的近交程度估计，可用以下方法：

① 计算出每个个体的近交系数，再计算其平均值。

② 当畜群很大时，可用随机抽样的方法抽取一定数量的个体，逐个计算近交系数，然后计算其平均数。

③ 对于闭锁群体，其近交程度（畜群每代的近交增量）可用以下公式进行估计：

$$\Delta F = \frac{1}{8N_S} + \frac{1}{8N_D}$$

其中，N_S 和 N_D 分别为每代参加配种的公畜数和母畜数。

④ 当每代参加配种的种畜数不同时，每代的群体近交增量为

$$\Delta F = \frac{1}{2t}(\frac{1}{N_1} + \frac{1}{N_2} + \cdots + \frac{1}{N_t})$$

其中，t 为世代数。

近交可用于固定优良性状，揭露有害基因，保持优良个体的血统，提高畜群的同质性，培育近交系实验动物。

由于近交而使家畜的繁殖性能、生理活动以及与适应性有关的性状都比近交前有所下降的现象称为近交衰退（inbreeding depression）。表现为繁殖力减退，死胎和畸形增多；生活力下降，适应性变差，体质变弱；生长缓慢，生产性能降低。防止近交衰退可采用以下措施：

① 对表现明显衰退的个体应予以淘汰。

② 近交个体的生活力较差，对饲养管理条件的要求较高，须加强饲养管理。

③ 及时进行血缘更新，缓解近交。

④ 做好选种选配工作，防止被迫近交。一般而言，近交增量维持在3%～4%，不至于出现显著有害后果。

个体选配要有明确的目的，尽量选择亲和力好的家畜来交配，用于选配的公畜的等级一般要高于母畜等级，相同缺点或相反缺点者不配，否则会适得其反，切实做好品质选配，慎用近交。

4.3.4.3 种群选配

种群（population）即种用群体，是一个范围不定的泛称，小可以指一个畜群或品系，大可以指一个品种或一个种。动物育种中一般指品种或品系。根据种群特性所进行的选配称为种群选配。按照交配种群特性的相同与否，可将其分为纯种繁育（pure breeding）和杂交繁育（cross breeding）。

纯种繁育，即纯繁，指在本种群范围内进行个体的交配，可促进基因纯合，保持种群的优良特性，提高种群的纯度，增加种群内优良个体的比例，提高种群质量。

杂交繁育即杂交，指选择不同种群的个体进行配种。杂交促进基因杂合，从而进行杂交育种或开展杂种优势利用。

使用纯繁使亲本种群提纯，各亲本群之间差异越大，进行杂交利用时效果就越好。

4.4　畜禽的品系与品种培育及杂种优势利用

4.4.1　家畜品系与品种培育

4.4.1.1　品系的概念及类别

(1)品系的概念

狭义的品系(line)：指来源于同一头卓越的系祖，并具有与系祖类似的体质和生产力的种用畜群，同时这些畜群也符合所属品种的基本方向。

广义的品系：即通常所说的品系，指具有突出优点，并能将这些优点稳定遗传下去的种用畜群。

(2)家畜品系应具备的条件

具有突出的优点；具有相对稳定的遗传性；具有一定的数量。

(3)品系繁育及其作用

品系繁育(line breeding)指品系的培育与建立，品系的维持及延续，品系的利用等一系列繁育工作。

品系繁育可加快种群的遗传进展，因品系形成快、种类多、周转快，既可通过种群内选育而改进又可通过种群的快速周转而跃进，还可加速现有品种改良。品系繁育可通过品种内建立不同特性的品系，解决品种内优秀个体质量高而数量少、选育过程中选择性状数目与选择反应和品种的一致性与异质性的矛盾。品系繁育可促进新品种育成，新品种具有的优良特性由多个基因控制，采用品系繁育巩固优良特性的遗传，品系综合时可防止近交衰退。品系繁育可以充分利用杂种优势，因为品系内个体的许多基因座纯合度高，遗传性稳定，而品系间遗传差异较大，系间杂交会产生明显的杂种优势，为商品生产开展系间杂交提供丰富的亲本素材。

(4)品系的类别

地方品系(local line, local strain)：由于各地生态条件和社会经济条件的差异，在一个品种内经过长期选育形成具有不同特点的地方类群。

单系(monooringinator line)：来源于同一头系祖，具有与系祖相似的外貌特征和生产性能的畜群。

近交系(inbreeding line)：畜牧学上指通过连续近交形成的品系，群体的平均近交系数≥37.5%。

群系(polygenesic line)：通过群体继代选育法建立起来的品系，有多个系祖。

专门化品系(specialized line)：按照育种目标进行分化选择而育成的生产性能“专门化”的品系，每个品系具有某方面的突出优点，不同的品系配置在完整的繁育体系内不同的层次和指定位置，承担着专门任务。专供做父本的品系叫作父系(paternal line)，专供做母本的品系叫作母系(maternal line)。

4.4.1.2　家畜品系建立的方法

(1)系祖建系法

首先要在品种内选出或培育出突出的个体，要成为系祖，需有稳定遗传的独特优点，最主要的是具有优良的基因型(稳定遗传)。突出优点若主要由环境所致(表型好)，建不成品系。作为系祖，除了稳定遗传的优点，其他性能也达到一定水平。如果只有突出优点而其他性状太差，则建系没有价值。允许其他次要性状有一定的缺点，但不应太严重。为保证后代能集中突出表现系祖的优点，一般使用系祖与没有亲缘关系的母畜做同质选配，另有微小缺点的系祖，用配偶的优点来弥补其不足，以选出具备双亲优点的种畜，从而获得其大量后代，选留当中具有系祖突出优点又克服系祖缺点的后代作为品系成员。找出系祖后，让其充分繁殖，获得大量后代，从后代中选留具有系祖突出优点的个体。一般，系祖与没有亲缘关系的个体进行同质选配，最初几代避免近交，然后进行中等程度的近交，随后高度近交，甚至与系祖回交，目的是迅速固定系祖的优良性状，从而建系成功。

(2)近交建系法

近交建系法要求基础群数量大，性能优秀，性状相同，个体无明显缺陷，最好有后裔测验结果。基础群中母畜越多越好，公畜数量不宜过多，相互间需有亲缘关系。选择足够的公母畜后，根据育种目标进行选配组合，随即进行高度近交，尽量使足够多基因纯合，选择理想类型建立品系。高度近交指的是用全同胞或半同胞交配。

(3)群体继代选育法

群体继代选育法先从选集基础群开始，然后闭锁繁育，根据育种目标选种选配，世世代代重复选种选配，直至育成复合品系标准、遗传性稳定的群体。

基础群是决定将来品系质量的起点和关键，必须保证尽可能广泛的遗传基础，个体间最好彼此没有亲缘关系；应有一定的数量；严格封闭畜群，至少4~6代不引进外血。闭锁繁育后群体近交系数会缓慢上升，一般到品系育成时可达到10%~15%。选留时应多留精选，除特殊情况外，每个家系都应留有后代，使用本身性能和同胞测定适当缩短世代间隔，加快遗传进展，每代的饲养管理条件和选种标准应保持一致。

群体继代选育法育种群规模不大，投资少，世代周转快，见效快，世代间隔分明、不重叠，技术水平要求不高，方法简便易行，但也存在群体小，遗传基础狭窄，小群闭锁，难以避免近交，每代都需大量留种，选择强度不高的缺点。因此，当群体闭锁选育到一定世代(即遗传进展变慢、近交系数上升太快)时，可考虑从群外引入育种目标一致、性能较高的个体，从而增加新的遗传变异，扩大遗传基础，缓解近交系数的过快上升，保持持续的遗传进展。另外一个解决办法是进行多点核心群联合选育，在选育开始时，就考虑同时建立几个育种目标相同的场(群)，在选育过程中，定期或不定期交换种畜。条件具备时，可开展统一遗传评定和实施统一的育种方案。这样既可以扩大群体规模，扩大遗传基础，减缓近交系数的上升速度，还可获得更大的遗传进展。

4.4.1.3 专门化品系的培育

专门化品系指生产性能“专门化”的品系，是按照育种目标进行分化选择育成的，每个品系具有某方面突出优点，在繁育体系中承担着专门任务。相对于普通品系，专门化品系选择进展更快，将不同的经济性状分别在不同的品系中进行选择，一般情况下要比在一个品系中同时选择多类性状的效率高，专门化品系杂交可获得更大的互补性，杂种优势更为明显。

(1)专门化品系培育的基本方法

专门化品系建立的方法主要有3种，系组建系法、群体继代选育法和正反反复选择法

(reciprocal recurrent selection, RRS)。此处介绍正反反复选择法。根据育种目标分系组建基础群，两品系进行正反杂交，产生相应的杂种后代，并测定杂种的性能，根据杂种成绩选择各系中优秀的亲本个体作为种用，选择出的(各品系)优秀个体进行纯繁，产生下一代亲本，如此反复循环下去，直至品系育成。正反反复选择法有机地结合了杂交、选择和纯繁，既提高了培育品系的生产性能，又提高了系间的杂交配合力，保证了杂交利用的效果；杂种成绩既测验了双亲品系的杂交配合力，又可作为双亲品系的后裔测定成绩，提高了亲本品系的选择效果；既提高了育种效果，又兼顾了经济效益。

(2)专门化品系的维持与更新

专门化品系维持的基本要求是不引入外血，至少保持2/3以上种畜的血统；控制近交系数的上升速度；在保持建成时生产性能的同时，加强选种选配，持续提高新品系的性能。其中，为控制近交系数过快上升，应尽量避免近交，适当扩大群体规模，适当延长世代间隔，各家系都尽量留有后代(每头公畜至少留一个儿子，每头母畜至少留一个女儿)。

在专门化品系维持的过程中，当出现近交系数过高，已产生明显近交衰退，或品系已不能满足市场或生产要求，抑或品系间杂交效果不理想，就需要考虑更新品系，建立新的品系。

4.4.1.4 家畜品种的培育

培育新品种是动物育种工作的一项重要内容。培育畜禽新品种的途径有选择育种、杂交育种、诱变育种和分子育种。选择育种需时长，效果不稳定；诱变育种和分子育种在家畜育种领域尚处于实验研究阶段；利用现有品种进行杂交育种是目前研究最多、效果好、应用广的方法。

杂交育种是有计划地进行品种间杂交，获得杂交后代，发现新的有益变异或新的基因组合，通过育种措施把这些有益变异或组合固定下来，从而培育出新的家畜品种。

(1)杂交育种方法分类

① 根据所用的品种数目分类

• 简单杂交育种：只用两个品种的杂交来培育新品种。两个品种含有新品种所有的育种目标性状，简单易行，培育时间短，成本低。如新淮猪是由淮猪和大约克夏杂交育成的，草原红牛是由蒙古牛和乳肉兼用的短角牛杂交育成。

• 复杂杂交育种：用3个以上品种杂交来培育新品种。当两个品种不能含有新品种所需的目标性状时，一般采用3个品种。品种数大于3个时，杂交后代遗传变异太大，培育时间长，所需育种技术难度大，后用品种对新品种的影响相对大。例如，北京黑猪由巴克夏猪、约克夏猪、定县猪、北京本地猪杂交育成；中国荷斯坦牛由奶用荷兰牛、兼用小型荷兰牛、当地黄牛、三河牛、滨州奶牛共同杂交育成。

② 根据育种目标分类

• 改变生产力方向的杂交育种：一般选用一个或几个目标性状符合育种目标的品种，连续几代与被改良品种杂交，得到质量和数量满足要求的后代后自群繁育。例如，东北本地羊原来是肉用的，后使用新疆细毛羊、斯达夫细毛羊的公羊与东北本地羊杂交后育成毛用的东北细毛羊。

• 提高生产性能的杂交育种：如蒙古牛耐寒冷、宜放牧，而短角牛体格大、产奶量高和产肉量多，为提高蒙古牛产肉量和产奶量，杂交后育成草原红牛。

• 提高适应性与抗病力的杂交育种：婆罗门牛适应热带干旱的条件，并且抗焦虫病。使用婆罗门牛与短角牛杂交培育出圣格鲁特牛，能适应亚热带气候且产肉率高。

③ 根据育种工作基础分类

• 在杂交改良基础上的杂交育种：早在1840年已有荷兰黑白花牛引入中国，后又引进了其他国家的黑白花牛，各种来源的黑白花牛与中国当地黄牛杂交后形成了中国黑白花牛的雏形。新中国成立后又继续引进其他若干国家黑白花牛与中国黑白花杂交，到20世纪80年代确认为中国黑白花奶牛品种，1993年更名为中国荷斯坦牛(Chinese Holstein)。

• 有计划从头开始的杂交育种：中国美利奴羊是有计划开始的育种工作，1972年开始，以澳洲美利奴羊为父系，波尔华斯羊、新疆细毛羊和军垦细毛羊为母本，有计划地进行复杂育成杂交，1985年鉴定验收命名为中国美利奴羊。

(2) 杂交育种的步骤

确定育种目标和育种方案，通过杂交创造出理想类型，出现理想类型后，通过纯繁及同质选配固定理想类型，扩大群体规模，继续通过选种、选配提高品种性能。

4.4.1.5 畜群的杂交改良

杂交改良就是利用优良的外来品种与本地品种进行杂交，改进地方品种的缺点或提高本地品种的生产性能。杂交改良大致分为引入杂交(introductive crossing)和级进杂交(grading crossing)。

(1) 引入杂交

引入杂交也称导入杂交，指利用改良品种公畜与被改良母畜杂交一次后，再用优良的杂种与被改良品种回交从而达到改良的目的。引入杂交适用于在保留本地品种全部优良品种的基础上，改正某些缺点，需要加强或改善一个品种的生产力，而不需要改变其生产方向。

引入杂交的注意事项：

① 慎重选择引入品种，引入的品种生产方向应与原品种基本相同，但有针对其缺点的显著优点。

② 严格选择引入公畜，最好是经性能测定确认是遗传上优秀的公畜。

③ 加强原品种的选育，因为本品种选育提高才是提高遗传进展的根本动力。

④ 引入外血的量要适当，一般引入外血不超过1/8~1/4，否则不利于保持原来品种的特性。

⑤ 加强杂种的选择与培育，没有这两点，改良后杂种几代后又会回到原来的生产水平。

⑥ 引入杂交只能在一定范围(育种场)内进行，以免造成血缘混杂。

(2) 级进杂交

级进杂交也称改良杂交，即是利用改良品种公畜与被改良母畜杂交，所生杂种母畜再与改良品种的公畜交配，直到杂种生产性能基本接近改良品种为止。级进杂交适用于原有品种的生产性能已不符合市场要求，需要彻底改变其生产方向的情况。该法可尽快获得大量某种用途的家畜，尽快提高家畜的某种生产性能，经济有效地获得大量优良“纯种”家畜，获得大量适应性强且生产力高的畜群。

级进杂交的注意事项：

① 明确改良的具体目标。

② 选择适宜的改良品种，适宜的改良品种须符合当地市场需求，生产力高的品种。

③ 选出优秀的改良种畜。

④ 组织有效的配种工作。

4.4.1.6 家畜引种与风土驯化

引种(breed introduction)是将外地(或国外)的优良品种或品系引入当地，直接推广作为育种素材，分为活畜引种和引入冻精或冻胚两种基本形式。

引入品种在新的环境条件下通过改造自身生理机能，逐渐适应新环境的复杂过程称为风土驯化(climatization)。引入品种能够正常生存、繁殖和生长发育，且能保持原有的基本特征和特性才能称为风土驯化。

(1)家畜引种后发生的主要变化

家畜引种后发生的主要变化分为暂时性变化和遗传性变化，遗传性变化又分为适应性变异和退化。退化指当引入地的环境条件与原生活地差异太大时，引入家畜品种特性发生了不利的遗传变异，且这种不利的变异会遗传到下一代去，主要表现为体质过度发育，经济价值降低，繁殖力减退，发病率、死亡率上升。

(2)家畜引种应注意的问题

① 正确选择引入品种，要根据当地市场和环境条件来选择。

② 慎重选择引入个体，在体型外貌、系谱、性能、健康等方面都要严格选择。

③ 妥善安排调运季节，避开极端炎热和寒冷气候。

④ 严格执行检疫隔离制度，通常需隔离 30~45 d，甚至更长。

⑤ 加强引入个体的饲养管理和适应性锻炼。

⑥ 采取必要的育种措施，如加强适应性选择，避免近交，适度开展杂交改良等。

4.4.2 杂种优势利用

4.4.2.1 杂种优势

不同种群(品种、品系)间杂交所产生的杂种，其生活力、生长势和生产性能等方面在一定程度上优于其亲本纯繁群体的现象，叫作杂种优势(heterosis)。杂交优势主要表现在与适应性有关的性状(如生活力、抗病力和耐受力)提高，生产性能(如繁殖力、生长速度、饲料利用能力等)提高，遗传缺陷(如畸形、致死等)减少。

(1)杂种优势学说

① 显性学说　显性基因多为有利基因，有害基因多为隐性，显性基因对隐性基因有抑制和掩盖作用，显性基因在杂种群中产生累加效应，若两亲本种群各有部分不同的显性基因，则其杂交后代可出现显性基因的累加效应，非等位基因间的互作(上位效应)使一个性状受到抑制或者增强，杂种优势是上位效应促进作用。

② 超显性学说　每一基因座上有一系列的等位基因，每一等位基因又具有独特的作用，等位基因间在生理上相互刺激，不同等位基因间的生理刺激大于同类等位基因间，杂合子在生活力和适应性上优于纯合子，即表现为杂种优势。

③ 遗传平衡学说　杂种优势是显性和超显性共同作用的结果，不同情况下，可能不同

效应起主导作用，在控制一个性状多基因座位中，有各种基因间互作情况(不完全显性、完全显性、超显性，有上位效应或没有上位效应)，各种遗传多态性是产生杂种优势的一个重要因素。

每个学说都有不能解释杂种优势现象的问题，随着分子遗传学研究的发展和对基因认识的深入，有望在未来可在分子水平上能进一步深入解释杂种优势的机理。

(2)杂种优势效果的度量

杂种优势效果的度量可用杂种优势、杂种优势率、杂种性能成绩。假设群体 A、B 杂交，A 为父本，B 为母本，产生杂种 AB(不考虑正反交)，则杂种群体均值超过其亲本群体均值的部分就称为杂种优势，即

$$H = \bar{y}_{AB} - \frac{1}{2}(\bar{y}_A + \bar{y}_B)$$

其中，H 表示杂种优势，$\bar{y}_{AB}$ 是 AB 的群体均值，$\bar{y}_A$ 为 A 群体均值，$\bar{y}_B$ 为 B 群体均值。杂种优势占两亲本群体均值的百分数称为杂种优势率，即

$$H = \frac{H}{\frac{1}{2}(\bar{y}_A + \bar{y}_B)} \times 100\% = \frac{2H}{\bar{y}_A + \bar{y}_B} \times 100\%$$

当考虑正反交时，对杂种优势和杂种优势率如下式度量，

$$H = \frac{1}{2}(\bar{y}_{AB} + \bar{y}_{BA}) - \frac{1}{2}(\bar{y}_A + \bar{y}_B)$$

$$H = \frac{H}{\frac{1}{2}(\bar{y}_A + \bar{y}_B)} \times 100\% = \frac{\bar{y}_{AB} + \bar{y}_{BA} - \bar{y}_A - \bar{y}_B}{\bar{y}_A + \bar{y}_B} \times 100\%$$

杂种优势主要与显性效应和上位效应有关，杂种的显现效应和上位效应越大，杂种优势越高。杂种优势还包含一定的母体效应和父体效应。

4.4.2.2 杂种优势利用

杂种优势利用通常又称为经济杂交(economic cross)，它不是一个简单的杂交问题，而是既包括杂交亲本种群的选优提纯(纯繁)，又包括杂交组合的筛选和杂交工作的组织(杂交)的一套综合措施，是一项复杂的系统工程。

杂种优势利用的主要环节包括杂交亲本的选优提纯，杂交亲本的初步选择，杂交效果的预估，杂交配合力测定，杂交，杂种的培育。

(1)杂交亲本种群的选优提纯

选优指通过选择，选出性能优良、合乎理想的个体，从而使亲本群内优良、高产的基因频率尽可能增大；提纯则是通过选配，使亲本群在主要性状上纯合子的基因型频率尽可能增加，个体间的差异尽可能减少。对于遗传力较高(主要受加性基因控制)的经济性状，可在亲本种群中得到有效提高。纯繁和杂交是整个杂种优势利用中两个相互促进、相互补充、互相不可替代的过程

(2)杂交亲本的初步选择

杂交用的亲本种群是否妥当，关乎杂种能否得到优良、高产及非加性效应大的基因和基

因型，进而决定杂交能否取得最佳效果。

选择母本时要求本地数量多、适应性强、繁殖力高、母性好、泌乳力强，在不影响杂种生长速度的前提下，体格大小不作要求。

选择父本时要求生产类型与杂种所要求的类型相同、生长速度快、饲料利用率高、胴体品质好，适应性可不作过多考虑。

(3)杂交效果的预估

杂交亲本种群的平均加性基因效应越高，杂交效果越好；种群差异越大的两种群杂交，杂种优势越明显；纯合度(整齐度)高的种群间杂交，杂种优势明显；遗传力低、近交时衰退严重的性状，杂交时优势明显；长期与外界隔绝的种群间杂交，杂种优势明显。

(4)杂交配合力测定

杂交配合力(combining ability)是两个种群通过杂交所能获得的杂种优势程度，是衡量杂种优势效果的指标。一个种群与其他各种群杂交所能获得的平均效果称为一般配合力(general combining ability)，其遗传基础是基因的加性效应(additive effect)，反映的是一个种群同其他种群杂交的一般效果。两个特定种群间杂交所能获得的超过一般配合力的杂种优势是特殊配合力(specific combining ability)，其实质是两个种群正交和反交的平均显性效应和上位效应。

(5)杂交方式

① 简单杂交(simple cross) 即二元杂交(two-way cross)，两个种群杂交一次，所生杂种全部作为商品用。方法简单，只需进行一次配合力测定，但不能充分利用繁殖性能方面的杂种优势。

② 三元杂交(three-way cross) 先用两个种群杂交，再用第三个种群与 F_1 代母畜杂交，以生产杂种商品用畜。三元杂交杂种优势高于二元杂交，且可充分利用杂种母畜在繁殖性能上的杂种优势。

③ 回交(backcross) 两个种群杂交，所生杂种母畜再与两种群之一杂交，杂交后代全部做商品用。回交可利用二元杂种母畜在繁殖性能上的杂种优势，但商品杂种的优势不太大。

④ 双杂交(double cross) 先用4个种群分别两两杂交，再在两杂种间进行杂交，产生商品杂种用畜。双杂交的商品代遗传基础更为广泛，可望获得更大的杂种优势；可同时利用杂种公、母畜的杂种优势；大量利用杂种，纯种饲养量减少，可节省开支。

⑤ 轮回杂交(rotational cross) 用两个或更多个种群轮流参加杂交，部分杂种母畜继续做种用，杂种公畜做经济利用。轮回杂交可充分利用母畜繁殖性能方面的杂种优势，总能保持一定的杂种优势，对母畜需要量较多的单胎动物更为适用。

⑥ 顶交(top cross) 近交系的公畜与无亲缘关系的非近交系母畜交配，适用于近交系杂交的情况。顶交对于生产收效快，且不需建立杂交用母畜的近交系，非近交系母畜的数量一般都较大，因而投资小、成本低。

(6)杂种的培育

只有在适宜的饲养管理条件下，杂种优势才有可能充分表现。

4.4.2.3 配套系杂交

配套系杂交就是按照育种目标进行分化选择，培育出相应的专门化品系，然后再根据市场和生产需要进行品系间的配套杂交组合，生产商品用畜。现在在养鸡生产中已普遍应用，猪也已陆续应用，国外有 PIC 配套系、迪卡配套系等，国内也有自己特色的配套系，如滇撒猪配套系(云南)、光明配套系(深圳)、深农配套系、冀合白猪配套系(含深县猪、太湖猪血统)等。

培育配套系的目的是为了通过配套系杂交更高效地生产优质、高产的商品杂种，所以配套系必须优点突出、性能一致、纯合度高。配套系的周转一般较快，可灵活适应市场和生产要求。在开展配套系杂交的整个过程中都应开展配合力测定，以确保杂交效果。另外，并不是参加配套的品系越多越好，因维持群体较多，导致成本增加；选择强度低，传递世代数多导致遗传改进慢；遗传基础广泛，性状分离严重，使得产品一致性差。所以，参加配套杂交的品系数目不宜过多，一般采用三系配套即可满足要求。

4.4.2.4 提高杂种优势利用效果的途径

(1)建立健全繁育体系

在核心群实施科学的选育并繁殖性能优良的种畜，在扩繁群大量繁殖商品生产所需的种畜(尤其是母畜)，在商品群以最经济、有效的方式生产商品家畜。保证杂交利用规范、有序进行，从而保证杂种优势利用的效果，从而保证产品规格化、标准化，提高畜产品市场竞争力，促进畜牧业产业化，持续、有效发展。

(2)改品种间杂交为品系间杂交

品系的培育相对比较容易。因为品系群体小，既可以在品种内培育，也可以在现有杂种基础上建立。品系的质量要求不如品种全面，只需突出某些优点，数量要求不如品种多，无需过多考虑近交。品系范围小，选优提纯较为容易，因而可提高杂种优势及商品杂种的整齐度。品系的培育工作可以在一个畜牧场内完成，容易使培育条件保持一致。品系范围小，周转快，易于更新换代，可根据市场需求的变化进行灵活周转。品系间杂交的效果也要比品种间杂交效果好。

(3)合理利用现有杂种

过去人们盲目引种杂交，导致地方品种血缘混杂，引进品种性能退化，现在可对现有杂种整群鉴定，开展选优提纯，开展规范的杂交利用。杂种优势的大小在一定程度上取决于杂交亲本间遗传差异的大小。杂交亲本间的遗传差异越大，杂种优势越明显。可利用 DNA 标记技术分析计算群体间的遗传距离，预测杂种优势，从而制订科学合理的杂交方案。

4.5 生物技术在畜禽育种中的应用

随着分子生物学日新月异的发展，现代生物技术已成为揭示生物的遗传生命现象的主要方法之一。人类运用生物技术对基因、基因组的一系列操作为畜牧生产水平的提高服务。动物基因图谱的构建、基因定位、转基因、遗传标记和全基因组关联分析都在积极研究和逐渐应用中。生物技术有望成为为人类提供优质产品和服务的新兴技术。

4.5.1 动物基因组计划

近年来，动物基因组积极推进，猪、牛、羊和鸡等已经绘制了较完善的遗传图谱，这些图谱对于深入了解动物的基因组及其功能，推进家畜分子育种进程有非常重要的作用。

4.5.1.1 基因图谱简介

基因图谱(gene map)指在基因组中鉴别出基因的位置、结构和功能的图谱。目前，基因图谱包括遗传图谱、物理图谱、转录图谱和序列图谱。

(1)遗传图谱(genetic map)

遗传图谱又称连锁图谱(linkage map)或遗传连锁图谱(genetic linkage map)，是以基因间的交换值为依据，确立基因在染色体上的相对位置。图距为厘摩(cM)，1%交换值为1cM。同一条染色体上有许多个基因，各自支配着不同的性状，这些基因一般不独立分配，且有不同程度的连锁关系。通常是用测交来研究基因间的连锁。传统的方法需要有双隐性纯合体作为亲本之一，与野生型个体杂交，然后分析子代中出现重组型的频率或交换值，来确定基因间的连锁强度，以及基因在染色体上的相对位置与距离。利用遗传标记构建遗传图谱的一般步骤包括：选择用于作图的适宜的遗传标记，如微卫星标记、小卫星、RFLP、BA(biallelic polymorphisms)和SNP(single nucleotide polymorphisms)等。根据遗传材料之间的多态性确定用于产生作图群体的亲本和组合；培育具有大量遗传标记处于分离状态的分离群体；作图群体中不同个体或品系标记基因型的确定；标记之间连锁群的构建。

(2)物理图谱(physical map)

物理图谱是利用物理化学等实验方法，确立标记物(如基因、限制性内切酶位点、RELP位点以及染色体条带显带区)在染色体上的位置及物理长度(如核苷酸对的数目、染色体显带的数目)确定的距离。与遗传图谱的区别除了图距的单位不同外，更重要的是物理图谱的构建不需做杂交和分析子代的性状，可用物理、化学技术直接确定标记在染色体上的位置，构建更精确的图谱。物理图谱和遗传图谱的结合支持了标记顺序，消除了二者之间的脱节现象，且决定着两图谱的共同完成。

(3)转录图谱(transcription map)

转录图谱指由mRNA通过逆转录得到cDNA来测定基因表达情况而绘制的图谱。通过从cDNA文库中随机挑取的克隆进行测序所获得的部分cDNA的5′或3′端序列称为表达序列标签(EST)，一般长300~500 bp。美国国家生物技术信息中心(NCBI)数据库中分布的植物EST的数目总和已达几万条，所测定的人基因组的EST达180万条以上。这些EST不仅为基因组遗传图谱的构建提供了大量的分子标记，而且来自不同组织和器官的EST也为基因的功能研究提供了有价值的信息。EST计划还为基因的鉴定提供了候选基因。

(4)序列图谱(sequence map)

序列图谱是生物基因组DNA分子的核苷酸排列顺序的图谱，是最详尽、分辨率最高的图谱，是基因组计划最终目标之一。目前，酵母、拟南芥、水稻、线虫、黑腹果蝇和人的全序列图谱已经绘制完成。

构建基因图谱是遗传学研究的重要领域，是系统性研究基因组的基础，是了解基因组的组织、结构以及性状控制分子基础的最基本方法。基因图谱是家畜分子育种的依据，可以深入了解控制家畜生产性能，抗病、抗逆性等诸多性状的基因的结构与功能；采用标记辅助选择加速育种进程和选种准确性；通过反义遗传学分离或处理某些重要基因；研究不同家畜种间基因组型及进化关系等。

4.5.1.2 家畜基因图谱研究现状

(1)猪的基因图谱

猪遗传连锁图谱的构建主要是在欧洲和美国开展，欧共体的 PigMap 项目是开展最早的遗传连锁图谱研究计划，有12个国家的20个实验室参加。另一个猪遗传图谱研究是由美国农业部组织开展的，也提出了独自的猪遗传连锁图谱。现已知猪的遗传图谱上已有大约1 800个基因和标记位点，物理图谱上有600多个基因和标记。猪物理图谱的研究旨在将被克隆基因或DNA标记精确定位于染色体上，对于研究物种进化和位置克隆经济性状基因有着十分重要的作用。猪的基因图谱是要通过比较DNA标记在遗传连锁图谱中的位置，从而建立起染色体区段千碱基对与分摩尔根的线性关系，为位置克隆提供精确的坐标，同时为从基因组水平上研究物种进化和变异提供新方法。基因图谱中大量的杂合性DNA标记，使标记辅助选择技术的应用成为现实，从而极大地提高育种技术水平和育种效益。

(2)牛的基因图谱

在欧洲，牛的基因图谱 BovMap 项目有32个实验室参加。1994年报道的牛遗传图谱包括202个多态性DNA标记，其中144个是微卫星标记，分布于36个连锁群，标记的平均遗传距离是15 cM。连锁群的总遗传长度为2 513 cM，约占牛基因组总长度的90%。此外，还分离出300多个微卫星标记，用以提高图谱的分辨率。另一张牛基因图谱是由美国农业部组织的研究组完成的，也达到了很高的分辨率。

(3)羊的基因图谱

第一张绵羊的常染色体遗传图谱是利用 AgResearch 国际作图群体(IMF)的分离分析而构建的。IMF是由5个品种参与杂交的9个3代全同胞家系组成，共用246个标记进行分析。其中174个标记已定位于26条常染色体中。遗传图谱的总长度2 070 cM，大约覆盖了绵羊基因组的75%，标记间的平均距离为14.4 cM。绵羊的第二代遗传图谱是将IMF群体和美国农业部群体的资料合并，用519个标记(504个微卫星标记)的连锁分析构建，约覆盖26对常染色体连锁群3 063 cM，雌性特异性X染色体127 cM。

山羊的遗传图谱由2个品种参与杂交的12个半同胞家系的分离分析构建，由219个微卫星标记组成，来源于山羊、绵羊和牛的标记数分别为10个、45个和164个。图谱总长度为2 300 cM，约覆盖整个山羊基因组的80%。总共219个标记中，204个被整合进连锁群，其余的15个用荧光原位杂交法得以物理定位。

(4)鸡的基因图谱

构建鸡的基因图谱，目的在于建立完整的基因组上的遗传和物理图谱，充分认识鸡的经济性状基因，更好地为鸡的遗传育种工作服务，同时也可为研究其他生物的基因图谱提供良好的研究模型。鸡的基因DNA总长度为1.2×109 bp，遗传长度为2 950~3 200 cM，其中5对大型染色体遗传长度约占40%，Z染色体遗传长度为145 cM，而W染色体的遗传长度只有50 cM，鸡的每100万个碱基对的平均距离为2.4~2.6 cM，大约相当于人类雌性基因组平均遗传距离的3倍。鸡的基因定位的优势在于染色体组相对于其他家畜小，且能获得许多同胞后代，而且 DNA 操作简单(可以从红细胞中直接提取 DNA)，但其 29 对微小染色体不利于基因定位的进展。

分子遗传学的发展使家畜育种工作者从分子水平直接研究基因和性状的关系成为可能。研究基因与性状之间的过程就是家畜基因分析。基因组扫描法与候选基因法是基因组分析最常用的两种方法。基因组扫描法是采用专化杂种参考系和随机遗传标记，去扫描与经济性状连锁的基因组区域；候选基因法是利用那些被认为对于一个性状有直接生理功能的基因，去寻找 QTL(quantitative trait loci)。基因图谱是进行基因组扫描的基础。基因组分析是指对基因的结构与功能的分析，其主要内容是利用 DNA 重组技术精确地确定控制 QTL 在基因组上的遗传和物理位置，并且利用这些信息来对畜禽品种进行改良。要研究有重要经济价值的基因，前提是构建能覆盖整个基因组的高分辨完整基因图谱，包括遗传图谱和物理图谱，进而弄清基因组全部核苷酸顺序。对家畜育种来说，基因定位和构建遗传图谱的意义在于了解控制生产性能、抗病力、抗逆性等性状的结构与功能，采用标记辅助选择或基因型选择改良畜群，通过反求遗传学分离或处理某些重要基因，研究不同动物种间基因组型及进化关系。

4.5.2 QTL 与基因定位

QTL(quantitative trait loci)即数量性状基因座，是一段特定的染色体片段，对某一数量性状有一定的决定作用的单个基因或者染色体片段。目前，借助分子生物学检测 QTL 的方法主要有两类，一类是标记 - QTL 连锁分析(marker-QTL linkage analysis)，也称为基因组扫描(genome scanning)；另一类是候选基因分析(candidate gene approach)。

标记 - QTL 连锁分析是基于遗传标记座位等位基因与 QTL 等位基因之间的连锁不平衡关系，通过对遗传标记从亲代到子代遗传过程的追踪以及他们在群体中的分离和数量性状表现之间的关系的分析，来判断是否有 QTL，有的话，确定 QTL 的位置和效应。此方法要求有理想的遗传标记和适于分析的合适群体。标记 - QTL 连锁分析的步骤是先进行试验设计，设计特定的资源群体，以产生足够的连锁不平衡；根据工作条件选择适当类型和数目的遗传标记；收集基因型和表型值数据；判断测定的标记属于哪个连锁群，估计标记间的相对距离来绘制连锁图谱；根据图谱，利用基因型和表型数据，通过统计分析检测 QTL 和估计有关参数。

候选基因分析是从一些可能是 QTL 的基因中筛选 QTL。候选基因是已知在性状的发展或生理过程中具有某种生物学功能并经过测序的基因，可以是结构基因或是在调控或者生化路径中影响性状表达的基因。候选基因分析的步骤是先根据掌握的生物学、生理学知识选择，或者是人类和小鼠等其他物种中发现的具有较大效应的基因作为候选基因。获得扩增候选基因的引物后检测基因的多态性。选择进行候选基因分析的群体后，研究并证实候选基因与性状的关系。

近年来，人们在 QTL 检测定位方面做了大量工作，检测出一些可能有较大效应的 QTL。其中部分已定位的基因已经在家畜育种工作中发挥重要作用，给人们展示了基因定位和遗传图谱研究的良好前景。

4.5.3 标记辅助选择与分子育种

家畜育种中的遗传评定是基于表型信息和系谱信息进行的，对于低遗传力和阈性状，以及限性性状，即使动物模型 BLUP 法有时也无法取得理想效果，使用后裔测定又会延长世代间隔。若能够直接测定 QTL 或主效基因的基因型，在选择时就可以直接选择那些具有理想基因型的个体，这就是标记辅助选择(marker-assisted selection，MAS)，也称为基因辅助选择。

实施 MAS 的必要前提是父亲在标记和 QTL 上都必须是杂合子且标记与 QTL 连锁相已知，必须能够准确判断后代从父亲那里获得哪种标记等位基因，才能根据父亲标记与 QTL 连锁相推断后代从父亲获得了哪个 QTL 等位基因。

MAS 实施的基本策略有 3 种。第一种策略是在常规 BLUP 的基础上加上标记信息，即 Marker-BLUP(MBLUP)；第二种策略是实施两阶段选择，在初选中加入标记信息，减少选择随机性，提高选择差和选择强度；第三种策略是对种畜进行早期选择，以缩短世代间隔且提高选种准确性。

4.6 家畜遗传多样性保护

全球畜牧业蓬勃发展的同时，家畜遗传资源多样性也受到了严重威胁，目前世界各国已高度重视对家畜遗传资源的保护。

生物及其与环境形成的生态复合体以及与此相关的多种过程的总和称为生物多样性，包括遗传多样性、物种多样性、生态系统多样性、景观多样性。

遗传多样性又称基因多样性(gene diversity)，特指不同种群间和同一种群内的遗传变异。其中，家畜遗传多样性包括不同品种和类型间的遗传多样性、品种和类型内的多样性，与人类的关系最为密切，其丢失对人类利益损害更大，其有效保护对人类社会的可持续发展具有更为重要的意义。物种间、物种内品种间的多样性都构成了家畜多样性的重要形式。一个品种就是一个相对独立的特殊基因库，是培育优良品种和利用杂种优势的原材料。另外，品种内个体间的遗传变异很大(外形、性能、基因等)，即在 DNA 水平上个体间的遗传差异很大，这种现象通常出现在地方品种上，地方品种选育程度低，遗传多样性丰富，为种群内的选育提供了基础。

广义的家畜遗传多样性保护指人类管理和利用现有家畜遗传资源以获得最大的持续利益，并满足未来需求的潜力，包括对家畜遗传资源进行有效的保存、维持、持续利用、恢复和改善等内容。狭义的家畜遗传多样性保护即品种资源的保存(preservation)或保种(breed conservation)，是指通过合理的措施保存现有畜禽品种资源的基因库，使其中的每一种基因都不丢失，无论它目前是否有利。

4.6.1 家畜遗传多样性概况

畜牧业集约化、工厂化生产使少数优势品种成为畜牧生产的主角(高产洋品种)，家畜品种资源受到严重破坏，生产性能较低但具有地方特色的地方品种处在被淘汰的边缘，与此同时家畜遗传资源多样性也受到严重的威胁。迄今全球近 4 000 个畜禽品种资源中，有近 20%已经消亡，还有 30%~40%的畜禽种质资源濒临灭绝，我国拥有世界最大的畜禽遗传资源库(596 个列入品种资源目录，2005 年以来又发掘鉴定了 100 余个)，所以，我国保护畜禽遗传多样性的形势更为严峻。品种保存是畜牧业可持续发展的基础和保障，是满足不同畜产品消费需求的重要前提，加强家畜遗传资源保护意义重大。

4.6.2 家畜遗传多样性保护的意义

畜禽遗传资源保存具有潜在的重要经济价值，保种就是保护可利用的遗传变异，当畜产品消费结构和生产条件发生改变，借助品种资源，生产者能够迅速地作出相关的反应。对畜禽遗传资源保存的成本和效益进行准确分析是相当困难的。

畜禽遗传多样性是动物遗传育种研究的基础。利用群体间以及个体间的遗传变异来研究动物的发育和生理机制(抗病、耐热、多羔、双肌)，分析动物进化、驯化、品种形成过程。

畜禽品种遗传资源的保存也为一个国家的文化历史遗产提供了活的见证，对于濒危畜禽遗传资源的保存，应该像对待一个国家其他文化遗产一样给予高度的重视。

4.6.3 家畜遗传资源保护的方法

家畜遗传资源保护主要包括以下 3 种方法：

(1)家畜原位保种

家畜原位保种的基本方法有：

① 划定良种基地　在良种基地内禁止引进其他品种的种畜，严防群体混杂。

② 建立保种群　根据资金、畜种等因素确定保种群的规模。一般要求保种群在 100 年内近交系数不超过 0.1。

③ 实行各家系等量留种，并尽量保持群体规模的一致。

④ 确定合理的交配制度　防止近亲交配，尽量采用随机交配，以减缓近交系数的上升速度。

⑤ 适当延长世代间隔，防止近交系数过快上升。

⑥ 在保种群内一般不实行选择。

活体保种缺点在于，首先，由于保种群体数量有限，不可避免出现遗传漂变；其次，用在保种群中的性别比例不可避免存在选择现象；最后，原始群体多生活在特殊的生态条件下，自然选择不可避免。

(2) 超低温冷冻

冷冻精子、卵子、胚胎、体细胞、干细胞，是原位保种的补充方式，技术成熟，费用低，可靠性强。

精子冷冻保存对于特定时期内经济价值低的遗传资源保护具有重要意义，优点是降低保种成本，延长世代间隔；缺点是只保存了父亲单方的遗传信息，重建该遗传资源群体所需时间较长。

胚胎冷冻保存是采用超排技术，从供体母畜采集用无亲缘关系的公畜随机受配的胚胎进行冷冻保存；定期将冷冻胚胎移植于经选育的同品种的母畜子宫内，令其发育为成年家畜，然后继续采集胚胎冷冻保存。其优点是在将来需要时很快地重新繁殖出具有原来特性的个体，疾病传播的可能性小；缺点是成本较高，保存效率较低。

(3) 基因库

保存基因组 DNA 和 DNA 文库，目前处于研究阶段。

3 种方法各有利弊，需要共同使用，互为补充。

网上资源

家畜遗传资源数据库：http：//dad. fao. org/

家养动物多样性信息系统：www. cdad-is. org. cn

中国家养动物遗传资源信息网：www. dadchina. net

中国畜禽遗传资源动态信息网：www. genebank. cn/

主要参考文献

张沅．2001．家畜育种学[M]．北京：中国农业出版社．

张沅．1996．动物育种学各论[M]．北京：北京农业大学出版社．

盛志廉，吴常信．1995．数量遗传学[M]．北京：中国农业出版社．

李宁．2003．动物遗传学[M]．2 版．北京：中国农业出版社．

蒋思文．2005．畜牧概论[M]．北京：高等教育出版社．

思考题

1. 作为一个家畜品种，应具备哪些条件？
2. 影响群体遗传结构的因素有哪些？它们是如何影响群体遗传结构的？
3. 与测定站测定相比，场内测定有哪些优、缺点？
4. 在家畜育种中，可提高育种值估计准确性的措施有哪些？
5. 在家畜育种中，可采取哪些育种措施保持或扩大群体的遗传变异？
6. 影响数量性状选择效果的主要因素有哪些？它们是如何影响数量性状选择效果的？
7. 近交衰退的主要表现有哪些？在生产中应如何防止近交衰退？
8. 简述群体继代选育法的技术要点及该方法的主要优、缺点。
9. 与品种间杂交相比，品系间杂交具有哪些主要优点？
10. 试述影响家畜原位保种效果的主要因素及其对保种效果的影响。

第 5 章

畜禽繁殖

动物繁殖是研究动物生殖活动及其调控规律和调控技术的科学，是畜牧业或动物生产学中重要的应用基础科学，研究内容涉及发育生物学、生殖生理学、生殖内分泌学等学科，主要是通过研究动物生殖生理，揭示动物繁殖规律，并以动物生殖生理学研究的成果为基础制定相应的繁殖措施，为提高动物繁殖潜能提供理论依据。近几十年分子生物学和细胞生物学等学科迅猛发展，在一定程度上促进了动物繁殖机制和基础理论的深入研究。

5.1 动物的生殖器官及机能

5.1.1 生殖器官发生与发育

5.1.1.1 生殖器官发生、发育及分化

哺乳动物囊胚或胎盘形成以后，胚胎进入原肠期，随着囊胚细胞数量的增多，细胞发生各种各样的迁移，在原肠胚期产生内、中、外三胚层。外胚层形成动物的表皮和神经系统，内胚层形成动物的消化系统和呼吸系统，而中胚层则形成动物的肌肉、骨骼、心脏、结缔组织、血细胞、生殖腺和泌尿系统等。其中，中肾和中肾管在发育过程中其腹侧出现纵行隆起嵴，称为尿生殖嵴，其中外侧叫中肾嵴，内侧叫生殖嵴。未分化的生殖嵴有 3 种不同成分来源：体腔上皮(又称为生殖上皮)、间充质组织和原始生殖细胞。生殖嵴是间充质组织增厚区，外覆体腔上皮，随着发育进程推进，生殖嵴的细胞层数增多，其表层形成生殖上皮，内部形成了生殖腺的原始胚基。原始胚基具有分化为双性的潜能(图 5-1)，在性腺开始出现性别分化之前，在两条中肾管外侧由脏中胚层内凹，形成两条与中肾管平行的管道，称为缪勒氏管(Müllerian duct)，也通入泄殖腔。如果性腺分化为卵巢时，中肾管退化，一部分中肾小管退化形成卵巢冠和卵巢旁体，缪勒氏管前段发育成输卵管，中段发育成子宫角，后段融合形成子宫体和阴道前部。当性腺分化为睾丸时，中肾前部残留的中肾小管与睾丸网管相通，形成输出小管，中肾管变成附睾管和输精管，因此对于雄性，中肾管前段做输精用，后段做输精和排尿两用，为真正的尿生殖管。缪勒氏管退化，成为成体的遗迹器官——雄性子宫。

5.1.1.2 性别分化的分子基础

哺乳动物的性别决定指生殖腺发育为睾丸或卵巢的选择，是由遗传决定的，XY 或 ZZ 型的个体向雄性发育。1990 年英国学者 Sinclair 等发现哺乳动物(包括人类)Y 染色体短臂上靠近常染色体区的 35 kb 区域存在性别决定区，即 *Sry*(sex - determining region of Y-chromosome)基因，随后通过对 *Sry* 基因序列和编码产物的分析，确定了 Y 染色体上的 *Sry* 基因为

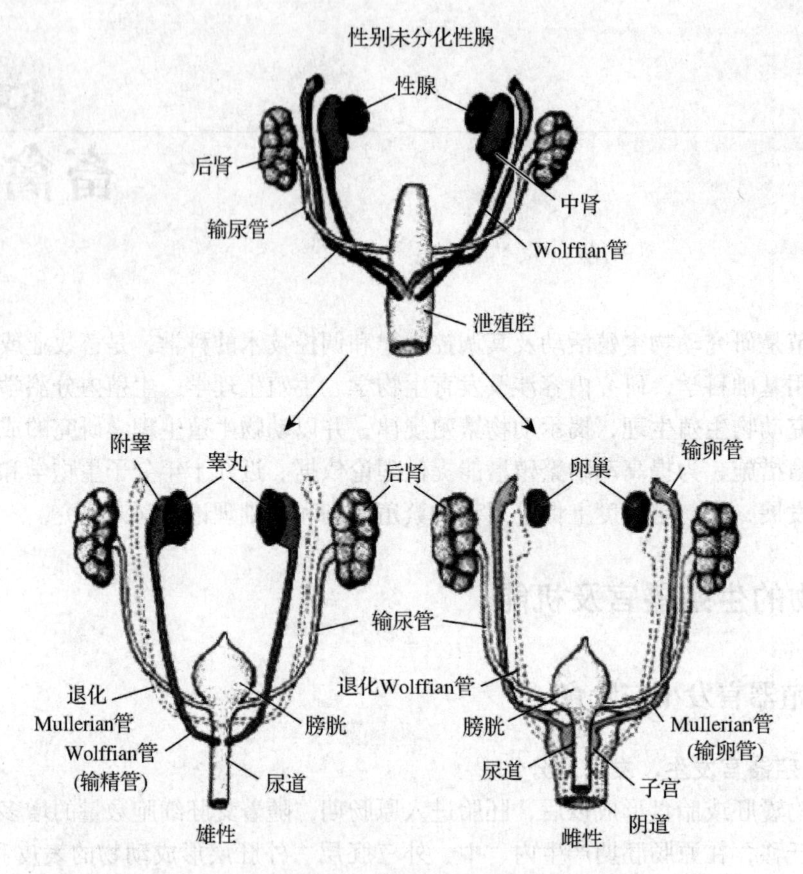

图 5-1　哺乳动物生殖腺和生殖导管发育的总结

（在性别未分化期，Wolffian 管和 Müllerian 管都存在）

（绘自 Gilbert，2000）

睾丸决定因子的主要候选基因，在胚胎发育早期决定性腺。1991 年 Koopman 等将含有 *Sry* 的 11kb Y 染色体片段显微注射到雌性小鼠胚胎中，结果雌鼠发育成雄性，从而证明 *Sry* 为哺乳动物的性别决定区。它携带有睾丸特异性转录密码，在动物性别决定的关键时期对机体发出遗传信息，将原始性腺的生殖背导向睾丸的发育。人的 *Sry* 基因有启动转录的功能，在胚胎睾丸组织细胞系中表达，激活下游的 114 bp 启动子，进而使下游 Müllerian 抑制物基因（Müllerian inhibiting substance，Mis）表达，导致抗缪勒氏管激素（anti-Müllerian hormone，AMH）分泌，从而抑制缪勒氏管发育，同时 *Sry* 基因作用间质细胞，使之分泌睾酮产生雄性结构；而在雌性中由于缺少 *Sry* 基因，则导致 X 染色体短臂上剂量敏感性反转基因（dosage sensitive sex reversal，DDS）转录，促进卵巢发育进而中肾管退化。

目前的研究认为，哺乳动物的性别决定除了由 Y 染色体上的性别决定基因 *Sry* 调控外，同时还存在着一些其他基因涉及性别决定系统，如常染色体基因 *Sox*9（SRY-related high mobility group－box gene 9）、*Wt*1（Wilms' tumor gene 1，威尔姆氏肿瘤抑制基因）、*Sf*1（steroidogenic Factor 1，类固醇生成因子 1）、*Mis* 以及 X 染色体上的 *Dax*1（dosage-sensitive sex reversal-adrenal hypoplasia critical region，on chromosome X，gene 1，位于 X 染色体基因 1 的剂量敏

感的性反转－先天性肾上腺皮质发育不全的关键区）基因，说明性别决定与分化是一个多基因互作的级联过程。

5.1.2 雄性动物生殖器官及机能

公畜的生殖器官包括4部分：① 性腺：睾丸；② 输精管道：包括附睾、输精管和尿生殖道；③ 副性腺：包括精囊腺、前列腺和尿道球腺；④ 外生殖器：阴茎(图5-2)。

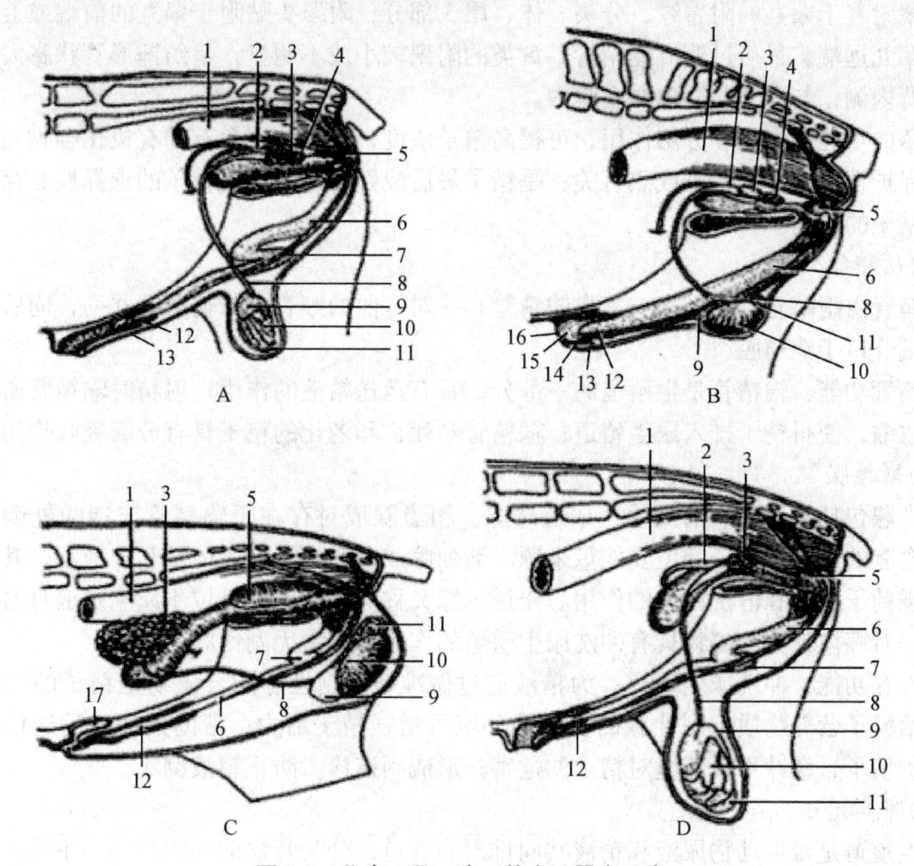

图5-2 公牛、马、猪、羊生殖器官示意

A. 公牛的生殖器官 B. 公马的生殖器官 C. 公猪的生殖器官 D. 公羊的生殖器官

1. 直肠 2. 输精管壶腹 3. 精囊腺 4. 前列腺 5. 尿道球腺 6. 阴茎 7. S状弯曲 8. 输精管 9. 附睾头 10. 睾丸 11. 附睾尾 12. 阴茎游离端 13. 内包皮鞘 14. 外包皮鞘 15. 龟头 16. 尿道突起 17. 包皮憩室

（引自张忠诚，2000）

(1)睾丸

正常雄性家畜睾丸呈长卵圆形，成对存在，分别位于阴囊的两个腔内。牛、羊睾丸长轴与地面垂直，附睾头向上，尾向下；马、驴睾丸长轴与地面平行，附睾头朝前，尾朝后；猪睾丸长轴与地面倾斜，附睾头朝前下方，尾朝后上方。不同畜种睾丸质量不同，其中以猪睾丸绝对质量最大，而绵羊相对质量最大。睾丸在其发育过程中，到胎儿期后才由腹腔下降入阴囊内，成年公畜有时一侧或两侧睾丸并未下降入阴囊，称为隐睾，患有隐睾的动物不能留作种用。禽的睾丸终生存在于腹腔内，呈卵圆形，成对存在，左侧较右侧略大，以睾丸系膜悬于同侧肾脏的腹面、肺脏的后面，在性成熟后具有明显的季节性变化。

睾丸的功能：具有生精机能，可产生精子；可分泌雄激素，维持雄性动物的第二性征和副性腺的发育，激发雄性动物的性欲及性兴奋，维持精子发生及附睾精子的存活；产生睾丸液，维持精子的生存，并有助于精子向附睾头部移动。

(2) 附睾

附睾附着于睾丸的附着缘，分头、体、尾 3 部分，附睾头贴附于睾丸的前端或上缘，附睾尾在睾丸远端，最后过渡成输精管。禽类的附睾较小或不明显，呈纺锤形管状膨大状，位于睾丸背内侧，与睾丸共同包在白膜内。

附睾的功能：吸收和分泌作用，可提高精子浓度，附睾液中含有的有机化合物与维持渗透压、保护精子及促进精子成熟有关；是精子最后成熟的场所；是精子的选择性贮存库；具有运输精子的作用。

(3) 输精管

输精管由附睾管延续而来。家禽输精管是一对弯曲的细管，与输尿管并列，向后逐渐加粗，末端开口于泄殖腔。

输精管功能：输精管是生殖道的一部分，具有运送精液的作用；射精时输精管肌肉层有规律的收缩，使得精子排入尿生殖道；输精管对死亡和老化的精子具有分解吸收作用。

(4) 副性腺

副性腺包括精囊腺、前列腺、尿道球腺。精囊腺成对存在于输精管末端的外侧，呈蝶形，其含有的果糖是精子的主要能量来源。前列腺成对存在，分为体部和扩散部，其分泌液具有增强精子活率和清洗尿道的作用。尿道球腺又称考贝氏腺，是位于尿生殖道骨盆部外侧附近的一对腺体，其分泌物具有冲洗尿生殖道的作用。家禽无副性腺。

副性腺功能：冲洗尿生殖道，为精液通过做准备；副性腺的分泌物是精子的天然稀释液；供给精子营养物质；副性腺的弱碱性环境可增强精子活力；帮助推动和运送精液到体外；保护精子，缓冲不良环境对精子的危害；形成阴道栓，防止精液倒流。

(5) 尿生殖道

尿生殖道是雄性动物尿液和精液共同排出的管道，分为骨盆部和阴茎部。主要作用是输送精液。

(6) 阴茎

阴茎是雄性动物的交配器官，主要由勃起组织及尿生殖道阴茎部组成，分为阴茎根、阴茎体、阴茎头。阴茎头为阴茎前端的膨大部，也称为龟头，不同物种龟头的外形不同。公鸡的交配器不发达，包括位于肛门腹侧唇内侧的 3 个小阴茎体、一对淋巴褶和位于泄殖腔壁内输精管附近的一对泄殖腔旁血管体。

5.1.3 雌性动物生殖器官及机能

雌性动物生殖器官包括 3 个部分：① 性腺：卵巢；② 生殖道：包括输卵管、子宫、阴道；③ 外生殖器：包括尿生殖道前庭、阴唇、阴蒂(图 5-3)。

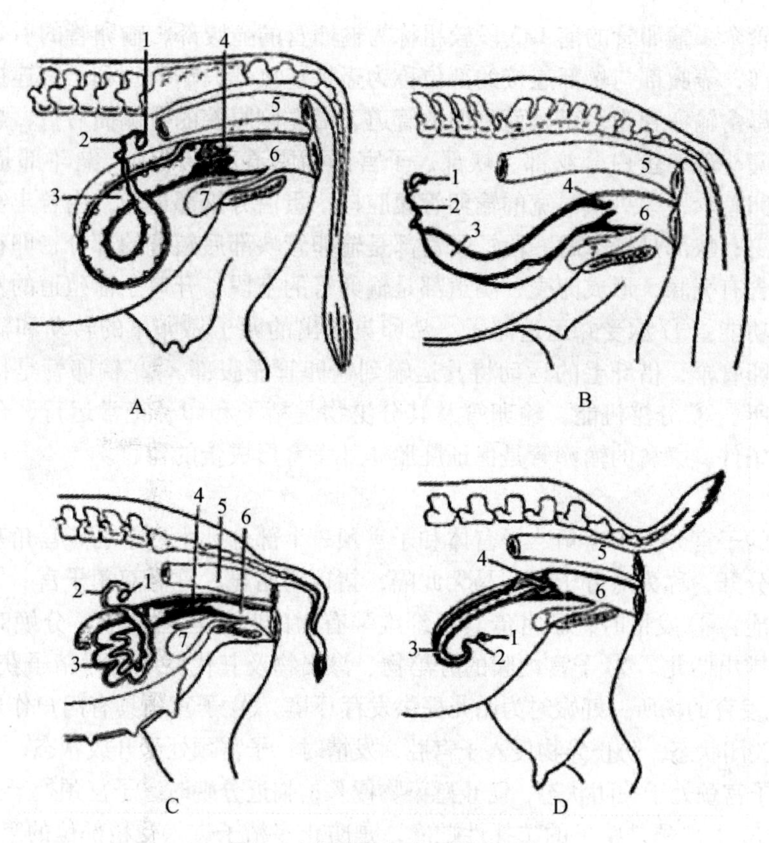

图 5-3 各种母畜生殖器官示意

A. 母牛的生殖器官 B. 母马的生殖器官 C. 母猪的生殖器官 D. 母羊的生殖器官

1. 卵巢 2. 输卵管 3. 子宫角 4. 子宫颈 5. 直肠 6. 阴道 7. 膀胱

（引自张忠诚，2000）

(1) 卵巢

雌性动物卵巢位于盆腔内，成对存在，呈扁椭圆形，卵巢上有大小不等的卵泡、红体或黄体突出于卵巢的表面。卵巢的组织结构分为皮质部和髓质部，髓质部含有许多细小的血管和神经，皮质部含有不同发育阶段的卵泡、卵泡的前身和续产物(红体、黄体和白体)。母禽的卵巢呈结节状，梨形，位于腹腔左肺后方、左肾前叶头端，附着在背侧体壁，以覆膜褶与输卵管相连接。幼禽卵巢小，呈扁椭圆形，似桑葚状，性成熟后卵巢增大。雌禽生殖系统只有左侧发育成熟，而右侧退化。

卵巢的功能：① 卵泡发育和排卵，卵巢皮质部分布着许多原始卵泡，原始卵泡经过次级卵泡、生长卵泡和成熟卵泡阶段，最终排出卵子。排卵后在原卵泡处形成黄体。禽卵泡无卵泡腔及卵泡液，排卵后不形成黄体。② 分泌雌激素和孕酮，在卵泡发育过程中，围绕在卵泡细胞外的内膜可能分泌雌激素。紧接着排卵之后形成黄体，黄体能分泌孕酮，孕酮是维持妊娠所必需的激素。

(2) 输卵管

输卵管是卵子进入子宫必经的通道，靠近卵巢端扩大呈漏斗状，漏斗的边缘形成许多皱襞，称为输卵管伞。输卵管的前1/3段较粗称为输卵管的壶腹部，输卵管的后2/3段较细称为输卵管的峡部，壶腹部与峡部连接的部位称为壶峡连接部，输卵管和子宫连接的部位称为宫管连接部。母禽输卵管为一条长而弯曲的管道，沿左侧腹腔的背侧面后行，悬挂于腹腔顶壁，顺序分为漏斗部、蛋白分泌部、峡部、子宫部和阴道部。其中，漏斗部是输卵管起始端，四周为输卵管伞，中央有一宽的输卵管腹腔口；蛋白分泌部最长，内含丰富的腺体，卵白主要在此分泌；峡部是较窄的一段；子宫部是输卵管峡部后较宽的部分，卵在此停留时间最长，黏膜里含有壳腺，形成卵壳；阴道部是输卵管的末段，开口于泄殖道的左侧。

输卵管的功能：① 承受并运送卵子，从卵巢排出的卵子靠卵巢的转动和输卵管伞的接纳作用进入输卵管伞，借纤毛的运动将其运输到输卵管壶腹部。② 输卵管是精子获能、受精及卵裂的场所。③ 分泌机能，输卵管及其分泌物是精子和卵子正常运行、合子正常发育及运行的必要条件。家禽的输卵管是保证胚胎体外发育形成蛋的器官。

(3)子宫

各种家畜的子宫分为子宫角、子宫体和子宫颈3个部分。牛、羊的子宫角基部之间有一纵隔，将两角分开，称为对分子宫；马无此隔，猪也不明显，称为双角子宫。

子宫的功能：① 发情时，子宫借其肌纤维强有力的收缩运送精液；分娩时，子宫以其强有力的阵缩排出胎儿。② 子宫内膜的分泌物、渗出物及其代谢产物为精子获能提供环境。③ 子宫是胎儿发育的场所，妊娠时为胎儿提供发育环境。④ 子宫颈具有门户作用，平时状态下子宫颈处于关闭状态，防止异物侵入子宫腔；发情时，子宫颈处于开放状态，以利于精子进入；妊娠时，子宫颈处于关闭状态，防止感染物侵入；临近分娩时，子宫颈处于开放状态，以便胎儿排出。⑤ 子宫颈是精子的选择性贮库，是防止多精子进入受精部位的第一道屏障。

(4)阴道

阴道呈管状，壁薄，有弹性，是母畜的交配器官，又是胎儿娩出的通道。

(5)外生殖器

外生殖器包括尿生殖道前庭、阴唇和阴蒂。尿生殖道前庭位于阴道交界处腹侧，是生殖系统和泌尿系统公共的雌性管道部分；阴唇分左右两片构成阴门；阴蒂富有感觉神经末梢，相当于公畜的阴茎。外生殖器是交配器官和产道，也是排尿必经之路。

5.2 生殖激素

5.2.1 生殖激素的概念及分类

5.2.1.1 生殖激素概念

激素是由有机体产生，经体液循环或空气传播等途径作用于器官或靶细胞，具有调节机体生理机能的微量信息传递物质。生殖激素是直接作用于生殖活动，并以调节生殖过程为主要生理功能的一类激素。

5.2.1.2 生殖激素分类

分类方法不同，生殖激素的类型也不同。根据化学性质可将生殖激素分为3类：蛋白质和多肽类激素、类固醇激素和脂肪酸类激素。根据生殖激素的分泌部位及其对生殖器官的作用可将生殖激素分为5类：下丘脑释放的释放激素、垂体分泌的促性腺激素、胎盘分泌的促性腺激素、性腺分泌的性激素和子宫分泌的前列腺素。

5.2.1.3 生殖激素的作用特点

①特异性　生殖激素必须与其受体结合后才产生生物学效应。

②活性丧失快　生殖激素在生物机体中由于受分解酶的作用，其活性丧失很快。

③高效性　微量的生殖激素便可引起很大的生理变化。

④无种间特异性。

⑤生殖激素间具有协同或颉颃作用。

⑥分子结构类似的生殖激素，一般具有类似的生物学活性。

⑦生殖激素的生物学效应与动物所处生理时期及激素的用量和使用方法有关。

5.2.2 几种主要的生殖激素

5.2.2.1 神经激素

(1)促性腺激素释放激素(GnRH)

合成部位：下丘脑的特异性神经核合成。

化学性质：十肽类激素。

商品名：注射用促排卵素3号、注射用促排卵素2号。

作用：促进垂体前叶促性腺激素LH和FSH的合成和释放。

应用：诱导母畜发情排卵；提高受胎率；治疗不育不孕症(雄性性欲减弱、精液品质下降；卵巢静止、持久黄体、卵泡囊肿、排卵异常等)；用于鱼类的催情和促排卵。

(2)催产素(OXT)

合成部位：下丘脑的室上核和室旁核合成。

化学性质：九肽类激素。

商品名：缩宫素注射液。

作用：促进子宫平滑肌收缩和乳腺导管肌上皮细胞收缩。

应用：促进分娩和子宫内容物(如恶露、子宫积脓或木乃衣)的排出等；促进排乳；卵巢黄体局部产生的催产素可能有自分泌和旁分泌调节作用，促进黄体溶解；可用于治疗胎衣不下、子宫脱出、子宫出血等。

5.2.2.2 垂体激素：FSH、LH

(1)促卵泡素(FSH)

合成部位：垂体前叶嗜碱性细胞分泌。

化学性质：糖蛋白激素。

结构：FSH分子是由非共价键结合的α和β两个亚单位组成的异质二聚体，其中β亚单位决定激素的生物学特异性，但只有与α亚单位结合才有生物学活性。

作用：可促进雄性睾丸足细胞合成分泌雌激素，刺激生精上皮的发育和精子发生；促进雌性卵泡生长，促进卵泡颗粒细胞的增生和雌激素的合成分泌，刺激卵泡细胞上LH受体产生。

应用：可用于超数排卵；在诱发排卵，治疗性欲缺乏，卵泡发育停滞和持久黄体等方面也有应用。

(2)促黄体素(LH)

合成部位：垂体前叶嗜碱性细胞分泌。

化学性质：糖蛋白激素。

结构：LH分子由α和β两个亚单位组成，其中同一种动物α亚单位与FSH亚单位氨基酸序列相同，β亚单位决定激素的特异性。

作用：可刺激雄性睾丸间质细胞合成分泌睾酮，促进副性腺的发育和精子最后成熟；可促进雌性卵泡的成熟和排卵，刺激卵泡内膜细胞产生雄激素，促进排卵后颗粒细胞的黄体化。

应用：常用于诱导排卵，治疗黄体发育不全和卵巢囊肿等。

5.2.2.3 胎盘激素：PMSG、hCG

(1)孕马血清促性腺激素(PMSG)

合成部位：一般认为PMSG是由妊娠母马子宫内膜杯组织(母体胎盘)产生，然而有人证明PMSG是由尿膜绒毛膜(胎儿胎盘)细胞产生的。

化学性质：糖蛋白激素。

结构：PMSG由α亚基和β亚基组成，α亚基与其他糖蛋白激素(FSH、LH、促甲状腺素、hCG)相似，β亚基兼有FSH和LH两种作用，但只有与α亚基结合才表现生物学活性。

作用：PMSG制剂具有FSH和LH两种激素的生物学作用，以FSH活性占优势，对促进卵泡发育和成熟作用较大。

应用：治疗雄性动物睾丸机能衰退，提高精液品质；可用于超数排卵，治疗雌性动物乏情、安静发情或不排卵，提高母羊双羔率。

(2)人绒毛膜促性腺激素(hCG)

合成部位：hCG由人类胎盘绒毛膜的合胞体滋养层细胞合成和分泌，大量存在于孕妇尿中，血液中也有。

化学性质：糖蛋白激素。

结构：hCG由α亚基和β亚基组成，其中α亚基在hCG与受体结合中起主要作用，但α和β亚基形成完整的hCG分子是其与受体专一性结合的重要前提，β亚基决定激素的特异性。

作用：hCG的生物学作用与LH相似。

应用：可刺激雄性睾丸间质细胞分泌睾酮，促进生精机能；可促进雌性卵泡的成熟和排卵，治疗卵巢囊肿、排卵障碍等繁殖障碍。

5.2.2.4 性腺激素：雄激素、雌激素、孕激素

(1)雄激素(androgen)

合成部位：雄性动物的性腺睾丸间质细胞合成分泌。

化学性质：类固醇激素。

结构：雄激素的主要作用形式是睾酮和双氢睾酮，其中双氢睾酮是体内活性最强的雄激素。

作用：促进胎儿性分化为雄性；启动和维持精子发生，促进雄性第二性征和性成熟；刺激副性腺发育；对下丘脑或垂体有反馈调节作用；刺激并维持雄性动物性欲。

应用：治疗雄性动物性欲不强和性机能减退，合成雄激素制剂。

(2)雌激素(estrogen)

合成部位：卵巢内雌激素是卵泡颗粒细胞产生的，猪卵泡膜细胞也可直接产生雌激素。

化学性质：类固醇激素。

结构：卵巢中产生的雌激素包括雌二醇(E_2)和雌酮，二者可互相转化，雌酮又可以转化成雌三醇。

作用：胚胎期可促进子宫和阴道的发育；初情期前可促进雌性动物第二性征的发育；初情期促进下丘脑垂体的分泌活动；发情周期中可刺激卵泡发育，使雌性动物出现性欲和性兴奋，刺激阴道上皮增生，平滑肌收缩；在妊娠期可作为妊娠信号，有利于妊娠的建立，同时还可刺激乳腺导管系统的生长；分娩期与 OXT 协同，参与分娩发动；泌乳期与 PRL(促乳素)协同促进乳腺发育，乳汁分泌。

应用：治疗母畜不发情；治疗母牛持久黄体；用雌激素引产(牛、羊)和猪的同期发情；雌激素与 OXT 配合可治疗母牛子宫疾病；利用雌激素制剂进行人工诱导泌乳。

(3)孕激素(progestin)

合成部位：卵巢的黄体细胞及胎盘分泌，其中孕酮(P_4)是活性最高的孕激素，多数家畜妊娠后期的胎盘为孕酮的最主要来源。

化学性质：类固醇激素。

作用：在黄体期早期或妊娠初期，促进子宫内膜增生，使腺体发育、功能增强；在妊娠期，抑制子宫的自发活动，降低子宫肌层的兴奋作用，还可促进胎盘发育，维持正常妊娠；调控发情，大量孕酮抑制性中枢使动物无发情表现，少量孕酮与雌激素协同促进发情表现；与促乳素协同促进乳腺腺泡发育。

应用：防止功能性流产，可用于保胎；诱发同期发情；治疗卵泡囊肿或排卵延迟；早期妊娠诊断。

5.2.2.5 前列腺素(prostaglandin，PG)

合成部位：从细胞中释放，广泛存在于体内多种组织。

化学性质：脂肪酸类激素。

结构：前列腺素的基本结构是含有 20 个碳原子的不饱和脂肪酸，其中包括 1 个环戊烷和 2 个脂肪酸侧链。前列腺素不是单一的激素，根据环戊烷和侧链中不饱和程度和取代基团的不同，将天然的前列腺素(PGs)分为 A、B、C、D、E、F、G、H、I 9 型和 PG_1、PG_2、PG_3三类，但以 A、B、E、F 为主要类型。

作用：使大黄体细胞变性和凋亡，从而溶解黄体；对下丘脑－垂体－卵巢轴的影响，参与 GnRH 分泌的调节；对子宫与输卵管的作用，促进子宫平滑肌收缩，利于分娩，PGF 使输卵管口收缩，PGE 使输卵管松弛。

应用：调节发情；诱发流产和分娩；治疗持久黄体、卵巢囊肿、子宫疾病等生殖机能紊乱；排出木乃伊干胎；治疗乏情。

5.2.3 下丘脑-垂体-性腺轴的调控

动物的生殖以性腺的活动为基础，即两性的性腺产生雌、雄配子，配子受精形成合子继而发育成新的个体。同时，性腺还产生性腺激素，引起一系列有关的形态、行为、生理生化变化。性腺的活动受垂体、下丘脑以及更高级神经中枢的调节，从而构成大脑-下丘脑-垂体-性腺轴相互调节的复杂系统。此外，生殖过程还涉及其他外周器官的活动。

(1)下丘脑-垂体-性腺轴对雄性动物的调控

雄性动物的周期中枢早在胎儿期即被雄激素所抑制而封闭，出生后只保留紧张中枢，这与雌性动物是不同的。雄性动物下丘脑的促垂体区有两类神经元：肽能神经元和单胺能神经元。由肽能神经元分泌的GnRH经垂体门脉循环到达垂体前叶调节促性腺激素的分泌，影响FSH和LH的生产。由垂体前叶分泌的FSH和LH通过血液循环直接作用于睾丸调节其分泌功能。其中，LH主要作用于睾丸间质细胞，促进雄激素和多种局部调节因子的合成和分泌。睾酮直接进入血液循环促进雄性动物第二性征、副性腺、性行为的维持和发育，还可维持精子的发生。FSH主要作用于足细胞，使间质细胞合成的雄激素经芳香化作用转化为雌激素。此外，FSH还可以刺激足细胞产生睾丸抑制素和多种与精子生成有关的物质。性腺产生的睾酮可通过负反馈作用抑制下丘脑GnRH和垂体FSH、LH的分泌。而由足细胞产生的抑制素，可直接作用于垂体，特异性地抑制垂体FSH的分泌。

(2)下丘脑-垂体-性腺轴对雌性动物的调控

下丘脑-垂体-性腺轴同样对雌性动物具有调控作用，当雌性动物进入初情期后，发情周期便开始。雌性动物的发情周期是受复杂的神经内分泌和外界环境因素调控的。外界因素可经不同途径作用于下丘脑，引起GnRH的合成和释放，从而刺激FSH和LH产生和释放。FSH和LH共同促进卵泡的生长发育并刺激其产生雌激素。雌激素与FSH协同作用，使颗粒细胞的FSH和LH受体增加，促使卵巢对这两种激素的敏感性增强，从而进一步促进卵泡的发育以及雌激素的分泌，并引起发情表现。当雌激素含量到达一定浓度时，会通过负反馈作用于下丘脑或垂体，抑制FSH的释放，同时刺激LH的释放，出现排卵前LH峰，引发排卵。排卵后，卵泡颗粒细胞黄体化形成黄体并分泌孕酮，孕酮对下丘脑和垂体产生负反馈作用，抑制FSH的分泌，使卵泡发育停滞，动物不表现发情。通过类固醇激素和垂体前叶分泌的促性腺激素互相协调，以维持平衡状态，使雌性动物发情周期正常进行。

5.3 雄性动物生殖生理

5.3.1 雄性动物生殖机能发育

(1)睾丸下降(descent of testicle)

胎儿期的睾丸位于腹腔内，大多数雄性家畜或动物在出生前或出生后不久，睾丸才由腹腔通过腹股沟管进入位于腹壁的阴囊内，这一过程称为睾丸下降。公猪睾丸下降出现于胎儿期的后1/4阶段，牛和羊在胎儿发育的中期，马在出生后才完成。胎儿和出生阶段，睾丸的生长是缓慢的，主要是精细管索的延长。

(2)初情期(puberty)

公畜初次释放有受精能力的精子，并表现出完整性行为序列的年龄，叫作初情期。初情期标志着公畜开始具有生殖的能力，但繁殖力较低。正常饲养管理条件下，引进品种猪的初情期为5~6月龄，羊3~6月龄，牛12月龄，马15~18月龄，兔3~4月龄，国内地方品种较早。实践中常采用体重、睾丸大小和精液品质的评定来估测初情期。

(3)性成熟(sexual maturity)

初情期后，青年公畜的身体和生殖器官进一步发育，生殖机能达到完善，具备正常生育能力的年龄，称为性成熟。性成熟是生殖能力达到成熟的标志。羊性成熟期为5~10月龄，猪6~8月龄，牛10~18月龄，马18~24月龄，兔3~4月龄。

(4)适配年龄

适配年龄是根据公畜自身发育的情况及使用目的人为确定的公畜初次配种的年龄。初配年龄以体重达到成年体重的70%时进行第一次配种较为适宜，公羊初配年龄为10~12月龄，公猪初配年龄为10~12月龄，公牛初配年龄为2.0岁，公马初配年龄为3.0岁，公兔初配年龄为8月龄。

(5)体成熟(body maturity)

体成熟是指动物各种器官发育完善，机能正常的年龄。

(6)性行为及性行为序列

性行为：是在初情期以后，公畜和母畜接触中表现出来的特殊行为，是由动物体内激素和体外特殊因素(外激素及感官的神经刺激等)共同作用而引起的特殊反应。

性行为序列：又称为性行为链、性系列行为，是按一定顺序连续发生的系列性行为，包括：性激动、求偶、交配(勃起、爬跨和交合)、射精、性失效。公畜正常的性行为序列是顺利完成交配和采精的必要条件，不能前后颠倒，也不能省略或超越。

5.3.2 精子的发生及精子的形态结构

5.3.2.1 精细管上皮的基本结构

睾丸由精细管和管间组织两个主要部分构成，精细管内含有不同发育阶段的生精细胞，这些细胞有秩序、有规律地排列在精细管的不同部位，按各自的增殖和发育的规律逐步向前推进，形成精细管某一局部随时间变化而出现不同的细胞组合。这些生精细胞分别是精原细胞、初级精母细胞、次级精母细胞、精子细胞和精子。

(1)精原细胞

精原细胞是精子发生过程中最早的干细胞，紧贴精细管的基膜，形状圆而小，分为A、B两型，A型细胞核染色质少，核仁靠近核膜。B型精原细胞核膜内具有粗大的异染色质粒，核仁位于中央，经过数次有丝分裂后，体积增大，形成初级精母细胞。

(2)初级精母细胞

初级精母细胞位于精原细胞的内侧，是生精细胞中最大的一种，细胞核大而圆。

(3)次级精母细胞

次级精母细胞一般位于初级精母细胞的内侧，体积较初级精母细胞小，细胞质染色比较深，核内染色体减半，细胞核为球形，染色质呈细粒状，细胞质较少，核仁不易观察。次级精母细胞存在的时间很短。

(4)精子细胞

精子细胞体积更小，为圆球状的单倍体细胞，靠近精细管的管腔，排列的层数较多。细胞核小而圆，染色深，核仁明显，细胞质少，内含中心粒、线粒体和高尔基体等细胞器。

(5)精子

精子是圆形精子细胞经变态形成，有明显的头和尾，呈蝌蚪状。刚形成的精子的头部依然嵌在足细胞腔面的凹陷中，尾部朝向管腔。经进一步成熟后才脱离足细胞进入精细管管腔，随后进入附睾。

精细管腔中除含有生精细胞外，还含有足细胞。足细胞又称为支持细胞，为不规则的圆柱状或锥状，呈辐射状排列在精细管中。足细胞具有支持和营养生精细胞，合成雄激素结合蛋白(androgen binding protein，ABP)，吞噬精子变态中遗弃的残体，参与血睾屏障的形成和分泌睾丸液的功能。

精细管管间组织含有间质细胞，间质细胞成群分布于精细管之间，细胞较大，为圆形或不规则，核为圆形或卵圆形。其主要功能是合成和分泌雄激素。另外，间质细胞还产生和分泌多种局部调节因子，在睾丸内通过内分泌和旁分泌作用，调节不同类型细胞的功能和精子生成。

5.3.2.2 精子的发生过程

在睾丸的精细管中，从精原细胞的分裂增殖到精子形成的过程，叫作精子的发生。精子的发生过程包括4个阶段。

(1)精原细胞的分裂和初级精母细胞的形成

A型精原细胞经过有丝分裂形成B型精原细胞，B型精原细胞经过数次有丝分裂，体积增大，形成初级精母细胞。这一阶段历时15~17 d。

(2)初级精母细胞的第一次减数分裂和次级精母细胞的形成

在这个阶段，DNA复制1次，DNA加倍。初级精母细胞经过第一次减数分裂后，由1个初级精母细胞产生2个次级精母细胞，分裂后每个次级精母细胞含有1个染色体组，其中含有2个染色单体。这一阶段历时15~16 d。

(3)次级精母细胞的第二次减数分裂和精子细胞的形成

次级精母细胞一旦形成后随即进行第二次减数分裂，形成精子细胞。该分裂过程染色体每条进行一次均等分裂，形成单倍体的精子细胞。这个阶段1 d之内即可完成。

(4)精子细胞的变形和精子的形成

圆形的精子细胞必须经过变形才能成为精子。精子细胞在分化时，细胞核高度浓缩形成精子头的主要部分，高尔基体特化为精子的顶体，中心小体形成精子的尾，线粒体逐渐聚集在尾的中段形成特有的线粒体鞘膜，多余的细胞质浓缩在尾的近端形成一个球状的原生质滴，附着在精子的颈部(图5-4)。

在精子发生的过程中，精细管的任何断面都存在着精子发生过程不同类型的生精细胞群，通常把这些细胞群叫作细胞组合。它们既有时间方面的变化规律，也有空间的变化规律。

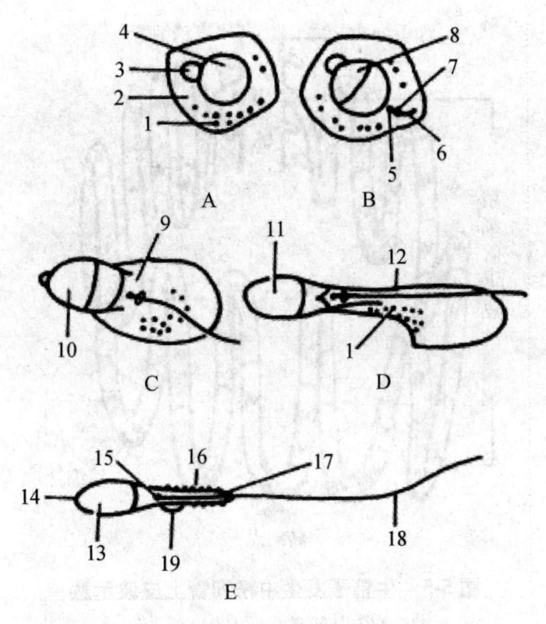

图 5-4 精子细胞变成精子示意

A. 顶体的发生 B. 尾的发育 C. 精子头出现 D. 细胞质的浓缩和线粒体的转移 E. 精子形成
1. 线粒体 2. 细胞质 3. 高尔基体 4. 核 5. 近端中心小体 6. 发育中的尾 7. 中心小体环
8. 发育中的顶体 9. 近中心小体和环分离 10. 核露出 11. 核变扁 12. 细胞质弃去 13. 头
14. 顶体 15. 近端中心小体 16. 中段 17. 中心小体环 18. 尾 19. 细胞质(原生质)小滴
(引自张忠诚，2000)

(1)精子发生周期

在精细管上皮细胞出现的精子发生序列，即由A型精原细胞分裂开始，直至精子细胞变成精子，这一过程所需的时间，叫作精子发生周期。不同种动物间精子发生周期存在一定的差异，猪44~45 d，牛60 d左右，绵羊49~50 d，山羊60 d，马50 d左右。

(2)精细管上皮周期

在精细管上皮同一部位出现两次相同细胞组合所经历的时间，称为精细管上皮周期。不同家畜的精细管上皮周期具有明显的种间差异，公猪为9 d，公羊10 d，公牛14 d，公马12 d。

(3)精细管上皮波

精细管上皮因纵长方向的空间位置或距离的变化而发生有规律的变化。在精子发生过程中，精细管上皮各片段不同期细胞组合的顺序排列保证了精细管能够连续产生和释放精子，相同的精细管上皮片段则增加了同期产生的精子数量，可保证睾丸产生精子数量的稳定性(图5-5)。

5.3.2.3 精子的形态结构

哺乳动物射出体外的精子在形态和结构上有其共同的特征。猪、马、牛、羊精子呈蝌蚪状，啮齿类动物精子呈镰刀形，鸡的精子呈长圆锥形。精子的结构包括头部、颈部及尾部。

(1)头部

家畜精子的头部为扁卵圆形，结构包括质膜、顶体外膜、顶体内膜、核膜，顶体外膜和

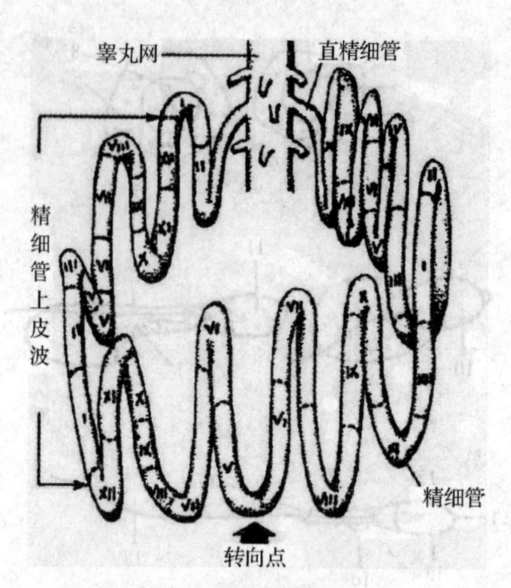

图 5-5 牛精子发生中精细管上皮波示意

（引自 Hafez，1993）

顶体内膜之间含有顶体内容物，核膜内含有精子的遗传物质 DNA。在质膜下呈帽状双层结构的为顶体，内含多种与受精有关的酶，是一个不稳定的结构。顶体的畸形、缺损或脱落都会使精子的受精能力降低或完全丧失。

(2)颈部

颈部位于头的基部，是头和尾的连接部，由中心小体衍生而来，是精子最脆弱的部分。在精子成熟、体外处理和保存过程中都极易损伤其颈部。

(3)尾部

尾部是精子最长的部分，也是精子的代谢和运动器官，根据其结构的不同又分为中段、主段和末段。中段由颈部延伸而来，是精子分解营养物质、产生能量的主要部分。主段是精子尾部最长的部分。末段最短，是中心纤丝的延伸。

5.3.3 精液的组成和理化特性

5.3.3.1 精液的组成

精液由精子和精清两部分组成，精清主要来自副性腺的分泌物，此外还有少量的睾丸液和附睾液。射出精液的容量因畜种不同而异。

5.3.3.2 精清的生理作用

精清中含有糖类、蛋白质和氨基酸、酶类、脂类、维生素和其他有机成分及无机离子等。精清的主要生理作用为：稀释来自附睾的浓密精子，扩大精液容量；调整精液 pH 值，促进精子运动；为精子提供营养物质；对精子的保护作用；清洗尿道和防止精液逆流。

5.3.3.3 精液的理化特性

精液的理化特性主要包括外观、气味、精液量、精子密度、pH 值、渗透压、相对密度、黏度、导电性、光学特性等。

(1)外观

正常的精液颜色应呈现乳白色或灰白色，精液刚采出时可见云雾翻腾状。

气味：精液略有腥味。

(2)精液量

不同物种精液量不同，奶牛每次射精量5~10 mL，马30~100 mL、猪150~300 mL、羊0.5~1.5 mL。

(3)精子密度

精子密度又称精子浓度，是评定精液品质的重要指标之一，各种公畜精子的密度差异很大。

(4)pH值

附睾内的精子应处于弱酸性环境，精子的运动和代谢受到抑制，处于一种休眠状态。射精后精液pH值接近中性，一般新鲜采出的牛、羊精液呈弱酸性，马、猪精液呈弱碱性。

(5)渗透压

精液渗透压以渗压摩尔浓度(osmolarity)表示，精液渗透压种间差异较小，精清和精液的渗透液应保持一致。

(6)比重

精液的比重与精液中精子的密度有关，由于成熟精子的比重高于精清，精液的比重一般都大于1。

(7)黏度

精清的黏度大于精子黏度，含胶状物多的黏度相应增大。

(8)导电性

精液的导电性是由精液中的无机离子造成的，无机离子含量越高导电性越强。

(9)光学特性

精液的透光性主要受精液浑浊度的影响，精子的密度又与精液的浑浊度直接相关，因此可通过测定精液的透光能力估测精子密度。

5.3.3.4 精子的代谢和运动

新陈代谢是维持精子生命和运动能力的基础。精子只能利用精清或自身的某些能源物质进行分解代谢，而不能进行合成代谢。精子的代谢方式主要有两种：糖酵解和有氧氧化。在不需氧的条件下，精子可以把精清中的果糖分解成乳酸而释放能量，称为糖酵解。精子对果糖酵解的能力与精子的密度和活动能力有关，与精液的品质和精子的受精能力也有一定关系。在有氧的条件下，精子可将果糖酵解产生的乳酸，通过呼吸消耗氧进一步分解为CO_2和水，产生比糖酵解大得多的能量，称为有氧呼吸，也叫精子呼吸，这是一种彻底的分解过程。

运动能力是活精子的重要特征之一。精子的运动依赖于尾部摆动，正常的运动方式为直线前进运动。精子的摆动和转圈运动是精子不正常的运动方式。在正常条件下，精子的运动形式是精子形态、结构和生存能力的综合反映，在一定程度上也是精子受精能力的一种反映。精子运动的速度与其所在介质的性质和流向有关，精子的运动具有趋流性、趋物性和趋化性等特性。

5.4 雌性动物生殖生理

5.4.1 雌性动物生殖机能发育

(1)性机能发育

性机能发育是指动物从出生前的性别分化和生殖器官形成到出生后的性发育、性成熟和性衰老的全过程。雌性动物性发育的主要标志是雌性动物出现第二性征。与雄性相比，雌性动物性活动具有周期性。

(2)初情期

雌性动物从出生到第一次出现发情表现并排卵的时期，称为初情期。初情期是雌性动物繁殖能力开始的时期，初情期年龄越小，表明性发育越早。母羊初情期4~6月龄，母猪3~6月龄，奶牛6~12月龄，母水牛10~15月龄，母马12月龄，母兔4月龄。

(3)性成熟

雌性动物在初情期后，一旦生殖器官发育成熟、发情和排卵正常并具有正常的生殖能力，则称为性成熟。母羊性成熟期为6~10月龄，母猪5~8月龄，奶牛12~14月龄，母水牛15~20月龄，母马15~18月龄，母兔5~6月龄，母鸡5~6月龄。

(4)适配年龄

母羊初配年龄为10~18月龄，母猪8~12月龄，奶牛1.3~1.5岁，母水牛2.5~3.0岁，母马2.5~3.0岁，母兔6~7月龄。

(5)体成熟

体成熟是指动物各种器官发育完善，机能正常的年龄。

(6)繁殖能力停止期或繁殖终止期

繁殖能力停止期是指动物从出生至繁殖能力消失的时期，雌性动物在繁殖能力停止期后，即使是遗传性能非常好的品种，继续饲养也无意义，应及早淘汰，以减少经济损失。

5.4.2 卵子的发生与卵泡的发育

5.4.2.1 卵子的发生过程

(1)卵原细胞的增殖和初级卵母细胞的形成

动物在胚胎期性别分化以后，在没有 *Sry* 基因表达的情况下，性腺原基发育为卵巢，同时原始生殖细胞(primordial germ cell，PGC)发生形态学变化而转化为卵原细胞。卵原细胞形成后便开始大量增殖，经过最后一次有丝分裂，即发育为初级卵母细胞并进入成熟分裂前期，而后被一层扁平的卵泡细胞所包围形成原始卵泡。

(2)卵母细胞的生长

在卵原细胞增殖的同时部分卵原细胞进入减数分裂成为初级卵母细胞。初级卵母细胞卵黄颗粒增多，出现透明带，卵母细胞周围的卵泡细胞由单层扁平状增殖为多层立方状。初级卵母细胞发育至第一次减数分裂前期的双线期的后期便进入停滞状态。该期持续时间较长(几个月到几十年)，卵母细胞生长极不明显，称为小生长期。性成熟后卵泡发育启动，卵母细胞进入快速生长阶段，称为大生长期。

(3)卵母细胞的成熟

排卵前不久，在促性腺激素(尤其是FSH)的支配和调节下，初级卵母细胞开始恢复减数分裂，生发泡破裂，排出第一极体，形成次级卵母细胞，完成第一次减数分裂。随后卵母细胞进入第二次减数分裂，并终止于第二次减数分裂中期，直到精子穿过透明带触及卵黄膜时，次级卵母细胞被激活，恢复第二次减数分裂并释放出第二极体，第二次减数分裂完成。卵母细胞成熟包括细胞核成熟和细胞质成熟，是卵母细胞逐步获得恢复减数分裂的能力，并为受精和胚胎早期发育做准备的过程。

5.4.2.2　卵子的形态结构

卵子呈球形，其结构包括放射冠、透明带、卵黄膜及卵黄等部分，卵子的形态结构见图5-6。

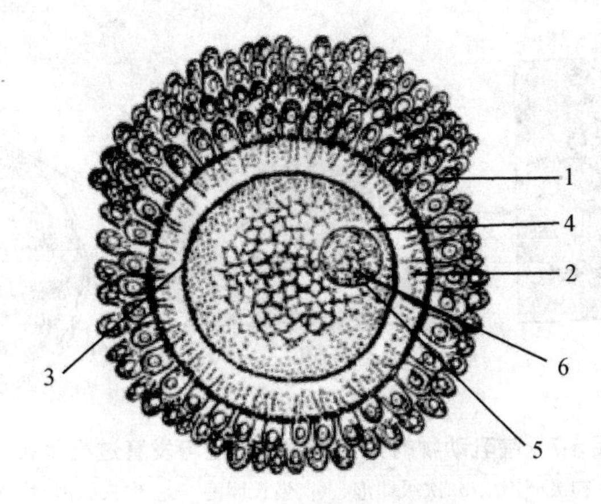

图5-6　卵子结构模式图

1. 放射冠　2. 透明带　3. 卵黄膜　4. 卵黄　5. 核膜　6. 核

(1)放射冠

放射冠是由卵子周围致密的卵丘细胞呈放射状排列形成，在卵子发生过程中起到营养的供给和保护作用，有助于卵子在输卵管伞中运行，在受精过程中对精子有引导和定位作用。

(2)透明带

透明带是位于放射冠和卵黄膜之间均质而明显的半透膜，起到保护卵子的作用，同时在受精过程中发生的透明带反应可以阻止多个精子进入卵子，还具有无机盐离子交换和代谢的作用。

(3)卵黄膜

卵黄外周包被卵黄的一层薄膜，其作用是保护卵子，以及在受精过程中发生卵黄膜封闭作用，防止多精子受精。

(4)卵黄

卵黄位于卵黄膜内部的结构，其作用是为卵子成熟、受精和早期胚胎发育提供营养物质。

(5)核

核为雌性动物的主要遗传物质，刚排卵后的卵核处于第一次成熟分裂中期状态，染色质呈分散状态。受精前核呈浓缩的染色体状态。

5.4.2.3 卵泡的发育及排卵

(1)卵泡的发育

卵泡位于卵巢皮质部，是包裹卵母细胞的特殊结构。卵子的生长与卵泡的发育紧密结合在一起，卵泡发育是一个连续而复杂的变化过程，根据卵泡的形态变化可划分为以下几个阶段(图5-7)。

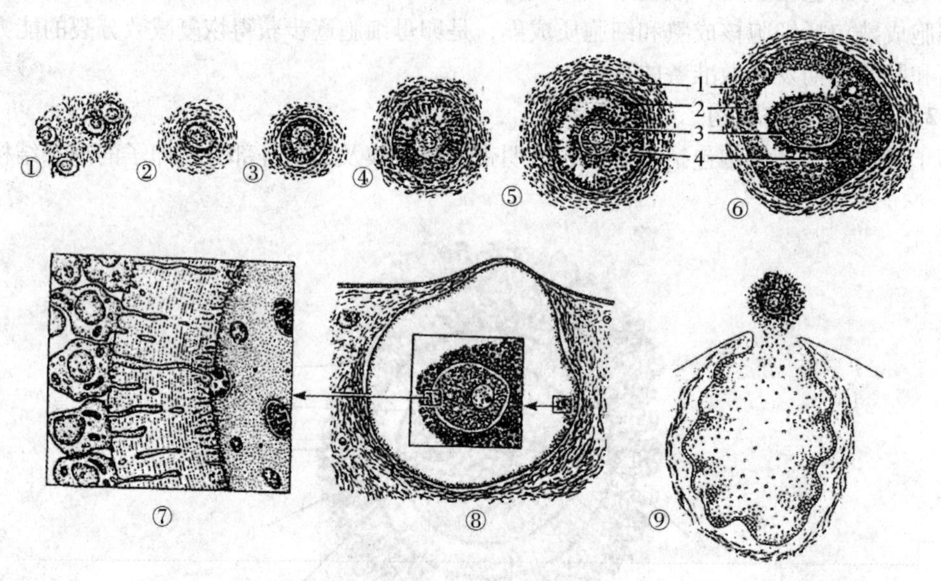

图5-7 哺乳动物的卵子和卵泡发生与发育过程示意

① 原始卵泡 ② 初级卵泡 ③ 次级卵泡 ④ 生长卵泡 ⑤ 生长卵泡(出现新月形腔隙) ⑥ 生长卵泡(出现卵丘)(1. 卵泡外膜 2. 颗粒层 3. 透明带 4. 卵丘) ⑦ 卵黄膜的微绒毛部分伸延到透明带 ⑧ 成熟卵泡 ⑨ 排卵卵泡

(引自 Patten，1964)

原始卵泡：为卵泡发育的起始阶段，是体积最小的卵泡，由一层扁平或多角形的体细胞(前颗粒细胞，pregranulosa cells)包围着停留在核网期的卵母细胞组成，没有卵泡膜和卵泡腔。

初级卵泡：原始卵泡启动生长后，前颗粒细胞由扁平变为立方形，形成初级卵泡，卵泡膜尚未形成，也无卵泡腔。

次级卵泡：初级卵泡继续发育，卵母细胞继续生长，颗粒细胞增生变成两层继而变成多层，形成次级卵泡，在卵黄膜和卵泡细胞之间形成透明带，但此时尚未形成卵泡腔。

三级卵泡：随着卵泡发育，卵泡内出现不规则间隙汇集成的新月形的卵泡腔，腔内充满卵泡液，随着卵泡液分泌增加，卵泡腔进一步扩大，卵母细胞被挤向一边，形成卵丘。

成熟卵泡：又称为葛拉夫氏卵泡，是三级卵泡进一步发育至最大体积，卵泡壁变薄，卵泡腔内充满液体。

卵泡的生长是一个十分复杂的生理过程，卵泡波是卵泡发育的重要特征。即雌性动物在一个发情周期中，卵泡经过募集、选择、优势化、排卵或闭琐的动态变化过程。卵泡波反映了卵泡周期性生长发育的一种动态过程。

(2)排卵及排卵类型

卵巢上卵泡的发育最终只有两个命运：闭锁或排卵。优势卵泡最终是否能够排卵取决于雌性动物排卵前的激素变化，由雌激素诱导的LH峰的出现是排卵发生所必需的。LH峰能激发排卵卵泡的一系列分子级联事件，诱导卵泡出现一系列结构和功能的变化，从而导致排卵的发生。根据哺乳动物排卵的特点可将排卵分为自发排卵和诱发排卵两种类型。

自发排卵：卵泡成熟后不需外界刺激即可排卵和形成黄体。猪、马、牛、羊等均属这种类型。

诱发排卵：动物经过交配或子宫颈受到刺激才能引起排卵。兔、貂、袋鼠、骆驼、猫等均属于此类型。

(3)黄体的形成及退化

成熟的卵泡破裂排卵后，由于卵泡液被排空，导致卵泡腔内产生了负压，从而使部分血管发生破裂，血液积聚于卵泡腔内形成凝块，破裂口呈火山口样，并且为红色，称为红体。此后颗粒层细胞增生变大，长满整个卵泡腔，并突出于卵泡表面，由于吸取类脂质而使颗粒细胞变成黄色，称为黄体。黄体分泌孕酮作用于生殖道，使雌性动物向妊娠方向发展。如未受精，一段时间后(时间随动物种类而异)黄体退化，缘于颗粒细胞的黄体细胞胞质空泡化及核萎缩。随着血管退化，供血减少，黄体体积逐渐变小，黄体细胞的数量也显著减少，颗粒细胞逐渐被纤维细胞所代替，黄体细胞间被结缔组织侵入、增殖，最后整个黄体细胞被结缔组织所代替，形成一个斑痂，颜色变白，称为白体。

(4)超数排卵

在母畜发情周期的适当时间，施以外源性促性腺激素，使卵巢中比自然情况下有较多的卵泡发育并排卵，这种方法称为超数排卵，简称超排。超排对于牛、羊等单胎动物效果明显，对于产多胎的猪意义不大。

由于超排是极为复杂的一系列生理过程累积产生的结果，人们对其机理认识非常有限，无法从根本上控制卵泡的发育和排卵。目前主要是利用缩短黄体期的前列腺素或延长黄体期的孕酮，结合促性腺激素进行家畜的超排。但在实践中，使用相同的超排方案对不同畜群进行处理会出现不同的超排结果，同一群体在不同时期的超排结果也不尽一致，甚至同一个体每次的超排反应也不相同。因此，需要在实践中通过试验研究制订适宜的超排方案。

5.4.3 发情与发情周期

5.4.3.1 发情与发情周期的概念

母畜达到一定的年龄时，由卵巢上的卵泡发育所引起的，受下丘脑-垂体-卵巢轴系调控的一种生殖生理现象称为发情。

动物从一次发情开始至下次发情开始、或者从一次发情结束到下次发情结束所间隔的时间，称为发情周期。当动物进入初情期，发情周期便开始。发情周期中，生殖器官和性行为发生一系列明显的周期性变化，一直到绝情期为止。

5.4.3.2 发情周期的类型

季节性发情周期：只有在发情季节才能发情排卵，在非发情季节，卵巢机能处于静止状态。季节性发情动物在发情季节如果有多个发情周期，则称为季节性多次发情动物，如马、驴、绵羊、山羊等。狗在一年内虽有两个发情季节(春季和秋季)，但在每个发情季节内只有一个发情周期，称为季节性单次发情动物。

非季节性发情周期：这类动物无发情季节之分，常年均可发情，如猪、牛等。

5.4.3.3 发情周期的划分

根据雌性动物的生殖生理和行为变化，可将发情周期人为地划分为几个阶段，划分方法有两种。

根据动物的精神状态、性行为表现、卵巢和阴道上皮细胞的变化以及黏液分泌情况，可将发情周期分为发情前期、发情期、发情后期和休情期4个阶段。① 发情前期：是发情的准备时期，黄体退化或萎缩，新的卵泡开始生长发育；雌激素分泌增加，孕激素水平逐渐降低；生殖上皮增生，腺体分泌增强，子宫颈和阴道分泌物稀薄而逐渐增多；但无性欲表现。② 发情期：是有明显发情征状的时期，雌性动物精神兴奋、食欲减退，接受公畜的爬跨；卵泡发育快，体积增大，雌激素分泌增加到最高水平，孕激素分泌降低至最低水平；子宫黏膜充血肿胀，子宫颈口开张，腺体分泌增多，外阴部悬挂透明棒状黏液。③ 发情后期：是发情征状逐渐消失的时期，发情状态由兴奋逐渐转为抑制，母畜拒绝爬跨；卵泡破裂并排卵，新的黄体开始形成；雌激素含量下降，孕激素分泌逐渐增加；腺体分泌活动减弱，子宫颈口逐渐收缩；外阴部肿胀消失。④ 休情期：又称间情期，性欲消失，精神和食欲恢复正常，卵巢上的黄体逐渐生长、发育至最大，孕激素分泌逐渐增加乃至最高水平；子宫内膜增厚，腺体高度发育，分泌活动旺盛。随着时间的推移，黄体发育停止并开始萎缩，孕激素分泌量减少，腺体变小，分泌活动停止。四分法主要侧重于发情的外部表现和内部生理变化相结合，有利于进行发情鉴定、适时配种。

根据卵巢上卵泡发育、排卵和黄体形成情况，将发情周期划分为卵泡期和黄体期。卵泡期是从卵泡开始发育成熟、破裂并排卵的时期，占整个发情周期的1/3，与四分法比较相当于发情周期的发情前期至发情后期阶段。黄体期是黄体开始形成至消失的时期，占发情周期的2/3，与四分法比较，相当于间情期的大部分。二分法侧重于卵泡发育和黄体生成，适于进行卵泡发育、排卵和超数排卵规律的研究。

5.4.3.4 发情周期中机体的生理变化

母畜的发情周期实际上是卵泡期和黄体期的交替变换过程，卵巢上经历着卵泡的生长、发育、成熟、破裂、排卵和黄体的形成与退化等一系列的周期变化的过程。随着卵泡的发育、成熟及排卵后黄体的形成与退化，母畜体内的激素水平也会发生相应的周期性变化。由于激素水平发生变化，刺激中枢神经系统，使得母畜在发情周期内出现不同的行为表现(图5-8)。

5.4.3.5 同期发情技术

同期发情是对群体母畜采取措施(主要是用激素处理，对一些母畜还可通过改变管理措施达到目的，如同时断奶)，使之发情相对集中在一定时间范围的技术，也称为发情同期化。同期发情是将原来群体母畜发情的随机性人为地改变，使之集中在一定的时间范围内，通常可将发情集中在结束处理后的2~5 d内。

利用同期发情技术有利于繁殖技术的推广，促进家畜改良；便于组织和管理生产，节约

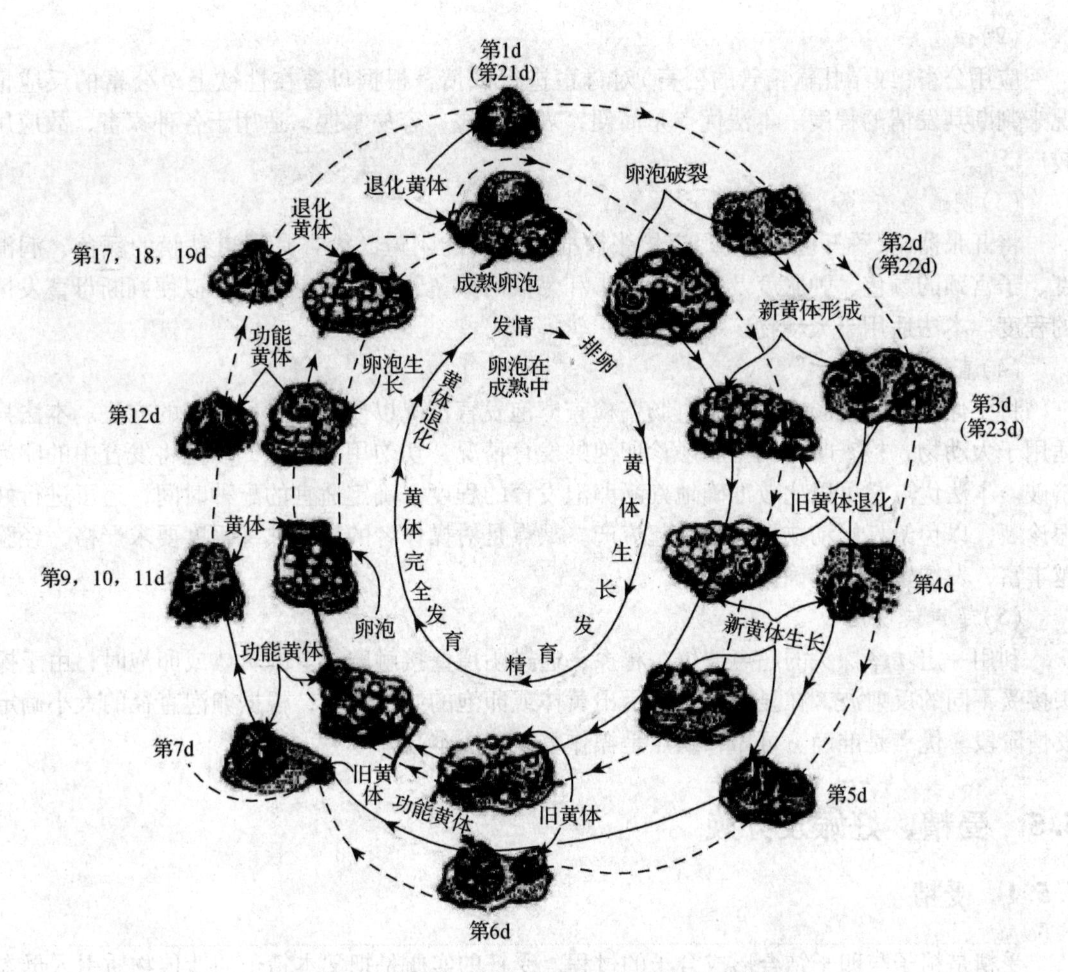

图 5-8 牛发情周期中卵巢的卵泡与黄体变化模式图

（引自张忠诚，2000）

配种经费；可提高低繁殖率畜群的繁殖率；还可作为其他繁殖技术和科学研究的辅助手段。但同期发情技术的应用必须与牧场实际情况相结合才能产生预期效果。

实践生产中通过使黄体期延长或缩短的方法控制卵泡的发生或黄体的形成，均可达到同期发情并排卵。延长黄体期最常用的方法是进行孕激素处理，缩短黄体期的方法有注射前列腺素、注射促性腺激素、注射促性腺激素释放激素等。总之，所有能够诱发家畜发情排卵的方法均可用于诱导同期发情。

5.4.4 发情鉴定

(1)外部观察法

外部观察法是各种动物发情鉴定最常用的方法，主要是根据动物的外部表现和精神状态，即发情征状来判断。如母畜在发情期表现为精神状态兴奋不安、食欲减退、外阴部肿胀、分泌清亮透明的黏液、排尿频繁等。

(2)试情法

应用公畜(或结扎输精管的公畜)对母畜进行试情，根据母畜在性欲上对公畜的反应情况来判断其发情的程度。本法优点是简便，表现明显，容易掌握，适用于各种家畜，故应用较广泛。

(3)阴道检查法

将开张器(又称开膣器)或阴道扩张筒插入母畜的阴道，检查其阴道黏膜的颜色、润滑度、子宫颈的颜色、肿胀度及开口的大小和黏液的数量、颜色、黏度等，以便判断母畜发情的程度。本法适用于大动物，如牛、马、驴等。

(4)直肠检查法

将手伸进动物直肠内，隔着直肠壁检查卵泡发育情况以便确定配种时期的方法。本法只适用于大动物，检查时要用指肚触诊卵泡的发育情况，切勿用手挤压，以免将发育中的卵泡挤破。本法优点是可以比较准确地判断卵泡发育的程度，确定适宜的配种时间，还可进行妊娠诊断，以免给妊娠动物配种而引起流产。缺点是对操作者的技术熟练程度要求严格，经验越丰富，发情鉴定的准确性越高。

(5)超声波仪法

利用一定功率探头的超声波仪，将探头通过阴道壁接触卵巢上的黄体或卵泡时，由于探头接受不同的反射波，在显示屏上显示出黄体或卵泡的结构图像，根据卵泡直径的大小确定发情阶段。优点是准确、可靠，缺点是操作复杂、成本高。

5.5 受精、妊娠及分娩

5.5.1 受精

受精是精子与卵子结合形成合子的过程。受精的实质是把父本精子的遗传物质引入母本的卵子内，使双方的遗传性状在新的生命中得以表现，促进物种的进化和家畜品质的提高。

5.5.1.1 配子的运行

配子的运行是指精子由射精(或输精)部位、卵子由排出部位达到受精部位——输卵管壶腹部的过程，配子运行是中枢神经系统反射、激素活性调节和雌性生殖道内收缩的共同结果。

(1)家畜的射精部位

不同品种的家畜在雌性生殖道的射精部位是不同的，一般可分为阴道射精型和子宫射精型2种。阴道射精型是指射精时公畜只能将精液射入发情母畜的阴道内，如牛、羊。子宫射精型是指射精时公畜可直接将精液射入发情母畜的子宫颈和子宫体内，如猪和马。

(2)精子的运行

由于阴道射精型家畜精子在母畜生殖道内的运行历程较长，要通过子宫颈、子宫和输卵管3个主要部分，最后到达受精部位，所以精子的运行以阴道射精型动物为例。

① 精子在子宫颈的运行　精子进入雌性动物生殖道后，首先要通过子宫颈。母畜在发情期时宫颈外口逐渐扩张，宫颈变得松软，易使精子通过。射精后，一部分精子靠自身的运动和子宫颈黏液的流变学特性，穿过正在发情期的稀薄的水样子宫颈黏液，继而进入子宫。

大量精子顺着宫颈黏液微胶粒的方向进入子宫颈隐窝的黏膜皱褶内暂时贮存，形成精子贮库。库内的活精子会相继随子宫颈的收缩运动被送入子宫或进入下一个隐窝；而死精子和有缺陷的精子可能因纤毛上皮的逆蠕动被推向阴道排出体外，或被白细胞吞噬而清除。因此，通过子宫颈第一次筛选，可以保证运动和受精能力强的精子进入子宫。

除起到上述精子库作用外，子宫颈还能为精子提供能量；子宫颈黏液对精子的包裹能保护精子不被吞噬和增强抵抗阴道的不利环境；子宫颈能滤出有缺陷及不活动的精子，成为精子运行到受精部位的第一道栅栏。

② 精子在子宫内的运行　通过子宫颈的精子在阴道和子宫肌收缩活动的作用下进入子宫。在子宫内，大部分精子进入子宫内膜腺体隐窝中，形成精子在子宫内的贮库，保证精子持续不断向外释放，并在子宫肌和输卵管系膜的收缩、子宫液的流动以及精子自身运动综合作用下通过子宫进入输卵管。而一些死精子和活动能力差的精子将被吞噬。精子自宫管连接部进入输卵管时，由于输卵管平滑肌的收缩和官腔的狭窄，使大量精子滞留于宫管连接部，成为精子向受精部位运行的第二道栅栏。

③ 精子在输卵管中的运行　进入输卵管的精子，借助输卵管、黏膜皱褶及输卵管系膜的复合收缩作用以及管壁上皮纤毛摆动引起的液体流动，使精子继续前行。当精子上游至输卵管峡部，它们遇到高黏度的黏液的阻塞，同时因峡部括约肌的有力收缩被暂时阻挡，造成精子达到受精部位的第三道栅栏，限制更多的精子进入输卵管壶腹部，在一定程度上防止卵子发生多精受精。

(3) 卵子的运行

母畜于排卵前，输卵管伞充血而充分开放，在输卵管系膜和卵巢固有韧带协同作用下，使输卵管伞严密地包裹卵巢，并通过输卵管伞黏膜纤毛的不同摆动，将其接纳进入输卵管伞的喇叭口。

被输卵管伞接纳的卵子，借助输卵管纤毛摆动和肌肉收缩、官腔液体的流动以及该部管腔较宽大的特点，很快进入壶腹部的下端。在卵子运行的过程中，卵子不断成熟，颗粒细胞逐渐扩展、脱落或退化，使卵母细胞裸露。当卵子达到壶腹部时颗粒细胞只剩下放射冠层细胞，并在此处与已到达的精子相遇完成受精过程。

5.5.1.2　配子在受精前的准备

(1) 精子获能

1951 年美籍华人张明觉和 Austin 分别发现哺乳类动物精子在受精前必须在子宫或输卵管内经历一段时间，在形态和生理上发生某些变化，机能进一步成熟，才具备受精能力。1952 年，Austin 将这一现象命名为“精子获能”，获能的发现是生殖生物学史上的一次革命。获能后的精子其活力与运动方式会出现明显的改变，表现出非常强的活力，称为精子的超激活运动。

(2) 精子的顶体反应

哺乳动物精子的顶体是一个膜性帽状结构，也是一种相对不稳定的结构。当获能后的精子在受精部位与卵子相遇时，顶体帽膨大，精子质膜和顶体外膜相融合，形成许多囊泡结构并与精子头部分离，造成顶体膜局部破裂，使得基质内各种酶类向外释放，以溶解卵丘细胞、放射冠及透明带，使精子能够穿过这些保护层与卵子结合而受精，该过程称为顶体反应。顶体反应对于顶体内容物释放，为精子进入卵内打通道路，以及引起顶体赤道段和与之相连的精子质膜发生生理变化，以便随后与卵质膜发生融合等方面起到了重要的作用。

(3)卵子在受精前的准备

在排卵时，大部分哺乳动物的卵子完成第一次减数分裂，排卵后进行第二次减数分裂，在第二次减数分裂完成前受精。同时，在这一过程中卵母细胞内贮存的 mRNA 和细胞器进行相应的调整，不仅保存其自身所需的物质，还主动积累更多的物质，为受精和胚胎的早期发育贮存营养。

5.5.1.3 受精过程

精子与卵母细胞接触时，首先要穿过包围在卵母细胞周围的放射冠。放射冠细胞以胶样的基质彼此相连，基质主要由透明质酸多聚体组成，精子顶体帽基质内含有的透明质酸酶，可水解透明质酸，使精子穿过放射冠。

获能的精子穿过放射冠接触到卵母细胞的透明带后，精子头部便结合在透明带的表面上。发生了顶体反应的精子顶体内膜上有顶体酶的存在，它能与透明带结合，并溶解糖蛋白。精子头部与透明带结合后，围绕顶体内膜或赤道板中心摆动。穿越透明带的精子强有力地摆动其尾部，凭借尾部震动力将自身缓慢地推向前进。当精子触及卵黄膜的瞬间，会激活卵子，使卵子从一种休眠的状态下苏醒。同时，卵黄膜发生收缩，由卵黄释放某种物质，传播到卵的表面以及卵黄周隙，引起透明带阻止后来的精子再进入透明带。这一变化称为透明带反应 。

当精子进入卵黄膜时，卵黄膜立即发生一种变化，具体表现为卵黄紧缩、卵黄膜增厚，并排出部分液体进入卵黄周隙，这种变化称为卵黄膜反应。具有阻止多精子入卵的作用，又称卵黄膜封闭作用或多精子入卵阻滞，可看作在受精过程中防止多精受精的第二道屏障。

精子入卵后，随着精卵质膜融合，精子核膜崩解，染色质去致密。同时，卵母细胞第二次减数分裂恢复，释放第二极体。去致密的精子染色质和卵子染色质周围重新形成核膜，最后形成雄原核和雌原核。雌雄原核形成后，两原核相遇，相互融合或联合，建立了合子染色体组。至此受精过程完成，开始早期胚胎的发育。

5.5.2 胚胎的早期发育、胚泡迁移及附植

5.5.2.1 胚胎早期发育

受精卵的形成是生命的开始。哺乳动物精子与卵子结合形成合子后，开始了早期胚胎的发育，经过细胞的增殖、生长和分化等一系列复杂有序的变化，最终发育成与亲代相似的个体。

早期胚胎的发育有一段时间是在透明带内进行，细胞(卵裂球)数量不断增加，但总体积并不增加，且有减少的趋势。这一分裂阶段维持时间较长，受精卵这种特殊的有丝分裂称为卵裂(cleavage)。

早期胚胎经过不断的卵裂，胚胎 DNA 复制迅速，卵裂球的数量增加很快，发育到一定阶段以后，卵裂球间的联系增强，形态逐渐由圆形变为扁平，球间的界限逐渐模糊，胚胎紧缩在透明带内形成一个多细胞团、类似球形的群体，其表面状如桑葚，称为桑葚胚。之后，卵裂球之间排列更加紧密，产生了细胞连接，桑葚胚致密化以后，卵裂球分泌的液体在细胞

间隙积聚，在胚胎中央形成一个充满液体的腔，内部细胞位于外层细胞的一端，称为囊胚。囊胚的内部细胞称为内细胞团(inner cell mass，ICM)，内细胞团发育分化成胚体与胚外部分，最终形成胎儿。外层细胞称为滋养层细胞(trophoblast cells，TE)，可选择吸收外界的营养物质供胚胎发育需要，最终形成绒毛膜等组织和胎盘的外部结构。

5.5.2.2 妊娠识别

囊胚形成以后，随着胚胎的发育，囊胚腔不断扩大，透明带变薄，经过进一步发育逐渐从透明带脱离出来。同时，胚胎逐渐由输卵管运行至子宫，孕体会发出某种化学信号(类固醇激素或蛋白质)传递给母体，母体随即作出相应的反应，以识别和确认胚胎的存在，为胚胎和母体之间组织和生理的联系做准备，这一生理过程称为妊娠识别。妊娠识别是附植起始不可缺少的环节，决定着妊娠最终成功与否。

绵羊的妊娠识别发生在妊娠的第14～16天，牛的妊娠识别发生在妊娠的第16～19天，猪的妊娠识别发生在妊娠的第11～12天，马的妊娠识别发生在妊娠的第12～14天。

5.5.2.3 胚泡的附植

囊胚阶段的胚胎又称胚泡。胚泡在子宫内发育的初期阶段是处在一种游离的状态，并不和子宫内膜发生联系，叫作胚泡游离。由于胚泡内液体的不断增加，体积变大，在子宫内的活动逐步受到限制，与子宫壁相贴附，随后和子宫内膜发生组织及生理的联系，位置固定下来，这一过程称为附植，也称附着、植入或着床。家畜胚胎滋养层与子宫内膜上皮之间只发生表面的、非侵入性的黏着作用，胚胎始终存在于子宫腔内。附植是胎生动物的一种进化现象，保证了胚胎的有效营养和安全保护，有利于胚胎的存活。

不同物种胚泡发生附植的时间是不同的，与妊娠期的长短有一定的关系。猪于配种后11～15 d，绵羊于配种后16～17 d，牛于配种后30～35 d，马于配种后40～50 d左右，胚泡开始附植。猪的紧密附植发生在排卵后25～36 d，绵羊的紧密附植发生在排卵后28～35 d，牛的紧密附植发生在排卵后45～50 d，马的紧密附植发生在排卵后95～105 d。

胚泡在子宫内附植的部位，通常都是对胚胎发育最有利的位置。其基本规律是选择子宫血管稠密，营养供应充足的位置；在多胎动物，胚泡等量、等距离分布于两子宫角，胚泡间有适当的距离，防止拥挤(图5-9)。

5.5.3 妊娠维持和妊娠母畜的变化

5.5.3.1 妊娠的维持

胚胎在子宫内附植后，母体即进入妊娠期，妊娠的维持需要母体和胎盘产生的有关激素来协调和平衡，其中孕激素和雌激素至关重要，两种激素的水平和比例通过不断地变化来调节和维持胎儿的正常发育。妊娠后，由于妊娠黄体持续不断分泌孕激素，孕激素逐渐上升至很高的水平，抑制雌激素和催产素对子宫肌的收缩作用，使胎儿的发育处于平静而稳定的环境，促进子宫颈栓体的形成，防止妊娠期间异物和病原微生物侵入子宫、危及胎儿，从而维持妊娠。

5.5.3.2 妊娠母畜的主要生理变化

(1)生殖器官变化

妊娠期卵巢上黄体不退化，转变为具有功能的妊娠黄体，卵巢的周期活动基本停止。子

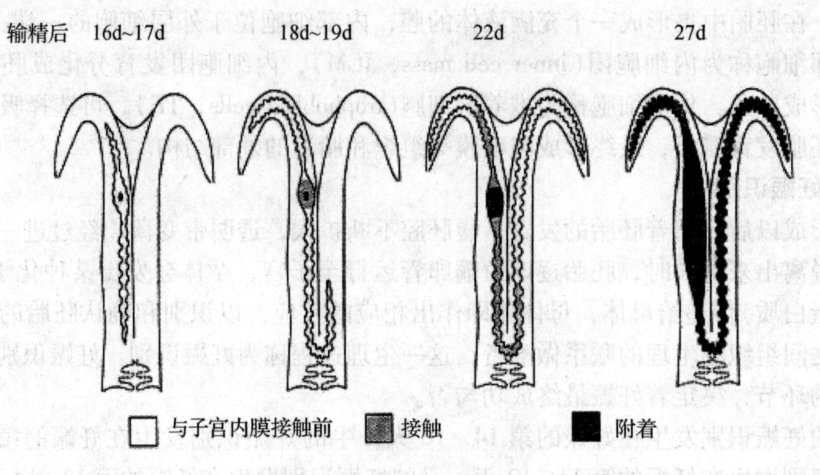

图5-9 牛胚胎的附植过程

(引自 Flood, 1991)

宫体积和重量逐渐增大，子宫腔不断扩大，子宫肌不发生收缩或蠕动，处于相对静止状态，子宫黏膜在发情前期开始出现的各种变化在受精后变得更为明显，使胚胎顺利地在子宫内固定，并进一步形成胎盘，使胎儿继续生长发育。子宫颈收紧而且变粗，黏膜增厚，黏液增多出现子宫栓，子宫颈括约肌处于收缩状态。母畜妊娠以后，阴唇收缩，阴门紧闭，阴道黏膜苍白、发干。妊娠后期，阴唇逐渐水肿、柔软。

(2)母畜行为变化

妊娠后，随着胎儿生长，母畜新陈代谢旺盛，食欲增加，消化能力也随之提高，以供给迅速发育的胎儿需要。同时，母畜毛色光润，性情安静。

5.5.3.3 妊娠诊断

妊娠期长短因种系的不同而异，同种动物的妊娠期也因胎儿的性别和数目、品种、年龄等条件而有所不同，家养动物比野生动物妊娠期短，双胎动物或3胎动物的妊娠期比单胎动物要短，雌性胎儿的妊娠期比雄性的短。

配种后的母畜应尽早进行妊娠诊断，能及时发现空怀母畜，以便采取补配措施。对已受孕的母畜要加强饲养管理，避免流产。早期妊娠诊断有以下几种方法：

(1)表观征状观察

母畜受孕后，发情周期停止，不再表现有发情征状，性情变得较为温顺。同时，母畜采食量增加，毛色变得光亮润泽。且在下一个发情期未出现发情症状，即可初步判断母畜已妊娠。

(2)阴道检查法

阴道检查法主要是用手触摸或使用内窥镜观察阴道黏膜的色泽、黏液性状及子宫颈口的变化，如阴道黏膜由空怀时的淡粉红色变为苍白色，但用开膣器打开阴道后，很短时间内即由白色又变成粉红色；阴道黏液呈透明状、量少、浓稠，能在手指间牵成线；子宫颈紧闭，色泽苍白，并有糨糊状的黏块堵塞在子宫颈口。阴道检查法虽不能成为妊娠诊断的主要依据，但是这些变化可作为判断妊娠的参考。

(3)直肠检查法

将经清洗消毒后的手臂伸入直肠，可触到子宫颈、卵巢和子宫中动脉，对动脉进行感觉，一般妊娠后子宫中动脉会出现妊娠震动，术者用手按压子宫，如已妊娠则子宫中动脉有震动感，如未妊娠则子宫中动脉不出现震动现象。此法具有准确度高、诊断时间早的特点，在实践中值得推广应用。

(4)超声波探测法

超声波探测仪是一种先进的诊断仪器，检查方法是将待查母畜保定后，用超声波多普勒诊断仪检查母畜体内胎儿心音、脐带血流音，可判断是否妊娠。目前，B 超已在集约化猪场、羊场和奶牛场中推广应用。

5.5.4 分娩发动

分娩是哺乳动物胎儿发育成熟后借助子宫和腹肌的收缩，将胎儿及其附属膜(胎衣)排出的自发生理过程。分娩是一个多因子相互作用的生理过程，这一过程中胎儿与母体均参与。目前，对于分娩发动的机理主要有两种学说。

一是胎儿发动分娩。这一学说认为分娩是胎儿引起的。胎儿的神经内分泌轴在妊娠晚期已经发育相当完善，怀孕期满后胎儿发出的分泌信号通过胎儿下丘脑－垂体－肾上腺轴激活，肾上腺皮质分泌的可的松增多造成应激反应来传递。

二是母体发动分娩。这一学说认为妊娠后期激活的胎儿垂体－肾上腺轴只起支持作用，不是发动分娩的原因，而是母体某些激素分泌量的变化导致分娩。主要是妊娠末期母体孕酮含量急剧下降或雌激素含量升高，使两者的比例发生变化，是发动分娩的主要原因。临分娩前 $PGF_{2\alpha}$分泌量的增加、松弛素分泌增加以及催产素分泌增多均可发动分娩。

分娩包括开口期、胎儿排出期和胎衣排出期 3 个阶段，实际上开口期和胎儿排出期并没有明显的界限，胎衣排出期则由于各种动物胎盘组织结构的差异而存在不同。

5.6 人工授精

5.6.1 人工授精的概念及意义

人工授精是指以人工的方式采集雄性动物的精液，经过检查和处理后，再输入到发情母畜的生殖道内，以代替公母畜自然交配而繁殖后代的一种繁殖生物技术。利用人工授精技术可提高优良种公畜的配种效率和种用价值；可充分利用优秀种公畜的遗传资源，加速遗传进程及品种改良速度；控制生殖疾病的传播；可减少种公畜的饲养头数，降低生产费用，提高畜牧场经济效益；冷冻精液可长期保存和运输，促进良种公畜的地区和国际交流。

5.6.2 采精

5.6.2.1 采精前的准备

(1)采精场的准备

采精场应选择宽敞、平坦、安静、清洁、避光的采精室内进行，如是室外采精场，应选择地势平坦、干燥、避风、安静、避免阳光直射的地方进行。采精场地应与精液处理室相连。

(2)台畜的选择和利用

台畜可使用活台畜或假台畜，活台畜应选择性情温顺、体壮、大小适中、健康无病的母畜。假台畜应使用木材或金属材料等制成，要求坚固稳定、表面柔软干净、可调节高度。

(3)种公畜的准备

种公畜应选择系谱清楚、遗传稳定、生产性能好、无遗传性或传染性疾病、体质健康、发育良好的个体。

公畜采精前应进行调教，使其建立条件反射。一般方法是：在假台畜旁牵一发情母畜，诱使其爬跨数次，但不使其交配，当公畜性兴奋达高峰时即牵向假台畜使其爬跨；将发情母畜的阴道分泌物涂抹在假台畜后躯，以刺激其性欲并引诱其爬跨，经过几次后即可调教成功；采精时，让被调教种公畜在旁边"观摩"。

5.6.2.2 采精方法

(1)假阴道法

假阴道法是指用特制的假阴道，满足雄性动物交配时对压力、温度和润滑度的要求，同时配备与采精动物相适应的活台畜或假台畜，借助假阴道收集精液。假阴道是一圆筒状结构，主要由外壳、内胎、集精杯及附件构成。采精前向假阴道内注入适量的温水，保证温度在38~40℃；再冲入适量空气，使之保持一定压力；用消毒的润滑剂对假阴道内表面加以润滑。假阴道内的温度、润滑度、压力是否合适是采精能否成功的关键因素。该方法适用于大型家畜。

(2)手握法

手握法是指采精人员戴消毒手套直接把握雄性动物的阴茎，施以适当压力和刺激，即可引起射精。本法适用于体型较小、易于控制的动物，如猪和犬。

(3)电刺激法

电刺激法是利用电刺激采集器，用特定的电极伸入动物的直肠，直接刺激公畜位于腰荐部的射精中枢神经，引起射精。本法适用于各种家畜和动物，尤其是对于那些种用价值高而失去爬跨能力的优良种畜或不适宜用其他方法采精的小动物和野生动物，更具有实用性。

(4)按摩法

按摩法可双人或单人进行。双人操作时，保定员用左右手分别将公鸡两腿握住使其自然分开，拇指扣住翅膀，使公鸡尾部朝向采精员。采精员用右手夹着集精杯，左手从鸡翼根部沿体躯两侧滑动，推至尾脂区，如此反复按摩数次，按摩的同时轻轻伴以压力，引起雄性动物精液流出。本法适用于无爬跨能力的公牛和禽类。

5.6.2.3 采精频率

采精频率是指每周内对公畜的采精次数。为维持种公畜正常的性生理机能，保持健康的体况和最大限度地提高射精量及精液品质，在实际生产中应制订适宜的采精频率，如采精频率过低则经济上不划算；过高则阻碍公畜的生长发育和缩短其使用寿命。采精频率可根据公畜自身发育状况、性腺发育程度及精液品质检查来确定。

5.6.3 精液品质检查

精液品质检查的目的是鉴定精液质量的优劣，以便决定取舍和确定稀释输精剂量的头份，同时也检查公畜的饲养管理水平和生殖器官机能状态，反映技术操作质量，并依此作为检验精液稀释、保存和运输效果的依据。

5.6.3.1 精液外观性状检查

(1)精液量

精液量是指公畜一次采精射出精液的容量。家畜精液量应处于正常范围内，如奶牛5~10 mL，肉牛4~8 mL，绵羊0.8~1.2 mL，猪150~300 mL，山羊0.5~1.5 mL，马30~100 mL。

(2)颜色与气味

正常精液应具有均匀、不透明的外观，颜色一般为乳白色或灰白色。牛、羊精液呈乳白色或乳黄色，猪、马的精液呈淡乳白色或浅灰白色。略有腥味。

(3)云雾状

因精子密度大、活力强，使精液翻腾呈现旋涡云雾状，云雾状越显著，表明精子活力、密度越好。

(4)pH 值

一般新采集的原精液 pH 值近中性，牛、羊精液 pH 值呈弱酸性，为6.5~6.9；猪、马精液呈弱碱性，为7.4~7.5。同种精液 pH 值较低的品质较好。

5.6.3.2 实验室检查

(1)精子的运动能力

精子活力(sperm motility)：在显微镜下观察，在一个视野内直线前进运动的精子数占总精子数的百分比。精子活力评定常采用目测法进行，一般在37~38℃温度下进行评定，估测结果用0~1.0的10级评分表示。浓稠精液需用生理盐水稀释后才能评定，新鲜精液活力应该为0.7~0.8，冷冻保存精液冷冻前活力应在0.7以上，解冻后应在0.3以上。

死活精子的百分率：也称精子活率，将取样的精液进行染色后，在显微镜下计数死活精子所占的百分比，是鉴定精子存活率的一种方法。通常用伊红、苯胺黑作为染料，活精子不被着色，死精子着色，据此区分死活精子。

(2)精子的密度

精子密度也称为精子浓度(sperm concentration)，是指每毫升精液中所含的精子数。精子密度的评定方法有：目测法和计数法。

目测法：在显微镜下观察活率的同时进行，按照精子密度的大小粗略分为密(整个视野内充满精子，几乎看不到空隙，很难见到单个精子活动)、中(视野内精子之间有相当于一个精子长度的明显空隙，可见到单个精子活动)、稀(视野内精子之间的空隙很多，超过一个精子长度的空隙，甚至可数到精子的个数)3个等级。该方法受观察者主观因素的影响，检测结果不准确。

计数法：即采用血细胞计数法来评定精子密度，该法可准确地测定每毫升精液中的精子数。在计数之前应先对精液进行稀释。

此外，还可采用光电比色计测定法，预先将标准曲线贮存在控制仪器的微电脑中，使用时自动对测定的精液样品稀释，可直接计算出精子密度，由于该法测定精子密度快捷、准确、方便，已普遍用于冷冻精液生产单位。也可使用电子颗粒计数仪测定法，可准确测定精子密度，但该仪器价格昂贵，因此尚未常规应用。

(3)精子的形态

精子形态是否正常与受精率密切相关，精子形态检查包括精子畸形率和顶体异常率。精子畸形率是指精液中畸形精子数占精子总数的百分率，分为头部畸形、颈部畸形、中段畸形和主段畸形，畸形率高说明精液品质不良，不能用于人工输精。精子顶体异常率是指精液中顶体异常精子数占精子总数的百分率，顶体异常一般表现为顶体膨胀、缺损、部分脱落，甚至全部脱落。由于顶体在受精过程中起着重要的作用，顶体异常率越高，人工输精后受胎率越低。

5.6.3.3 其他检查

(1)精子存活时间与存活指数

精子存活时间是指精子在体外一定条件下(稀释液、稀释倍数、保存温度和方法等)的总生存时间。将稀释后的精子置于一定温度(0~5℃或37℃)环境下，每间隔一定时间检查活率，直至无活动精子或只有个别精子呈摆动活动为止，所有间隔时间累加后减去最后两次间隔时间的一半即为精子存活时间。精子存活指数是相邻两次检查的间隔时间与平均活率的乘积之和，是精子存活时间与精子活率变化的一项综合指标。精子存活时间越长、存活指数越大，精液品质越好，所用的稀释液处理和保存方法越佳。

(2)其他检查

目前出现的新的检查方法有利用流式细胞计数仪检测精子染色质结构完整性，流式细胞计数仪分析精子质膜变化，荧光极化各向异性测定精子质膜流动性，荧光染色检查顶体状态，精子异种穿卵法检测冻后精子质量，PCR 检测精液中病原微生物等。

5.6.4 精液的稀释

精液稀释可增加精液量，提高一次射精的可配母畜数，同时延长了精子在体外的存活时间，利于保存和运输。

5.6.4.1 稀释液的成分及作用

营养剂：提供营养以补充精子生存和运动所消耗的能量，如卵黄、单糖等。

保护剂：维持精液 pH 值的缓冲剂，如等渗的柠檬酸钠溶液等；防止精子冷休克(低温打击)的抗冻物质(如甘油三酯、二甲基亚砜等)和抗菌物质(如青霉素、链霉素、庆大霉素等)。

其他添加剂：酶类(分解精子代谢过程中产生的过氧化氢，维持精子活力或促进精子获能)、激素类(利于精子向受精部位运行，提高受精率)、维生素类(改善精子活力)。

5.6.4.2 稀释液的种类及配制

目前，各种家畜现有的稀释液配方很多，按其性质和用途分为4类：为扩大精液量，用简单的等渗糖类溶液或生理盐水作为稀释液进行输精的现用稀释液；用于精液常温保存，一般 pH 值较低的常温保存稀释液；用于精液低温保存，具有含卵黄和奶类为主的抗冷休克物质的低温保存稀释液；用于精液冷冻保存，成分复杂，含甘油和二甲基亚砜等抗冻剂的冷冻保存稀释液。

配制稀释液所用的容器需要严格按照步骤清洗，高温消毒灭菌。稀释用水应为新鲜、无菌的蒸馏水或超纯水。药品最好用分析纯，称量药品必须准确，充分溶解，无沉淀产生，配制后要过滤、消毒。卵黄、抗生素、酶类、激素等物质必须在使用前添加。稀释液原则上是现用现配，原精必须稀释后方可进行保存。

5.6.4.3 稀释方法和稀释倍数

精液在稀释前应首先检查其活率和密度，然后确定适宜的稀释倍数。稀释时将精液与稀释液同时置于30℃左右的恒温箱或水浴锅内，保证稀释液与精液温度一致。稀释时将稀释液缓慢倒入精液中，并轻轻摇动，使之混合均匀。如做高倍稀释时应分次进行。稀释完毕后，再进行活力、密度检查，如活力与稀释前一样，则可进行分装、保存。

5.6.5 精液的保存

精液的保存是以抑制精子代谢活动，补充精子能量来延长精子存活时间为目的的。现行的精液保存方法按保存温度分为常温保存、低温保存和冷冻保存。实际生产中应按照需要确定适宜的保存方法。

常温保存：是指将精液保存于15~25℃温度条件下，弱酸环境可使精子活动受到抑制，降低了精子的能量消耗。

低温保存：是指将精子保存于0~5℃条件下，此时精子呈现休眠状态，精子代谢机能和活动力减弱，降低了精子的能量消耗。为避免精子发生冷休克，一般要用平均每30 min降低5℃的速度降温。

冷冻保存：是以液态氮(－196℃)作为冷源，把处理后的精液按一定方法以冻结的形式保存于超低温环境下，进行长期保存。

目前广泛应用的冷冻精液有两种剂型，即颗粒精液和细管精液。颗粒精液是把处理后的精液直接滴冻成半球状颗粒的一种剂型，该方法优点是制作简便，不需复杂设备，占用贮存空间小，缺点是不易标识，且容易污染。细管精液是把处理后的精液放置于0.25 mL或0.5 mL细管中，该方法的优点是标识、分装、冻结都可采用机械设备完成，且运输使用方便，易识别，不易污染，解冻效果好。

5.6.6 人工输精

人工输精技术的目的是把雄性动物精液输送到母畜最有机会受胎的部位。适宜的输精时间通常是根据母畜发情鉴定的结果来确定。每天上、下午用试情公畜试情，当母畜接受公畜爬跨，站立不动，即为发情。发情后8~12 h进行第一次输精，间隔10~12 h进行第二次输精。

由于不同物种生殖道解剖特点不同，应采取不同的输精方法。牛通常采用直肠把握子宫颈的输精方法将精液输入到子宫体或子宫颈内。羊采用腹腔内窥镜子宫角深部输精，较开张器输精可获得较高的情期受胎率。猪由于阴道与子宫结合处无明显界限，输精时不必用开张器，直接用输精管进行输精，将精液输送到子宫角的方法(子宫内深部输精)与输送到阴道或子宫颈的方法相比能获得更高的繁殖率。母马(驴)的输精，常用胶管导入法进行输精，采用子宫颈法输入到宫管连接部可提高妊娠率。禽类输精时间选择在产蛋后3 h或产蛋前4 h，通常在每天15:00~16:00开始输精为宜，输精时将输精器插入输卵管1 cm左右处，注入精液后，输精器稍向后拉，同时解除对母鸡腹部的压力。

5.7 繁殖控制技术

5.7.1 胚胎移植技术

5.7.1.1 胚胎移植的概念

胚胎移植又称受精卵移植，俗称“借腹怀胎”，是将体内、外生产的哺乳动物早期胚胎移植到另一头同种的生理状态相同的雌性动物生殖道内，使之继续发育成为正常个体的一门生物技术。提供胚胎的个体称为供体(donor)，接受胚胎的个体称为受体(recipient)。在畜牧生产中，家畜的超数排卵和胚胎移植通常同时应用，合称超数排卵胚胎移植技术(multiple ovulation and embryo transfer)，简称为MOET技术。

5.7.1.2 胚胎移植的意义

胚胎移植技术是人类基于对哺乳动物个体发生、发育规律认识的基础上，通过大量实验研究和生产应用，逐渐发展起来的一门胚胎技术，为提高良种母畜的繁殖力提供了新的技术途径。胚胎移植的意义体现在以下几个方面：

① 充分发挥良种母畜繁殖力，提高繁殖效率　供体母畜通过超数排卵，一个发情周期中生产的胚胎数将比自然状态多几倍到几十倍，同时还可免除妊娠期的抑制状态，维持周期性活动状态，更多卵泡得到征集和发育成熟，通过胚胎移植其繁殖力将提高几倍甚至是几十倍。以奶牛为例，供体母牛每隔60 d可进行超排处理一次，每次能获得可用胚胎4~5枚，一头良种母牛每年能生产可用胚胎25~30枚，移植到受体内能获得12~15头犊牛，而在自然状态下，一头母牛平均每年只能获得一头犊牛。

② 简化良种引进方法　活畜引进不仅价格高、运输不便、检疫和隔离程序复杂，而且还存在风土驯化的问题。胚胎移植与胚胎冷冻技术相结合后，良种的引进可简化为冷冻胚胎的引进，不仅可以使胚胎移植不受时间和地点的限制，而且运输方便、检疫程序简单、成本低廉。

③ 降低种质资源保存费用　胚胎移植和胚胎冷冻技术为保存国家或地区间特有的家畜品种资源，建立种质资源库提供新的技术手段。活畜保种不仅成本很高、规模有限，而且还容易发生基因漂变。胚胎冷冻保种不仅成本低廉、方法简单，而且能避免活畜保种因疾病、自然灾害或基因漂变造成种质消亡的风险。

④ 加速育种进程　MOET技术能大幅度提高母畜繁殖力，扩大优秀母畜在群体中的影响，增加后代选择强度和准确性，缩短育种进程。如在奶牛育种中，应用MOET核心群育种方案，公牛的遗传评定时间可缩短40%，生产性状的年遗传进展比常规的人工授精提高20%左右。如果在青年母牛或母羊中应用活体采卵和胚胎移植技术，年遗传进展能提高

30%~70%。

⑤ 促进生殖生理理论与胚胎技术的发展 胚胎移植是研究哺乳动物受精和早期胚胎发育机理不可缺少的手段，如受精后胚胎发育潜力衡量，调控早期胚胎发育关键基因功能的确定，妊娠识别和胚胎附植机理的研究都需要通过胚胎移植来实现。胚胎移植是家畜体外受精、配子与胚胎冷冻、活体采卵、细胞核移植、转基因、性别控制和胚胎干细胞等胚胎生物技术研究必不可少的支持技术。

5.7.1.3 胚胎移植的生理学基础

(1)母畜发情后生殖器官的孕向发育

母畜发情后，不论是否配种或者配种后卵子是否受精，生殖器官都会发生一系列变化，如卵巢上出现黄体，孕激素大量分泌并维持在较高的水平。在孕激素作用下，子宫内膜增厚，子宫腺体发育且分泌活性增强，子宫蠕动减弱，子宫颈被黏稠分泌物封闭等，这些变化都为早期胚胎发育创造良好环境。经过同情发情处理，供受体母畜在发情后数日内，生殖系统的变化是相同的，在妊娠识别发生之前，同种动物胚胎只要其发育阶段与受体母畜发情时期相对应，移植到受体后就可以继续发育为完整胎儿。

(2)早期胚胎的游离状态

胚胎在附植前处于游离状态，并未与输卵管或子宫建立组织联系，利于从供体母畜采集胚胎。在温度、气相环境和营养条件满足的情况下，早期胚胎能脱离母体独立生活。只要在妊娠识别之前能放回到相应的子宫环境内，胚胎就可以继续发育。这一特性是胚胎采集、保存、培养和体外操作等重要理论基础。

(3)子宫对早期胚胎的免疫耐受性

在妊娠期，由于母体局部免疫发生变化以及胚胎表面特殊免疫保护物质的存在，受体母畜对同种胚胎、胎膜组织不发生免疫排斥反应。所以，在同种动物内，胚胎从一个母体子宫或输卵管移入另一个母体子宫或输卵管不仅能够存活下来，而且还与子宫内膜建立密切的组织联系，保证胎儿健康发育。

(4)胚胎遗传物质的稳定性

胚胎遗传信息在精卵受精时就已确定，以后的发育环境只影响其遗传潜力的发挥，而不能改变它的遗传特性。因此，胚胎移植后代的遗传性状由供体母畜与配种公畜决定，代孕母畜仅影响其体质的发育。

5.7.1.4 胚胎移植遵循的基本原则

(1)胚胎移植前后环境的同一性

同一性是指胚胎的发育阶段与移植后的生活环境相适应，其中要求：胚胎供体与受体在分类学上属于同一物种；胚胎发育阶段与受体发情时间一致性，一致性越差，受胎率越低；胚胎发育阶段与受体生殖道解剖位置一致性，即在胚胎移植中，应根据物种和胚胎发育阶段确定移植在受体生殖道内的解剖位置。如牛、羊 16 - 细胞之前胚胎通常移入输卵管中，而桑葚胚以后的胚胎需要移入子宫角；而猪和人的胚胎在 6 - 细胞阶段就可以移入子宫角。

(2)胚胎发育阶段

胚胎移植的理想时间应在妊娠识别发生之前，与此相对应的胚胎发育阶段是孵化囊胚。因此，移植胚胎的发育阶段最好不超过孵化囊胚，否则，受体子宫在附植窗口期没有接收妊娠信号，生殖系统发生退行性变化，胚胎发育环境遭到破坏，无法继续发育。家畜胚胎的最佳移植期是致密桑葚期或早期囊胚期。

(3)胚胎质量

胚胎质量与妊娠信号分泌的强弱以及后期发育潜力直接相关，只有形态、色泽正常的胚胎移入到受体后才与受体子宫顺利进行妊娠识别和胚胎附植，最终完成体内发育；而质量低劣的胚胎在发育中途可能退化，导致妊娠识别、胚胎附植失败或早期流产。因此，胚胎在移植之前需要进行严格的等级评定。

(4)经济效益或科学价值

牛、羊的胚胎移植技术已较为成熟并应用于核心群育种或良种扩繁，在商业应用时，必须考虑成本和最终收益。通常，供体胚胎应具有独特经济价值，如生产性能优异或科研价值重大，而受体生产性能一般，但繁殖性能良好，环境适应能力强。在其他家畜或实验动物中，胚胎移植技术还处于发展之中，商业价值还难以体现，主要作为科学研究手段。

5.7.1.5 胚胎移植的技术程序

胚胎移植是一个连续的系统工程，主要包括很多技术环节。

① 供、受体的选择及同期发情处理　供体应选择生产性能高，经济价值大，具有良好的繁殖能力，营养良好，健康无病的家畜。受体应选择具有良好的繁殖性能和健康状态，体型中上等的家畜。采用激素将供、受体的发情时间调整到同一个时期。

② 超数排卵　在供体发情周期的适当时间注射外源性促性腺激素，诱发母畜卵巢上多个卵泡同时发育并排出卵子。常用的超数排卵激素有孕马血清促性腺激素、促卵泡素等。在进行药物处理时，要严格遵守处理方案的时间和剂量，不能随意更改。超排处理后对供体母畜进行配种。

③ 胚胎采集　胚胎采集又称冲卵、采胚、冲胚或采卵，是利用冲卵液将早期胚胎由生殖道(输卵管或子宫)中冲出并回收利用的过程。冲胚的时间需要由胚胎的发育阶段来确定，采集的方式有手术法和非手术法两种，手术法适用于各种家畜，非手术法只适用于牛、马等大家畜。

④ 检胚与胚胎级别鉴定　将回收的胚胎移入小培养皿液滴中或四孔培养板的小孔中，体视显微镜下观察其形态、卵裂球大小与均匀度、色泽、细胞密度、与透明带间隙以及细胞变性等情况，将胚胎进行质量分级。在国内，胚胎按质量的高低被分为A、B、C和D 4级，与国际上的1、2、3和4级相对应。

⑤ 胚胎保存　由于胚胎在体外长时间放置将影响以后的发育潜力，因此胚胎在分级以后要尽早进行移植或进行超低温冷冻保存。冷冻保存方法有慢速冷冻法和玻璃化冷冻法，实际生产中常用的是慢速冷冻法。在胚胎移植前需要对冷冻保存的胚胎进行解冻操作，在此过程中要严格控制环境温度、解冻液中抗冻剂的浓度与胚胎的脱毒时间，防止胚胎受到化学毒性和渗透压应激导致的损害。

⑥ 胚胎移植　是整个胚胎移植技术中关键环节之一，有手术法和非手术法两种。最初手术法移植的妊娠率高，近年来由于移植器械的改进和移植技术的提高，非手术法移植的成功率也越来越高。

⑦ 受体移植后的饲养管理　供、受体处理后不仅要注意它们的健康情况，同时要观察

它们在下一个发情周期是否发情。如受体未见发情则需进一步观察，牛一般在移植后 60~70 d 进行直肠检查就可以确定是否妊娠，羊一般 3 个情期不返情可确定妊娠。确定妊娠后需要加强饲养管理和保胎工作。供体在下次发情时即可配种，如计划重复作为供体，需 2 个月左右的恢复时间。

5.7.2 体外受精技术

体外受精技术是将哺乳动物的精子和卵子置于适宜的培养条件下使之完成受精的一项技术。这项技术可用于研究哺乳动物配子发生、受精和胚胎早期发育机理，还可为胚胎生产提供廉价而高效的手段，对充分利用优良品种资源，缩短家畜繁殖周期，加快品种改良速度等有重要价值。在人类，体外受精技术是治疗某些不孕症和克服性连锁病的重要措施之一。目前，体外受精技术包括以下几种。

(1)常规的 IVF(*in vitro* fertilization，体外受精)

卵母细胞的采集和成熟培养：有离体卵巢采集和活体采集法。离体卵巢采集卵母细胞是研究卵子体外成熟的主要来源之一，通过回收屠宰场卵巢，用注射器抽取卵巢表面一定直径卵泡中的卵母细胞或采用切割法收集卵母细胞。活体采集是借助超声波探测仪或腹腔镜直接从活体动物的卵巢中吸取卵母细胞。在显微镜下挑选胞质均匀、有 3 层以上卵丘细胞包裹的卵母细胞进行体外成熟培养。

体外受精：体外受精需要成熟的精子与卵子，并需要一个有利于精子和卵子存活与代谢的培养条件。精子的处理与制备是体外受精技术中的关键环节之一，由于精液中含有精子获能的抑制因子，对于冷冻精液而言含有抗冻保护剂和卵黄等成分，以及精液中有过多的死精子，都会影响体外受精效果，必须将其去掉。因此，精子需经过悬浮法、Percoll 密度梯度离心法或离心洗涤法处理。处理的精子还需经过获能，目前哺乳动物精子的获能方法有培养和化学诱导两种方法。将获能的精子与成熟卵子共培养，即可完成体外受精。

胚胎培养：精子与卵子受精后，受精卵需移入发育培养液中继续培养以检查受精状况和受精卵的发育潜力，质量较好的胚胎可移入受体母畜的生殖道内继续发育或进行胚胎冷冻保存。

(2)单精显微注射受精

单精显微注射受精是 20 世纪 80 年代发展起来的一种新型的体外受精技术，是借助显微操作仪将精子或精子细胞直接输入卵母细胞质内(intracytoplasmic sperm injection，ICSI)或卵周隙中(subzonal insemination，SUZI)来实现受精的技术。该项技术可提高一些珍贵品种的精子利用率，推动精子分离技术的推广应用，提高体外成熟卵母细胞的受精率，解决无精和少精的雄性生育问题，对于濒危动物的保护意义重大，还可提高转基因效率，为转基因动物的研究开辟一条简单易行的技术路线。

(3)胚胎植入前诊断

胚胎植入前诊断(preimplantation genetic diagnosis，PGD)是体外受精技术与分子生物学技术相结合而发展的产前诊断技术，为第三代体外受精技术。它是指在体外受精过程中，对具有遗传风险个体的胚胎进行植入前活检和遗传学分析，以选择无遗传学疾病的胚胎移入子宫，从而获得正常后代的诊断方法。

5.7.3 配子及胚胎冷冻保存技术

配子和胚胎的冷冻保存，是指将配子(精子和卵子)和胚胎保存于超低温状态下，使细胞新陈代谢和分裂速度减慢或停止，一旦恢复正常生理温度又能继续发育。该技术对于畜牧生产、动物遗传资源保存和配子与胚胎生物技术开展均具有重要意义。

(1)卵母细胞冷冻保存

利用超低温冷冻保存方法，将珍稀濒危动物和优良地方畜禽品种的卵母细胞保存起来，建立“卵子库”，可以实现动物种质资源的长期保存，同时也为遗传资源在国际和国内长距离的运输提供了可能；可为胚胎生物技术的研究提供充足的卵源，克服卵母细胞供应时间和空间上的限制。哺乳动物卵母细胞冷冻保存方法多采用玻璃化冷冻法。

(2)精液的冷冻保存

精液的冷冻保存可以充分提高优良种公畜的利用率；便于开展国际间种质交流；使发情母畜配种不受时间与地域的限制；建立动物精液基因库，为珍稀和地方优良畜禽品种的长效保存提供可能；同时，精液冷冻保存还可以防止疾病的传播。精液的冷冻方法有颗粒精液冷冻法和细管精液冷冻法。

(3)胚胎的冷冻保存

胚胎的冷冻保存可促进胚胎移植技术在生产中的应用与推广；便于胚胎运输，进行国际和国内优良品种的交流，加速家畜优良品种的扩繁和改良的进程；建立胚胎基因库，长期保存珍稀或濒危动物和优良品种家畜的遗传资源，促进组织胚胎学、发育生物学、遗传育种学、动物繁殖学、生殖生物学和胚胎生物技术的基础理论研究；防止疾病传播。哺乳动物胚胎冷冻保存方法多采用的是慢速冷冻法。

(4)卵巢组织的冷冻保存

卵巢组织冷冻保存，作为除卵母细胞和胚胎冷冻保存以外又一种动物种质资源的保存方法，有其独特的优越性。经冷冻保存的卵巢组织可以保存大量的原始卵泡，这些原始卵泡结构完整，具有活力及发育能力。另外，卵子静止于第一次减数分裂前期，理论上发生细胞遗传错误的几率低，且在以后的生长过程中有时间修复细胞器和其他结构的非致死性损伤，因此，卵巢比成熟卵母细胞有更好的耐冻性。20 世纪 90 年代，随着冷冻技术的改进和有效抗冻剂的出现，卵巢冷冻技术有了更进一步的发展，相继有小鼠、羊、非人类灵长类动物成功的报道，尤其是绵羊卵巢冷冻移植后成功妊娠，可用于动物遗传资源保存。在珍稀濒危野生动物保护上，卵巢冷冻技术是从原始卵泡获得大量高质量卵母细胞的有效途径。目前，卵巢组织冷冻保存方法主要有慢速冷冻和玻璃化冷冻。冷冻方式有组织块冷冻，切片冷冻及整体卵巢冷冻。

5.7.4 体细胞核移植技术

1997 年，英国罗斯林研究所 Wilmut 等用饥饿培养法，将成年母羊的乳腺上皮细胞作为核供体，成功地克隆出世界首例体细胞核移植后代——“多莉”，并建立了一整套绵羊体细胞核移植程序。从此，世界各国在体细胞克隆方面进行了大量的研究，并相继获得了体细胞克隆小鼠、牛、猕猴、山羊、猪、猫、兔、骡、马、大鼠、鹿、雪貂、水牛、狗、狼和骆驼等。利用体细胞核移植技术可用于扩大优良畜种或稀有动物的数量；与转基因技术相结合可用于生产转基因克隆动物；可以加深动物个体发生的核质互作关系的研究；可以研究重组胚胎的发育情况和基因调控规律，为解决肿瘤等重大问题研究提供依据。体细胞核移植技术程序包括：

(1)供体细胞的准备

可作为核供体的细胞可以是胚胎细胞，也可以是胚胎干细胞(ES 细胞)或 ES 样细胞、胎儿成纤维细胞、未分化的 PGC 或高度分化的成年动物体细胞。

(2)受体卵母细胞的准备

用作核受体的主要有去核受精卵及去核的处于第二次减数分裂中期(MⅡ)的成熟卵母细胞两种，其中广泛使用的是成熟的卵母细胞。受体卵母细胞在核移植前需进行去核，目前常用的去核方法有：盲吸法、半卵法、荧光引导去核法、微分干涉和极性显微镜去核法、功能性去核法、离心去核法、化学试剂去核法和末期去核法。

(3)注核及融合

去核卵母细胞经恢复后可作为核移植的受体，将分离好的单个供体细胞沿去核时留在透明带上的切口注射入去核卵母细胞的卵周隙内，然后进行融合处理，才能使供核细胞与受体卵母细胞形成卵核复合体。目前常用的细胞融合方法有化学融合和电融合法。由于化学融合时对细胞会产生毒性，且需去掉透明带，故很少应用。电融合法融合率高且效果稳定，是目前动物核移植的最佳融合方法。

(4)重构胚的激活

核移植重构胚的正常发育依赖于卵母细胞的充分激活，在核移植过程中，常用电脉冲加化学试剂激活处理的方法进行重构胚的激活。不同物种电脉冲参数和所用的化学试剂不同。

(5)重构胚的培养

经融合和激活后的重构胚，其培养方法有体内和体外培养两种。体内培养就是在细胞核质融合后以琼脂包埋移入暂时的中间受体(如羊、兔)的输卵管内，培养 4~5 d 后，回收胚胎进行移植，这种方法操作复杂、成本高，不利于商业性核移植。体外培养通常是将重构胚置于微滴中在培养箱中培养，但是体外培养时间延长可能会影响胚胎移植到受体后的发育，引起胚胎和胎儿的死亡率增加。因此，胚胎体外培养系统仍需不断改进。

5.7.5 基因编辑技术

基因编辑技术是近年发展起来的可以对基因组进行精确修饰的一种技术，它是通过人为方法导入外源 DNA 或敲除受体基因组中的一段 DNA，使动物的基因型和表现型发生变化，并且这种变化能遗传给后代。在基础生物学领域，该技术可用于研究真核细胞的基因转录和表达调控以及个体发育的分子调控规律；在医学研究中，基因编辑技术可以用来制备动物疾病模型，准确深入地了解疾病发病机理和探究基因功能，实现基因治疗的目的和药物筛选；在动物生产领域，利用基因编辑技术可以人为改造基因序列，提高经济性状的生产力和对疾病的抵抗力，提高畜牧业经济效益。因此，基因编辑技术具有极其广泛的发展前景和应用价值。

目前，外源基因导入的方法有：

① 反转录病毒载体法 是通过将目标基因插入到前病毒DNA中，利用反转录病毒的生物特性，把外源基因整合到受体细胞基因组中。这种方法整合效率高，效果稳定，基因导入不受胚胎发育阶段的限制。缺点是外源DNA整合后的表达率低，并具有致病性或致癌性。

② 胚胎干细胞法 是用目标DNA对ES细胞进行转化，人工筛选获得转基因阳性细胞，将阳性细胞注入囊胚腔或与早期卵裂球聚合，获得嵌合体胚胎，经胚胎移植后获得嵌合体后代。这种方法获得转基因动物效率很低，目前仅在小鼠上获得成功。

③ 显微注射法 是利用显微操作仪把外源DNA溶液直接注射到早期胚胎细胞中。这种方法的优点是转基因效率稳定，缺点是操作复杂、成本高。

④ 精子载体法 是将DNA与获能精子共孵育，利用精子能携带外源DNA的特性，通过受精过程把外源DNA整合到胚胎基因组中。这种方法的优点是简单高效，缺点是效果不稳定，DNA在孵育过程中可能降解，导致表达载体的结构发生变化。

⑤ 体细胞核移植法 体外培养的体细胞经外源DNA转化后，通过筛选可获得转基因阳性细胞，用阳性细胞作为核供体，通过体细胞核移植技术获得转基因动物。由于这种方法正处于发展阶段，很多技术环节仍有待提高，定点整合和核移植的效率仍很低。

基因敲除的方法有：

① 锌指核酸酶(zinc finger nuclease，ZFN)技术 ZFN又称锌指蛋白核酸酶，是一种人工改造的核酸内切酶，通过DNA识别域在DNA特定位点结合，非特异性核酸内切酶实行剪切功能，两者结合在DNA特定位点进行定点断裂。该方法效率高于同源重组，但ZFN设计依赖于上下游序列，脱靶效率高，且具有细胞毒性。

② 转录激活因子样效应物核酸酶(transcription activator - like (TAL) effector nucleases，TALEN) 是由TALE代替了ZFN作为DNA结合域与FokⅠ切割结构域连接成核酸酶，通过TALE识别特异的DNA序列，FokⅠ二聚化产生核酸内切酶活性，可在特异的靶DNA序列上产生双链断裂以实现精确的基因编辑。该方法优点是设计简单，特异性高，缺点是TALE分子的模块组装和筛选过程比较繁杂，使用成本较高，且有可能造成识别特异性降低而导致脱靶切割，引起细胞毒性。

③ 规律性重复短回文序列簇(clustered regularly interspersed short palindromic repeats，CRISPR) 是2013年新出现的基因组编辑技术，是一类独特的DNA直接重复序列，可利用靶位点特异性的RNA指导CRISPR相关(CRISPR - associated，Cas)蛋白对靶位点序列进行修饰。该方法优点是靶向精确，脱靶率低，细胞毒性小；缺点是特异性不高，会产生随机细胞毒性。

④ 2014年Nature发布了一种超越CRISPR的基因组编辑新技术。该技术使用一种常用的病毒——改良的腺相关病毒(AAV)，在病毒载体中，所有的病毒基因被删除，只保留了治疗基因，再利用同源重组，将目标基因插入，达到基因编辑的目的。新技术避免了使用核酸酶和启动子有可能产生的不利影响，也避免了外源细菌蛋白可能引起患者的免疫反应，将成为替代CRISPR技术研究基因功能的更好手段。

5.7.6 性别控制技术

性别控制是通过人为地干预并按人们的愿望使雌性动物繁殖出所需性别后代的一种繁殖新技术。该项技术在家畜的育种和生产中具有深远的意义：一是可使受性别限制的生产性状和受性别影响的生产性状获得更大的经济效益；二是可增强良种选种中的强度和提高育种效率，以获得最大的遗传进展；三是可通过精子性别的选择避免与伴性遗传相关的后代出生。

目前性别控制技术主要在两个方面进行，一是在受精之前，二是在受精之后。前者是通过体外对精子进行干预，使X染色体精子和Y染色体精子分离，利用分离的精子进行人工授精，从而实现在受精之时便决定后代的性别。后者是通过对胚胎的性别进行鉴定，特异性的扩增Y染色体特异性片段或Y染色体上的性别决定基因(*Sry*)，使用鉴定性别的胚胎进行胚胎移植，从而获得所需性别的后代。

5.7.7 干细胞

胚胎干细胞(embryonic stem cell，ESC或ES细胞)由早期胚胎内细胞团分离而来，经体外抑制分化培养所获得的具有保持未分化状态、具有无限增殖和多向分化潜能的细胞。ES细胞具有3个特性：自我更新与无限增殖的能力、多向分化潜能和参与形成种系嵌合体。ES细胞在细胞学、发育生物学、畜牧学和医学上具有重要应用价值：ES细胞是研究哺乳动物个体发生发育规律极有价值的工具；ES细胞是研究细胞分化的理想手段；ES细胞是研究基因功能的首选细胞；ES细胞法是生产转基因动物的主要方法之一；ES细胞治疗技术将引起一场医学革命；ES细胞可用于研究细胞癌变机理和新药物的筛选。但是，目前仅在小鼠成功建立ES细胞系，在很多大型哺乳动物尚未成功建立ES细胞系。

2006年日本京都大学山中伸弥率先报道了诱导多能干细胞(induced pluripotent stem cells，iPS细胞)的研究，并与英国发育生物学家约翰·格登在细胞核重新编程研究领域的杰出贡献而共同获得2012年诺贝尔生理学和医学奖。iPS细胞在干细胞研究、表观遗传学以及生物医学研究等领域都引起了强烈的反响。在生物学研究方面，iPS细胞可用于细胞重编程和多能性调控机制研究；在动物生产方面，利用iPS细胞生产的基因编辑动物可用于人类疾病模型建立、抗病性或高生产性状新品系培育和作为生物反应器制造活性物质。尽管iPS细胞具有重要的发展前景和应用价值，但目前仍无法直接应用于临床实践，仍面临许多急待突破的瓶颈和需要深入研究的领域。

网上资源

中国大学精品开放课程：http：//www. icourses. cn/home/

Reproduction：http：//www. reproduction－online. org/

Biology of Reproduction：http：//www. biolreprod. org/

Theriogenology：http：//www. journals. elsevier. com/theriogenology/

Animal Reproduction Science: http://www.journals.elsevier.com/animal-reproduction-science/

主要参考文献

陈大元．2003. 受精生物学[M]. 北京：科学出版社．

桑润滋．2006. 动物繁殖生物技术[M]. 2版．北京：中国农业出版社．

朱士恩．2006. 动物生殖生理学[M]. 北京：中国农业出版社．

朱士恩．2011. 家畜繁殖学[M]. 5版．北京：中国农业出版社．

朱士恩．2012. 动物配子与胚胎冷冻保存原理及应用[M]. 北京：科学出版社．

付静涛．2013. 动物繁殖[M]. 北京：中国农业大学出版社．

GILNERT S E. 2000. Developmental Biology[M]. 6th ed. Sinauer Associates, Inc.

KOOPMAN P, GUBBAY J, VIVIAN N, et al. 1991. Male development of chromosomally female transgenic forSry [J]. Nature, 351(6322): 117-121.

SINCLAIR AH, BERTA P, PALMER MS. 1990. A gene from the human sex-determining region encodes a protein with homology to a conserved DNA-binding motif [J]. Nature, 346(6281): 240-244.

思考题

1. 公畜和母畜生殖器官各由哪些部分组成？
2. 什么叫生殖激素？按照生殖激素的来源和功能可以将生殖激素分为哪些种类？
3. 下丘脑-垂体-性腺轴是如何对雌性动物和雄性动物的生殖活动产生调控的？
4. 精子的发生过程包括哪些阶段？最终形成的精子有哪些结构？
5. 精细管上皮波的生物学意义是什么？
6. 卵子的发生过程包括哪些阶段？形成的卵子的基本结构有哪些？
7. 卵泡的发育主要分哪几个阶段？各阶段的卵泡的主要特点是什么？
8. 精子在雌性动物生殖道内是如何运行的？
9. 简述精子和卵子的受精过程。
10. 简述人工授精的概念和人工授精的意义。

第6章

畜牧场规划设计与环境控制

畜牧场是从事动物生产与经营活动的场所。畜牧场是畜禽生产的基础，规划设计的合理性主要以场址选择、总体布局、功能分区、工艺设计和畜舍设计等指标综合评价。畜禽是恒温动物，良好的生长环境是其生产潜能得以充分发挥的重要条件，对畜舍环境进行必要调控，是实现优质、高效、低耗生产的关键。畜禽生产要求免受周边环境的污染，同时自身的生产也不能污染外界环境。为此，对畜禽废弃物进行减量化排放和必要的无害化处理与资源化利用，创造清洁生产的环境条件，是畜禽生产可持续发展的保障。

6.1 畜牧场场址的选择

安全的卫生防疫条件和减少对周边环境的污染是现代集约化畜牧场规划建设与生产经营面临的问题。同时，现代畜牧生产必须综合考虑占地规模、场区内外环境、交通运输条件、区域基础设施、生产与饲养管理水平等因素。场址选择不当，可导致整个畜牧生产难以获得较为理想的经济效益，还可能因为污染了周边环境而遭到环保部门的制裁。因此，场址选择是畜牧场建设可行性研究的主要内容和规划建设必须面临的首要问题。畜牧场场址的选择需要根据自然条件和社会条件来综合决定。

6.1.1 自然条件

(1)地形与地势

地形、地势是指场地的大小、形状、地物情况(房屋、树木、村庄、河流)以及地面的高低起伏状况。总体上，畜牧场的场址应选在地势较高、干燥平坦及排水良好的场地，要避开低洼湿地，远离沼泽地。地势要向阳与背风，以保持小气候温热状况的相对稳定，减少冬、春季节风雪的侵袭。

平原地区畜牧场场址选择在较周围地段稍高的地方，利于排水防涝，地面坡度在1%~3%，地下水位低于建筑物地基埋置深度0.5 m以下。靠近河流、湖泊的地区，场地比当地水文资料的最高水位高1~2 m，以免发生水灾。山区选择向阳缓坡，总坡度低于25%，建筑区域坡度低于2.5%，否则将增加土建投资，且投产后的运输和管理也都不方便。避开低洼湿地，低洼湿地一旦被污染，净化难度大，容易滋生蚊蝇和微生物，同时畜舍土建投资大，建筑物维护成本高。山区建场还要注意地质构造情况，避开断层、滑坡、塌方和容易发生泥石流的地段，也要避开坡底和谷地以及风口，以免受山洪和暴风雪的袭击。有些山区的谷地或山坳被作为场址，常因地形地势的限制，易形成局部空气涡流的现象，污浊空气长时间滞留，致使畜舍潮湿、阴冷或闷热。

拟建场地要整齐，避免狭窄零碎，边角过多。狭长场地影响建筑物的合理布局，拉长生产作业线，增加道路和管线长度，不利于卫生防疫和生产联系。边角过多使场地不能被充分利用，还会增加防护设施等投资。

(2)土壤土质

土壤的透气性、吸湿性、毛细管特性及土壤化学成分等不仅直接和间接影响畜牧场的空气、土质和地上植被，还影响土壤的净化作用。土质即土壤的质地，土壤的物理性质和化学性质对畜牧场周边的植被、饲草饲料和水质均有影响，土壤通常分为沙土、壤土和沙壤土3类。

① 沙土 土壤颗粒大、透气性、透水性强，吸湿性小，毛细管作用弱，所以土壤不易潮湿，有利于保持土壤干燥，一旦被污染后，具有极强的自净能力，但导热性大，畜舍昼夜温差较大，不利于夏季防暑和冬季防寒。

② 壤土 土壤颗粒小、透气性、透水性差，吸湿性大，毛细管作用强。在多雨地区或多雨季节易使场内湿度过高，滋生微生物和寄生虫，一旦被污染后自净能力差。壤土还具有受潮膨胀，干燥收缩的特点，尤其在寒冷的冬天结冻时，土壤体积膨胀，导致建筑物基础受损。有的壤土含碳酸盐较多，土质较硬，受潮后碳酸盐溶解，土壤变软下沉，可能使建筑物下沉或倾斜，在这类土地上建设畜舍，舍内易潮湿，不利于防寒与保暖，也易引起家畜风湿症等疾病。

③ 沙壤土 性质介于沙土和壤土之间的一种土质，既具有一定数量的大孔隙，也具有相当多的毛细管孔隙，透气、透水性良好，容水量较小，这样雨后不至于泥泞且易保持地面干燥。土壤温度比较稳定，土壤膨胀性小。因此，沙壤土是畜牧场建场的理想土质。

畜牧场建场地段的土壤性质对建筑物的构造设计、基建施工方式均有很大影响。回填土内常常含有易腐烂的垃圾或树根等，可能导致建筑物发生不均匀沉降。同时，还需避开断层或发生过地质灾害的地带，谨防建筑物墙体发生开裂。当然，面对畜牧场用地比较紧张的现状，以及受到其他客观条件的限制，选择理想的土壤很不容易时，可通过合理的施工和建造方法弥补土壤存在的缺陷。

(3)水源水质

在畜牧业生产过程中，家畜的饮用、饲料的清洗与调制、畜舍和工具的洗涤、畜体的洗刷等都需要大量的水，同时由于管理人员在日常生活中也需要大量的水，所以畜牧场新建或改扩建都要求有水量充足的水源供应。水质对畜禽和人体健康都有很大影响，因此水质也必须满足国家或相关部门颁布的水质标准。畜牧场对水源水质的要求是水量充足，水质清洁，便于取用和实施水源保护，易于净化和消毒。水量充足，需满足正常生产、生活用水，即便是在干燥时期也要能得到保证(GB/T 17824.1—2008)。水质清洁是细菌、寄生虫卵及矿物毒物不超过国家标准(GB 5749—2006)和农业部《畜禽饮用水质量标准》(NY 5027—2008)的要求。畜禽需水量可以参照表6-1估算。

(4)气候条件

气候状况不仅影响建筑规划、布局和设计，也影响畜舍的朝向和防寒、防暑设施的布置。在场址初步确定下来后，需要从当地气象局或国家气象局气象信息服务中心获取当地的

表 6-1 畜禽需水量

畜禽种类		需水量(L/d·头)
乳牛	成年乳牛	80
	公牛及育成牛	50
	2 岁以前的青年牛	30
	6 月龄以前犊牛	20
羊	成年羊	10
	1 岁以前的羊	3
猪	种公猪、成年母猪	25
	哺乳母猪	60
	4 月龄以上的幼猪及育肥猪	15
	断奶仔猪	5
禽	鸡	1
	鸭、鹅	1.25

注：1. 雏、幼禽可按表中标准的50%计；2. 表中用水量标准包括家畜饮水、冲洗畜舍、畜栏、挤奶桶、冷却牛奶、调制饲料用水。

（引自李震钟，1993）

气候条件的相关数据(平均气温、最高气温、最低气温、降水量、风力等)，为畜舍的朝向、布局和建筑保温隔热提供设计依据。

6.1.2 社会条件

(1)城乡建设条件

当前及今后相当长的一段时间内，我国城乡建设出现和保持迅猛发展的态势。因此，畜牧场选址应考虑长远的发展规划，不要在城镇建设发展的方向上选址，避免造成畜牧场被频繁搬迁和重建。

(2)交通运输条件

畜牧场每天都要消耗大量的饲料饲草、能源原料，畜禽产品和粪污也需要运输到场外。为了生产能顺畅、低耗地运行，畜牧场选址应尽可能靠近饲料产地和加工地，靠近产品销售地，确保其有合理的运输半径。大型集约化商品场，其物资需求和产品供销量极大，对外联系密切，为便于物料运输，场外应该通有公路，但应远离交通干线。

(3)供电情况

选择地址时，还应重视电力条件，特别是集约化程度较高的畜牧场，家畜的供料、供水、清粪、畜舍的采光照明、通风换气、防寒保温、防暑降温等都必须有可靠的电力保障。因此，为了进行正常的生产，又减少供电投资，应靠近输电线路，尽量缩短新线的敷设距离，并应有备用电源，以防停电影响生产。一般来说，规模化畜牧场周边需要有二级以上的供电电源，同时还需要配备发电机，以防止停电给生产带来不利影响。

(4)卫生防疫条件

为了避免畜牧场受周边环境的污染，选址应尽可能避开居民点的污水排出口，不能将畜牧场场址选择在化工厂、屠宰场、制革厂等容易产生环境污染企业的附近或下风处。在城镇郊区建场，距离大城市20 km、小城镇10 km，按照畜牧场建设标准，要求距离国道、省际公路500 m以上；距离省道、区级道300 m以上；距离一般道路100 m以上；距离居民区500 m以上。禁止将畜牧场场址选择在禁养区(水源、风景、自然保护区)的上游，在自然灾害频发和环境污染严重的地区也应尽可能避免在其周边或下风处建场。

(5)土地征用需要

场址选择必须符合本地区农牧业生产发展总体规划、土地利用发展规划和城乡建设发展规划的用地要求；必须遵守珍惜和合理利用土地的原则，不得占用基本农田，尽量利用荒地和劣质地。畜牧场占地面积可以参考表6-2进行估算。大型畜牧场分期建设时，场址选择必须一次完成，分期征地。近期工程应集中布置，征用土地应满足本期工程所需面积。远期工程可以预留用地，随建随征。实际征用土地面积可按场区总平面设计图计算。以下地区或地段不易征用：规定的自然保护区、生活饮用水水源保护区、风景旅游区；受洪水或山洪威胁及有泥石流、滑坡等自然灾害多发的地带；自然环境污染严重的地区。

(6)协调周边环境

选择和利用树木或山丘做建筑物背景，外加修理良好的草坪和车道，美化畜牧场环境。畜牧场的辅助设施，特别是蓄粪池，应尽可能远离周围住宅区，并采取必要的防护措施，建立良好的邻里关系。可能的话，栽种树篱将其遮挡起来，建设安全防护栏，防止儿童进入。此外，还需计算粪污排放量，以准确计算粪便的贮存能力。在有条件的情况下，建设一个配套的粪污处理厂，化害为利。多风地区的夏秋季节，良好的通风条件有利于畜牧场难闻气味的扩散，但也容易对大气环境造成不良影响。

表6-2 土地征用面积估算表

场别	饲养规模	占地面积(m^2/头)	备 注
奶牛场	100~400头成乳牛	100~180	按成乳牛计
肉牛场	年出栏1万头育肥牛	16~20	按年出栏量计
种猪场	200~600头基础母猪	75~100	按基础母猪计
商品猪	600~3 000头基础母猪	5~6	按基础母猪计
绵羊	200~500只母羊	10~15	按成年种羊计
山羊	200只母羊	15~20	按成年种羊计
种鸡场	1万~5万羽种鸡	0.6~1.0	按种鸡计
蛋鸡场	10万~20万羽产蛋鸡	0.5~0.8	按种鸡计
肉鸡场	年出栏肉鸡100万羽	0.2~0.3	按年出栏量计

6.2 畜牧场工艺设计

畜牧场工艺设计包括生产工艺设计和工程工艺设计两个部分。生产工艺设计是规定畜牧场生产的文字材料，是建筑设计和技术设计的依据，也是投产后畜牧场生产的纲领。生产工艺设计包括畜牧场的性质、规模、畜群组成、生产工艺流程、饲养管理方式、水电和饲料等消耗定额、劳动定额、生产设备的选型配套等，并提出适宜的生产指标、耗料标准等工艺参数。工程工艺设计是根据畜牧生产要求的环境条件和生产工艺设计所提出的方案，利用工程技术手段，按照安全和经济的原则，提出畜舍的基本尺寸、环境控制措施、场区布局方案、工程防疫设施等，为畜牧场的工程设计提供必要依据。工艺设计是畜舍设计的前提和基础，畜舍设计则是实现生产工艺设计的具体体现。

6.2.1 生产工艺设计

畜牧生产工艺涉及整体利益和长远利益，其正确与否，对投产后的正常运转、生产管理和经济效益都有影响。良好的生产工艺设计可以很好地解决各个生产环节的衔接关系，充分发挥畜禽品种的遗传潜能。因此，生产工艺设计是进行畜牧场规划和畜舍设计的最基本的依据，也是畜牧场建成后实施生产技术、组织经营管理、实现和完成预定生产任务的决策性文件。生产工艺设计包括以下几个方面：

(1) 畜牧场的性质与任务

一般按繁育体系分为原种场(曾祖代场)、祖代场、父母代场和商品场。

① 原种场是运用动物遗传育种原理进行畜禽品种纯化的生产场所，任务是生产配套品系，向外提供祖代种畜、种蛋、精液、胚胎等。原种场由于育种工作要求严格，必须单独建场，不允许进行纯系繁育以外的任何生产活动，一般由专门的育种机构承担。

② 祖代场的任务是改良品种，运用从原种场获得的祖代产品，用科学方法来繁殖培育父母代场所需的优良品种。通常，培育一个新的品种，需要有大量的资金和较长的时间，并且要有一定数量的畜牧技术人员，现代畜禽品种的祖代场根据畜禽商品需要，要饲养两个以上的品种或品系，提供二元种畜、种禽。

③ 父母代场的任务是利用从祖代场获得的品种，生产商品场所需的种源。

④ 商品代场的任务是利用从父母代场获得的种源专门从事商品代畜产品的生产。

通常，祖代场、父母代场和商品场往往以一业为主，兼营其他性质的生产活动。如祖代鸡场在生产父母代种蛋、种鸡的同时，也可生产一些商品代蛋鸡或鸡蛋供应市场。商品代猪场为了解决本场所需的种源，往往也饲养相当数量的父母代种猪。奶牛场一般区分不明显，因为在选育过程中一定会产生商品奶，表现为同时向外提供鲜奶和良种牛的双重任务。

(2) 畜牧场的规模

畜牧场的规模尚无规范的描述方法。有的按存栏头(羽)数计，有的则按年出栏商品畜禽数量计。商品猪场和肉鸡、肉牛场按年出栏量计，种猪场也可按基础母猪数量计，种鸡场则多按种鸡数计，奶牛场则按成乳牛头数计。养猪场以年出栏商品猪头数定规模，小型猪场低于 5 000 头，中型猪场为 5 000 ~ 10 000 头，超过 10 000 头为大型猪场。或者以年饲养种母猪头数划分，低于 300 头属于小型猪场，300 ~ 600 头的属于中型猪场，超过 600 的属于大型猪场。蛋鸡场饲养量在 5 万羽以下属于小型场，5 万 ~ 20 万羽为中型场，20 万羽以上为大型场。奶牛场的规模可以用存栏量表示，也可用成乳牛表示。我国尚无牛场规模划分的具体规定。美国规定小型奶牛场存栏数为 1 ~ 199 头；中型奶牛场存栏数为 200 ~ 699 头，大型奶牛场存栏数为 700 头以上。

畜牧场性质和规模必须根据市场需求加以确定，并考虑技术水平、投资能力和各方面条件。种畜禽场应尽可能纳入国家或地区的繁育体系，其性质和规模应与国家或地区的需求相适应，建场时应慎重考虑。盲目追求高档次、大规模很容易导致失败。

(3)畜牧场生产工艺流程和主要工艺技术参数确定的原则

畜牧场生产工艺流程的确定应满足：符合畜牧生产技术要求；有利于畜牧场的卫生防疫要求；满足尽量减少粪污排放量及无害化处理的技术要求；有利于节水、节能；有利于提高劳动生产率。

(4)主要工艺参数

生产工艺参数是现代畜牧场生产能力、技术水平、饲料消耗以及相应配置的重要依据。通常，这些工艺参数也是畜牧场投产后的生产指标和定额管理标准。鸡场主要根据鸡场的性质(肉鸡、蛋鸡)、鸡的品种、鸡群结构、饲养环境、管理条件、技术及经营水平等确定工艺参数；猪场工艺参数的确定则主要考虑猪群结构、繁殖周期、种猪生产指标、其他猪群生产指标等；牛场工艺参数则根据牛群的划分、饲养日数、配种方式、公母比例、利用年限、生产性能指标及饲料定额等加以确定。

(5)各种环境参数

工艺设计中，应提供温度、湿度、通风量、风速、光照时间和强度、有害气体浓度、粉尘浓度、微生物浓度等环境参数与标准，以便通过畜舍总体布局、畜舍建筑设计和管理措施满足畜禽对环境条件的要求。

(6)饲养方式

由于地区自然条件、投资能力、市场需求和技术水平(饲喂方式、供水方式、清粪方式)的不同，存在不同的畜禽饲养方式。畜禽饲养方式直接影响设备选型、畜舍建筑设计和职工劳动强度与生产效率。饲养方式的选择应根据畜禽种类、畜牧场性质、地区经济条件和生产技术水平等来综合确定。例如，鸡的饲养方式为笼养、平养(网上、厚垫料)、栖架散养、局部网上饲养和地面平养。

(7)饮水方式

饮水方式可分为定时饮水和自由饮水，所用设备有水槽和各类饮水器，饮水槽饮水不卫生、管理麻烦，多用于牛、羊、马的生产；饮水器可用于各种畜禽生产，具有干净、卫生的特点。在猪、鸡的生产中常用的是乳头式饮水器或鸭嘴式饮水器。牛用饮水器有水槽、饮水碗、保温水槽。

(8)清粪方式

清粪方式可以分为干清粪、水冲清粪和水泡粪，干清粪又分为人工清粪和机械清粪。对于采用漏缝地板或笼养的肉鸡舍，因为饲养周期短，可在肉鸡出栏后再进行一次性的清粪。

(9)畜群结构与周转

任何一个畜牧场，在明确了生产性质、规模、生产工艺以及相应的各种参数后，即可确定畜群类别及其饲养天数。基于畜禽所处的生理阶段，将畜群划分成若干阶段，再对每个阶段的存栏数量进行计算，确定畜群结构组成。然后，根据畜禽组成以及各类畜禽之间的功能关系，制订出相应的生产计划和畜群周转流程。

6.2.2 工程工艺设计

畜牧工程技术是保证现代畜牧生产正常进行的重要手段。要使工程技术能真正地发挥作用，必须根据生产工艺确定的技术方案，满足饲养条件的技术需求，做好工程设施与装备配套，做到工程技术到位，这就是畜牧场工程工艺设计的目的和主要内容。

(1)工程工艺设计的原则

为使畜牧场有良好效益，在进行工程工艺设计时应注意以下一些原则：

① 节约用地　我国国土面积虽大，但耕地有限，可利用耕地人均不到0.1 hm^2。因此，新建的畜禽场选址规划和建设应充分考虑节约用地，不占良田、不占或少占耕地，多利用沙地、荒地、故河道、山坡地等。

② 节能意识　尽管现代畜禽生产离不开电，但设计良好可大幅度节电。如集约化养殖场是否利用自然通风、自然采光，其用电量可相差10~20倍。以一个20万羽蛋鸡场为例，每个鸡位的平均年耗电量，全封闭型鸡舍为7~10 kW·h，全开放型鸡舍为0.6 kW·h，半开放型鸡舍视开放程度为2~5 kW·h。在密闭型鸡舍中，改横向通风为纵向通风，以农用风机代替工业风机，节电40%~70%。

③ 动物需求　善待动物，善待生命。从生产工艺到设施装备，都应充分考虑动物的生物学特点和行为需要，将动物福利落到实处。

④ 人-机工程　是研究如何使工作环境和机具设备的设计能符合人的生理和心理要求，不超过人的能力和感官能适应的范围。我国大型鸡场设备绝大部分从国外引进，并未考虑中国人的人体特征及国情，需要加以改进，使之符合中国人体特征及国内生产水平。

⑤ 清洁生产　畜禽规模化生产必然带来大量的粪便、污水和其他废弃物，处理不当，很容易造成环境污染。因此，在总体规划时，生活区、生产区、污染区必须分明，建场之初就应处理好环境保护问题。在设计、施工、生产中对“三废”需有有效的处理和利用方案及相关的配套措施，对粪便及废弃物进行无害化处理和资源化利用，变废为宝。

⑥ 工程防疫　在贯彻正常防疫程序的同时，采用良好的工程防疫技术手段，可有效地防止交叉感染。主要手段包括：利用合理的场区功能分区；顺畅的生产功能联系；良好的建筑设施布置；完备的雨、污分流排放系统；因地制宜的绿化隔离、防疫围墙或防疫沟等。

(2)主要设计内容和方法

① 畜舍的种类、数量和基本尺寸确定　畜舍种类和各类畜舍建筑面积需要根据生产流程中的畜群结构、畜群组成、畜舍内的饲养时间(d)、饲养方式、饲养密度和劳动定额，以及场址场地和设备规格等综合确定。

畜舍平面的基本尺寸设计是根据已明确的工艺设计参数、饲养管理和当地气候等条件确定的。需要满足动物的基本行为需求，合理布置畜栏、通道、粪尿沟、食槽等设备与设施，再根据建筑模数适当调整畜舍的跨度和长度。确定畜舍跨度时，必须考虑通风、采光、建筑结构的要求。自然采光和自然通风的畜舍，其跨度不宜大于8~10 m；采用机械通风和人工照明时，畜舍跨度可以加大；但圈栏列数过多或采用单元式畜舍，其跨度大于20 m时，将加大畜舍构造和结构处理的难度。当然，随着建筑工业的发展，跨度在50 m以上的肉牛舍、奶牛舍在各地均已大量出现。

确定畜舍长度时，要综合考虑场地地形、道路布置、沟道设置、建筑周边绿化等，长度过大则须考虑纵向通风效果、清粪和排水难度(落差太大)以及建筑物不均匀沉降和变形等。此外，通过确定畜舍合理的平面尺寸，使畜舍的构(配)件能与工业与民用建筑常用的构(配)件通用，提高畜舍建筑的通用化和装配化程度，利于缩短建筑周期以减少投资，增加效益。

② 设备选型与配套　畜舍设备是畜牧工程设计中的重要内容，必须根据已确定的养殖工程工艺要求，尽可能做到工程配套。畜牧场设备主要包括饲养设备(栏圈、笼具、畜床、地板等)、饲喂及饮水设备、清粪设备、通风设备、加热降温设备、照明设备、环境自动控制设备等，选型时应着重考虑：畜禽生物学特点和行为需要，以及对环境的要求；饲养、喂料、饮水、清粪等饲养管理方式；畜舍通风、加热、降温、照明等环境调控方式；设备厂家提供的有关参数及设备的性能价格比；设备选型与配套。在对设备进行认真选择后，还应对全场设备的投资总额和动力配置、燃料消耗等分别进行计算。

(3) 畜舍建筑类型

畜舍建筑常用的是砖混结构，建筑形式主要参考工业与民用建筑规范进行设计。20世纪80年代以后，出现了一些适合于畜牧场生产且较为经济节能的其他建筑，如简易节能开放型畜舍、大棚式畜舍、拱板式畜舍、复合聚苯板组装式畜舍、被动式太阳能猪舍、菜畜互补畜舍等。与传统畜舍相比，这些建筑具有造价低、节能效果好、基建费用低、建设速度快等特点。由于各地的气候条件、饲养的家畜种类、生产目标以及经济状况及建筑习惯等的不同，畜舍建筑形式的选择，应视具体情况而定。

(4) 畜舍环境控制技术方案制订

工程工艺设计中的环境控制工程技术方案是根据经济、安全、适用的原则，设法利用工程技术来满足生产工艺所提出的环境要求，包括场区环境参数和畜舍内的光照、温度、湿度、风速、有害气体等环境因子与畜禽生长发育相关的各种参数，为畜禽生长发育创造适宜的环境条件。畜禽环境控制技术是畜牧工程技术的核心，包括通风方式和通风量的确定；保温与隔热材料的选择；光照方式与光照量的计算等。

(5) 工程防疫设施规划

严格的卫生防疫制度是保证畜牧生产顺利进行的关键。畜牧生产必须切实落实“预防为主、防重于治”的方针，严格执行国务院发布的《家畜家禽防疫条例》和农业部制定的《家畜家禽防疫条例实施细则》。工艺设计时，应按照防疫要求，从场址选择、场区规划、建筑布局、道路设置、绿化隔离、生产工艺、环境管理、粪污处理等方面全面加强卫生防疫，并加以详细说明。有关卫生防疫设施与设备配置(如消毒更衣淋浴室、隔离舍、兽医室、装卸台、消毒池等)应尽可能合理和完备，并保证在生产中能方便、正常地运行。

(6) 粪污处理与资源化利用技术选择

粪污的合理处理与利用是畜牧场及其周边农业生产实现可持续发展的关键。畜牧场粪污处理应遵循生产过程污染物减量化、处理过程无害化，并最终使这些处理后的物料能达到排放标准和资源化利用的原则。

畜牧场粪污处理技术选择主要考虑以下几方面：要处理达标；要针对有机物、氮、磷含量高的特点，注重资源化利用；考虑经济实用性，包括处理设施的占地面积、二次污染、运行成本等；注重生物技术与生态工程原理的应用。

6.3 场区规划与功能分区

在选定的场地上，根据地形、地势和当地主导风向，规划不同的功能区、建筑群，进行人流、物流、道路和绿化等设置，即为场区规划。各个功能区虽在空间上被隔开，但在生产上又彼此联系。根据场区规划方案和工艺设计要求，合理安排建筑物和各种设施的位置和朝向，称为建筑物的布局。建筑物的布局需要根据现场条件，因地制宜，选择合理的方案，根据生产环节具体确定建筑物之间的最佳生产联系，进行合理布局。

6.3.1 场区规划的指导思想

① 根据畜禽场的生产工艺设计要求，结合当地气候条件、地形地势及周围环境的特点，因地制宜，按功能分区。合理布置各类建筑物、构筑物，满足其使用功能，并创造出经济合理的生产环境和良好的工作环境。

② 充分利用场区原有的自然地形、地势，建筑物长度尽可能沿着场区等高线布置，尽量降低挖填的土方量，降低基建投资。

③ 合理组织场内、场外的人流和物流，为畜牧生产创造健康的环境条件和生产联系，实现高效生产。

④ 保证建筑物有良好的朝向，满足采光和自然通风的需要，并有足够的防火、防疫间距。

⑤ 畜牧场建设必须考虑家畜粪尿、污水及其他废弃物的处理与利用，确保满足清洁生产的要求。

⑥ 在满足生产要求的前提下，建筑物、构筑物布局紧凑，节约用地，尽可能不占用耕地。在占地能满足当前使用功能的同时，还应充分考虑今后的发展，留有余地，特别是对生产区的规划，必须兼顾未来技术进步和改造的可能性，可按照分阶段、分期、分单元建场的方式进行规划，以确保到达最终规模后，在总体布局上协调一致。

6.3.2 畜牧场功能分区

功能完整的畜牧场一般存在不同类型的建筑物，为了生产顺畅运行，需要将功能相近或相同的建筑物集中布置在一定范围内，这就是功能分区。畜牧场功能分区，同场址选择一样，首先保证人、畜、禽健康安全，以建立最佳生产联系和卫生防疫条件，来合理安排各区位置，考虑地势与主风向进行合理分区。功能分区是否合理，各区建筑物布局是否得当，不仅影响基建投资、经营管理、生产组织、劳动生产率和经济效益，而且影响场区的环境状况和卫生防疫。因此，认真做好畜牧场的分区规划，确定场区各种建筑物的合理布局，以建立良好的生产环境，确保各个生产环节能高效、有序地进行。

进行场地各功能区的规划时，需要充分考虑未来的发展，在规划上留有余地。根据功能的不同，大体可归纳为生活管理区、辅助生产区、生产区和隔离与粪污处理区。

① 生活管理区　包括文化、住宅区以及与经营管理有关的建筑物，如办公室、会议室、接待室等。

② 辅助生产区　主要是供水、供电、供热、维修和仓库等设施，这些设施要紧靠生产区布置，与生活管理区没有严格的界限要求。饲料仓库的卸料口开设在辅助生产区内，取料口设在生产区内，杜绝外来车辆进入生产区内，并保证生产区内外运料车不交叉使用。

③ 生产区　是畜牧场最重要的区域，包括各种年龄阶段的畜舍、采精室、人工授精室等。

④ 隔离与粪污处理区　包括兽医室、病畜隔离室、尸坑或焚尸炉以及粪场、污水处理设施等，应设在场区的下风向和地势较低处，并与畜舍保持300 m以上的卫生间距。该区应尽可能与外界隔绝，四周设置隔离屏障，如防疫沟、围墙、栅栏或浓密的乔灌木混合林带，并设单独的通道和出入口。处理病死家畜的尸坑或焚尸炉则应高度隔离。此外，在规划时还应考虑严格控制该区的污水和废弃物，防止疫病蔓延和污染环境。

6.3.3　功能区之间的关系

畜牧场总体布局需要考虑人的工作条件和生活环境，保证畜禽健康免于各种污染源的影响。应遵循以下几点要求：

① 理论上，生活管理区和辅助生产区应该位于场区常年主导风向的上风处和地势稍高的位置，隔离和粪污处理区位于主导风向的下风处和地势稍低的位置(图6-1)。然而，在实践中同时满足风向和地势需求的场址难以找到，当地势和主导风向不处于同一个方向时，则应以风向为主，地势问题可以通过设置工程防疫设施和利用偏角(与主导风向垂直的两个偏角)等措施来解决。

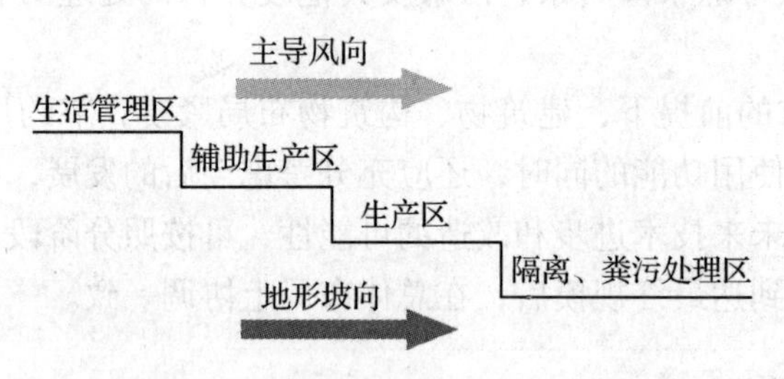

图6-1　按地势、风向的分区规划示意

② 生产区与生活管理区、辅助生产区应设置围墙或树篱严格分开，在生产区入口设置第二次更衣消毒室和车辆消毒设施。这些设施的入口端设置在管理区内，另一端设置在生产区内。生产区与场外运输、物品交流较为频繁的有关设施(如挤奶厅、孵化厅出雏间)，必须布置在靠近场外道路的地方。

③ 辅助生产区的设施要紧靠生产区布置。饲料仓库卸料口开在辅助生产区内，取料口开设在生产区内。青贮、干草等大宗物料的贮存场地，布置在位置稍高、干燥通风的地段，且要满足贮用合一的原则，布置在靠近畜舍的边缘地带，以缩短饲料到畜舍的运输距离。干草棚常布置在主导风向的下风地段，与周围建筑物的距离要满足国家防火规范的要求，距离一般在50 m以上，单独建造，满足防火需求。若受到场地限制，无法满足时，可增加设置

防火墙来解决。

④ 遵守兽医卫生和防火安全的规定。为保证兽医卫生和防火安全，建筑物之间应保持一定距离，以达到预防疾病传播与防止火势蔓延的目的，这段距离分别称为卫生间距与防火间距，一般规定防火间距为12~30 m。原苏联规定：同种畜舍的卫生间距一般为30 m，不同畜种的畜舍间距为50 m。随着畜牧生产的发展，同一个畜牧场很少同时饲养不同的畜种。在采取有效的防火和防疫措施的情况下，畜舍间距可适当缩小，但以不妨碍采光与通风为前提。

⑤ 生活管理区应在靠近场区大门内侧布置。

⑥ 隔离区与生产区之间应设置适当的卫生间距和绿化隔离带。隔离区的粪污处理设施也应与其他设施保持一定卫生间距，与生产区有专门的道路相连，与场区外有专用大门和道路相通。

⑦ 围墙距离一般建筑物间距不小于3.5 m；围墙距畜舍的间距不小于6 m。

6.3.4 建筑设施规划布置

(1)建筑物布置

畜牧场建筑布置要根据现场条件，因地制宜地合理安排。畜舍可以按照单列、双列或多列平行整齐排列。四栋以内，一般选择单列布置，优点是可以明确净道与污道，适合小规模畜牧场采用。超过4栋时，采用双列或多列布置，双列布置时，净道居中，污道设置在畜舍的两侧，同时可以缩短总的运输、供水、供电等线路(图6-2)。

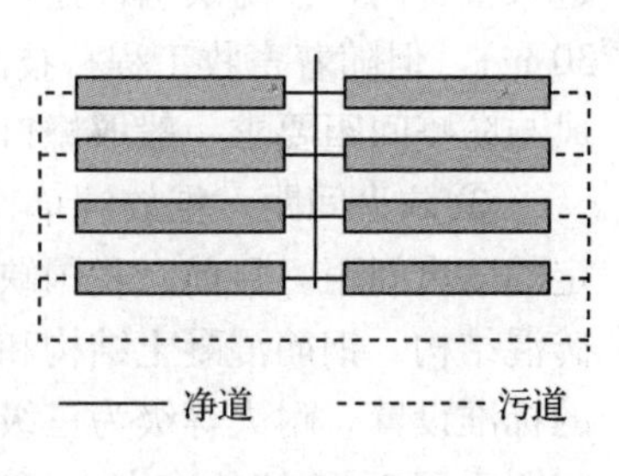

图6-2 双列式畜舍布置

(2)畜舍朝向的选择

我国地处北纬20°~ 50°，气候从热带、亚热带、温带到寒带，气候差异较大，因此选择畜舍朝向需结合当地的地理纬度、地段环境、局部气候特征及建筑物用地等因素综合考虑。选择适宜的朝向可以合理地利用太阳能，避免夏季建筑物外围护结构表面积最大的纵墙接收太阳辐射；冬季则相反，需要最大限度地利用太阳辐射提高舍内温度；同时，还可以利用主导风向，改善通风条件，获得良好的畜舍小气候环境。

① 朝向与采光　光照能促进家畜正常生长、发育和繁殖，是不可缺少的环境因子。自然光照的合理利用，不仅可以改善舍内的光照和温度环境，还能对有害的微生物起到杀灭作用，利于小气候环境的净化。我国地处北纬20°~ 50°，太阳高度角冬季小、夏季大，为了冬季畜舍能获得较多的太阳辐射热，防止夏季过度照射，畜舍宜采用东西走向，南偏东或偏西15°左右的朝向较为合适。

② 朝向与冷风渗透　畜舍布置与场区所处的主导风向关系密切，主导风向直接影响到冬季畜舍的热量损耗和夏季舍内和场区的通风，特别是采用自然通风时影响更明显。从舍内通风效果来看，若风向入射角(主导风向与畜舍墙面法线的夹角)为零度时，舍内窗间墙对应空间的空气流速较低，有害气体不易排出；风向入射角为30°~60°，舍内低速气流减少，舍内气流分布均匀，改善通风效果。从整个场区的通风效果来看，风向入射角为0°时，畜舍背风面涡流区加大，有害气体不易排出；风向入射角为30°~60°时，有害气体能顺利排

出，还能适当缩短畜舍间距。从冬季防寒要求来看，若冬季主导风向与畜舍纵墙垂直，畜舍热损耗最大。因此，畜舍朝向要综合考虑当地的气象、地形等特点，抓住主要矛盾，兼顾次要矛盾和其他因素，来综合确定。

(3)畜舍间距

具有一定规模的畜牧场，除采用连栋畜舍外，生产区都有一定数量不同用途的畜舍。排列时畜舍之间都需要有一定的距离要求。如距离过大，会造成占地太多，浪费土地，而且会增加道路和管线等基础设施长度，增加投资，管理也不方便。距离过小，会增加畜舍间的干扰，对畜舍采光、通风、防疫、防火都不利。适宜的畜舍间距应根据采光、通风、防疫和消防加以综合确定。

① 采光间距　应根据当地的纬度、日照要求以及畜舍檐口高度计算采光间距。采光间距一般是檐口高度的1.5~2倍。纬度越高的地区，系数取值越大。

② 通风与防疫间距　畜舍经常排放有害气体，这些气体会随着通风气流影响相邻畜舍。防疫间距也称卫生间距，建筑物之间应当保持一定距离，避免前一栋畜舍排放出的污浊气体进入畜舍内，预防疾病传播。前苏联规定卫生间距一般为30~50 m(同种家畜的畜舍间距为30 m)。但随着畜牧工程科技的进步，在不影响通风和采光的前提下，间距可适当缩小。通风与防疫间距要求一般取檐口高度的3~6倍，可减少相邻畜舍相互感染的机会。

③ 防火间距　堆放饲草，特别是牛场堆放干草量大，防火要求高，应与相邻建筑有一定的防火间距。目前，我国缺乏专门针对农业建筑的防火规范，但现代畜舍的建造大多采用砖混结构、钢筋混凝土结构和新型建材围护结构，其耐火等级在二至三级，可参照民用建筑的标准设置。耐火等级为三级和四级的民用建筑防火间距分别是8 m和12 m，所以畜舍的间距采用3~5倍的檐高，可以满足要求。如果受到地形限制，又需要将功能相近的饲草饲料贮存与加工的建筑物集中布置，可以考虑采用防火墙，以缩短间距。

(4)运动场

设置运动场，提供家畜到舍外活动的空间，接受日光照射，通过吸收一定量的紫外线补充饲料维生素D的不足和对被毛进行杀菌；设置运动场可以增加家畜的运动量，增强体质和疫病抗病力。舍外运动能改善种公畜的精液品质，提高母畜的受胎率，促进胎儿的正常发育，减少难产。因此，给家畜设置运动场是有必要的。

运动场应设在向阳背风的地方，一般是利用畜舍间距，也可在畜舍两侧分别设置。运动场地面要求排水良好，坡度以1%~3%为宜，地面以沙壤土最好，如果为壤土土质，须掺加一定量的细沙，提高渗水能力。沙壤土或壤土掺加细沙改良的地面除具有排水良好，还具有提高家畜行走和躺卧的行为舒适度。由于猪具有拱土的行为习性，猪场运动场以选择混凝土或其他实心地面为主。

运动场围栏高度为：牛1.2 m、羊1.1 m、猪1.1 m、鸡1.8 m。各种公畜运动场的围栏高度可再增加20~30 cm。运动场的面积一般按每头家畜所占舍内平均面积的3~5倍计算，种鸡按鸡舍面积的2~3倍计算。每头家畜的舍外运动场面积参考数据见表6-3所示。

为了防止夏季烈日曝晒，可考虑在运动场上空设置遮阴篷或在周边种植遮阴树。运动场围栏外侧设排水沟。现代集约化饲养的育肥猪、肉鸡和笼养的蛋鸡，由于饲养期短或饲养方式的限制，一般不强调运动，不设运动场。

表 6-3 家畜舍外运动场面积 m^2/头

家畜种类	面积	家畜种类	面积	家畜种类	面积
成乳牛	20	2~6 月龄猪	4~7	羊	4
青年牛	15	种公猪	30		
犊牛	5~8	育肥猪	5		
种公牛	15~25	带仔母猪	12~15		

(5)场内道路的要求

场内道路应尽可能短而直，以缩短运输线路；主干道路因与场外运输线路连接，其宽度应能保证顺利错车，为5.5~6.5 m。支干道与畜舍、饲料库、产品库、贮粪场等连接，宽度一般为2~3.5 m。通常情况，畜牧场通过围墙将场内与场外道路相隔，然而随着社会经济的发展，有的畜牧场可能还兼具教育、培训和承载地方文化保存与传承的功能，可以通过设置空中栈道将场外道路与场内相关功能区相连接，既在空间上实现隔离，又可以将场内与场外连接形成一个有机整体。但从防疫角度考虑，空中栈道的入口处增加消毒设施较为保险。

无论是场内或场外道路，路面中间高两边低，即中央稍微凸起，保证排水顺畅，路面干爽。道路两侧应设排水明沟，并应植树。道路布局不妨碍场内排水。路面坚实，条件允许时铺设三合土、混凝土路面。生产区的道路应区分为转群、运送产品、饲料的净道和运送粪污、病畜、死畜的污道。从卫生防疫角度考虑，要求净道和污道不能混用或交叉。

(6)供水管线的配置

集中式供水方式是利用供水管将清洁的水由统一的水源送往各个畜舍，在进行场区规划时，必须同时考虑供水管线的合理配置。供水管线应力求路线短而直，尽量沿道路铺设在地下通向各舍。布置管线时应避开露天堆场和拟建地段。其埋置深度与地区气候有关，非冰冻地区管道埋深：金属管一般不小于0.7 m，非金属管不小于1.0~1.2 m；寒冷地区则应埋在最大冻土层以下，如哈尔滨地区冻土深度1.8 m左右，一般的管线埋深应在2.0~2.5 m，京津地区一般埋深应为0.8~1.2 m。

6.4 畜舍设计

畜舍设计是一项综合性的工作，其任务是以工艺设计资料为主要依据，综合解决各项土建工程问题。一般情况下分为初步设计、技术设计和施工图设计3个步骤，涉及工艺、总图、建筑、结构、给排水、采暖通风、电气与自动控制、粪污处理与利用等相关专业的设计。其中建筑设计的内容包括：畜舍类型的选择、畜舍平面设计、畜舍剖面设计、畜舍立面设计及其相应的设计说明。此外，随着动物福利的兴起，新时期畜舍的设计还需要考虑畜禽健康与福利的需要，尽可能提供足够的饲养空间，满足动物心理与行为需求。基本的畜舍设计通常包括畜舍类型的选择、畜舍平面设计、剖面设计和立面设计。

6.4.1 畜舍设计的概念

畜舍设计是根据畜牧场生产工艺的要求，制订的畜舍建设的蓝图，包括建筑设计和技术设计。

(1)建筑设计

建筑设计是以工艺设计为依据，在选定的场址上进行合理的分区规划和建筑物、构筑物以及道路等的布局，绘制畜牧场总平面图；在畜牧场总体设计的基础上，根据工艺设计的要求，设计各种房舍的式样、尺寸、材料及内部布置等，绘制各种房舍的平面图、立面图和剖面图，必要时绘制用于表达房舍局部构造、材料、尺寸和做法的建筑详图。建筑设计的全部图纸包括畜牧场总平面图和各种房舍的平面、立面、剖面图以及建筑详图，统称为建筑施工图。建筑设计也涉及畜牧专业知识，因此，也需要有畜牧技术人员参与。

(2)技术设计

技术设计包括结构设计和设备设计。结构设计就是根据建筑设计的要求，设计和绘制每种房舍的基础、屋面、梁、柱等承重构件的平面图和构造详图，这些图纸统称为结构施工图；设备设计则是根据工艺设计、建筑设计和结构设计的要求，设计和绘制场区及各种房舍的给水、供暖、通风、电气等管线的平面布置图、立体布置图以及各种设备和配件的详图，这些图纸统称为设备施工图。技术设计必须由工程设计人员承担。

6.4.2 畜舍类型选择

畜舍按围护结构的封闭程度可以分为开放式、半开放式和密闭式3种。

(1)开放式

开放式畜舍指一面(正面)或四面无墙的畜舍。前者也称为敞棚式，敞开部分朝南，冬季可以保证阳光照入舍内，而夏季阳光只照到屋顶，有墙部分则在冬季起挡风作用；四面都敞开的叫凉棚。开放式畜舍对雨、雪和太阳辐射有一定的遮拦外，几乎暴露于外界环境中。其优点是用材少、方便施工、造价低廉。

(2)半开放式

半开放式畜舍三面有墙，南面(正面)上部敞开，下部仅有半截墙。半开放式畜舍在冬季可以加以遮挡形成封闭状态，以改善舍内的小气候环境。可以根据气候条件进行适当的密封，常见的是在敞开端加设透明的卷帘，达到保温和接收太阳辐射的目的，墙体不设保温层，但屋顶有时也设保温层，以减轻夏季太阳辐射热的影响和避免冬季的冷凝现象。

(3)密闭式

密闭式畜舍通过墙体、屋顶和门窗等围护结构形成全封闭状态，具有较好的保温隔热能力，便于人工控制舍内环境。密闭式畜舍包括有窗密闭式和无窗密闭式两种。有窗式畜舍一般采用自然通风，由于自然通风需要满足不同季节的要求，所以要求通风系统必须有完善的调节功能，以免冬季通风产生较大的热损耗。在炎热地区，自然通风畜舍在无通风辅助措施的情况下，畜禽可能面临严峻的热应激问题，需要结合机械通风以实现散热和通风的目的。

密闭式畜舍的优点是冬季保温性能好，受舍外气候变化影响小，舍内环境可实现自动控制，有利于畜禽的生长。无窗式畜舍在国外应用较多，多为复合板组装式，它能创造较适宜的舍内环境，但土建和设备投资较大，对电的依赖性很强。

(4)装配式

畜舍的外围护结构可全部或部分随时拆除和安装，还可以按照不同的气候特点，将畜舍改变成开放式或半开放式等类型，有利于利用自然条件调控畜舍环境，并易于实现畜舍建筑的商业化和规格化。

在选择畜舍类型时，应根据不同畜舍的特点，结合当地的气候特点、经济状况及建筑习惯，选择适合本地、本场实际情况的畜舍形式。

6.4.3 畜舍平面设计

畜舍平面设计的主要依据是畜牧场的生产工艺、工程工艺和相关的畜舍设计规范与标准。其内容主要包括圈栏、舍内通道、门、窗、排水系统、粪尿沟、环境调控设备、附属用房以及畜舍的平面尺寸的确定等。

(1)圈栏的布置

根据工艺设计确定的每栋畜舍应容纳的畜禽总数、饲养工艺、设备选型、劳动定额、场地尺寸、结构形式、通风方式等，选择圈栏排列方式(单列、双列、多列)并进行圈栏布置。单列和双列布置的畜舍跨度小，有利于自然采光、通风和减少过梁、屋架等建筑结构的尺寸，但在长度一定的情况下，单栋畜舍的容纳量有限，相对外围护面积较大，不利于冬季的保温。南方炎热地区为了自然通风和散热的需要，常采用小跨度畜舍。多列式布置的畜舍跨度大，可节约建筑用地，减少建筑外围护结构的面积，利于保温隔热，但不利于自然通风和采光。奶牛具有耐寒的特点，近年来大型奶牛场出现了多列式(6~8 列)的大跨度牛舍。从保温角度，大跨度畜舍比较适合北方寒冷地区畜群的保温需要。

(2)畜舍通道的布置

舍内通道包括饲喂道、清粪道和横向通道。饲喂道和清粪道一般沿畜舍的长轴方向平行布置，两者不混用；横向通道与饲喂道及清粪道垂直布置，一般在畜舍长度较大时，为方便管理而设置的。通道的宽度也是影响畜舍的跨度和长度的重要因素，为节省建筑面积，降低工程造价，在工艺允许的条件下，应尽量减少通道的数量。不同类型的畜舍、不同的饲喂方式(人工、机械、自动)，其通道宽度的要求不同。

(3)排水系统的布置

畜舍一般沿长轴方向布置粪尿沟以排出污水，宽度一般为 0.3~0.5 m，如不作为清粪沟，可在上面铺设固定漏缝地板，沟底坡度通常是 0.5%~2.0%(过长时分段设置坡度)，在粪尿沟最低处设置地漏或侧壁地漏，通过地下管道排至舍外的沉淀池，再经过污水管排至检查井，通过场区的支管、干管排至粪污处理池。

(4)附属用房和设施布置

以前设计的畜舍，往往在靠近场区净道畜舍的一端设置值班室供饲养员休息。然而，随着人畜混居对人畜健康有不利影响的报道后，最近有的畜牧场将值班室布置在两栋畜舍之间，且靠净道的一侧，由于值班室(有时可能还兼具工具间的功能)面积小，不影响畜舍的采光。有的畜舍在靠近污道一侧设置畜体清洗消毒间，在舍内挤奶的乳牛舍一般还设置真空泵、集乳间等。这些附属用房，应按其作用和要求确定其位置及具体尺寸。

(5)畜舍平面尺寸的确定

畜舍平面尺寸主要是指长度和跨度。畜舍平面尺寸受许多因素的影响，如建筑形式、气候条件、设备尺寸、走道、畜禽饲养密度、饲养定额、建筑模数等。通常首先是确定圈栏、笼具、畜床等主要设备的尺寸。如果设备是定型产品(定型产品有长度、宽度和高度参数)，可直接按照排列方式计算畜舍的总长度和跨度；如果是非定型产品，则按照每个圈栏或每组笼具的容量(饲养量)、饲养面积和采食宽度标准，确定其宽度方向(与畜舍的长度方向平行)和深度方向(跨度方向)。然后，考虑通道(饲喂通道、清粪通道、横向通道)、粪尿沟等设置，即可初步确定畜舍的长度和跨度。最后，按照建筑模数要求，对畜舍的长度和跨度进行适当的调整。

(6)水、暖、电、通风等设备布置

根据畜禽圈栏、排水沟、粪尿沟、清粪通道和附属用房等布置，分别进行水、暖、电、通风等设备工程设计。饮水器、水龙头、冲水水箱、减压水箱等用水设备的位置，应按圈栏、粪尿沟、附属用房的位置来设计。在满足技术要求的条件下，力求管线最短。照明灯具一般沿饲喂通道设置，产房的照明要求方便接产。保温育雏伞、仔猪保温箱等电热设备的设计则需要根据其安装位置、相应功率来设置插座，也要求尽可能缩短线路。通风设备的设置，应在通风量设计的基础上进行。

(7)门窗和各种预留洞口的布置

畜舍大门可根据气候条件、圈栏布置及工作需要，设置在畜舍两端山墙或纵墙上。西、北墙上一般不设大门，或者考虑加设缓冲门斗。畜舍大门、圈栏门和值班室门的位置和尺寸，应根据畜种、用途等决定。窗的设置应根据采光、通风等要求经计算确定，并考虑所在墙体的承重情况和结构柱的间距合理布置。

6.4.4 畜舍剖面设计

畜舍剖面设计主要是确定畜舍各部位、各种构件、配件及舍内设备、设施的高度尺寸。

(1)确定舍内地坪标高

一般情况下，舍内饲喂通道的标高应高于舍外地坪 0.3 m，并以此作为舍内地坪标高(±0.000)。场址处于低洼湿地或当地雨量较大时，可适当提高饲喂通道的高度。供车和畜禽作为出入的畜舍大门，门前不设台阶，而是需要设坡度大于15%的坡道。舍内地面坡道，畜床部分采用2%~3%的坡度，且向后端的粪尿沟倾斜，非躺卧地面的坡度可稍缓一些，为1%~2%即可。

(2)确定畜舍高度

畜舍的高度是指舍内地坪(±0.000)至屋顶承重结构下表面的距离。畜舍高度对土建投资和舍内小气候环境都有影响。通常需要考虑采光和通风的需要，还需要结合当地的气候及防暑防寒的要求综合考虑。寒冷地区的畜舍高度通常为2.2~2.7 m较为适宜，跨度在9.0 m以上的畜舍，高度可以适当增加；炎热地区的畜舍，为了满足通风的需要，畜舍高度一般为2.7~3.3 m。

(3)确定畜舍内部设备及设施的高度尺寸

畜舍内的设施包括畜栏、笼具、食槽、水槽、饮水器等的安置高度，与所饲养的畜种、品种、年龄不同而有差异。如果是定型设备，可以参照厂家提供的产品资料确定；如果是非定型设施与设备，需要结合实际情况加以确定。

(4)确定畜舍结构构件的高度

屋顶中的屋架和梁是主要的承重构件，在建筑设计阶段可以按照构造要求进行构件尺寸的估算，但最终的构件尺寸需要经过结构计算才能确定。

(5)门窗与通风洞口的设置

门的高度根据人、畜和机械通行的需要综合考虑。确定窗户的竖向位置和尺寸时，需要考虑夏季直射光对畜舍的影响，按照入射角和透光角来计算窗户的上下沿高度。

6.4.5 畜舍立面设计

畜舍立面设计是在平面设计与剖面设计的基础上进行的，主要表示畜舍前、后、左、右各个方向的外貌，重要构(配)件的标高和装饰情况。立面设计包括墙体、屋顶、门窗、进排风口、坡道、勒脚、散水及其他外部构件与设备的形状、位置、材料尺寸和标高等。畜舍设计优先满足饲养功能，然后再结合当地的经济与技术条件，运用建筑学原理与手法，使畜舍具有简洁、朴素和大方的外观形象。

6.4.6 畜舍建筑构造设计

畜舍有特殊的生产工艺、舍内环境、气候条件、技术经济等方面的要求，所以畜舍设计除了满足一般建筑的构造要求外，还具有一些特殊的构造设计措施。

(1)墙体

墙体分为承重墙和非承重墙。承重墙需要同时满足构造设计和结构设计要求，而非承重墙仅需要满足构造要求。墙体的结构材料和厚度由结构设计确定，墙体的构造设计包括建筑材料选择、保温和隔热层厚度的确定、防结露和墙体的保护措施。

畜舍内的空气湿度较大，特别是封闭式的畜舍，畜禽体表和地面水分不断蒸发，轻暖的水汽很快上升聚集在畜舍上部，墙体表面湿度增加。如果地面、天棚和墙体的隔热性能差，舍内空气温度很快低于露点温度，而发生畜舍内表面结露，甚至结冰，冰块经反复冻融，损坏墙体结构，同时还造成墙体导热性能加大，导致舍内温度降低，危害畜群健康。因此，畜舍墙体厚度需要通过热工计算的结果来确定，如果墙体厚度需要在0.5 m以上，则需要考虑选择适宜的保温材料作为墙体的保温隔热层。

(2)屋面

屋面是屋顶的面层，直接暴露于外界环境，受自然界风雨的侵蚀。屋面可以分为承重部分和非承重部分，承重部分的材料及其尺寸由结构设计确定。屋面设计要解决的问题是防水、防潮、保温和隔热。研究表明，屋面比墙体受自然气候的影响大，其保温隔热的要求比墙体高。保温和隔热层的厚度要根据不同地区的气候条件经过热工计算，保证满足冬季保温和夏季隔热的要求。除此之外，可以通过设置通风间层、维护结构外表面处理和屋顶通风口等方面进行设计。

① 通风间层　在屋顶面层和基层之间设置空气可以流动的间层，面层接受太阳辐射热使间层空气升温、相对密度变小，由间层的排风口排出，并将传入的热量带走，相对密度较大的冷空气由进风口不断流入间层，如此不断流动，可减少通过基层出入舍内的热量；当舍

外气温低于舍内时，舍内热量通过基层外表面向间层散热，被间层空气带走，使舍内温度很快降低。通风间层厚度在100~200 mm之间，平屋顶和夏热冬暖地区可以适当高些，坡屋顶和夏热冬冷的地区可以适当低一些，寒冷地区不设间层。间层的排风口设置在高处，坡屋顶可设置在屋脊处。

② 围护结构外表面处理　为减少围护结构外表面吸收的太阳辐射热，墙体和屋顶最好采用吸收系数小而反射系数高的浅色、光平外表面。

③ 屋顶通风口　在夏热冬暖地区，或饲养奶牛等耐寒不耐热家畜的畜舍，可以选择钟楼式或半钟楼式屋顶，或在屋脊处设置通长的通风缝隙，以这些措施来提高排风口的位置，加强自然通风。

(3) 天棚

天棚也称天花板，是将畜舍檐高以下空间与屋顶下空间隔开的隔层，从而在屋顶下和天棚上形成一定的缓冲空间，可加强畜舍冬季的保温与夏季的隔热性能，同时也有利于通风换气。一栋8~10 m跨度的畜舍，其天棚的面积几乎比墙的总面积大1倍，而18~20 m跨度时则大2倍以上，可见天棚对畜舍环境控制有着重要的意义。天棚材料要求导热性小、不透水、不透气，本身结构要求简单、轻便、坚固耐用，有利于防水；表面要求光滑，保持清洁，最好刷成白色，以增加舍内的光照。

(4) 门窗

畜舍外门一般要考虑生产管理用车的通行，其宽度应按所用车辆的使用要求来确定，一般单扇门0.8~1.0 m，双扇门在1.2 m以上，门宽在1.5 m以上时，应考虑采用折叠门或推拉门；门洞高度一般取2.1~2.4 m。孵化厅大门需要运进孵化机组，设计时应考虑预留足够宽高的洞口，等机器运入后再封闭；供畜禽出入运动场的门，可以减小门洞尺寸。猪、牛、羊等家畜门采用木门时应在门扇下部两面包1.2~1.5 m高的铁皮，防止家畜破坏。采用金属门时需要注意保温和密闭性。

窗的设置应考虑采光和通风要求，窗洞口尺寸应按照通风和采光要求来设计。面积大、采光多、换气好，但冬季散热和夏季传热多，不利于保温防暑。采光标准以窗地比衡量。

(5) 地面

畜舍地面不同于一般的工业与民用建筑，特别是采用地面平养的畜舍，畜禽的采食、饮水、休息、排泄等生命活动和一切生产活动，均在地面上进行；畜舍必须经常冲洗消毒，猪、牛、马有蹄类家畜对地面有破坏作用，太坚硬的地面又容易损伤蹄部和造成滑倒。因此，畜舍地面既要坚固、保温、防滑，又要使家畜免于伤害，需有一定弹性、防滑和防水，便于清洗消毒和耐受长期的粪污腐蚀。

畜舍地面可分实体地面和漏缝地板两类。根据使用材料的不同，实体地面有素土夯实地面、三合土地面、砖地面、混凝土地面、沥青混凝土地面等；漏缝地板有混凝土漏缝地板、塑料漏缝地板、铸铁漏缝地板、金属网漏缝地板等。素土夯实地面、三合土地面和砖地面保温性能较好，造价低，但吸水性强，不坚固，易破坏，故除家禽和羊等畜禽的小型饲养场(户)外，已较少采用。混凝土地面或漏缝地板除保温性能和弹性不理想外，其他性能均可符合畜牧生产要求，造价也相对较低，故被普遍采用。沥青混凝土地面各种性能俱佳，但沥青含有某些有害或致癌物质，有危及动物健康的嫌疑。铸铁漏缝地板的缺点与混凝土漏缝地板相同，且在粪污侵蚀下容易生锈。塑料漏缝地板各种性能均较好，但造价较高。

实体地面的构造一般分基层、垫层和面层。混凝土地面在土质较好的情况下可直接以夯实素土作为基层，否则需铺碎砖或炉渣或砂石作为基层，然后浇捣50~80 mm厚的混凝土作垫层，再用1:2水泥砂浆做面层20~25 mm厚的面层，但不能抹光，而是抹成麻面，宜向粪尿沟的方向做防滑条纹。为提高实体地面的保温性能，可在满足强度要求的前提下，在垫层下铺焦渣、空心砖等保温层。

(6)消毒池

畜牧场一般要设置车辆消毒池和脚踏消毒池。车辆消毒池设在场区大门和生产区大门处，脚踏消毒池在人员消毒间的进口和畜舍的人员入口处。车辆消毒池的长宽由主要车辆的车身尺寸决定，要保证消毒池稍大于车身尺寸；消毒池的进出口处宜用1:5~1:8的坡度和地面连接，池深一般为100~150 mm，池底设0.5%的坡度朝向排水孔。消毒池一般要用混凝土浇筑，表面用1:2的水泥砂浆抹面。

6.5 畜舍环境控制

环境是相对畜禽主体而言的，通常把对畜禽生长、发育、繁殖和生产有影响的各种因素称为环境因子，各种环境因子的总和称为生物环境。畜禽遗传特性决定畜禽生长发育、产量高低和产品品质等的潜在能力，而环境决定畜禽的遗传潜力能否实现或在多大程度上得以实现。通过环境控制的畜舍饲养畜禽，能最大程度地节约饲料能量、最有效地发挥畜禽的生产潜力，均衡地获得高产优质的产品。环境按照受人类的干预程度分为自然环境和人工环境两大类。自然环境是相对于人工控制环境而言的，指由地球本身自然提供的，如季节、气候、气温、降水、风力大小等；人工环境则是指人类提供并能人为控制的环境，通常指畜禽所处的实际环境(畜舍、设备、舍内小气候、饲养管理条件等)。

6.5.1 环境因子及其对畜禽的影响

为了有根据地调控环境因子的参数，确定其应用范围，为畜禽创造良好的生长环境，首先应了解各环境因子在畜禽生长发育中的作用及其对畜禽的影响。

(1)温度

畜舍内温度是影响畜禽生长、发育和生产的首要因素。温度过高或过低都会使生产力下降、饲料转化率降低、生产成本增高，甚至破坏体温平衡，机体健康和生命受到影响。适宜温度的具体范围取决于畜禽种类、品种、生长阶段、饲料情况等诸多因素。每种动物在不同生长阶段都有它最适于生长的环境温度，在这个温度下它生长得最快、饲料转化率最高。

(2)相对湿度

在畜舍中，空气的相对湿度对畜禽的影响主要表现在对畜禽体表蒸发散热方面。当环境温度较高时，由于显热散失比较困难，空气的相对湿度成为影响潜热散失量的主要因素。当环境温度低于24℃时，相对湿度对畜禽的生长、发育和生产力几乎没有影响。此外，潮湿也容易引起病原体的繁殖，影响畜禽的健康。

(3)气流速度

空气流速对畜禽的影响主要表现在影响散热上。当环境温度低于畜禽体温时，空气流速的增加将促进畜禽的显热失热和潜热失热。因此，在高温环境下提高气流速度，有利于畜禽散热和生产力的提高，在低温环境中则是不利的。当环境温度高于畜禽体温时，提高气流速度将增加畜禽的热负荷。

(4)空气污染物

空气污染物包括气体和固体微粒。气体污染物主要有：二氧化碳(CO_2)、甲烷(CH_4)、氨气(NH_3)、硫化氢(H_2S)以及畜禽粪便分解产生的微量气体等。封闭式的畜禽环境中的固体微粒主要来源于饲料粉尘和畜禽的细碎羽毛、粪便、皮屑等。

NH_3浓度高于0.02%时会刺激畜禽打喷嚏、流口水、食欲下降，长时间作用会引起呼吸道疾病。H_2S具有刺激性和窒息性，在低浓度下暴露会对眼睛、呼吸器官产生刺激，动物在0.002%浓度下生长时会惧光、紧张并且食欲减退，在0.005%~0.02%时表现为呕吐、恶心和腹泻，在浓度0.1%时家畜会休克或死亡。在清理粪便时，由于搅动粪便会产生高浓度的H_2S。在平时若不搅动粪便，充足的通风可保持H_2S浓度在0.002%以下。CH_4的危险浓度为5%，由于CH_4比空气轻，通常聚集在空气滞流区上部，正常通风可将CH_4排走。

合理设计畜舍地面和粪尿沟，使废水能及时流出舍外，避免有害气体溶解在水(汽)内。采用合理的设施使粪尿及时分离，使尿素和脲酶分开，降低NH_3排放量。舍内有害气体可依靠完善合理的通风系统排除。良好的通风设施不仅要有足够的换气量，而且要求气流均匀分布，以排除空气污染物，改善畜禽环境。

(5)光照

光照对畜禽的生理机能有重要的调节作用，同时为饲养员的工作和畜禽采食等活动提供方便。光照强度对畜禽代谢有明显影响。试验证明，育肥猪适当减少光照强度，可提高饲料利用率和增重。光照强度较低时，鸡群比较安静，生产性能和饲料利用率都比较高；光照过强时，容易引起啄羽和啄肛等问题。

鸡在红光下趋于安静，啄癖极少，蛋鸡产蛋量增加；在绿光、蓝光和黄光下，鸡的增重较快，成熟较早，蛋鸡产蛋量较少，饲料利用率较低。光照时间的长短对畜禽生长、繁殖和生产有一定的影响，不同畜禽对光照时间的要求不同，如保持24 h低强度光照对肉鸡有利，肉鸡在弱光中采食正常，饲料利用率也比较高。

6.5.2 畜舍环境控制系统及应用

畜舍环境控制系统包括建筑物围护结构、通风系统、供热系统、降温系统以及光照设备等。建筑围护结构是环境控制的基础，它保证畜舍与外界不利环境隔离，使畜禽环境能够得以控制。

6.5.2.1 畜舍防暑与隔热

我国由于受东亚季风气候的影响，夏季南方、北方普遍炎热，尤其是在南方，高温持续期长、太阳辐射强、湿度大、昼夜温差小，对家畜的健康和生产极为不利。在上海地区，气温高于23℃时，奶牛的产奶量下降20%~28%，温度高于30℃，蛋鸡产蛋率下降10%~

30%。因此，在南方炎热地区或北方夏季，解决夏季防暑降温问题，对于提高畜牧业生产水平具有重要意义。

(1)畜舍围护结构的隔热设计

① 围护结构隔热要求　在自然通风条件下，夏季舍内平均温度比舍外平均气温高1.0~1.5℃，舍内最高气温约与舍外最高气温接近。对自然通风畜舍，夏季主要是降低太阳辐射热的影响，使内表面温度不高于舍外空气温度，并且使舍内热量能很快地散发出去。

对于设有通风降温设备的畜舍，为了减少夏季机械通风的负荷，要求屋顶要有较高的隔热能力。京津地区大型蛋鸡舍采用200 mm厚加气混凝土条板屋顶(水泥砂浆找平层20 mm厚，二毡三油防水层10 mm厚)，外表面做浅色处理。

在干热地区，由于昼夜温差大、干燥，防热要求高，控制通风重点是隔热，采用总衰减倍数大、比较厚重的围护结构较为适宜，有利于日间隔热降温。对于昼夜温差小，湿度大的南方湿热地区，则要求散热迅速，充分通风，围护结构的衰减倍数相对可低一些，主要利用通风来降温。

围护结构受太阳辐射最强，最多的部位是屋顶，因此隔热的重点是屋顶，其次是西墙、东墙，再次为南墙。畜舍通常为坐北朝南，避免畜舍面积最大的纵墙被太阳辐射，而冬季则使纵墙接受更多的太阳辐射，实现冬暖夏凉。

② 围护结构的隔热措施　减少辐射热对建筑物的影响。绿化周围环境，也可在屋顶上铺10 cm厚土层，种植草皮；或铺20 cm锯屑或者膨胀蛭石种植花卉、蔬菜等作物；利用浅色外表减少对太阳辐射的吸收。

设置通风间层、通风屋顶或通风墙，靠通风带走辐射热负荷，散热快。通风屋顶的长度不宜超过15 m，间层高度以20 cm左右为宜。基层应设置适当的隔热层。选用适当的材料和结构，使围护结构具有一定的隔热能力。如采用双排或三排孔混凝土或轻骨料混凝土空心砖做墙体；空心墙内填充岩棉或珍珠岩，其隔热性能比普通的24墙好。

6.5.2.2　畜舍的防寒保温

在我国东北、西北、华北等寒冷地区，冬季气温低，持续期长；四季及昼夜气温变化大。低温寒冷会对畜牧业产生极为不良的影响。因此，寒冷是制约我国北方地区畜牧业发展的主要限制因素。在寒冷地区修建隔热性能良好的畜舍，是确保畜禽安全越冬并进行正常生产的重要措施。对于产仔舍和幼畜舍，除确保畜舍隔热性能良好之外，还需通过采暖以保证幼畜所要求的适宜温度。从构造设计角度，提高畜舍保温隔热性能的措施包括提高地面、基础和外围护结构的保温性能。

(1)地面保温

实体地面的构造一般分基层、垫层和面层。猪、牛、羊在地面上(畜床)上躺卧的时间在12 h以上，在非保温地面上，散热量较大。采用保温地面，可以降低通过地面的散热量。保温地面的做法是将素土夯实，从下到上依次铺设沥青或油毡作防潮层、炉灰渣(或空心砖)、混凝土和保温砂浆层，有条件时还可以增加空气层，使复合地面具有良好的保温性能。

(2)基础的保温

为了减少地面失热，基础结构的处理也必须注意。在基础与墙体之间设置防潮层，降低舍内热量的损失。设置防潮层是为了防止土中的水分沿土墙和砖基础毛细管上升而侵蚀墙身，对提高建筑物的耐久性，保持舍内干燥具有很大作用。常用的防潮层有用防水砂浆砌筑3~5块砖、60 mm细石混凝土防潮带、油毡或用基础圈梁替代防潮层。

(3)外围护结构保温

① 墙体保温　主要是通过对墙体表面或内部进行一定的处理，起到保温节能、保护主体结构、延长建筑物寿命的作用。外墙体保温可简单分为外墙内保温和外墙外保温。外墙内保温通常是在外墙的内侧贴或砌筑块状保温板(如膨胀珍珠岩板、水泥聚苯板、加气混凝土块、EPS板等)，并在表面抹保护层(如水泥砂浆或聚合物水泥砂浆等)。外墙外保温一般由保温层、保护层和黏结层(如胶粘剂、界面剂)构成并安装在外墙的外表面的多层外墙保温体系，能阻止潮湿空气侵入内墙。常见的外墙外保温系统有聚氨酯外墙外保温系统和岩棉板外墙外保温系统。

② 屋顶保温　屋顶面积在畜舍的外围护结构总面积中占较大比重，无论是在炎热地区或寒冷地区畜舍的保温与隔热中都是考虑的重点，需在屋顶层中加入保温层。屋顶保温材料常见的有：

岩棉制品：岩棉是以岩石为主要原料制成的一种矿物棉，具有隔热性能好、容重小、导热系数低、不易燃烧、使用时间长、耐腐蚀、吸声等优点，其制品有岩棉被、岩棉毡、岩棉管壳等。岩棉制品广泛用于屋顶、墙体的保温隔热。

膨胀珍珠岩及其制品：珍珠岩属火山喷出的酸性玻璃质熔岩，将其粉碎成粉料，可配合水泥、水玻璃、磷酸铝溶液、聚乙烯醇溶液等胶结材料制成各种不同性能和形状的珍珠岩制品，用于屋面、墙体、地面的填充保温以及保温抹面层的集料。

膨胀蛭石及其制品：蛭石属云母类矿物，经高温焙烧后体积膨大而成。膨胀蛭石的用途和用法与膨胀珍珠岩基本相同。

泡沫塑料：因制造原料不同，又分聚氨酯泡沫塑料、聚氯乙烯泡沫塑料、可发性聚苯乙烯泡沫塑料、脲醛泡沫塑料等。聚氨酯泡沫塑料包括硬质和软质两种。聚氨酯硬质泡沫塑料具有质量轻、强度高、导热系数低、吸水性小等特性；聚氨酯软质泡沫塑料质轻、柔软、弹性好、隔热保温、透气、吸声、耐磨、价格比硬质塑料稍低。硬质聚氯乙烯泡沫塑料具有容重小、导热系数低、不吸水、耐酸碱、保温等特点。

在上述保温措施的前提下，仍不能满足要求的，通常还需要增加吊顶(天花板)。吊顶可以将吊顶上与屋顶下的空间形成相对封闭的空气层，在-30℃以下的寒冷地区，增加吊顶使畜舍更加保暖；对于炎热地区，吊顶能减少太阳辐射热从屋顶进入畜舍内，避免畜舍过热；采用负压机械纵向通风的畜舍，天棚可降低通风的截面积，改善通风效果。

6.5.3 通风系统的环境调控

通风可使畜舍温度和湿度保持在适宜范围内，将舍内有害气体成分控制在允许的范围内。在不同季节通风换气的目的是不同的。夏季通风换气主要是为了从舍内带走大量的余热，以缓和高温对畜禽的不良影响；冬季通风换气则主要是为了引入舍外新鲜空气，排除舍内污浊空气和多余的水汽，以改善舍内的空气环境。夏季通风为了防止舍内温度过高，必须尽可能排除多余的热量，所以需要采用最大通风量。冬季通风会造成一定热量损失，为节约能量，通常把冬季通风量限制在最低水平上。

(1)畜舍的通风方式

① 自然通风　是利用舍内外温度差所造成的热压或室外风力所造成的风压，来实现换气的一种通风方式。它不需要任何机械设备，利用这种通风方式通常可以达到巨大的通风量，是一种最为经济的通风方式。自然通风又可分为无管道通风和有管道通风两种方式。无管道自然通风系统经门窗开闭来实现通风换气，适用于温暖季节。有管道自然通风主要用于寒冷季节的封闭式畜舍，因门窗紧闭，必须要专门的管道进行送风。

自然通风的原理：有窗口的畜舍，在热压和风压的作用下，一部分窗口舍外的压力高于舍内的压力，这时舍外空气便由这些窗口流入舍内，而另一部分窗口舍内的压力高于舍外的压力，舍内空气便由这些窗口排出。这样就形成了舍外空气经一部分窗口进入舍内，同时舍内空气又经另一部分窗口流到舍外，实现通风换气的目的。

风压(通风)是指风吹向建筑物表面时，畜舍迎风面形成正压，背风面形成负压，气流由正压区开口流入，由负压区开口排出，所形成风压作用的自然通风。舍外风速越大，风向与设窗的墙面夹角(0°~90°)越大，开口面积越大，则通风量也越大。

热压通风是指舍外气温低于舍内气温时，进入舍内的空气被加热变轻上升，使畜舍内部气压低于舍外，舍内空气由上部开口流出，舍外空气就由下部开口流入，如此往复循环形成通风。通风量大小取决于舍内外温差、开口面积大小和上下开口的垂直距离。舍内温热空气由于浮力作用，向上经排气管道排出，新鲜空气经进气口进入舍内以补充排出的废气。在冬季，由于舍内外温差大，通风能力也最大，但在此期间要求的换气量最小，因此必须调节挡板调整进风口的大小。

热压换气是指舍外温度较低的空气进入舍内，遇到畜体散发的热量或其他热源时，受热变轻而上升，于是舍内近层顶、天棚处形成较高的压力区，此时屋顶若有空隙空气就会逸出舍外；与此同时，畜舍下部空气由于不断变热上升，形成了空气稀薄的空间，舍外较冷的空气，不断渗入舍内，周而复始形成自然通风。

② 机械通风

正压通风：也称为进气式通风，是通过风机将舍外新鲜空气强制送入舍内，使舍内气压升高，舍内污浊空气经风口或风管自然排出的换气方式。正压通风对畜舍密闭性要求不高，进风口集中，便于对进风进行加温、过滤等预处理；畜舍内的空气正压可阻止外部粉尘和微生物随空气从门窗等缝隙处进入污染畜舍环境，设施内卫生条件较好。缺点是出风口风速较高，易造成吹向动物的过高风速，舍内气流分布不均，不便采用大通风量。

负压通风：是利用风机将舍内污浊空气抽出，因此也称为排气式通风或排风。由于舍内空气被抽走，变成稀薄的空间，压力相对舍外小，新鲜空气即可通过进气口或进气管流入舍内而形成舍内外空气交换，所以称为负压通风。负压通风系统比较简单，投资少，管理费用低，且易于实现大风量通风和舍内气流分布均匀，便于在进风口处安装湿帘等降温设备。负压通风要求畜舍有较好的密闭性，与外界的卫生隔离较差。

联合通风：是一种将正压通风和负压通风同时使用的通风方式，又称为进排气式通风系统或等压通风系统。大型封闭式畜舍，尤其是无窗式密闭舍，单一的机械通风方式往往达不到应有的换风效果，故需采用联合机械通风。

横向通风：是将风机安装在畜舍的纵墙上，气流方向与畜舍横墙平行，称为横向通风。风机安装位置低，维护方便；适用长度较小，跨度相对较大的建筑。

纵向通风：纵向通风是通风气流与畜舍纵墙平行，在畜舍通风工程中，适应长度远大于跨度的畜舍的一种机械通风方式。舍内气流速度分布均匀，死角少；舍内气流流动断面积远比横向通风小，容易用较小的通风量获得较高的舍内气流速度，有利于在夏季通风中提高舍内风速，促进畜禽身体的散热；风机数量比横向通风少，节省设备和运行费用；排风口集中布置在畜牧场区粪污道一侧，避免并列畜舍因废气排放而交叉污染，有利于卫生防疫。由于相邻畜舍间没有受到排气干扰和污染，畜舍的卫生防疫间距可大大缩小，有利于节约畜牧场建设用地和投资。纵向通风存在的缺点是空气温度等环境参数从进风口至出风口在纵向有较大变化。

(2)畜舍通风量的确定

要保证有效的通风，设计出合理的通风系统，首先必须确定适宜的通风量。通风量一般按下面几种方法确定。

① 根据CO_2计算通风量　CO_2是家畜呼出的废弃物总量，代表空气的污浊程度。用CO_2计算通风量的原理是，根据舍内CO_2的总量，求出每小时需由舍外送入多少新鲜空气，才能将舍内聚集的CO_2冲淡到允许范围，其公式为：

$$L = \frac{1.2mK}{c_1 - c_2} \tag{6-1}$$

式中 L——畜舍所需通风换气量(m^3/h)；

K——每头家畜产生的CO_2量[L/(h·头)]；

1.2——附加系数，是舍内微生物活动产生的及其他来源的CO_2；

m——家畜的头数；

c_1——舍内空气中的CO_2量允许含量，通常$c_1 = 1.5\ L/m^3$；

c_2——舍外大气中CO_2含量，通常$c_2 = 0.3\ L/m^3$。

根据CO_2算出的通风量，往往不是以排除舍内产生的水汽为依据，故只适用于温暖、干燥的地区，在寒冷的潮湿地区应根据水汽和热量来计算通风换气量。

② 根据舍内水汽含量计算通风量　舍内家畜通过呼吸和皮肤蒸发，不断地产生大量的水汽，舍内潮湿的物体也经常发生蒸发。大量的水汽如不及时排出舍外，将导致舍内空气中水汽含量过大。用水汽含量计算通风量的依据是：通过舍外导入比较干燥的新鲜空气，以置换舍内的潮湿空气，根据舍内外空气中所含水分的差异，求得排除舍内产生的水汽所需的通风换气量。其公式为：

$$L = \frac{Q}{q_1 - q_2} \tag{6-2}$$

式中 L——为排除舍内产生的湿气，每小时需从舍外引入的空气量(m^3/h)；

Q——舍内所有家畜产生的水汽量和潮湿物体表面蒸发的水汽量(g/h)；

q_1——舍内气温保持在适(应)范围时，所含的水汽量(g/m^3)；

q_2——舍外大气中所含的水汽量(g/m^3)。

式中Q通常按家畜产生水汽量综合的10%计算(猪舍按25%)，这种估计不能代表实际情况，因为不同的饲养管理工艺、生产用水情况、清粪方式、畜舍地下水位的高低、墙壁和地面的潮湿程度对舍内水汽的产生影响很大。用水汽算得的通风量，一般大于基于CO_2排放算得的量，故在潮湿寒冷地区，用水气计算L较为合理。

③ 根据热量计算通风量　家畜随时都在散发热量，聚集的热量会使舍温升高。因此，在夏季必须通过通风将舍内多余的热量排出舍外；冬季则需要充分利用这些热量维持舍内适宜的温度，并保证舍内产生的水汽、有害气体、粉尘等通过通风排出，这就是根据热量计算通风量的依据。其公式为：

$$Q = \Delta t(1.3L + \sum KF) + W \tag{6-3}$$

式中　Q——家畜产生的可感热(kJ/h)；

Δt——舍内外空气温差(℃)；

L——通风换气量(m^3/h)；

1.3——空气热容量[kJ/(m^3·℃)]；

$\sum KF$——通过围护结构散失的热量[kJ/(h·℃)]，其中K为外围护结构的总导热系数[kJ/(m^2·h·℃)]，F为外围护结构的面积(m^2)；

W——地面及其他潮湿物体表面蒸发所消耗的热量，通常按10%(猪按25%)计算。

根据热量计算的畜舍通风量也叫热平衡法。可用于检验上述两种通风量计算是否切实可行。采用此法计算通风量必须在适宜的舍温环境中进行。将公式加以变化可求得通风量。

$$L = \frac{Q - \sum KF \times \Delta t - W}{1.3 \times \Delta t} \tag{6-4}$$

6.5.4 畜舍采暖

根据采暖媒介，畜舍常用的采暖方式有热水采暖、蒸汽采暖和热风采暖。

(1)热水采暖系统

热水采暖系统由热水或蒸汽锅炉、输送管道、散热设备组成，采用60~80℃热水，通过舍内散热器自然放热；由于水的热容量大，热稳定性好，舍内温度波动小，停机后保温性强；需要采用热水管和散热器，设备费用较高，且系统预热时间较长。

(2)蒸汽采暖系统

设备组成与热水采暖系统相似，采用100~110℃蒸汽，舍内散热器自然放热；供热温度高，散热器表面散热强度大，可减少散热器使用的数量；各散热器间高度差较大时，不会产生如热水采暖那样较大水静压力；系统热的惯性小，停机后保温性差；对锅炉及系统要求高，散热器附近局部高温；当畜舍建造在高差大的场址上时，为避免采用热水采暖系统时水静压力大的问题，可采用蒸汽采暖，但实际中很少采用。

(3)热风采暖系统

热风采暖系统由炉体、风机和热交换装置组成。采用强制对流热交换的方式加热空气；预热时间短，升温快；不用配管和散热器，配置安装灵活、简便，设备费用较低；温度稳定性差，停机后温度降低快；为使热风在舍内分布均匀，往往采用送风管道进行输送分配。本系统适用于小型畜舍或用作大型畜舍的辅助加温设施，尤其适用于短期临时加温。热风炉、暖风机和空气加热器是常见的热风采暖设备。

采用热风炉采暖时，应注意：①每个畜舍最好独立使用一台热风炉。②排风口应设在畜舍下部。③对三角形屋架结构畜舍，应加吊顶。④对于双列及多列布置的畜舍，最好用两根送风管往中间对吹，以确保舍温更加均匀。⑤采用侧向送风，使热风吹出方向与地面平行，避免热风直接吹向畜体。⑥舍内送风管末端不能封闭。

6.5.5 畜舍降温

6.5.5.1 降温的必要性

我国夏季气候炎热，在长江流域及其以南的多数地区(除少数地区，如昆明)7~8月平均气温达28℃左右；最高气温≥30℃日数平均每年50~130 d；最高气温≥35℃的日数平均每年15~30 d。在黄河流域及其以北，也有较多地区7~8月平均气温达到25℃以上；最高气温≥30℃的日数平均每年30~80 d；最高气温≥35℃的日数平均每年1~25 d。仅依靠通风，不采取其他降温处理时畜舍控温能力有限。

6.5.5.2 常见的人工降温方式

(1)冷水降温

低温冷水具有吸收空气显热的特点，降低空气温度。如果用低于空气露点温度的冷水，还具有能够除湿的优点。但水与空气热交换后升温，必须源源不断地排走温度已经升高的水和提供新的冷水。水的比热是4.18 kJ/(kg·℃)，相对于畜舍内降温所需要排除的热量而言，依靠一定数量水的升温所能吸收热量是非常有限的，需要消耗大量的低温地下水，地下水不够丰富的地区不宜采用。

(2)蒸发降温

蒸发降温是水在空气中蒸发，从空气中吸收热量，降低空气温度，蒸发降温技术与设备已在畜舍中广泛采用。降温效果显著，耗水量小。如果采用冷水降温方式，假定冷水温度是12℃，吸热后升到22℃，温度升高10℃，消耗每千克冷水所吸收的热量为41.8 kJ；在采用蒸发降温的情况下，消耗1 kg冷水带走2 442 kJ热量，蒸发降温的效率是冷水降温的58倍。

蒸发降温的优点：设备简单，费用低(约为机械制冷降温的1/7)，运行费用低(约为机械制冷降温的1/10)。缺点是降温的同时，会增加空气的湿度，降温效果受气候条件影响，在湿度较大的天气降温效果不好。蒸发降温的设备有湿垫(需配备风机，采用负压通风模式)、喷雾降温(采用高压水泵产生高压水流，通过液力喷嘴喷出雾化)和离心式喷雾(离心式雾化器多与轴流风机连成一体使用)。

(3)喷淋降温

淋湿动物身体，水在体表蒸发直接带走热量。降温直接，效果显著，简便易行。喷淋降温系统适用于机械或自然通风舍，容易在现有房舍中加装，舍内有漏缝地板有利于排水。水滴不要求很细，对喷淋设备要求很低，喷水压力70~250 kPa，自来水压力足够时可省去水泵。喷淋降温系统的投资与运行费用均较低，但使用范围有限，主要用于成猪舍与牛舍。

(4)屋面喷水降温

在屋面上设置喷水管路和喷嘴，将水喷洒在屋面上吸热降温。其优点是系统简单，且不会增加室内湿度，可有效减少通过屋面传入室内的热量，但降温效果有限。

(5)地道通风降温

地下土层是天然储能器，其体积大，土壤热容量大，较小的温度变化就可以储放较大的热能。地面温度波传向地下土层时，波幅产生衰减和延迟，土层越深，衰减和延迟越大，温度波动幅度较小。

地道通风降温系统组成简单，它主要利用的是自然能源，其运行仅消耗少量风机所需的电能，对环境无污染，地道的使用寿命很长，运行管理以及维护都比较简单。地道埋置深度在一定范围内，地层越深，在夏季其地温与地面上的气温温差越大，降温效果越好。但埋置过深，将增加工程量和造价。一般认为需埋置4~6 m，在年温度波动接近消失的地层即恒温层处即可。

地道的长度要保证降温效果，除需要地道壁面与空气间有足够温差外，还需要地道具有与空气进行热交换的足够壁面面积，即应具有一定的长度。根据分析，为保证地道冷却效率达到0.55左右，在一般条件下，地道壁面的面积$F(m^2)$与地道中空气质量$G(kg/h)$的比值应为0.04~0.06。

6.6 畜牧场环境保护

畜牧生产属于高风险行业，既面临市场风险，又面临养殖疫病的风险。在生产过程中经常处在传染性疾病和其他污染源的威胁之下，因此，安全的卫生防疫成为任何一个畜牧场建场阶段与投产阶段的日常管理中最基本的工作。畜牧场既要求不对环境造成污染，同时还需保全自身免于外界环境的污染。畜牧场场址选择的重要性就在于避免受外界环境的污染。畜牧场在投产以后，场内饲养畜禽粪尿的排放对自身的环境也是一个潜在威胁，处理不当很可能导致畜牧场达不到预期的经济效益，甚至关闭。因此，注重对畜牧场粪污的减量化排放、无害化处理和资源化利用对于畜牧生产的可持续性发展至关重要。

6.6.1 污染原因

畜牧业生产每天都要产生大量的粪尿和其他废弃物，家畜粪尿富含N、P、K，是优质的农肥，既可提高农作物的产量和质量，又可改善土壤理化性质。畜牧业生产为种植业提供粪肥，种植业为畜牧业生产提供饲料，两者相辅相成，对保护生态平衡具有积极的意义。随着工农业生产的迅速发展和土地利用分散的现状，畜牧生产与种植业出现了脱节，使畜禽废弃物处理成为一个不宜解决的问题，从而造成环境污染，究其原因，归纳如下：

(1)畜牧场生产规模扩大，数量急剧扩张

畜牧生产已逐渐从过去的农村副业地位摆脱出来，形成独立的专业化生产，畜禽饲养总量和畜牧场数量都呈剧增态势。庞大的畜群，每天都要产生大量粪尿，贮放、处理、利用不当，很容易污染外界环境。

(2)种养分离

农作物对粪肥利用存在季节性，而粪污的排放却是全年均衡的，造成了生产与利用的季节性矛盾。在粪肥利用的淡季，如果畜牧场没有足够容量的粪污贮存设施，很容易造成流失，污染环境。我国的土地实行家庭联产承包责任制，致使畜牧生产与农作物生产分离，也造成缺乏足够的土地消纳畜牧场产生的粪污。粪肥虽然是传统的农作物肥料，然而随着化肥工业的迅速发展，化肥供应日趋充足，并且运输及使用都比较方便，而粪肥体积大，含水量高，处理费时费事，运输不便，因此造成粪肥大量囤积。

(3)畜牧场向人口集中地靠近

畜牧生产为人们提供大量高蛋白营养食品，随着人民生活水平的提高，膳食结构改变，也要求更多的肉蛋奶。为了降低生产原料和产品运输成本，许多畜牧场选择在城郊建场，由于城郊耕地面积有限，难以消纳畜牧场排放的大量粪污及其他废弃物，也是造成污染的一个重要原因。

(4)饲料地减少

随着饲料工业的发展，配合饲料生产量提高，以及各种添加剂饲料的推广使用，对种植的青绿饲料需求量减少，因而造成粪尿大量过剩，污染环境。

6.6.2 污染途径及其危害

家畜废弃物含有的有机物、氮、磷及其他化学成分，通过水体、土壤和空气污染环境，都成为负面影响。动物废弃物的贮存、运输、处理和农田施用都在不同程度上影响周边的生态环境。

6.6.2.1 土壤污染

粪便产量的均衡化与粪便利用季节性差异的矛盾突出，加之我国种植业与养殖业呈分离状态，导致粪便污染现象严重。土壤被粪便污染后，短期内难以消除其危害。土壤污染具有极强的隐蔽性，水和大气的污染比较直观，有时通过人的感觉器官就能发现，而土壤被污染后有一个漫长的、间接的、逐步积累的过程，往往在土地上的农作物、食物危害人畜健康才得以发现。土壤被重金属(汞、砷等)污染后，由于重金属在土壤中的半衰期长达10~30年之久；有些病原微生物在土壤中可生存数年甚至数十年，从而成为长期的传染源。土壤一旦被污染，消除污染是很困难的。土壤污染的间接性危害是土壤受污染后，通过土壤、饲料(植物)、家畜，或土壤、水、家畜的间接途径危害人畜健康。

6.6.2.2 废水污染

畜牧场废水是高浓度的有机废水，化学需氧量(COD)高达8 000~12 000 mg/L，生化需氧量(BOD)可达5 000~8 000 mg/L，这种废水进入水体后，废水中的微生物消耗溶解氧分解有机物，造成水体缺氧，许多生物不能生存，对水体结构造成严重破坏，致使其生态功能衰退或丧失。畜禽养殖业的粪便、废水等进入水体可导致水体富营养化，其中氮和磷是导致水体富营养化的关键因子。

6.6.2.3 臭气污染

家畜呼出气和消化道排出废气，其中有CO_2、H_2S、吲哚(粪臭素)及肠道发酵产生的气体(如CH_4)；粪尿在舍内或贮粪场均可进行好氧氧化和厌氧发酵。好氧氧化时，碳水化合物可分解为CO_2和水；粪尿含氮化合物可分解为氨基酸，最终产物为硝酸盐。厌氧发酵时，碳水化合物分解成甲烷、有机酸和各类醇类；含氮化合物分解为氨、硫醇、乙烯醇、二甲基硫醚、硫化氢、甲胺、三甲胺等各种恶臭气体。畜牧场臭气影响人畜健康。NH_3易溶于水，容易黏附在鼻腔和眼睛等潮湿黏膜处，对呼吸道产生直接影响，动物长期处于 NH_3浓度较高的环境中，表现为生长受阻，疾病抵抗力低下。

6.6.2.4 温室气体排放

CH_4和 N_2O 是来自动物生产系统潜在的温室气体。反刍动物是 CH_4排放的主要来源(占全球总量的16%)，而动物废弃物排放(特别是废水处理)的 N_2O 占总 N_2O 的16%。

6.6.2.5 病原体传播

粪便和废水中常含有大量的病原体和寄生虫(卵)，存在于大肠中的微生物在粪中几乎都能找到，可通过各种途径进入水体、土壤和空气中。当水体被污染后，可引起某些传染病的传播与流行。例如，猪丹毒、猪瘟、副伤寒、口蹄疫、结核布鲁菌病、炭疽和钩端螺旋体病等。介水传染病的发生和流行，取决于水源被污染的程度和病菌在水中存在的时间。自然条件下，由于天然水体有自净作用，如稀释、日光照射、水生生物的拮抗作用等，污染水体的病原菌会很快死亡；如果水源受到大量或经常性的污染时，就极易造成传染病的流行。

6.6.2.6 药残和其他残留

粪便中的杆菌肽锌在一般条件下能被分解，无副作用。但对大部分兽药而言，随粪便排泄出来的药物原形或代谢产物可能会影响粪便的堆肥，而蓄积在环境中的药物会对土壤微生物和水生动物不利。土壤中的有益菌有硝化菌、固氮菌及纤维素分解菌等，这些土壤微生物的活动保证了土壤肥力，为农作物提供各种营养元素。一旦难分解的兽药进入环境将破坏土壤生态系统的平衡，威胁农业的健康与持续发展。

6.6.2.7 其他废弃物的污染

垫料、病死畜禽未能合理处理，可成为吸引苍蝇、蚊虫繁殖的媒介，并可携带和传播病菌。畜牧场蓄粪池存放舍内排出的粪尿和污水，处理不当会对周边环境造成污染，主要存在以下几方面污染问题：蓄粪池防渗性较差时污水可渗入地下土层；蓄粪池容量小，难以容纳农闲时段产生的粪污，而随意排出场外；畜牧场固体堆粪场无防雨棚，地面处理不当，粪污随地表流失，污染畜牧场周边的土壤。污染的土壤为蝇类和寄生虫滋生提供了适宜的繁殖场所。

6.6.3 废弃物的处理与利用

6.6.3.1 粪便的处理与利用

(1)直接还田

家畜粪尿是优质的有机肥料，含有多种作物生长必需的营养物质(N、P、K等)及微量元素(B、Mn、Zn、Co等)。施用后能增加土壤的有机成分，促进土壤微生物的繁殖，改良土壤结构，提高肥力。土壤容纳和净化有机物的潜力很大，是处理家畜粪便的良好场所，污染物在土壤中经过复杂的净化过程，可以变得无害，从而可以防止环境污染。但是，这种方法不能很快地杀灭病原性微生物和寄生虫卵，而使其在土壤中生存较长时间。

(2)粪便堆肥处理

粪便堆肥也称为高温堆肥法，是将畜粪及垫草等废弃物堆积起来，在控制的条件下，有机废弃物经过微生物作用，发生降解，并向稳定的腐殖质方向转化的过程。堆肥过程产生大量的热量，可以将病原性微生物和寄生虫卵杀灭，达到无害化的要求。

堆肥处理的粪尿可使土壤获得一种腐殖质肥料，作物能在短时间内将其利用，见效快，不会因为施肥量过多而烧死庄稼，使用量可比新鲜粪尿多4~5倍。粪尿经堆肥处理后，质地松软无臭，而且以畜禽粪便作为肥料，不易引起土壤中微量元素的流失，还可以防止疾病传播。

① 堆肥的发酵前处理　堆肥发酵物料最适含水率为60%~65%，含水率低于30%，微生物繁殖受抑制；而高于70%则造成孔隙率低，空气不足。堆肥最适的碳氮比(C/N)是20:1。牛粪的是(20~23):1，猪粪(10~14):1，鸡粪肥(9~10):1，因此猪粪和鸡粪需要调整。常用于调整C/N的材料是稻壳(C/N为70:1)。堆肥微生物喜好微碱性，即pH7.0~8.0时，粪便贮存时间长，可用石灰调整。

② 发酵处理　堆肥发酵必须控制的条件包括：养分、微生物、氧气、水分、温度、时间等。经好氧微生物发酵4~5 d就可使堆肥内温度升高至60~70℃(该温度可杀灭细菌和虫卵)，两周即可达到粪肥均匀分解，充分腐熟的目的。正常情况下，粪便中含有堆肥过程所必需的微生物，主要为细菌、丝状菌和放线菌三大类。堆肥开始由中温性细菌、丝状菌先分解糖类、蛋白质，后产生高温；其次，再由嗜热性细菌、丝状菌和放线菌等繁殖和分解；再由中温性微生物继续分解而腐熟。

③ 堆肥时间　主要影响粪肥的安全性、稳定性和无害化程度。粪肥中的铵离子、尿酸等物质会对作物的生长造成障碍，因此需要足够的堆肥时间保证粪便的熟化，消除不安全因素。各类畜禽粪便的堆肥时间分别为：鸡粪一般为2个月左右；猪粪一般为2个月，但是当施用量大时，则需延长堆肥时间；牛粪一般堆肥时间为20~30 d。由于堆肥温度、水分等环境因素差异大，夏季堆肥时间可以缩短，冬季则需适当延长。

④ 堆肥腐熟度的简易判定方法　根据堆肥过程温度变化情况判定：堆肥过程发酵产热，数天内温度急速上升，高温持续几天后下降，经几次翻堆以及堆温上升、下降之后，堆温不再上升，可认为堆肥腐熟。在堆肥颜色呈黑褐色，物料原形轮廓消失，变得均匀细小，没有粪尿臭，有堆肥发酵味，呈干燥状态，手压不成块后可认为堆肥已成功。

⑤ 堆肥的优、缺点　粪便堆肥腐熟后还可以制成干肥，包装出售，也可以与化肥制成复合干肥，既保持有机粪肥作为肥料的特点，又兼具化肥快速供应养分的特点，提高化肥的利用率。堆肥发酵的优点是：工艺简单，处理后的终产物臭气较少，易干燥，容易包装和施用；缺点是处理的过程中有NH_3的损失，不能完全控制臭气，堆肥所需场地较大，处理时间长。

6.6.3.2　污水处理

污水处理需要考虑：处理达标；注重资源化利用；经济实用性(处理设施和占地面积、运行成本、二次污染)；处理设施与畜牧场主要建筑物同时设计、同时施工、同时使用；针对有机物和氮、磷高的特点；注重生物技术与生态工程的利用。

(1)固液分离技术与设施

畜牧场排放的污水悬浮物高达1.6×10^5 mg/L，有机物含量也很高。如果粪污不用于沼气发酵，通常需要先进行固液分离，降低液体部分污染物的有机负荷。

① 固液分离技术　固液分离通常选用筛滤、沉淀、离心、过滤、浮除、沉降或絮凝等

技术。筛滤是一种根据畜禽粪便的粒度分布状况进行固液分离的方法。大于筛孔尺寸的固体物留在筛网表面，而液体和小于筛孔尺寸的固体物质则通过筛孔流出。固体的去除率取决于筛孔的大小，筛孔大去除率低，反之，则去除率高。粪便的粒度是确定筛孔孔径和去除率的重要参数，它与饲料和粪便的新鲜程度有关。沉淀分离法是利用废水中各种物质密度不同进行固液分离的一种方法。沉淀分离法几乎被所有大中型猪场的废水处理所采用，作为第一步处理。一般采用水泥、砖砌筑成的多级沉淀池，深度通常为 0.6~0.8 m。浮除(气浮)技术需要耗能，化学沉淀和混凝技术因长期需要采购大量的混凝剂且存在污染之嫌，因而畜牧场较少采用。

② 固液分离设施　筛网、隔栅、微滤和砂滤是筛滤所采用的设施。隔栅是由一组平行的金属栅条制成的金属框架，斜置于废水流经的渠道上，或泵站集水池的进口处，用以阻截大块的漂浮物和悬浮物，以避免堵塞水泵和堵塞沉淀池的排泥管。采用滤网目的是阻留、去除废水中的纤维、纸浆等较细小的悬浮物。滤网一般由金属丝编制。常用的有旋流式滤网、振动筛式滤网等。

微滤是利用多孔材料制成的整体型微孔管或微孔板来截留水中的细小悬浮物的装置。砂滤一般以鹅卵石作为垫层，采用粒径 0.5~1.2 mm，滤层厚度 1.0~1.3 mm 的粒状介质为滤料，用于过滤细小的悬浮物。

(2)厌氧发酵处理工艺与设施

① 厌氧发酵的基本原理　厌氧发酵是微生物在缺氧的状况下，将复杂的有机物分解为简单的成分，最终产生 CH_4和 CO_2的过程。厌氧发酵可分为两个阶段：第一阶段是由兼性细菌和厌氧细菌将废水中的蛋白质、碳水化合物、脂肪等转化为以脂肪酸为主的中间产物；第二阶段是由甲烷菌将上述中间产物转化成 CH_4 和 CO_2。

② 厌氧发酵的过程　厌氧发酵也可分为 4 个阶段：水解阶段，固体物质降解为可溶性的物质，大分子物质降解为小分子物质；产酸阶段，碳水化合物降解为脂肪酸，主要是乙酸、丁酸和丙酸，这两个阶段进行的比较快；酸性衰退阶段，有机酸和溶解的含氮化合物分解成氨、胺、碳酸盐和少量的 CO_2、N_2、CH_4和 H_2，副产物还有 H_2S、吲哚、粪臭素和硫醇等，由于产氨细菌的活动，氨态氮浓度上升，pH 值上升，厌氧发酵产生的不良气味也源于此阶段；甲烷阶段，有机酸转化为沼气。

③ 影响厌氧发酵的因素　厌氧发酵除了必须保持厌氧条件之外，还受到温度、pH 值和重金属、抗菌药的影响。厌氧条件可划分为 3 个温度区：20℃以下，20~45℃和 45~60℃，沼气菌的活动温度以 35℃最活跃，此时产气快、产气多，发酵期约为 1 个月。有机物中的碳氮比例要适当，在发酵液原料中，碳氮比一般调控为 25∶1。猪粪尿与水的比例以 1∶3 最为适宜。发酵液正常 pH 为 6.0~8.0，在 pH 6.5~7.5 时产气量最高；酸化期的 pH 在 5.0~6.5；甲烷期的 pH 在 7.0~8.5。发酵液中的重金属、抗菌药等物质可抑制发酵过程。

④ 常规消化器　工艺过程简单，运行稳定。有水压式沼气池、浮罩式沼气池和推流式沼气池等类型。水压式沼气池比较常见，它合并了发酵和储气于同一空间内，下部为发酵间，上部为储气间，发酵时气体从水中逸出后，聚集在储气间，使储气间气压不断升高，发酵料液就被气压压入进水间。产气越大，水位差越大。当沼气被利用时，池内气压降低，水压间的物料便返回发酵间。水压式沼气池一般建于地下，节省建筑材料，池温与地温相同，

温度波动小。

⑤ 上流式厌氧污泥床(UASB)　属于微生物滞留型发酵工艺。絮状污泥直径为1~5 mm，在上升水流和气泡的作用下处于悬浮状态。UASB应用普及很快。UASB由反应区、沉淀区和气室区组成。废水从底部经配水器均匀分布进入。反应器下部是浓度较高的污泥层-污泥床(反应区)，污泥床上部是浓度较低的悬浮污泥层。UASB在猪场的废水处理中比较常见。

(3)好氧处理工艺与设施

①活性污泥处理法　利用微生物生长繁殖过程中形成表面积较大的菌胶团，大量絮凝和吸附废水中悬浮的胶体或溶解的污染物，并将这些物质摄入细胞体内，在氧的作用下，将其同化为菌体组分，或完全氧化为CO_2、水等物质。这种具有活性的微生物菌胶团或絮状泥粒状的微生物群体即称为活性污泥。以活性污泥为主体的废水处理法叫作活性污泥法。

活性污泥法基本工艺是废水先通过初沉淀池，预先将一些悬浮固体去除掉，然后进入一个有曝气装置(池)的容器，活性污泥就在这种装置中将废水中BOD降解，并产生新的活性污泥。当BOD降到一定程度时，混合液流入二次沉淀池，进行固液分离，上清液排放，沉淀污泥一部分回流到曝气池中，其他排放(图6-3)。

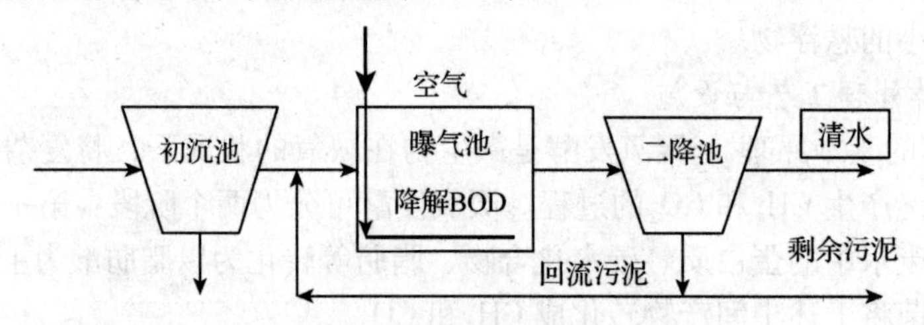

图6-3　活性污泥法处理废水工艺流程

活性污泥处理污水的过程分为以下几个步骤：

• 吸附作用：微生物活动分泌的多糖类黏质层包裹在活性污泥表面，使活性污泥具有很大的表面积和吸附力。活性污泥表面多糖类黏质层与废水接触后，很短时间内便会大量吸附污水中的有机质。在初期，活性污泥对水体的有机物的吸附去除率很高。

• 微生物分解有机物：活性污泥微生物以污水中各种有机物为营养，在有氧条件下分解水中有机物，将一部分有机物转化为稳定的无机物，另一部分合成为新的细胞物质。通过活性污泥微生物处理，除去了水体中的有机物，使废水净化。

• 絮凝体的形成与絮凝沉淀：污水中有机物通过生物降解，一部分氧化分解形成CO_2和水，另一部分合成细胞物质成为菌体。利用重力沉淀法可使水体的菌体形成絮状沉淀，将菌体从水体中分离出来。

活性污泥法处理中，污水和回流污泥从池首端流入，呈推流式至池末端流出。污水净化过程的第一阶段吸附和第二阶段的微生物代谢是在一个统一的曝气池中连续进行的，进口处有机物浓度高，出口处有机物浓度低。

② 批式活性污泥法(sequencing batch reactor，简称SBR)　是国内外近年来新开发的一种活性污泥法。特点是曝气池和沉降池合二为一，分批处理废水。基本工作周期包括进水、反应、沉淀、排水和闲置5个阶段(图6-4)。有效水深为3~5 m。进水和排水由水位控制，反

应和沉淀由时间控制。一个运行周期为4~12 h。SBR池中交替出现缺氧和好氧状态，有利于脱磷和除磷。间隙曝气的模式不仅关系到处理的成败与效果，也关系到运行费用。通常采用的SBR需要较高的基建投资和运行费用，但结构简单；控制灵活，可满足多种处理要求；活性污泥性状好，沉降效率高，污泥产率低(尤其有充分的闲置期时，内源呼吸将减少污泥量)；脱氮效果好，比氧化塘更具吸引力。

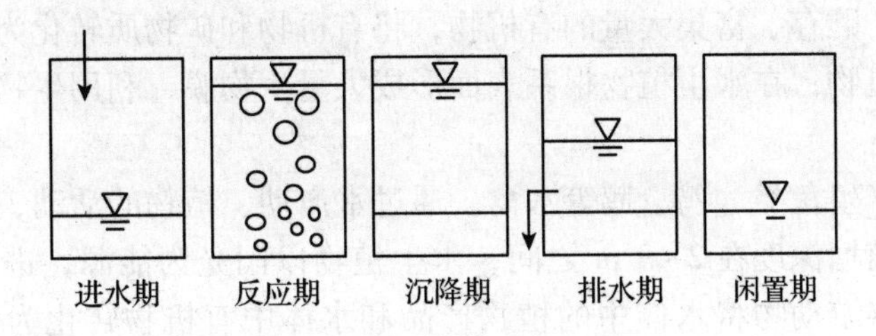

图6-4 批示活性污泥处理工艺流程

③ 人工湿地 湿地是地球上一种重要的生态系统，处于陆地生态系统(森林和草地)与水生生态系统(如深水湖和海洋)之间，是陆生生态系统和水生生态系统之间的过渡带(ecotone)。人工湿地是模拟自然湿地的人工生态系统，类似自然沼泽地，但由人工建造和监督控制，是一种人为地将石、沙、土壤、煤渣等一种或几种介质按一定比例构成基质，并有选择性地植入植物的污水处理生态系统。当污水流经人工湿地时，生长在低洼地或沼泽地的植物截留、吸附和吸收水体中的悬浮物、有机质和矿物质元素，并将它们转化为植物产品。在处理污水时，可将若干个人工湿地串联，组成人工湿地处理废水系统，这个系统可大幅度提高人工湿地处理废水的能力。人工湿地主要由碎石床、基质和水生植物组成。

④ 氧化塘处理法 是利用天然水体和土壤中的微生物、植物和动物的活动来降解废水中有机物的过程。国外氧化塘生物主要由菌类和藻类组成。国内氧化塘生物主要由菌类、藻类、水生植物、浮游生物、低级动物、鱼、虾、鸭、鹅等组成，将污水处理与利用相结合。按占优势微生物对氧的需求程度，可以将氧化塘分为厌氧塘、曝气塘、兼性塘和好氧塘。

厌氧塘：水体有机质含量高，水体缺氧。水体中的有机物在厌氧菌作用下被分解产生沼气，沼气将污泥带到水面，形成了一层浮渣，浮渣可保温和阻止光合作用，维持水体的厌氧环境。厌氧塘净化水质的速度慢，废水在氧化塘中停留的时间最长(30~50 d)。

曝气塘：是在池塘水面安装有人工曝气设备的氧化塘。曝气塘水深为3~5 m，在一定水深范围内，水体可维持好氧状态。废水在曝气塘停留时间为3~8 d，曝气塘BOD负荷为30~60 g/m^3，BOD_5去除率平均在70%以上。

兼性塘：水体上层含氧量高，中层和下层含氧量低。一般水深在0.6~1.5 m，阳光可透过上部水层。在池塘的上部水层，生长着藻类，藻类进行光合作用产生氧气，使上层水处于好氧状态。而在池塘中部和下部，由于受阳光透入深度的限制，光合作用产生的氧气少，大气层中的氧气也难以进入，导致水体处于厌氧状态。因此，废水中的有机物主要在上层被好氧微生物氧化分解，而沉积在底层的固体和老化藻类被厌氧微生物发酵分解。废水在塘内停留时间为7~30 d，BOD负荷2~10 g/m^2·d，BOD去除率为75%~90%。

好氧塘：水体含氧量多，水较浅，一般水深只有0.2~0.4 m，阳光可以透过水层，直接射入塘底，塘内生长藻类，藻类的光合作用可向水体提供氧气，水面大气也可以向水体供氧。塘中的好氧菌在有氧环境中将有机物转化为无机物，从而使废水得到净化。好氧氧化塘所能承受的有机物负荷低，废水在塘内停留时间短，一般为2~6 d，BOD的去除率高，可达到80%~90%，塘内几乎无污泥沉积，主要用于废水的二级和三级处理。

水生植物塘：主要是利用放养植物的代谢活动对污水进行净化。水生植物塘放养的植物应有较强的耐污能力，常用的水生植物有水葫芦、绿萍、芦苇、水葱等。水生植物对污水的净化途径是：吸收、贮存、富集大量的有机物，将有机物和矿物质转化为植物产品；捕集—积累—沉淀水体有机物；在水生植物根系表面形成大量生物膜，利用生物膜中微生物吸附降解水体有机物。

养殖塘：主要养殖鱼类、鸭、鹅等水禽。通过水产动、植物的活动，将废水中的有机质转化为水产品。养殖塘深度在2~3 m之间，水生植物以阳光为能源，进行光合作用分解污染物，浮游植物和浮游动物将水体中的植物产品和水体中有机物转化为鱼类饵料或畜禽饲料，最后通过畜禽和鱼类将水体有机物转化为动物产品。在利用养殖塘处理污水时，一般采用多塘串联，第一、二级池塘培养藻类和水生植物，第三、四级池塘培养浮游动物，最后一级池塘放养鱼类和水禽。用养殖塘只可处理富含有机质但不含重金属和累积性毒物的废水。

网上资源

中国福利养猪网：http：//www. flyzh. com/index. asp

中国奶业信息网：http：//www. chinadairyindustry. org. cn/index. asp

美国农业与生物工程师学会：http：//www. asabe. org

国际农业工程学会：http：//www. cigr. org

丹麦农业咨询中心：Housing design for Cattle

http：//www. teagasc. ie/advisory/farm_ management/buildings/animal_ housing/housing_ design_ info/BeefCattleHousingSeptember%202004. pdf

主要参考文献

李保明，施正香. 2005. 设施农业工程工艺与建筑设计[M]. 北京：中国农业出版社.

李震钟. 1993. 家畜环境卫生学附牧场设计[M]. 北京：中国农业出版社.

刘继军，贾永全. 2008. 畜牧场规划设计[M]. 北京：中国农业出版社.

廖新娣，陈玉林. 2009. 家畜生态学[M]. 北京：中国农业出版社.

马承伟，苗香雯. 2008. 农业生物环境工程[M]. 北京：中国农业出版社.

王宇欣，王宏丽. 2006. 现代农业建筑学[M]. 北京：中国农业出版社.

思考题

1. 畜牧场场址选择需要考虑哪些因素?
2. 畜牧场的生产工艺设计包括哪些内容?
3. 畜牧场如何进行功能分区以及合理布局?
4. 简述畜舍类型和畜舍平面、剖面设计的主要内容。
5. 简述畜舍常见的机械通风方式，并评价其优劣。
6. 简述畜禽粪污无害化与资源化利用的技术与工艺。

第7章

猪生产技术

养猪业是畜牧业的重要组成部分，对中国畜牧业的贡献率达50%以上，养猪业的健康发展和猪肉的安全稳定供应在国民经济中具有重要意义。目前，我国养猪业正由传统养猪业向现代养猪业转变，无论是养殖模式、区域布局，还是生产方式、生产能力都在发生显著变化。目前存在自主创新能力弱、食品安全问题突出、养殖成本高、猪肉价格变动幅度大、原种依赖进口、疫病严重、环保压力大、饲料资源尤其是优质蛋白质饲料匮乏等诸多挑战，但也有自主创新条件改善、国际市场空间大、国内市场稳步增长、政府支持力度大等机遇。本章主要内容包括猪的生物学特性与行为学特点、猪的类型与品种、猪的饲养管理，通过本章学习，要求学生熟悉猪的生物学特性、行为学特点及品种特性，理解品种保护与利用方法、规模化养猪工艺流程、养猪设备的使用与管理，掌握猪的饲养管理技术，重点掌握母猪和仔猪的饲养管理。

7.1 猪的生物学特性与行为学特点

7.1.1 猪的生物学特性

7.1.1.1 性成熟早，繁殖率高，世代间隔短

国外引入瘦肉型猪种一般母猪5~6月龄达到性成熟，7~8月龄可初次配种。我国优良地方猪种，3月龄公猪开始产生精子，母猪4月龄开始发情排卵。猪的妊娠期短，平均114 d，1岁或更短的时间可以第一胎产仔。

猪是常年发情的多胎高产动物，一年能分娩两胎，经产母猪平均产仔10头/胎，我国太湖猪产仔数平均14头/胎，个别高产超过22头/胎，最高窝产记录达42头。母猪卵巢有卵原细胞11万个，一生繁殖利用年限内只排卵400个左右，每次发情周期可排卵12~20个，而产仔只有8~12头。公猪一次射精量达200~400 mL，含精子数200亿~800亿个，可见猪的繁殖潜力很大。研究表明，通过外激素处理，可使母猪在发情周期内排30~40个卵，个别高达80个，可有效地提高母猪的繁殖效率。

7.1.1.2 杂食性，饲料转化率高

猪是杂食动物，门齿、犬齿和臼齿都很发达。猪胃是肉食动物的简单胃与反刍动物的复杂胃之间的中间类型，能充分利用各种动、植物和矿物性饲料。猪对食物具有选择性，能辨别口味，特别喜爱甜食。此外，猪具有坚强的鼻吻，嘴筒突出有力，吻突发达，能有力地掘食地下块根、块茎饲料，但这对猪舍建筑物有破坏性，也易于从土壤中感染寄生虫和疾病。

猪的采食量大，但很少过饱，消化道长，消化极快，能消化大量的饲料，以满足其迅速

生长发育的营养需要。猪的唾液腺发达，内含的淀粉酶是马的 14 倍，牛和羊的 3~5 倍，胃肠道内具有各种消化酶，便于消化各种动、植物饲料。猪对饲料的转化效率仅次于鸡，而高于牛和羊，对饲料中的能量和蛋白质利用率高。猪对精饲料的消化率为 76.7%，对青草的消化率达 64.6%，对优质干草的消化率达 51.2%，但因胃内没有分解粗纤维的微生物，只能靠大肠内的微生物分解，因此对粗纤维消化较差，对含纤维素多和体积大的粗饲料的利用能力较差。猪对粗纤维的消化率为 3%~25%，消化能力随品种和年龄的不同而有差别，中国地方猪种较国外培育品种具有较好的耐粗饲料特性。所以，在猪的饲养中，注意精、粗饲料的适当搭配，控制粗纤维在日粮中所占的比例，保证日粮的全价性和易消化性，特别是饲喂瘦肉型猪还是需要以精饲料为主。

7.1.1.3 生长期短，周转快，积脂力强

猪和马、牛、羊相比，胚胎期和生后生长期最短，但生长强度最大。各家畜生长强度见表 7-1。

表 7-1 各种家畜的生长强度比较

畜种	妊娠期(d)	胚胎期(月)	生长期(年)	初生重(kg)	成年体重(kg)	生长期体重增加倍数
猪	114	3.8	1.5~2.0	1~1.5	200	7.64
牛	280	9.5	3~4	35	500	3.84
羊	150	5.0	2~3	3	60	4.32
马	340	11.34	4~5	50	500	3.44

猪由于胚胎期短，同胎仔数多，出生时发育不充分，头的比例大，四肢不健壮，初生体重 1~1.5 kg，各器官系统发育也不完善，对外界环境的适应能力差，所以，初生仔猪需要精心护理。

猪生后两个月内生长发育特别快，30 日龄体重为初生重的 5~6 倍，60 日龄为 1 月龄的 2~3 倍，一般 160~170 日龄体重可达 90~100 kg，即可出栏，相当于初生重的 90~100 倍，而牛、马只有 5~6 倍。当然，为保证这样快的生长速度必须提供优质的全价饲料营养，良好的环境卫生和科学的饲养管理为前提。

7.1.1.4 嗅觉和听觉灵敏，视觉不发达

猪嗅黏膜的绒毛面积很大，嗅区的嗅神经非常密集，因此嗅觉非常灵敏，对任何气味都能嗅到和辨别。在利用嗅觉寻找和固定乳头、识别群内的个体圈舍和卧位、母仔识别及公母性联系中起重要作用。仔猪出生后几小时便能鉴别气味，依靠嗅觉寻找乳头，在 3 d 内就能固定乳头，因此，在生产中按强弱固定乳头或寄养时在 3 d 内进行较为顺利。灵敏的嗅觉在公母性联系中也起很大作用，发情母猪闻到公猪特有的气味，即使公猪不在场也会表现“呆立”反应。同样，公猪能敏锐闻到发情母猪的气味，即使距离很远也能准确地辨别出母猪所在方位。

猪的耳形大，外耳腔深而广，听觉相当发达。另外，猪头转动灵活，可迅速判断声源方向、声音强度、音调和节律，对呼名、各种口令和声音刺激物的调教可以很快建立条件反射。仔猪出生几小时就对声音有反应，到 3~4 月龄时就能很快地辨别出不同声音。现代养

猪场，为了避免由于喂料音响所引起的猪群骚动，常采取全群同时给料装置。为了保持猪群安静，尽量避免突然的音响，尤其不要轻易抓捕小猪，以免影响其生长发育。

猪的视觉很弱，视距、视野范围小，对光的强弱和物体形态的分辨能力也弱，辨色能力差。人们常利用猪的这一特点，用假母猪进行公猪采精训练。

7.1.1.5 适应性强，分布广，大猪怕热，小猪怕冷

猪对自然地理、气候等条件的适应性强，是世界上分布最广、数量最多的家畜之一。除因宗教和社会习俗原因而禁止养猪的地区外，凡是有人类生存的地方都可养猪。从生态学适应性看，主要表现为对气候寒暑的适应，对饲料多样性的适应，对饲养方法和方式（自由采食和限饲、舍饲与放牧）的适应，这些是猪饲养广泛的主要原因。但如遇到极端的环境变动和极恶劣的条件，猪易产生应激反应。如抗衡不了，即生长发育受阻，生理出现异常，严重时患病甚至死亡，如冷、热刺激、噪声刺激等。

猪的汗腺退化，皮下脂肪层厚，妨碍大量体热的散发。皮肤的表皮层较薄，而且被毛稀少，对光化性照射的防护力较差。因而大猪不耐热，其适宜温度为20~22℃。而仔猪因皮下脂肪少、皮薄、毛稀、体表面积相对较大，散热迅速，因而怕冷，初生一周内的仔猪生长的最佳环境温度为30~32℃。生长猪的适宜温度与体重的关系是：T（适宜温度℃）= −0.06 × W（生长肥育猪的体重，kg）+ 26℃。

7.1.1.6 喜清洁，易调教

猪是爱清洁的动物，采食、睡眠和排粪尿都有特定的位置，一般喜欢在清洁干燥处躺卧，不在吃、睡的地方排泄粪尿，在墙角潮湿有粪便气味处排粪尿。若猪群过大，或圈栏过小，猪的上述习惯就会被破坏。

猪属于平衡灵活的神经类型，易于调教。在生产实践中可利用猪的这一特点，建立有益的条件反射，如通过短期训练，可以使猪建立采食、睡觉和排粪尿三点定位。

7.1.2 猪的行为学特点

7.1.2.1 采食行为

猪天生具有拱土的遗传特性，拱土觅食是猪采食行为的一个突出特征。尽管在现代猪舍内，饲以良好的平衡日粮，猪还表现拱地觅食的特征，喂食时每次猪都力图占据食槽有利的位置，有时将两前肢踏在食槽中采食，如果食槽易于接近的话，个别猪甚至钻进食槽，站立食槽的一角，就像野猪拱地觅食一样，以吻突沿着食槽拱动，将食料搅弄出来，抛洒一地。

猪的采食具有选择性，特别喜爱甜食。与粉料和干料相比，爱吃颗粒料和湿料。猪的采食是有竞争性的，群饲的猪比单饲的猪吃得多、吃得快，增重也高。猪在白天采食6~8次，比夜间多1~3次，每次采食持续时间10~20 min，限饲时少于10 min，任食（自由采食）不仅采食时间长，而且能表现每头猪的嗜好和个性。仔猪每昼夜吸吮次数因年龄不同而异，约在15~25次范围，占昼夜总时间的10%~20%，大猪的采食量和摄食频率随体重增大而增加。

在多数情况下，饮水与采食同时进行。猪的饮水量是相当大的，仔猪出生后就需要饮水，主要来自母乳中的水分，仔猪吃料时饮水量约为干料的2~2.5倍，即水与饲料干物质之比为(2~2.5)∶1；成年猪的饮水量除饲料组成外，很大程度取决于环境温度。吃混合料的

小猪，每昼夜饮水 9~10 次，吃湿料的平均 2~3 次，吃干料的猪每次采食后立即需要饮水。自由采食的猪通常采食与饮水交替进行，限制饲喂猪则在吃完料后才饮水。2 月龄前的小猪就可学会使用自动饮水器饮水。

7.1.2.2 排泄行为

在良好的管理条件下，猪能保持其窝床干洁，能在猪栏内远离窝床的一个固定地点进行排粪尿。猪排粪尿是有一定的时间和区域的，一般多在食后饮水或起卧时，选择阴暗潮湿或污浊的角落排粪尿，且受邻近猪的影响。根据观察，生长猪在采食过程中不排粪，饱食后约 5 min 左右开始排粪 1~2 次，多为先排粪后排尿，在饲喂前也有排泄的，但多为先排尿后排粪，在两次饲喂的间隔时间里猪多为排尿而很少排粪，夜间一般排粪 2~3 次，早晨的排泄量最大，猪的夜间排泄活动时间占昼夜总时间的 1.2%~1.7%。

7.1.2.3 群居行为

猪喜群居，同一小群或同窝仔猪个体之间保持熟悉，和睦相处，当重新组群时，稳定的社群结构发生变化，则爆发激烈的争斗，直至重新组成新的社群结构。在猪群内群体位次明显，不论群体大小，都会按体质强弱建立明显的位次关系，位次排在前列的猪，在采食等方面优先。若猪群过大，就难以建立位次，相互争斗频繁，影响采食和休息。

猪群具有明显的等级，这种等级刚出生后不久即形成，仔猪出生后几小时内，为争夺母猪前端乳头会出现争斗行为，常出现最先出生或体重较大的仔猪获得最优乳头位置。同窝仔猪合群性好，当它们散开时，彼此距离不远，若受到意外惊吓，会立即聚集一堆，或成群逃走，当仔猪同其母猪或同窝仔猪离散后不到几分钟，就出现极度活动，大声嘶叫，频频排粪尿。年龄较大的猪与伙伴分离也有类似表现。猪群等级最初形成时，以攻击行为最为多见，等级顺位的建立受构成这个群体的品种、体重、性别、年龄和气势等因素的影响。一般体重大的、强的猪占优位，年龄大的比年龄小的占优位，公比母、未去势比去势的猪占优位。小体型猪及新加入到原有群中的猪则往往列于次等，同窝仔猪之间群体优势序列的确定，常取决于断奶时体重的大小，不同窝仔猪并圈喂养时，开始会激烈争斗，并按不同来源分小群躺卧，24~48 h 内，明显的统治等级体系就可形成，一般是简单的线型。在年龄较大的猪群中，特别在限饲时，这种等级关系更明显，优势序列既有垂直方向，也有并列和三角关系夹在其中，争斗优胜者，次位排在前列，吃食时常占据有利的采食位置，或优先采食权。在整体结构相似的猪群中，体重大的猪往往排在前列，不同品种构成的群体中不是体重大的个体而是争斗性强的品种或品系占优势。优势序列建立后，就开始和平共处地正常生活，优势猪尖锐响亮的呼噜声形成的恐吓和用其吻突佯攻，就能代替咬斗，次等猪马上就退却，不会发生争斗。

7.1.2.4 争斗行为

争斗行为包括进攻防御、躲避和守势的活动。在生产实践中能见到的争斗行为一般是为争夺饲料和争夺地盘所引起，新合并的猪群内的相互交锋，除争夺饲料和地盘外，还有调整猪群居结构的作用。猪的争斗行为，多受饲养密度的影响，当猪群密度过大，每头猪所占空间下降时，群内咬斗次数和强度增加，会造成猪群吃料攻击行为增加，降低饲料的采食量和增重。争斗形式一是咬对方的头部，二是在舍饲猪群中，咬尾争斗。

7.1.2.5 性行为

性行为包括发情、求偶和交配行为，母猪在发情期，可以见到特异的求偶表现，公、母猪都表现一些交配前的行为。

发情母猪主要表现卧立不安，食欲忽高忽低，发出特有的音调柔和而有节律的哼哼声，爬跨其他母猪，或等待其他母猪爬跨，频频排尿，尤其是公猪在场时排尿更为频繁。发情中期的母猪，当公猪接近时，调其臀部靠近公猪，闻公猪的头、肛门和阴茎包皮，紧贴公猪不走，甚至爬跨公猪，最后站立不动，接受公猪爬跨。按压母猪背部时，立即出现呆立反射，这种呆立反射是母猪发情的一个关键行为，能由公猪短促有节奏的求偶叫声所引起，也可被公猪唾液腺和包皮腺分泌的外激素气味所诱发。呆立反射被广泛用于对舍饲母猪的发情鉴定。公猪一旦接触母猪，会追逐它，嗅其体侧肋部和外阴部，把嘴插到母猪两腿之间，突然往上拱动母猪的臀部，口吐白沫，往往发出连续的、柔和而有节律的喉音哼声，有人把这种特有的叫声称为“求偶歌声”，当公猪性兴奋时，还出现有节奏的排尿。

7.1.2.6 母性行为

母性行为包括分娩前后母猪的一系列行为，如絮窝、哺乳及其他抚育仔猪的活动等。母猪分娩前1~2 d，通常以衔草、铺垫、猪床絮窝的形式表现出来，如果栏内是水泥地而无垫草，只好用蹄子抓地来表示，分娩前24 h，母猪表现神情不安，频频排尿、磨牙、摇尾、拱地、时起时卧，不断改变姿势。分娩时多采用侧卧，选择最安静时间分娩，一般多在下午4:00以后，特别是在夜间产仔多见。当第一头小猪产出后，有时母猪还会发出尖叫声，当小猪吸吮母猪时，母猪四肢伸直亮开乳头，让初生仔猪吮乳。母猪整个分娩过程中，自始至终都处在放乳状态，并不停地发出哼哼的声音，母乳乳头饱满，甚至奶水流出容易使仔猪吸吮到。仔猪吮乳过程可分为4个阶段，开始仔猪聚集乳房处，各自占据一定位置，以鼻端拱摩乳房，吸吮，仔猪身向后，尾紧卷，前肢直向前伸，此时母猪哼叫达高峰，最后排乳完毕，仔猪又重新按摩乳房，哺乳停止。

母仔之间是通过嗅觉、听觉和视觉来相互识别和联系的。在实行代哺或寄养时，必须设法混淆母猪的辨别力，最有效的办法是在外来仔猪身上涂抹母猪的尿液或乳汁，或者把它同母猪所生的仔猪混在一起，以改变其体味。猪的叫声是一种联络信息，仔猪遇有异常情况时通过叫声向母猪发出信号，不同的刺激原因发出不同的叫声。泌乳母猪和仔猪的叫声，根据其发声的部位(喉音或鼻音)和声音的不同可分为嗯嗯之声(母仔亲热时母猪叫声)，尖叫声(仔猪的惊恐声)和鼻喉混声(母猪护仔的警告声和攻击声)3种类型，以此不同的叫声，母仔互相传递信息。带仔母猪对外来的侵犯，先发出警报的吼声，仔猪闻声逃窜或伏地不动，母猪会张合上下颌对侵犯者发出威吓，甚至进行攻击。

7.1.2.7 活动与睡眠

猪的行为有明显的昼夜节律，活动大部在白昼，在温暖季节和夏天。夜间也有活动和采食，遇上阴冷天气，活动时间缩短。猪昼夜活动也因年龄及生产特性不同而有差异，仔猪昼夜休息时间平均60%~70%，种猪70%，母猪80%~85%，肥猪为70%~85%。休息高峰在半夜，清晨8:00左右休息最少。泌乳母猪睡卧时间表现出随哺乳天数的增加睡卧时间逐渐减少，走动次数由少到多，时间由短到长，这是泌乳母猪特有的行为表现。

7.1.2.8 探究行为

探究行为包括探查活动和体验行为。猪的一般活动大部来源于探究行为，大多数是朝向地面上的物体，通过看、听、闻、尝、啃、拱等感官进行探究，表现出很发达的探究驱力。猪对新近探究中所熟悉的许多事物，表现有好奇、亲近两种反应，仔猪对小环境中的一切事物都很“好奇”，对同窝仔猪表示亲近。探究行为在仔猪中表现明显，仔猪出生后2 min左右即能站立，开始搜寻母猪的乳头，用鼻子拱掘是探查的主要方法。仔猪探究行为的另一明显特点是用鼻拱、口咬周围环境中所有新的东西。用鼻突来摆弄周围环境物体是猪探究行为的主要方面。

猪在觅食时，首先是拱掘动作，先是用鼻闻、拱、舔、啃，当诱食料合乎口味时，便开口采食，这种摄食过程也是探究行为。同样，仔猪吸吮母猪乳头的序位，母仔之间彼此能准确识别也是通过嗅觉、味觉探查而建立的。猪在猪栏内能明显地划分睡床、采食、排泄不同地带，也是用鼻的嗅觉区分不同气味探究而形成的。

7.1.2.9 异常行为

异常行为是指超出正常范围的行为，恶癖就是对人畜造成危害或带来经济损失的异常行为，它的产生多与动物所处环境中的有害刺激有关。如长期圈禁的母猪会持久而顽固地咬嚼自动饮水器的铁质乳头。母猪生活在单调无聊的栅栏内或笼内，常狂躁地在栏笼前不停地啃咬着栏柱。一般随其活动范围受限制程度增加则咬栏柱的频率和强度增加，攻击行为也增加，口舌多动的猪，常将舌尖卷起，不停地在嘴里伸缩动作，有的还会出现拱癖和空嚼癖。

同类相残是另一种有害恶癖，如母猪在产后出现食仔现象。在拥挤的圈养条件下，或营养缺乏或无聊的环境中常发生咬尾异常行为。

7.1.2.10 后效行为

猪的行为有的是生来就有，如觅食、母猪哺乳和性行为，有的则是后天获得的，即条件反射行为或后效行为，如学会识别某些事物和听从人们指挥的行为等，后效行为是猪生后对新鲜事物的熟悉而逐渐建立起来的。猪对吃、喝的记忆力强，对饲喂的有关工具、食槽、饮水槽及其方位等最容易建立起条件反射。

7.2 猪的类型与品种

中国是世界上猪种资源最丰富的国家，占全球总数的1/3，中国地方品种猪有100多个，但由于外来品种的侵入，中国地方品种猪已经存栏量越来越少，个别品种已经处于濒危状态。现存栏量较大或具有代表类型的品种共48个。培育品种有50多个，引入国外品种主要有5个。

7.2.1 猪的经济类型

根据不同猪种的经济用途、生产肉脂的能力和相应的外形特点，猪被划分为瘦肉型、脂肪型和兼用型3种经济类型。不同类型猪在体形、胴体组成和饲料利用方面各具特点。

7.2.1.1 瘦肉型(腌肉型)

瘦肉型猪胴体瘦肉多、肥肉少，胴体瘦肉率在55%以上，第6~7肋间背膘厚在3 cm以下。其外形特点是中躯长，前后肢间距宽，头颈较轻，腿臀发达，肌肉丰满。一般体长大于胸围15~20 cm。瘦肉型猪能有效地利用饲料中的蛋白质转化为瘦肉，生长速度快，饲料利用率高。腿臀丰满，胸腹肉发达，因而瘦肉多。从国外引进的长白猪、皮特兰猪、大约克夏猪、杜洛克猪、汉普夏猪，以及我国培育的三江白猪和湖北白猪等都属瘦肉型。

7.2.1.2 脂肪型(脂用型)

脂肪型猪胴体脂肪多，肌肉少，胴体脂肪率在45%以上，第6~7肋间背膘厚在4 cm以上。其外形特点是体躯短而宽深，头颈较重，躯体丰圆，胸围等于体长或大于体长不超过2~3 cm。脂肪型猪利用饲料中的碳水化合物转化为体脂肪的能力强，而利用饲料蛋白质转化为肌肉的能力较差，生长较慢，单位增重消耗的饲料较多。老式巴克夏猪，中国的大多数地方猪种，如宁乡猪、太湖猪、金华猪、民猪、内江猪等，都属于脂肪型猪种。

7.2.1.3 兼用型(鲜肉型)

肉脂兼用型猪胸体肉脂比例、体形特点和饲料转化效率都介于瘦肉型和脂肪型之间。瘦肉和脂肪大体各占50%，我国的大多数培育品种(如湘村黑猪、北京黑猪，东北花猪、新淮猪等)都属于肉脂兼用型猪种。

7.2.2 国外引入猪品种

7.2.2.1 大白猪

大白猪原名大约克夏猪，是英国在18世纪育成的，是世界上著名的瘦肉型猪种，引入中国后经过多年驯化，已经有了较好的适应性。其主要优点是生产速度快、饲料报酬高，产仔数多，胴体瘦肉率高。目前，引入我国的有英系、法系、加系、美系等大约克夏猪种。

① 品种特征　大白猪的体格较大，体形匀称；颜面宽，略带凹；鼻直、耳立；四肢高大，背腰略呈流线形；皮毛全白，有时在少数猪只的额部皮上有一很小的青斑；乳头数在6对以上。

② 生产性能　成年公猪体重约263 kg，母猪约224 kg。平均窝产仔数为11~12头。育肥猪在良好饲养条件下，农场大群测定，日增重可达855 g，胴体瘦肉率61%，各地因饲养管理条件不同而有所差异。

③利用　大约克猪种在杂交利用上主要用作母本，长白猪做父本，生产长×大二元杂交母猪，作为规模化猪场的基础母本。也可用大约克猪做父本与地方母猪进行杂交，生产二元商品猪。一代杂种猪胴体瘦肉率在57%以上。

根据我国各地的报道，利用大白猪做父本与我国的本地猪品种进行杂交，都能取得良好的效果。与民猪、荣昌猪、内江猪、两头乌猪及大花白猪等杂交，其一代杂种的日增重比其母本提高20%以上。

7.2.2.2 长白猪

长白猪原名兰德瑞斯猪，原产于丹麦，是世界上著名的瘦肉型猪种之一。长白猪是当今世界上分布最广的品种之一，是一个著名的瘦肉型品种猪，世界各国几乎都有引进和饲养。长白猪产仔多，生长发育快、节省饲料、胴体瘦肉率高等，但抗逆性差，对营养要求较高。

我国长白猪有英系、法系、比利时系、新丹系等品系。

① 品种特征　长白猪的颜面直，耳大且薄向下覆盖颜面；颈部、肩部较轻，背腰长直，

体侧长深，腹线平直；腿臀丰满，蹄质结实；全身被毛为白色，毛稀，皮肤薄，骨细结实；乳头6~7对。

② 生产性能 成年公猪体重约246 kg，母猪约218 kg。平均窝产仔数为11~12头。育肥猪在良好条件下，日增重可达950 g，胴体瘦肉率60%~63%，但各地因猪种来源不同、饲养水平不同，有一定差异。

③ 利用 在养猪生产中，用长白猪作为三元杂交(杜×长×大)猪的第一父本或第一母本。即常用长白猪做父本，大约克猪做母本生产长×大二元杂种母猪。在现有的长白猪各品系中，法系、新丹系和台系的杂交后代生产速度快、饲料报酬高，比利时系后代体型较好，瘦肉率高，但增重较新丹系、法系和台系缓慢。长白猪作为一个优良的瘦肉型品种猪，在改良我国本地品种猪，提高我国养猪劳动生产率方面起到了积极的作用。

7.2.2.3 杜洛克猪

杜洛克猪原产美国东部的纽约州和新泽西州，现已遍布全世界。因为皮毛棕红俗称“红毛猪”。目前，引入我国的主要有美系、匈系、台系等猪种。杜洛克猪适应性强，体质健壮，耐低温，对高温的耐受性差，且抗逆性强、生长速度快、饲料利用率高、胴体瘦肉率高、肉质较好。

① 品种特征 杜洛克猪颜面微凹，耳中等大小，为半垂耳；体躯深广，背腰平直或稍弓，背腰较宽，肌肉丰满，四肢强健；毛色为红棕色，深浅不一，从枯草黄色到暗红色；乳头6对左右。

② 生产性能 成年公猪体重约300 kg，母猪约250 kg。产仔数平均为9~10头。育肥猪20~90 kg阶段，日增重可达760 g，瘦肉率62%~63%。

③ 利用 杜洛克猪是我国“八五”国家养猪攻关课题筛选出的最优杂交组合的最优终端父本，能大幅度地提高其后代的胴体瘦肉率和生长速度。三元杂交猪(杜×长×大)是目前全球杂交模式采用最多的杂交组合。

7.2.2.4 汉普夏猪

汉普夏猪原产于美国，是北美洲分布最广的猪种之一，20世纪70年代引入我国。其生长发育较快，抗逆性较强，饲料利用率，眼肌面积大，瘦肉率高，但产仔数量较少。

① 品种特征 汉普夏猪的嘴筒长直，耳中等大小且直立；体型较大，体躯较长，四肢稍短而健壮；汉普夏猪背腰微弓，较宽；腿臀丰满；毛色为黑色，在猪体的肩部及其前肢有一白色的被毛环所覆盖，故称之为“白带猪”；乳头6对以上，排列整齐。

② 生产性能 成年公猪体重315~410 kg，母猪250~340 kg。产仔数平均为9~10头。育肥猪20~90 kg阶段，日增重可达725~845 g，胴体瘦肉率61%~62%。各地因饲养水平不同而有所差异。

③ 利用 汉普夏猪适于作为杂交父本(特别是终端父本)，以地方品种或培育品种为母本，进行二元或三元杂交，可以明显提高杂种仔猪初生重和商品率，能获得良好的杂交效果。

7.2.2.5 皮特兰猪

皮特兰猪原产于比利时，我国20世纪80年代开始引进。皮特兰猪胴体瘦肉率最高，背膘薄，后腿发达，是其他品种所无法比拟的，但肉质较差，肌纤维较粗，PSE肉发生率几乎

100%，属应激敏感型品种。

① 品种特征 皮特兰猪的毛色大多数为灰白花，或是大块的黑白花色；耳中等大小，略向前倾；背腰宽大，平直，体躯短；腿臀丰满，方臀；全身的肌肉丰满，尤其是前后躯发达，呈双肌臀，有“健美运动员”的美称，体型呈圆桶型。

② 生产性能 产仔数平均为10~11 头。背膘薄，1 cm 左右，90 kg 体重时胴体瘦肉率高达70%，以后生长速度显著减慢。

③ 利用 用皮特兰猪做父本与其他品种猪进行杂交，瘦肉率得到明显的提高。

概括来说，这些引入猪种具有七大特点：体格大，背腰弓，四肢高；生长快，20~90 kg体重期间，日增重可达550 g 以上；胴体瘦肉率高，90 kg 体重屠宰时胴体瘦肉率可达55%~62%；母猪产仔数低，发情不明显；肉质差，易出现 PSE 肉或 DFD 肉；抗应激能力差；对饲养管理条件要求高。

7.2.3 中国地方猪品种及种质特性

7.2.3.1 中国地方猪品种类型

(1)华北型

华北型猪分布最广，主要在淮河、秦岭以北，包括东北、华北、内蒙古自治区、新疆维吾尔自治区、宁夏回族自治区，以及陕西、湖北、安徽、江苏四省的北部地区和青海的西宁市、四川省广元县附近的小部分地区。华北型猪分布地区在我国气候区划上属于北温带、中温带和南温带。

华北型猪体型较大，腰背窄而较平，四肢粗壮；头较平直，嘴筒长，便于掘地采食；耳大下垂，额间多纵行皱纹；毛粗密，鬃毛发达；背毛绝大部分为全黑色，冬季密生绒毛，抗寒力强。与其他型猪种相比，华北型性成熟较晚，繁殖性能较强，产仔数一般在12 头以上，母性强，泌乳性能好，仔猪育成率较高。耐粗饲和消化力强。肥育性能中等，胴体瘦肉率较高，达45%以上。屠宰率较低，一般为60%~70%。肉质良好、肉色鲜红、肉味浓厚、肌内脂肪含量高、细嫩、味鲜，芳香浓郁。代表猪种主要有民猪、八眉猪、黄淮海黑猪、汉江黑猪、沂蒙黑猪。下面以民猪为例介绍其优良品种资源。

① 起源与产地 民猪(大民猪、二民猪、荷包猪)，原称东北民猪，起源于东北三省的一个古老的地方猪种，是我国华北型地方猪种的主要代表。早期民猪分大、中、小3 个类型，至20 世纪中期，大型和小型民猪几乎绝迹，现存的民猪主要是中型民猪。

② 品种特征 民猪全身被毛为黑色；体质强健，四肢粗壮，后躯斜窄；头中等大，面直长，耳大下垂；背腰较平、单脊；乳头7 对以上；猪鬃良好，冬季密生棕红色绒毛。民猪肉质好，无 DFD 和 PSE 猪肉，肌肉含水量少，干物质多，脂肪含量适中，具有色、香、味俱佳的优点，肌间脂肪含量比其他品种高2%~3%，系水力比其他品种高4%~6%，大理石纹分布均匀，口感细腻多汁。

③ 生产性能 民猪具有繁殖性能高、产仔数多、泌乳量大、适应性强、肉质坚实、肌肉颜色鲜红、肌间脂肪含量高、大理石花纹分布均匀等优良特点，其良好的生产性能、较强的适应性、优良的肉脂品质是其他品种猪无法比拟的。民猪性成熟早，初情期为121 d，体重70 kg左右即可发情配种，受胎率均超过90%；民猪的繁殖利用年限长，平均淘汰年龄为4.3

周岁；初产猪平均产仔12.2头，经产母猪平均产仔14.6头。民猪抗逆性强，在30℃和-28℃的气温下仍能正常生产。民猪对粗纤维消化率比瘦肉型猪高，发病率和病死率分别比瘦肉型猪低23%和20%。

④ 开发利用 民猪与瘦肉型公猪杂交，生产的二、三代商品猪，可兼得民猪的产仔多、抗逆性强、肉质好和瘦肉型猪的生长速度快、饲料报酬高、瘦肉率高等优良特性。以民猪为亲本培育形成的哈尔滨白猪、新金猪、吉林黑猪、昌图黑猪、东北花猪及三江白猪在我国的培育品种中有突出的影响，为我国北方养猪生产的发展作出了卓越的贡献。

(2)华南型

华南型猪分布地区气候湿热，雨量充沛，气温虽不是最高，但热季最长。饲料丰富，青绿多汁饲料尤为充足。精料中多为米糠、碎米、玉米、甘薯、豆渣和制糖副产品等，饲料多汁，富含糖分，营养较为丰富，加之气温较高，新陈代谢旺盛，形成了华南型猪早熟且易积累脂肪的特点。华南猪的体躯较短、矮、宽、圆、肥，骨骼细小，背腰宽阔下陷，腹大下垂，臀较丰满，四肢开阔粗短，从幼年到成年体型都肥满；头较短小，面凹，额部皱纹不多且以横纹为主，耳小直立或向两侧平伸；毛稀，多为黑白斑块，也有全黑被毛；乳头多为5~7对；性成熟早，繁殖力中等，产仔数每胎约10头左右。饲养水平较低，多以放牧为主，生长缓慢。胴体瘦肉率低，脂肪率高，超过40%，背膘一般较厚，如海南岛的文昌猪、屯昌猪背膘厚达7 cm。华南猪早熟易肥。代表猪种有滇南小耳猪、海南猪、两广小花猪、香猪等。下面以香猪为例介绍其优良品种资源。

① 起源与产地 香猪主要产于贵州省从江的宰更、加鸠两区，三都县都江区的巫不，广西环江县的东兴等地，主要分布于黔、桂交界的榕江、荔波及融水等县。

② 品种特征 香猪体躯短小，被毛黑色，毛细有光泽，头长额平，额部皱纹纵横，眼睛周围无毛区明显，耳小而薄，向两侧平伸或稍向下垂；颈部短而细，背腰微凹，腹大而圆，下垂，四肢短细，后肢多为卧系。尾巴细小，尾端毛呈白色；母猪乳头多为5~6对。

③ 生产性能 香猪肉嫩味香，无膻无腥，故名香猪，是一个生产优质猪肉的良种。6月龄公猪平均体重14.2 kg，体长65 cm，体高33 cm，胸围55 cm；母猪8月龄体重30 kg，体长70 cm，体高47 cm，胸围73 cm。育肥香猪屠宰率为63.6%，瘦肉率达52.2%。香猪性成熟早，一般3~4月龄性成熟。窝产仔数少，平均5~6头。成年母猪一般体重40 kg。香猪早熟易肥，宜于早期屠宰。屠宰率65%，瘦肉率47%。

④ 开发利用 以贵州香猪为母本，长白猪为父本进行杂交组合，在胴体性状和肉质性状等方面均取得较好的杂交组合效果。

(3)华中型

华中型猪种主要分布于长江南岸到北回归线之间的大巴山和武陵山以东的地区，包括江西、湖南和浙江南部以及福建、广东和广西的北部，安徽和贵州也有局部分布。华中型猪体质较疏松，骨骼细致，肉质细嫩；背较宽而背腰多下凹，腹大下垂；四肢较短；头较小，耳较华南型猪大而下垂，额间皱纹也多横行；被毛稀疏，大多为黑白花猪，头尾多为黑色，体躯中部有大小不等的黑斑，个别者全黑；乳头6~7对，每窝产仔10~13头。代表猪种有湖南宁乡猪和大围子猪、华中两头乌猪、浙江金华猪、广东大花白猪等。下面以宁乡猪为例介绍其优良品种资源。

① 起源与产地 宁乡猪又称草冲猪、流沙河猪，产于湖南宁乡县，是湖南省四大名猪种之一，20世纪70年代曾被联合国粮农组织列为推荐品种。宁乡猪具有繁殖率高、早熟易肥、肉质疏松、耐粗饲等特点，且在饲养过程中性情温顺，适应性强。在漫长的选育中，形成了肉质细嫩、肉味鲜美等特有的性状，被称为国家重要的家畜基因库。

② 品种特征 宁乡猪体型中等，头中等大小，额部有形状和深浅不一的横行皱纹，耳较小、下垂，颈粗短，有垂肉，背腰宽，背线多凹陷，肋骨拱曲，腹大下垂，四肢粗短，大腿欠丰满，多卧系、撒蹄，群众称“猴子脚板”，被毛为黑白花。按头型分3种类型：狮子头、福字头、阉鸡头。

③ 生产性能 宁乡猪肥育期日增重为368 g，饲料利用率较高，体重75~80 kg时屠宰为宜，屠宰率为70%，膘厚4.6 cm，眼肌面积18.42 cm^2，瘦肉率为34.7%。宁乡猪3胎以上产仔10头。

④ 开发利用 以宁乡猪为母本，大约克夏和汉普夏为父本进行杂交组合，在生长速度、胴体品质等方面均取得较好的杂交组合效果，且杂交组合后代能保持宁乡猪特有的肉质优良特性。

(4)江海型

江海型猪种主要分布于汉水和长江中下游沿岸以及东南沿海地区，处于亚热带和暖温带的过渡地区。江海型猪种的毛色自北向南由全黑逐步向黑白花过渡。骨骼粗壮，皮厚而松，多皱褶，耳大下垂；繁殖力高，乳头多为8~9对，窝产仔13头以上，高者达15头以上；脂肪多，瘦肉少。代表猪种有太湖猪、姜曲海猪、虹桥猪等。下面以太湖猪为例介绍其优良品种资源。

① 起源与产地 太湖猪产于江浙地区太湖流域，是我国猪种中繁殖力强、产仔数多的著名地方品种。依产地不同分为二花脸、梅山、枫泾、嘉兴黑和横泾等类型。

② 品种特征 太湖猪体型中等，被毛稀疏，黑或青灰色，四肢、鼻均为白色，腹部紫红，头大额宽，额部和后驱皱褶深密，耳大下垂，形如烤烟叶。四肢粗壮，腹大下垂，臀部稍高，乳头8~9对，最多12.5对。

③ 生产性能 太湖猪高产性能闻名于全世界，尤以二花脸、梅山猪最高。初产母猪平均产仔12头，高产母猪平均产仔16头以上，最高纪录产过42头，太湖猪性成熟早，公猪4~5月龄精子的品质即达成年猪水平。母猪两月龄即出现发情。太湖猪护仔性强，泌乳力高，起卧谨慎，能减少仔猪被压。仔猪哺育率及育成率较高。太湖猪早熟易肥，胴体瘦肉率38.8%~45%，肌肉pH值为6.55左右，肉色评分接近3分。肌蛋白含量约23.5%，氨基酸含量中天门冬氨酸、谷氨酸、丝氨酸、蛋氨酸及苏氨酸比其他品种高，肌间脂肪含量约为1.37%，肌肉大理石纹评分3分的占75%，2分的占25%。另外，太湖猪因不良环境刺激会产生应激反应。

④ 开发利用 太湖猪遗传性能较稳定，与瘦肉型猪种结合杂交优势强，最宜做杂交母体。目前，太湖猪常用作长太母本(长白公猪与太湖母猪杂交的第一代母猪)开展三元杂交。实践证明，在杂交过程中，杜长太或大长太等三元杂交组合类型保持了亲本产仔数多、瘦肉率高、生长速度快等特点。

(5)西南型

西南型猪种主要分布在云贵高原和四川盆地的大部分地区以及湘鄂西部。西南型猪种毛色多为全黑和相当数量的黑白花("六白"或不完全"六白"等),但也有少量红毛猪。头大,腿较粗短,额部多有旋毛或纵行皱纹;乳头多为6~7对,产仔数一般为8~10头;屠宰率低,脂肪多。代表猪种有内江猪、荣昌猪、乌金猪等。下面以荣昌猪为例介绍其优良品种资源。

① 起源和产地　荣昌猪主产于重庆荣昌和隆昌两县,后扩大到永川、泸县、泸州、合江、纳溪、大足、铜梁、江津、璧山、宜宾及重庆等县、市。

② 品种特征　是我国唯一的全白地方猪种,除两眼四周或头部有大小不等的黑斑外,其余皮毛均为白色,按毛色特征分别称为"金架眼""黑眼膛""黑头""两头黑""飞花"和"洋眼"等,其中"黑眼膛"和"黑头"约占1/2以上。荣昌猪体型较大,头大小适中,面部微凹,耳中等稍下垂,额面皱纹横行,有漩毛;体躯较长,背较平,腹大而深。臀部稍倾斜,四肢细致、结实;鬃毛洁白刚韧,乳头6~7对。

③ 生产性能　荣昌猪在较好的饲养条件下不限量饲养肥育期日增重平均623 g,中等饲养条件下,肥育期日增重平均488 g,以7~8月龄体重80 kg左右屠宰为宜,屠宰率为69%,瘦肉率42%~46%,腿臀比例29%。肌肉呈鲜红或深红色,大理石纹清晰、分布较匀。成年公猪平均体重158.0 kg,成年母猪平均体重144.2 kg。公猪的初情期为62~66日龄,4月龄已进入性成熟期,5~6月龄时可开始配种。母猪初情期平均为85.7日龄,发情周期20.5 d,发情持续期4.4 d。初产母猪产仔数(6.7 ±0.1)头,断奶成活数平均为6.4头,窝重60.7 kg;3胎以上经产母猪产仔数为10.2头,断奶成活数9.7头,窝重102.2 kg。

④ 开发利用　荣昌猪有适应性强、瘦肉率高、杂交配合力好和鬃质优良等特点。用国外瘦肉型猪做父本与荣昌猪母猪杂交,有一定的杂种优势,尤其是与长白猪的配合力较好。另外,以荣昌猪做父本,其杂交效果也较明显。

(6)高原型

高原型猪种主要分布在青藏高原等高海拔地区,被毛多为全黑色,少数为黑白花和红毛。头狭长,嘴筒直尖,犬齿发达,耳小竖立,体型紧凑,四肢坚实,形似野猪;繁殖率低,乳头多为5对,哺育率不高;每窝产仔5~6头;成年猪体重小,属晚熟品种。生长慢,胴体瘦肉多;背毛粗长,绒毛密生,适应高寒气候,代表品种有青藏高原的藏猪和合作猪。下面以藏猪为例介绍其品种资源。

① 起源与产地　藏猪主产于青藏高原,包括云南迪庆藏猪、四川阿坝及甘孜藏猪、甘肃的合作猪以及分布于西藏自治区山南、林芝、昌都等地的藏猪类群。藏猪是世界上少有的高原型猪种,长期生活于无污染、纯天然的高寒山区,具有皮薄、胴体瘦肉率高、肌肉纤维特细、肉质细嫩、野味较浓、适口性极好等特点。可生产酱、卤、烤、烧等多种制品,其中烤乳猪是极受消费者青睐的高档产品。

② 品种特征　藏猪被毛多为黑色,部分猪具有不完全"六白"特征,少数猪为棕色,也有仔猪被毛具有棕黄色纵行条纹。鬃毛长而密,被毛下密生绒毛。体小,嘴筒长、直,呈锥形,额面窄,额部皱纹少。耳小直立、转动灵活。胸较窄,体躯较短,背腰平直或微弓,后躯略高于前躯,臀倾斜,四肢结实紧凑、直立,蹄质坚实,乳头多为5对。据调查,母猪平

均体长85.1 cm，胸围73.3 cm，体高49.9 cm，体重33.0 kg。公猪体长85.1 cm，胸围34.0 cm，体高42.0 cm，体重25.9 kg。

③ 生产性能 藏猪在终年放牧饲养条件下，育肥猪增重缓慢，12月龄体重20~25 kg，24月龄时35~40 kg。平均体重48.6 kg，屠宰率66.6%，胴体中瘦肉率52.6%，脂肪率28.4%。母猪一般年产1窝，初产母猪平均产仔4.8头，二胎6.0头，经产6.4头。藏猪屠宰率不高，但皮较薄，胴体中瘦肉较多，肉味香。

④ 开发利用 产区内曾先后引入内江猪、荣昌猪、长白猪、巴克夏猪、中约克夏猪等与藏猪进行杂交，杂种猪在增重速度上均表现一定优势。但因以长白、中约克夏、荣昌为父本的一代杂种猪被毛为白色，难以抵御高原紫外线照射，所以在当地不利于推广。

7.2.3.2 中国地方猪种质特性

(1) 中国地方猪种优良的种质特性

① 繁殖力高 中国地方猪种性成熟早，排卵数多，产仔数多，还具有乳头数多，发情明显，受胎率高，产后疾患少，护仔能力强，仔猪育成率高等优良繁殖特性。

② 肉质优良 PSE肉少，肌肉嫩而多汁，肌纤维较细，密度较大，肌肉大理石花纹分布适中，肌纤维间充满脂肪颗粒，烹调时产生特殊的香味。

③ 适应性强、抗逆性强、耐粗饲 地方猪种具有良好的抗寒能力、耐热能力、抗病能力以及对低营养的耐受能力和对粗纤维饲料的适应能力。

(2) 中国地方猪种缺点

与国外引入猪种相比，我国地方猪种缺点也明显，如肥育猪生长速度较慢，饲料转化率低，屠宰率低，瘦肉率低，皮厚等。

7.2.4 培育猪种

据统计，我国已育成了50多个品种(系)，这些培育品种既保留了地方品种的优良特性，同时胴体瘦肉率和肥育性状等生产性能也较地方品种有了较大的改良和提高。在瘦肉型猪生产中，用培育品种做母本，用引入猪种做父本，其二元杂种的日增重和瘦肉率达到了较高的生产水平，已是我国多数瘦肉型商品猪生产的主要途径。根据毛色特点和亲本来源，我国近代培育猪种可分为以下3个类型。

(1) 白色品种

此类培育猪种(系)是苏联大白猪、长白猪、大约克夏猪、中约克夏等白色外种猪为父本，本地猪为母本，经复杂杂交选育而成。其特点：被毛几乎全白，有的皮肤上有少量黑斑，体型外貌品种间大体一致。头较长直，颧平直皱纹少，耳中等大小，背腰长而平直，腹部不下垂，后腿丰满，一般每胎产仔10~12头，个别可达13~14头，瘦肉率和生长速度优于黑色品种，属于这类品种(系)的有湖北白猪、甘肃白猪、广西白猪、湘白I系、昌淮白猪(I系)、三江白猪、四川新荣昌猪I系等20余个。

(2) 黑色品种

被毛除少数品种在鼻端、尾尖和四肢下部有“六点白”特征外，其余品种均为黑色。全国共有20余个黑色培育品种(系)，新金猪、吉林黑猪、内蒙古黑猪、神州黑猪等都是以巴克夏为父本，以本地猪为母本杂交选育而成。湘村黑猪是以湖南地方品种桃源黑猪为母本，杜洛克猪为父本，经杂交合成和群体继代选育而培育的国家级新品种。黑色品种猪与白色品种猪相比，头较粗重，面额多皱纹，嘴较短，背腰宽广，腹较大但不下垂，繁殖力、日增重、胴体瘦肉率均较白色品种低，每胎产仔10~11头。

(3)黑白花品种

该品种较少，很多性状介于白色品种与黑色品种之间，属此类的有北京花猪I系、山西瘦肉型猪SD-I系、泛农花猪、吉林花猪、黑花猪和沈农花猪。前3个品种是由巴克夏和苏联大白猪为父本与本地母猪杂交选育而成，后3个品种是以克米洛夫猪为父本，东北民猪为母本杂交选育而成的。

7.3 猪的饲养管理

7.3.1 养猪生产工艺流程

7.3.1.1 现代化养猪生产的工艺流程

现代化养猪生产一般采用分段饲养、全进全出的饲养工艺。由于猪场的饲养规模不同，技术水平不一样，不同猪群的生理要求也不同。为了使生产和管理方便、系统化，提高生产效率，可以采用不同的饲养阶段，实施全进全出工艺。下面介绍几种常见的工艺流程。

(1)三段饲养工艺流程

空怀及妊娠期→泌乳期→生长育肥期

三段饲养二次转群是比较简单的生产工艺流程，适用于规模较小的养猪场，其特点是：简单，转群次数少，猪舍类型少，节约维修费用，还可以重点采取措施，如分娩哺乳期，可以采用好的环境控制措施，满足仔猪生长的条件，提高成活率，提高生产水平。

(2)四段饲养工艺流程

空怀及妊娠期→泌乳期→仔猪保育期→生长育肥期

在三段饲养工艺中，将仔猪保育阶段独立出来就是四段饲养三次转群工艺流程，保育期一般5周，猪体重达20 kg以上，转入生长育肥舍。断奶仔猪比生长育肥猪对环境条件要求高，这样便于采取措施提高成活率。在生长育肥舍饲养15~16周，体重达90~110 kg出栏。

(3)五段饲养工艺流程

空怀配种期→妊娠期→泌乳期→保育期→生长肥育期

五段饲养四次转群与四段饲养相比，是把空怀待配母猪和妊娠母猪分开，单独组群，有利于配种，提高繁殖率。空怀母猪配种后观察21 d，确定妊娠后转入妊娠舍饲养至产前7 d转入分娩哺乳舍。这种工艺的优点是断奶母猪复膘快、发情集中，便于发情鉴定，容易把握时间适时配种。

(4)六段饲养工艺流程

空怀配种期→妊娠期→泌乳期→保育期→育成期→育肥期

六段饲养五次转群与五段饲养工艺相比，是将生长育肥期分成育成期和育肥期，各饲养7~8周。仔猪从出生到出栏经过哺乳、保育、育成、育肥四段。此工艺流程优点是可以最大限度地满足其生长发育的营养需求，环境管理的不同需求，充分发挥其生长潜力，提高生长效率。

以上几种工艺流程的全进全出方式，可以采用以猪舍局部若干栏位为单位转群，转群后进行清洗消毒，这种方式因其舍内空气和排水共用，难以切断传染源，给防疫工作带来困难。所以，有的猪场将猪舍按照转群的数量分割成单元。以单元全进全出，虽然有利于防疫，但是使夏季通风防暑困难，需要进一步完善，如果猪场规模在3万~5万头，可以按每个生产节律的猪群设计猪舍，全场以舍为单位全进全出，或者部分以舍为单位实行全进全出。

(5)全场全进全出的饲养工艺流程

大型规模化猪场要进行多点式养猪生产工艺及猪场布局，以场为单位实行全进全出，有利于防疫和管理，可以避免猪场过于集中给环境控制和废弃物处理带来负担。

饲养阶段的划分并不是固定不变的，除了以上常见工艺流程，有的猪场将妊娠母猪分为妊娠前期和妊娠后期，以加强管理，提高母猪的分娩率。工艺流程中饲养阶段的划分必须根据猪场的性质和规模，以提高生产力水平为前提来确定。

7.3.1.2 生产工艺的组织方法

确定生产工艺是设计猪场时要考虑的主要内容之一，生产工艺合理与否，决定着生产效率的高低。确定生产工艺需要考虑以下内容。

(1)确定饲养模式

养猪的生产模式不仅要根据经济、气候、能源、交通等综合条件确定，还要根据猪场的性质、规模、条件、养猪技术水平来确定。如同样为集约化饲养，有的采用公猪与待配母猪同舍饲养，有的分舍饲养；母猪有定位饲养，也有小群饲养；配种方式可采用自然交配，也可采用人工授精，或两者配合。各类猪群的饲养方式、饲喂方式、饮水方式、清粪方式等都需要饲养模式来确定。饲养模式一定要符合当地的条件，不能照抄照搬；选择与其相配套的设施设备的原则是：凡能够提高生产水平的技术和设施应尽量采用，能用人工代替的设施可以暂缓使用，以降低成本。

(2)确定生产节律

生产节律也称为繁殖节律，是指相临两群泌乳母猪转群的间隔天数。在一定时间内对一群母猪进行人工授精或组织自然交配，使其受胎后及时组成一定规模的生产群，以保证分娩后形成确定规模的泌乳母猪群，并获得规定数量的仔猪。合理的生产节律是全进全出工艺的前提，是有计划利用猪舍和合理组织劳动管理、均衡生产商品肉猪的基础。生产节律要根据猪场规模而定，一般采用1 d，2 d，7 d或10 d制，或3周制。年产5万~10万头商品猪的大型企业多实行1 d或2 d制，即每天有一批母猪配种、产仔、断奶、仔猪保育和肉猪出栏；年产1万~3万头商品猪的企业多实行7 d制；规模较小的养猪场一般采用10 d或12 d制。7 d制生产节律与其他生产节律相比，有以下优点：减少待配母猪和后备母猪的头数，因为猪的发情期是21 d，是7的倍数；将繁重的技术工作和劳动任务安排在一周5 d内完成，避开周末，因为大多数母猪在断奶后4~7 d发情，配种可在3 d内完成。如从星期一到星期四安排配种，不足之数可按规定由后备母猪补充，使配种和转群工作在星期四前完成；有利于按周、按月和按年制订工作计划，建立有序的工作和休假制度，减少工作的混乱性和盲目性。

(3)确定工艺参数

为了准确计算猪群结构，即各类猪群的存栏数、猪舍及各猪舍所需栏位数、饲料用量和产品数量，必须根据养猪的品种、生产力水平、技术水平、经营管理水平和环境设施等，实事求是地确定生产工艺参数。某万头商品猪场工艺参数见表7-2。现就几个重要的生产工艺参数加以讨论说明。

表7-2 某万头商品猪场工艺参数

项 目	参 数	项 目	参 数
妊娠期(d)	114	每头母猪年出栏商品猪数(头)	14.5~20
哺乳期(d)	21~28	平均日增重(g)	
保育期(d)	35~42	出生~35日龄	196
断奶至受胎(d)	7~14	36~70日龄	486
繁殖周期(d)	159~163	71~180日龄	722
母猪年产胎次	2.0~2.4	公母猪年更新率(%)	33
总产仔数(头)	10	母猪情期受胎率(%)	85
产活仔数(头)	9	母猪分娩率(%)	90~95
成活率(%)		公母比例	1:(25~100)
哺乳仔猪	90	圈舍冲洗消毒空舍时间(d)	7
断奶仔猪	95	繁殖节律(d)	7
生长育肥猪	98	周配种次数	1.2~1.4
出生至180日龄体重(kg)		母猪临产前进产房时间(d)	7
初生重	1.2~1.5	母猪配种后原圈观察时间(d)	21
35日龄	8~8.5		
70日龄	25~30		
180日龄	90~100		

①繁殖周期 决定母猪的年产窝数，关系到猪场生产水平的高低，其计算公式如下：

繁殖周期 = 妊娠期(114 d) + 哺乳期 + 断奶至受胎时间

国内猪场一般采用21~28 d断奶。断奶至受胎时间包括两部分：一是断奶至发情时间，7~10 d；二是配种至受胎时间，决定于情期受胎率和分娩率的高低，假定分娩率为95%，将返情的母猪多养的时间平均分配给每头猪，其时间是：21×(1－情期受胎率)d。如哺乳期28 d，断奶至发情时间10 d，则：

繁殖周期 = 114 + 28 + 10 + 21×(1－情期受胎率)

情期受胎率每增加5%，繁殖周期减少1 d。

②母猪年产窝数

母猪年产窝数 = (365/繁殖周期)×分娩率

即：

母猪年产窝数 = (365×分娩率)/[114 + 哺乳期 + 断奶至发情时间 + 21×(1－情期受胎率)]

(4)猪群结构

根据猪场规模、生产工艺流程和生产条件，将生产过程划分为若干阶段，不同阶段组成不同类型的猪群，计算出每一类群猪的存栏数量就形成了猪群的结构。饲养阶段划分目的是为了最大限度地利用猪群、猪舍和设备，提高生产效率。

下面以年产万头商品肉猪的猪场为例，介绍一种简便的猪群结构计算方法：

①年产总窝数 = 计划年出栏头数/(窝产活仔数 × 从出生至出栏的成活率)

= 10 000/(10 × 0.9 × 0.95 × 0.98) = 1 193(窝/年)

②每个节律转群头数(以7为一个生产节律)

产仔窝数 = 1 193/52 = 23 窝，一年52周，每周分娩泌乳母猪数为23头；

妊娠母猪数 = 23/0.95 = 24 头，分娩率95%；

配种母猪数 = 24/0.85 = 28 头，情期受胎率85%；

哺乳仔猪数 = 23 × 10 × 0.9 = 207 头，哺乳阶段成活率90%；

保育仔猪数 = 207 × 0.95 = 196 头，保育阶段成活率95%；

生长肥育猪数 = 196 × 0.98 = 192 头，生长育肥阶段成活率98%。

③各类猪群组数　生产以7为节律，故猪群组数等于饲养的周数。

④猪群的结构　某万头商品猪场猪群结构见表7-3。

表7-3　某万头商品猪场猪群结构

猪群种类	饲养期(周)	组数(组)	每组头数(头)	存栏数	备注
空怀配种母猪	5	5	28	140	配种后观察3周、断奶到配种为2周
妊娠母猪群	12	12	24	288	3周在配种舍，提前1周转入产房
泌乳母猪群	5	5	23	115	提前1周进入，哺乳期为4周
哺乳仔猪群	5	5	230	1 150	哺乳4周，断奶后在产房过渡1周
保育仔猪群	5	5	207	1 035	按转入的头数计算
生长肥育群	14	14	196	2 744	按转入的头数计算
后备母猪群	8	8	6	48	8个月配种
公猪群	52			12	不转群
后备公猪群	12			4	9个月使用
总存栏数				5 546	最大存栏头数

各猪群存栏数 = 每组猪群头数 × 猪群组数；

生产母猪的头数为543(140 + 288 + 115 = 543)头；

公猪、后备猪群的计算方法为：

公猪数：543/50 = 12 头，公母比例1:50(人工授精 + 本交)；

后备公猪数：12/3 = 4 头，年更新率 = 33.3%；

后备母猪数：543/3/52/0.6 = 6 头/周，年更新率 = 33.3%，留种率60%。

(5)猪栏配备

栏位数量需要准确计算：

各饲养群猪栏分组数 = 猪群组数 + 消毒空舍时间(d)/生产节律(7 d)；

每组栏位数 = 每组猪群头数/每栏饲养量 + 机动栏位数；

各饲养群猪栏总数 = 每组栏位数 × 猪栏组数；

如果采用空怀待配母猪和妊娠母猪小群饲养、泌乳母猪定位饲养，消毒时间为7 d。

(6)一周内工作安排

根据工艺流程安排一周的工作内容，对每一项内容提出具体的要求，并且监督执行。一般每周的工作内容如下：

星期一，对待配后备母猪、断奶空怀母猪和返情母猪进行发情鉴定和配种，从妊娠舍内将临产母猪转至分娩舍。对转出的空舍或栏位进行清洗消毒和维修工作。

星期二，对待配空怀母猪进行发情鉴定和人工授精配种，哺乳小公猪去势，肥猪出栏，清洁通风，机电等设备维修。

星期三，母猪发情鉴定和配种，仔猪断奶，断奶母猪转至空怀舍待配，肥猪出栏，肥猪舍清洗消毒和维修，机电设备检查与维修。

星期四，母猪发情鉴定，分娩舍的清洗消毒和维修，小公猪去势，兽医防疫注射，给排水和清洗设备的检查。

星期五，母猪发情鉴定和人工授精配种，对断奶一周后未发情的母猪采取促发情措施，断奶仔猪的转群，兽医防疫注射。

星期六，检查饲料储备数量，检查排污和粪尿处理设备，病猪隔离和死猪处理，更换消毒液，填写本周各项生产记录和报表，总结分析一周生产情况，制订下一周的饲料、药品等物资采购与供应计划。

7.3.2 种公猪的饲养管理

7.3.2.1 后备种公猪的饲养管理

后备猪应按性别、体重、强弱分群饲养，群内个体间体重相差在2~4 kg以内，以免形成“落脚猪”。初期阶段，每栏可养4~6头，后期应减少到每栏3~4头。可实行分栏饲养，合群运动。分群初期日喂量4次，以后改为3次。保持圈舍干燥、清洁，切忌潮湿拥挤，防止拉稀和患皮肤病。饲养员应做到态度温和，多接近后备猪，使之性情温顺，有利于后备公猪配种采精。

后备猪的运动很重要，运动可以锻炼体质，增强代谢机能，促进肌肉、骨骼的发育，并可防止过肥及肢蹄病。因此，有条件的猪场可每天给予后备猪1~2 h的放牧运动，或让其在运动场自由运动，必要时可实行驱赶运动。

后备公猪性成熟后，要实行分栏饲养，合群运动，多放牧，多运动，加大运动量，减少圈内停留时间，这样不仅增进食欲，增强体质，而且还能避免造成自淫的恶癖。

7.3.2.2 配种种公猪的饲养管理

(1)种公猪的饲养管理

① 种公猪的营养需要　影响种公猪精液质量的因素主要有营养、运动和配种，要达到平衡。为了使种公猪经常保持体质健壮、精力充沛、精液品质好，就必须确保适宜的饲养水平，种公猪的饲料要求营养全面，易于消化吸收。要防止种公猪过肥，对于成年配种的种公猪，日粮中蛋白质14%~15%，消化能不低于12.97 MJ/kg，赖氨酸0.6%，钙磷比为1.25:1，每千克饲粮中维生素A 4 100 IU、维生素D 177 IU、维生素E 11 mg。

② 饲喂方式　种公猪的饲料最好采用干拌料，切忌饲喂稀汤料。应定时定量，不应喂得过饱，日粮容积不宜过大，以免造成垂腹，影响种用体型。一般每天可饲喂两次。对过于

肥胖的个体应适当少喂，瘦弱的个体适当多喂。在每次饲喂饲料时，一定要认真检查饲料质量和猪只的健康状况，如发现异常要及时采取措施。

(2)种公猪的管理

① 单圈饲养 种公猪应单圈饲养，并与母猪圈舍相距较远，使其安静，不受外界干扰。同时，避免相互间爬跨和造成自淫的恶习。

② 适宜的环境 公猪应饲养在阳光充足、通风干燥的圈舍里。每头公猪应单栏饲养，栏位面积一般为5~6 m²，高度为1.2~1.5 m，地面到房顶不要低于3 m，圈舍一定要牢固。另外，在猪舍内要有完善的降温和取暖设施。要及时清理粪便，每天打扫卫生至少两次，彻底清扫栏舍过道，全天保持舍内外环境卫生，并且每周带猪消毒1次。成年种公猪舍适宜的温度为18~22℃。冬季猪舍要防寒保温，至少要保持在15℃以上。夏季炎热时，要每天冲洗公猪，必要时要采用机械通风、喷雾降温、地面洒水和遮阳等措施，使舍内温度最高不超过26℃，并且配种工作在早晨或晚上温度较低时进行。

③ 刷拭和修蹄 猪体最好每日用刷子刷拭1~2次，保持猪体清洁，防止皮肤病和体外寄生虫病的发生。通过刷拭，还可以促进血液循环，加强新陈代谢。而且还可以提高精液质量。另外，还要经常用专用的修蹄刀为种公猪修蹄。

④ 保持圈舍和猪体的清洁卫生 公猪圈舍应天天坚持打扫，保持清洁、干燥，要特别注意保持公猪阴囊和包皮的清洁卫生。

⑤ 合理运动 能促进食欲，增强体质，提高繁殖能力。运动不足，使脂肪沉积，四肢无力，甚至造成睾丸脂肪变性，严重影响配种效果。种公猪一般每天要坚持运动2次，上、下午各一次，每次运动1 h，行程2~3 km，有条件时可对公猪进行放牧，这也可代替运动。夏季宜早晚运动，冬季中午运动。公猪运动后不要立即洗浴或饲喂。并注意防止公猪因运动量过大而造成疲劳。配种旺期应适当减少运动，非配种期和配种准备期应适当增加运动。

⑥ 定期称重 公猪应定期称重，根据体重变化情况检查饲料是否适当，以及时调整日粮。正在生长的幼龄公猪，要求体重逐月增加，但不宜过肥。成年公猪体重应无太大变化，但需要经常保持中上等膘况。

⑦ 定期检查精液品质 公猪精液品质的好坏直接影响受胎率和产仔数。在采用人工授精时必须对所用精液的品质进行检查，才能确定是否可用作输精。配种季节或采精旺季应加强精液品质的检查。即使不采用人工授精，也应每月对公猪检查2次精液，根据精液品质的好坏，调整营养、运动和配种次数。精液活力超过0.8才能使用。

(3)种公猪的合理利用

种公猪的利用年限一般为2~3年，初配年龄应掌握在7.5月龄以上，体重达到140 kg时才可以参加配种。一般1岁以前的青年公猪，每周采精1次；成年公猪正常的采精频率为2周3次或1周2次。当出现繁殖性能变差、死精、感染疾病、过分凶恶者应考虑淘汰。

配种期间需要注意的是：① 配种时间应在采食后2 h为好，以免饱腹影响配种的效果，夏季炎热天气应在早晚凉爽时进行。② 配种环境应安静，不要喊叫或鞭打公猪。③ 配种员应站在母猪前方，防止公猪爬跨母猪头部，引导公猪爬跨母猪臀部，当后备公猪正确爬跨后，配种员应立即撤至母猪后方，辅助公猪，将其阴茎对准母猪阴门，顺利完成交配。④ 交配后，饲养员要用手轻轻按压母猪腰部，防止母猪弓腰引起精液倒流。⑤ 配种完毕后即把种公猪赶回原舍休息，配种后不能立即饮水采食，更不要立即洗澡、喂冷水或在阴冷潮湿的地方躺卧，以免受凉得病。

7.3.3 种母猪的饲养管理

7.3.3.1 空怀母猪的饲养管理

母猪从仔猪断乳到妊娠开始这段时间，叫空怀期。

(1)营养需要

为使母猪多胎、高产，保持良好的哺育性能和正常的发情、排卵，在此期间需要供应较全面的营养物质，其中特别需要供给一定数量的蛋白质、维生素和矿物质等饲料。若蛋白质供给不足或品质不良，则母猪卵子不能正常发育，排卵数目减少，受胎率降低，甚至发生不孕。母猪繁殖对维生素需求较高，若日粮中维生素供应不足，则会降低性机能，延迟母猪断乳及发情时间；维生素 E 缺乏，则可引起母猪不孕。因此，经常给空怀母猪喂青绿饲料，就可避免发生维生素的缺乏。母猪对钙的需要十分敏感，若钙质不足，也不易受胎。

(2)饲养管理

规模化猪场均采用21~28 日龄仔猪早期断奶技术，断奶母猪转入配种舍，要认真观察母猪发情，做好母猪配种和记录，采取有效措施，加强饲养管理，实行短期优饲：母猪于断奶后饲喂全价优质哺乳母猪饲料，日喂料量为2.5~3.2 kg，日喂3 次，要注意钙、磷和维生素 A、维生素 D、维生素 E 足量供应。

每圈饲养母猪3~4 头为宜，每头占地面积要求1.8~2 m^2，加强运动和接触阳光，多数母猪断奶后3~10 d，早者3~5 d 就发情。所以，要求在断奶后3 d 就开始检查母猪发情与否或将公猪驱赶到母猪附近，刺激母猪，使其尽快发情。母猪发情时要适时配种，对个别体瘦的母猪，要增加饲料量，要求在第2 次发情时配种，提高受胎率和产仔数。对个别肥胖的母猪，采取限饲和增加运动，使其减膘，必要时注射绒毛膜促性腺激素或孕马血清80~1 000 IU，以促进发情、配种。

7.3.3.2 妊娠母猪的饲养管理

(1)妊娠母猪的生理特点

在妊娠期间母猪体内发生巨大的生理变化，主要表现在妊娠母猪体重增加和代谢强度提高。体重增加包括两方面。一是子宫及其内容物(胎儿、胎衣、羊水)的增长。胚胎在妊娠前期生长缓慢，30 d时胎重仅2 g，胎龄60 d时胎重不足初生重10%；妊娠的中期1/3 时间里，胎儿的增重为初生重的20%~22%；妊娠的后期1/3 时间里，胎儿的增重达到初生重的76%~78%。随着胎儿增长，母猪子宫也不断增大，子宫壁增厚。同时，胎衣、羊水也随之增加。二是母猪体重增加，母猪妊娠期内体重的增加，对于维持产后自身健康和哺乳仔猪具有重要意义。成年母猪妊娠期间比空怀时体重平均增加10%~25%。母猪体组织沉积的蛋白质是胎儿、子宫及其内容物和乳腺所沉积蛋白质的3~4 倍，沉积的钙则为5 倍。母猪代谢率增强，表现在妊娠母猪即使喂给维持饲粮，仍然可以增重，并能正常产仔及保证乳腺增长。妊娠母猪这种特殊的沉积能量和营养物质的能力，称为“妊娠合成代谢”。母猪妊娠合成代谢的强度，随妊娠进程不断增强。妊娠全期物质和能量代谢率平均提高11%~14%。妊娠最后1/4 时期，可增加30%~40%。

(2)妊娠母猪的营养需要及管理方式

根据妊娠母猪生理特点采取不同的供料体系和营养计划。妊娠前期(配种后的1个月以内)，这个阶段胚胎几乎不需要额外营养。饲料饲喂量相对应少，质量要求高，一般每天喂给妊娠母猪料1.5~2.0 kg，饲粮营养水平为13 MJ/kg，粗蛋白14%~15%，青粗饲料给量不可过高，不可喂发霉变质和有毒的饲料。妊娠中期(妊娠的31~84 d)每天喂给妊娠母猪料1.8~2.5 kg，具体喂料量以母猪体况决定，可以大量喂食青绿多汁饲料，但一定使母猪吃饱，防止便秘。严防给料过多，以免导致母猪肥胖。妊娠后期(临产前1个月)，胎儿发育迅速，同时又要为哺乳期蓄积养分，母猪营养需要高，每天可以供给哺乳母猪料2.5~3.0 kg，此阶段应减少青绿多汁饲料或青贮料。在产前5~7 d逐渐减少饲料喂量，直到产仔当天停喂饲料。哺乳母猪料营养水平为消化能13.5 MJ/kg左右，粗蛋白16%~17%。

对于断奶后较瘦的经产母猪，采取“抓两头顾中间”的供料方法和营养方法。由于经过分娩和哺乳期后的母猪，体力消耗较大，体质较差，为了能更好地担负起下个阶段的繁殖任务，须在妊娠初期加强营养，迅速恢复其体质。这个时期(包括配种前10 d，共计约1个月)应加强营养，加大精料供给，特别是含蛋白质高的饲料。母猪体质恢复后，逐渐降低饲料中营养水平，按饲养标准饲养，以青粗饲料为主，至妊娠80 d，通过加喂精料加强营养。形成“高—中—高”的供料方法及营养计划，尤其是妊娠后期的营养水平应高于前期。对于初产母猪，可采取“逐渐提高”的供料方法。一般妊娠初期的营养水平可以低些，以青粗饲料为主，而后逐渐增加精料比例，尤其是增加蛋白质和矿物质料的供给，饲料中的营养水平应根据胎儿的体重增长而提高，至分娩前1个月达高峰。产前3~5 d，日粮减少10%~20%，以便正常分娩。对于配料前体况良好的经产母猪，采取“前低后高”的营养供给方法。妊娠初期，胎儿小，母猪膘情好，按照配种前的营养供给基本可以满足胎儿生长发育。妊娠后期，胎儿生长发育快，营养物质需要多，因而要提高日粮的营养水平。

7.3.3.3 泌乳母猪的饲养管理

母猪泌乳期间负担很重，如供给的营养物质不足，就会导致母猪的失重超过正常范围。前期母猪产后体质较弱，消化力不强，一般产后5 d才能恢复正常饮食。所以，给产后母猪投料时要少给勤添，逐渐增加饲料供给。一般日喂3~4次，到第7天的投料量要达到或略高于妊娠后期的投料标准。如果投料过少，仔猪生长缓慢；投料过高，母猪乳汁分泌过浓，易引起仔猪消化不良和造成母猪顶食，影响中期投料。对于个别带仔少的母猪可将投料标准降低到一般水平以下。如果说初产母猪的膘情差，但食欲正常，可适当增加投料量，每日多喂料0.4 kg。总的饲养原则是该期的投料量必须比妊娠后期多0.5 kg左右。母猪产后8~13 d，可按哺乳期日粮标准配制饲料。如果发现仔猪生长缓慢或者下痢，可适量补喂些高蛋白饲料，如鱼粉、豆饼等。饲喂时一定要定时、定量，而且饲料要多样化，以满足泌乳母猪的营养要求，每天除了供给清洁饮水外，还要加喂一些优质多汁青饲料。中期饲养母猪要掌握“吃饱、吃好、吃光”的原则，母猪产后15 d，每天后半夜增喂一次料，以避免母猪因白天采食过量而发生顶食。如果母猪食欲旺盛、膘情差，可提前几天加料，相反要酌情推迟加料。仔猪开食前，要尽量促使母猪多泌乳，让仔猪吃到较多奶水。这样，使仔猪胃肠能正常发育，为开食、旺食创造条件。仔猪长到20日龄后，活动量逐渐加大，对营养的需要量也增多，而母猪的产奶量满足不了仔猪的要求，所以，哺乳期及时给仔猪补料是非常重要的。

母猪断奶前要停止给母猪加料，一直到断奶，该期是母猪生产程序中最后的一个环节，既关系到母猪一年产仔潜力的发挥，也关系到仔猪的生长发育。母猪泌乳期要注意保膘。这样，既保证母猪有一定的膘情，防止母猪产后瘫痪，又保证母猪断奶后按时发情，利于以后再生产。

管理工作的好坏，对泌乳也有较大的影响。猪舍内要保持温暖、干燥、卫生、空气新鲜，除每天清扫猪栏、冲洗排污道外，还必须坚持每2~3 d用对猪无副作用的消毒剂喷雾消毒猪栏和走道。尽量减少噪声、粗暴对待母猪、轻易变动工作日程、气候变化等应激因素。

通过对各阶段猪的科学饲养管理，提高母猪年生产力。母猪年生产力的指标是平均每头母猪年提供断奶仔猪头数和体重。提高母猪年生产力有两个途径，一是缩短哺乳期，实施仔猪早期断奶，增加母猪年产仔窝数；二是采取综合措施，提高母猪平均窝断奶仔猪数和体重。

7.3.4 仔猪的饲养管理

7.3.4.1 哺乳仔猪的饲养管理

(1)哺乳仔猪生理特点

通常将从出生到20 kg体重的猪称为仔猪。仔猪阶段是猪的生长发育和养猪生产的重要阶段。仔猪具有不同于其他阶段的猪的消化生理、养分代谢和体温调节特点，这些特点成为仔猪营养需要和饲养技术独特性的重要机制，也是仔猪肠道营养性紊乱(包括腹泻)的基本原因。

① 消化器官不发达，消化机能不完善　仔猪消化器官在胚胎期虽已形成，但结构和机能却不完善，具体表现在下列几方面：

• 胃肠质量轻、容积小：初生时胃的质量约4~8 g，仅为成年猪胃重的1%左右。初生胃只能容纳乳汁25~40 g。到20日龄时，胃重增长到35 g左右，容积扩大3~4倍，约到50 kg体重后，才接近成年胃的质量。肠道的变化规律类似，初生时小肠重仅20 g左右，约为成年猪小肠重的1.5%。大肠在哺乳期容积只有30~40 mL/kg体重，断奶后迅速增加到90~100 mL/kg体重。

• 酶系发育不完善：初生仔猪乳糖酶活性很高，分泌量在2~3周龄达到高峰，以后渐降，4~5周龄降到低限。初生时其他碳水化合物分解酶活性很低。蔗糖酶、果糖酶和麦芽糖酶的活性到1~2周龄后开始增强，而淀粉酶活性在3~4周龄时才达高峰。因此，仔猪特别是早期断奶仔猪对非乳饲料中碳水化合物的利用率很差。蛋白分解酶中凝乳酶在初生时活性较高，1~2周龄达到高峰，以后随日龄增加而下降。其他蛋白酶活性很低，如胃蛋白酶，初生时活性仅为成年猪的1/4~1/3，8周龄后数量和活性急剧增加。胰蛋白酶分泌量在3~4周龄时才迅速增加，到10周龄时总胰蛋白酶活性为初生时的33.8倍。蛋白分解酶的这一状况决定了早期断奶仔猪对植物饲料蛋白不能很好消化，日粮蛋白质只能以乳蛋白等动物蛋白为主。脂肪分解酶活性在初生时比较高，同时胆汁分泌也较旺盛，在3~4周龄时脂肪分解酶和胆汁分泌迅速增高，一直保持到6~7周龄。因此，仔猪对以乳化状态存在的母乳中的脂肪消化吸收率高，而对日粮中添加的长链脂肪利用较差。

• 胃肠酸性低：初生仔猪胃酸分泌量低，且缺乏游离盐酸，一般从20 d开始才有少量游离盐酸出现，以后随年龄增加。整个哺乳期胃液酸度变动于0.05%~0.15%，且总酸度中近1/2为结合酸，而成年猪结合酸的比例仅占1/10。仔猪至少在2~3月龄时盐酸分泌才接近成年猪水平。胃酸低，不但削弱了胃液的杀菌抑菌作用，而且限制了胃肠消化酶的活性和消化道的运动机能，从而限制了对养分的消化吸收。

• 胃肠运动机能微弱，胃排空速度快：初生仔猪胃运动微弱且无静止期，随日龄增加，胃运动逐渐呈运动与静止的节律性变化，到2~3月龄时接近成年猪。仔猪胃排空的特点是速度快，随年龄增长而渐慢。食物进入胃后完全排空的时间在3~15日龄时为1.5 h，1月龄时为3~5 h，2月龄为16~19 h。饲料种类和形态影响食物在消化道的通过速度，如30日龄猪饲喂人工乳残渣时，通过时间为12 h，而喂大豆蛋白时为24 h，使用颗粒料时为25.3 h，而粉料则为47.8 h。

② 生长发育迅速，新陈代谢旺盛　生长发育快。仔猪初生体重一般约占成年时的1%，以后随年龄增加。

仔猪的绝对生长速度(g/日)随年龄增长而速度加快，而生长强度(体重的相对生长量)则随年龄增长而下降。如39日龄体重为初生重的8倍，而65日龄体重仅为39日龄的2倍。养分沉积的重要特点是脂肪沉积率在初生后前3周内迅速增加，从初生时的1%提高到5 kg时的12%，以后与蛋白质的沉积率相当。蛋白质的沉积率初生后增长不多，灰分的增长率更趋稳定。但无论是脂肪、蛋白质或是灰分，在体内沉积的绝对量均随年龄增长而急剧增加，表明仔猪生长快，物质代谢旺盛。

养分代谢机制不完善。仔猪在养分代谢上存在明显的缺陷，表现为：第一，磷酸化酶活性低，降低了糖原分解为葡萄糖的速度。第二，糖异生能力差，限制了应激仔猪所需葡萄糖的供应。第三，肝脏线粒体数量少，限制了碳水化合物和脂肪酸作为能源的利用。且由于ATP合成量少，很多生物合成过程受到抑制。第四，仔猪体脂沉积少。出生时，只有1%~2%的体脂，且大部分是细胞膜成分，作为能源的血液游离脂肪酸量很低。因此，尽管仔猪的脂肪利用机制存在，但底物供应非常有限，限制了仔猪的能量来源。第五，氨基酸代谢存在缺陷。

③ 缺乏先天免疫力，抵抗疾病能力差　初生仔猪没有先天免疫力，因在胚胎期，母体的抗体不能通过胎盘传给胎儿。生后仔猪只有靠食入母乳，特别是初乳而获得被动免疫。在2周龄前，仔猪几乎全靠母乳获取抗体，随年龄增长，从乳中获得的抗体量下降。在3周龄以前，仔猪的主动免疫系统尚处于发育未完善阶段，不能有效地产生所需的抗体。

④ 体温调节机能不完善　初生仔猪大脑皮层发育不全，垂体和下丘脑的反应能力以及为下丘脑所必需的传导结构的机能较低，通过神经系统调节体温适应环境应激的能力差，对寒冷的抵抗能力差，反映在两个方面：第一，物理调节能力有限。仔猪对体温的物理调节主要靠皮毛、肌肉颤抖、竖毛运动和挤堆等方式进行。由于仔猪被毛稀疏，皮下脂肪很少，隔热能力差，且初生时活力不强，靠挤堆共暖的能力有限，因此，靠物理调节远不能维持体温恒定。第二，化学调节效率很低。仔猪初生时虽然下丘脑、垂体前叶及肾上腺皮质等系统的机能已较完善，但大脑皮层发育不全，对各系统机能的协调能力差。因此，当物理调节不能维持体温时，虽然体内也能通过甲状腺素、肾上腺素等的分泌来提高物质代谢，主要是提高

脂肪和碳水化合物的氧化来增加产热，但效率很低，6 日龄前特别突出。9～20 日龄期间逐渐得到改善，到 20 日龄后才接近完善。因此，加强哺乳仔猪和早期断奶仔猪的保温工作是降低仔猪死亡率的关键措施。

(2)新生仔猪的管理

① 断脐　每头仔猪的脐带应在 5～6 cm 处剪断，剩下部分在脐带康复时会自然脱落。

② 尽早吃足初乳　母猪产后 2～3 d 内分泌的乳汁，称初乳。初乳的营养成分与常乳不同，含有丰富的蛋白质、维生素和免疫抗体。初乳对仔猪有特殊的生理作用，能增加仔猪的抗病能力；还含有起轻泻作用的镁盐，可促进胎粪排出；初乳酸度高，有利于仔猪消化；初乳中所含各种营养成分极易被仔猪消化利用。因此，初乳是初生仔猪不可缺少、不可取代的食物。为此，尽早使初生仔猪能吃到充足的初乳非常重要。

③ 保温防压　初生仔猪体温调节能力差，适宜环境温度为 30～34℃。可采取以下保温措施为仔猪创造温暖的小气候环境：第一，厚垫草保温。水泥地面上的热传导损失约 15%，应在其上铺垫 5～10 cm 的干稻草，以防热的散失，但应注意训练仔猪养成定点排泄习惯，使垫草保持干燥。第二，电热采暖方式。电热采暖是通过各种用电器，将电能转化为热辐射进行仔猪采暖的方式。该种方式是目前世界范围内应用最广泛的仔猪取暖方式。通常采用的设备有：红外线灯、电热板、石英加热管等，红外线辐射对猪的生长发育有促进作用，温热效应较强，是理想的采暖热源，将 250 W 的红外灯悬挂在仔猪栏上方或保温箱内，通过调节灯的高度来调节仔猪床面的温度。此种设备简单，保温效果好。电热板加温一般用作初生仔猪的暂时保温，其特点是保温效果好，清洁卫生，使用方便，但造价高。第三，水暖方式。水暖方式是采用热水管加热地板进行局部采暖，即利用水泵将水从热水锅炉抽出，泵入地板下的加热水管，再送回热水锅炉。第四，火暖方式。火暖方式是指利用燃料燃烧产生的热能，通过烟道、火坑、炉膛等传递到仔猪睡床下，为仔猪提供适宜温热环境的取暖方式。如在仔猪保育舍内，每两个相邻的猪床中间地下挖一个 25～35 cm 宽的烟道，上面铺砖，砖上抹草泥，在仔猪舍外面的坑内生火。此法设备简单、成本低、效果好。

据统计，压死仔猪一般占死亡总数的 10%～30%，甚至更多，且多数发生在出生后 7 d 内。主要原因有：第一，母猪体弱或肥胖，反应迟钝。第二，初产母猪无护仔经验。第三，仔猪体弱无力，行动迟缓，叫声低哑不足以引起母猪警觉。针对上述情况采取有效的防压措施，以减少损失，如采用哺乳母猪与仔猪隔开的栏；听到仔猪异常叫声，应及时救护；发现母猪压住仔猪，应立即拍打其耳根，令其站起，救出仔猪。

④ 剪犬齿和断尾　仔猪出生后第 1 天，对窝产仔数较多，特别是产活仔数超过母猪乳头数时，可以剪掉仔猪的犬齿。断尾可以减少保育和生长阶段的咬尾事件。用消毒的钳子在距离尾根 2～3 cm(公猪为阴囊上缘，母猪为阴门上缘)断尾，断端用碘酊消毒。

⑤ 固定乳头　是提高仔猪成活率的主要措施之一。全窝仔猪出生后，即可训练固定乳头，使仔猪在母猪喂乳时，能全部及时吃到母乳。否则，有的仔猪因未争到乳头耽误了吃乳，几次吃不到乳而使身体衰弱，甚至饿死。固定乳头应以自选为主，适当调整，对号入座，控制强壮，照顾弱小为原则。一般是把弱小仔猪固定在母猪中前部乳头吃乳，强壮的固定在后面，这样可使同窝仔猪生长整齐、良好、无僵猪，也可避免仔猪为争夺咬破乳头。若母猪产仔数少于乳头数，可让仔猪吃食 2 个乳头的乳汁，这对保护母猪乳房很有益。若母猪

产仔数多于乳头数时，可根据仔猪强弱，将其分为两组轮流哺乳，或寄养给其他母猪，或人工哺养。

⑥ 补铁　新生仔猪体内只有少量的铁储备，并且母猪乳汁中含铁很少，因此应补充额外的铁。通常在生后3 d内于颈部肌肉注射1~2 mL可溶性复合铁针剂，但出生时马上补铁会对仔猪产生严重的应激。

⑦ 寄养或并窝　母猪分娩时难产造成泌乳量不足或一窝仔猪头数超过12头时，需寄养或并窝。寄养应在分娩后2 d内进行，以收养母猪产后胎衣、黏膜等涂抹于寄养仔猪上，同时在收养母猪鼻子上与仔猪身上擦些碘酒使母猪无法区分自产与寄养仔猪。

⑧ 诱食、补料　母猪泌乳高峰期是在产后3~4周，以后泌乳量明显减少，而仔猪生长迅速，其营养需要与母乳供给不足存在严重矛盾。因此，对仔猪提早诱食、补料十分重要。仔猪从吃母乳过渡到吃饲料，称为诱食、开食或诱饲。一般要求在仔猪生后7日龄左右开食。将少量颗粒饲料洒在栏内地板上让仔猪在有兴趣时开始采食，最好放在小的、不易被拱翻、清洁的食槽中。食槽应放在显眼、离水源远、不易被母猪接触的地方。每天应分5~7次提供少量、干净、新鲜的补料。同时提供清洁、充足的饮水。当食欲增加时增加饲喂量。哺乳仔猪可因补饲不当而导致营养性腹泻。补料要求新鲜、适口性好、可消化率高，少给勤添，及时清除余料。

⑨ 预防腹泻　腹泻是哺乳仔猪最常发的疾病之一，影响仔猪腹泻的因素很多，包括病原微生物、营养、环境、管理等。预防哺乳仔猪腹泻的主要措施是加强管理，改善饲养环境。产仔前彻底消毒产房，哺乳期保持圈舍干燥、空气清新、温暖，尤其要注意仔猪保温，保持饮水清洁。对大肠杆菌性腹泻，可在母猪产前21 d注射仔猪大肠杆菌苗。一旦发生腹泻，应及时治疗。

⑩ 预防接种　仔猪应在30日龄前后进行猪瘟、猪丹毒、猪肺疫和仔猪副伤寒疫苗的预防接种。预防注射应避免在断奶前后1周内进行，以减少应激，保证仔猪快速增重和成活。

7.3.4.2 断奶仔猪的饲养管理

断奶仔猪是指仔猪从断奶至70日龄左右的仔猪。断奶是仔猪生活中的一次大转折，早期断奶应激主要包括母仔分离、营养从乳转向配合日粮和仔猪从分娩栏到保育栏的环境变换3个方面，易导致“仔猪断奶应激综合征”，仔猪常表现为食欲差、消化功能紊乱、腹泻、生长迟滞、并发水肿病等。部分仔猪因此变成僵猪，给养殖业造成了巨大的经济损失。

(1) 断奶时间

现代商品猪场仔猪断奶时间一般在21~28日龄。

(2) 断奶方法

① 一次性断奶法　在仔猪预定断奶日期当天，将母猪与仔猪立即分开。该方法对母仔均有不利影响。一方面，仔猪受食物和环境的突然改变易产生惊恐不安、消化不良、腹泻、体重下降等；另一方面又易使泌乳充足的母猪乳房肿胀，甚至诱发乳房炎。但该法简单，工作量小。为减少母猪乳房炎的发生，应于断奶前3~5 d减少母猪的饲料和饮水的供给量，以降低泌乳量，同时加强对母仔的护理。

② 逐渐断奶法　在仔猪预定断奶日期前5~7 d，把母猪赶到另外的圈舍或运动场与仔猪隔开，然后每天定时放回原圈，逐日递减哺乳次数。此方法可避免仔猪和母猪遭受突然断

奶应激，适于泌乳较旺的母猪，尽管工作量大，但对母仔均有益。

③ 分批断奶法　根据仔猪的发育情况、用途，分批陆续断奶。将发育好、食欲强或拟作肥育用的仔猪先断奶，而发育差或拟作种用的后断奶。此法的缺点是断奶时间长，优点是可兼顾弱小仔猪和拟留作种用的仔猪，以适当延长其哺乳期，促进生长发育。

(3) 断奶仔猪的饲养管理

① 合理地配制断奶饲粮　要求饲料原料新鲜，使用一定量的乳制品、喷雾干燥猪血浆或鱼粉等优质动物蛋白质饲料。适当降低饲粮蛋白质水平，保证氨基酸平衡，添加外源酶制剂、酸化剂、铜和抗生素等添加剂。

② 早期断奶仔猪的饲喂技术　基本原则是控制饲料供给量，增加饲喂次数，避免突然换料。在断奶早期，每次供料量为自由采食量的60%~80%，每天饲喂5~7次。变换饲料时应有5~7 d的适应期。饲料形态以小颗粒或液态为好。

③ 断奶仔猪的管理　断奶后1~2 d仔猪很不安定，经常嘶叫并寻找母猪，夜间更甚。为减轻仔猪断奶后因失掉母仔共居环境而引起的不安，应将母猪调出另圈饲养，仔猪保留在原圈饲养1周。保证充足的清洁饮水，断奶仔猪采食大量饲料后，常会感到口渴，如供水不足而饮污水则引起下痢。提供足够的圈栏面积。若猪只在高床保育栏中饲喂到8周龄左右(20 kg体重)，那么在转入仔猪舍时应给每头猪提供至少0.4 m^2的躺卧面积。

7.3.5 生长育肥猪的饲养管理

7.3.5.1 生长肥育猪的生长发育规律

根据育肥猪的生理特点和发育规律，我们按猪的体重将其生长过程划分为二个阶段，即生长期和育肥期。

(1) 生长期

体重20~60 kg为生长期。此阶段猪的机体各组织、器官的生长发育功能不很完善，尤其是刚刚20 kg体重的猪，其消化系统的功能较弱，消化液中某些有效成分不能满足猪的需要，影响了营养物质的吸收和利用，并且此时猪只胃的容积较小，神经系统和机体对外界环境的抵抗力也正处于逐步完善阶段。这个阶段主要是骨骼和肌肉的生长，而脂肪的增长比较缓慢。

(2) 肥育期

体重60 kg至出栏为肥育期。此阶段猪的各器官、系统的功能都逐渐完善，尤其是消化系统有了很大发展，对各种饲料的消化吸收能力都有很大改善；神经系统和机体对外界的抵抗力也逐步提高，逐渐能够快速适应周围温度、湿度等环境因素的变化。此阶段猪的脂肪组织生长旺盛，肌肉和骨骼的生长较为缓慢。

(3) 体重的增长规律

在正常的饲料条件、饲养管理条件下，猪体的每月绝对增重，是随着年龄的增长而增长，而每月的相对增重(当月增重/月初增重×100)，是随着年龄的增长而下降。

(4) 猪体内组织增长规律

猪体骨骼、肌肉、脂肪、皮肤的生长强度是不平衡的。一般骨骼是最先发育，也是最先停止的。骨骼是先向纵行方向长(即向长度长)，后向横行方向长。肌肉继骨骼的生长之后而生长。脂肪在幼年沉积很少，而后期加强，直至成年。脂肪先长网油，再长板油。从出生到6月龄猪体脂肪随年龄增长而提高。水分则随年龄的增长而减少；矿物质从小到大一直保持比较稳定的水平；蛋白质，在20~100 kg这个主要生长阶段沉积，实际变化不大，每日沉积蛋白质80~120 g。小肠生长强度随年龄增长而下降，大肠则随着年龄的增长而提高，胃则随年龄的增长而提高，总的来说，育肥期20~60 kg为骨骼发育的高峰期，60~90 kg为肌肉发育高峰期，90 kg以后为脂肪发育的高峰期。所以，一般杂交商品猪应于90~110 kg进行屠宰为适宜。

7.3.5.2 生长肥育猪的饲养管理

(1)日粮搭配多样化

猪只生长需要各种营养物质，单一饲粮往往营养不全面，不能满足猪生长发育的要求。多种饲料搭配应用可以发挥蛋白质及其他营养物质的互补作用，从而提高蛋白质等营养物质的消化率和利用率。

(2)饲喂定时、定量、定质

定时指每天喂猪的时间和次数要固定，这样不仅使猪的生活有规律，而且有利于消化液的分泌，提高猪的食欲和饲料利用率。要根据具体饲料确定饲喂次数。精料为主时，每天喂2~3次即可，青粗饲料较多的猪场每天要增加1~2次。夏季昼长夜短，白天可增喂一次，冬季昼短夜长，应加喂一顿夜食。饲喂要定量，不要忽多忽少，以免影响食欲，降低饲料的消化率。要根据猪的食欲情况和生长阶段随时调整喂量，每次饲喂掌握在八九成饱为宜，使猪在每次饲喂时都能保持旺盛的食欲。饲料的种类和精、粗、青比例要保持相对稳定，不可变动太大，变换饲料时，要逐渐进行，使猪有个适应和习惯的过程，这样有利于提高猪的食欲以及饲料的消化利用率。

(3)以生饲料喂猪

饲料煮熟后，破坏了相当一部分维生素，若高温久煮，使饲料中的蛋白质发生变性，降低其消化利用率，且有些青绿多汁饲料，闷煮后可能产生亚硝酸盐，易造成猪只中毒死亡。生料喂猪还可以节省燃料，减少开支，降低饲养成本。

(4)饲养方式

饲养方式可分为自由采食与限制饲喂两种，自由采食有利于日增重，但猪体脂肪量多，胴体品质较差。限制饲喂可提高饲料利用率和猪体瘦肉率，但增重不如自由采食快。

(5)饲料品质

饲料品质不仅影响猪的增重和饲料利用率，而且影响胴体品质。猪是单胃杂食动物，饲料中的不饱和脂肪酸直接沉积于体脂，使猪体脂变软，不利于长期保存，因此，在肉猪出栏上市前两个月应该用含不饱和脂肪酸少的饲料，防止产生软脂。

(6)分群技术

要根据猪的品种、性别、体重和吃食情况进行合理分群，以保证猪的生长发育均匀。分群时，一般掌握“留弱不留强”“夜合昼不合”的原则。分群后经过一段时间饲养，要随时进行调整分群。

(7)调教与卫生

从小就加强猪的调教，使其养成“三点定位”的习惯，使猪于固定地点吃食、睡觉和排粪尿，这样不仅能够保持猪圈清洁卫生，而且能减轻饲养员的劳动强度。猪圈应每天打扫，猪体要经常刷拭，这样既减少猪病，又有利于提高猪的日增重和饲料利用率。

(8)去势、驱虫与防疫

猪去势后，性器官停止发育，性机能停止活动，猪表现安静，食欲增强，同化作用加强，脂肪沉积能力增加，日增重可提高7%~10%，饲料利用率也提高，而且肉质细嫩、味美、无异味。在催长期前驱虫一次，驱虫后可提高增重和饲料利用率。按照一定的免疫程序定期进行疾病预防工作，注意疫情监测，及时发现病情。

7.3.6 规模化养猪设备

7.3.6.1 猪栏

现代化猪场均采用固定栏式饲养，猪栏一般分为公猪栏、配种栏、妊娠栏、分娩栏、保育栏、生长育肥栏等。

(1)公猪栏和配种栏

目前工厂化猪场公猪栏和配种栏的配置大多采用以下两种方式：第一种，待配母猪栏和公猪栏紧密配置，3~4个母猪栏对应一个公猪栏，不设专用的配种栏，公猪栏同时也是配种栏。第二种，待配母猪栏和公猪栏隔通道相对配置，不设专用的配种栏，公猪栏同时也是配种栏，配种时把母猪赶至公猪栏内进行配种。公猪栏的高度1.2~1.4 m，每栏面积为6~9 m^2，如果兼作配种栏，则面积应稍大一些。公猪栏的结构可以是混凝土的，也可以是金属的。为了保持和增强公猪的繁殖能力，有的公猪栏还设有露天运动场。

(2)妊娠母猪栏

现行工厂化猪场大多将妊娠母猪饲养在单体栏限位栏中，可避免母猪相互咬斗、挤撞、强弱争食，减少妊娠母猪流产，提高产仔成活率；便于观察母猪发情和及时进行配种；妊娠母猪按配种时间集中在一区中饲养，便于饲养人员根据妊娠期长短合理饲喂，方便操作，提高管理水平；猪栏占地面积小，可减少猪舍建筑面积；使用单体栏也便于实现上料、供水和粪便清理机械化。妊娠母猪单体限位栏一般都是采用金属结构，尺寸是长2.1~2.2 m，宽0.6~0.65 m，高0.9~1.1 m。

(3)分娩栏

母猪产仔和哺乳是工厂化养猪生产中最重要的环节。设计和建造结构合理的产仔栏，对于保证母猪正常分娩、提高仔猪成活率有密切关系。工厂化猪场大多把产仔栏和哺乳栏设置在一起，以达到这个阶段饲养管理的特殊要求：① 母猪和仔猪采食不同的饲料。② 母猪和仔猪对环境温度的要求不同，母猪的适宜温度为18~20℃，而出生后几天的仔猪要求30~32℃，因此对哺乳仔猪要另外提供加温设备。③ 产仔母猪和初生仔猪对温度、湿度、有害气体和舍内空气流速等环境条件的严格要求。故产仔栏和哺育栏应容易清洁消毒，防止污物积存，细菌繁殖。地面粗糙度要适中，排水较好，清洗后易于干燥。地板太光滑容易使猪滑倒，太粗糙又容易擦伤小猪的脚和膝盖。空气要新鲜，但又没有疾风吹进来。④ 保护仔猪，以防被母猪压死、踩死，故应设保护架或防压杆等设施。

分娩栏一般由3部分组成：① 母猪分娩限位栏：它的作用是限制母猪转身和后退，限位栏的下部有杆状或耙齿状的档柱，使母猪躺下时不会压住仔猪，而仔猪又可以通过此档柱去吃奶。限位栏的尺寸一般为长2~2.1 m，宽0.6 m，高1 m。限位栏的前面装有母猪食槽和饮水器。② 哺乳仔猪活动区：四周用0.45~0.5 m高的栅栏围住，仔猪在其中活动，吃奶、饮水。活动区内安有补料食槽和饮水器。③ 仔猪保温箱：箱内装有电热板或红外线灯，为仔猪取暖提供热量。

一些工厂化猪场将产仔哺乳栏全栏提高0.4 m左右，即成为母猪高床产仔哺乳栏，在分娩区和仔猪活动区各有一半金属漏缝板，一半木板，或全部为金属漏缝板。这种高床产仔哺乳栏使母猪和仔猪脱离了阴冷的地面，栏内温暖而干燥，清理粪便也很方便，从而改善了母猪和仔猪的生活条件，仔猪发病率大为下降，提高了冬春季节的仔猪成活率。

(4)保育栏

保育栏饲养的是断奶后至70~77日龄的幼猪。在此期间，猪刚刚断奶离开母体独立生活，消化机能和适应环境变化的能力还不强，需要一个清洁、干燥、温暖、风速不高而又空气清新的环境。大多采用的网上培育栏，网底离地面0.3~0.5 m，使幼猪脱离了阴冷的水泥地面；底网用钢丝编织；栏的一边有木板供幼猪躺卧，栏内装有饮水器和采食箱。幼猪培育栏的尺寸一般为长1.8 m，宽1.7 m，高0.6 m。每栏可饲养10~12头幼猪，正好养一窝幼猪。

(5)生长肥育栏

提倡原窝饲养，故每栏养猪8~10头，内配采食和饮水器。生长肥育栏可采用金属栅栏、砌体栏、混合栏。采用金属栅栏时，生长栏的尺寸一般为长2.7 m，宽1.9 m，高0.8 m，隔条间距100 mm。肥育栏的尺寸一般为长2.9 m，宽2.4 m，高0.9 m，隔条间距103 mm。

7.3.6.2 漏缝地板

猪舍漏缝地板便于粪便处理，有利于动物的生长发育，有利于猪场防疫及环境保护。

(1)塑料漏缝地板

猪舍的塑料漏缝地板，材质采用工程塑料注塑，高强度、高韧性、耐老化、防腐蚀，采用榫口拼接，可与铸铁地板配套使用，安装方便，易于清洗，特有设计的防积水和防滑筋，保证了网面的干燥洁净。

(2)铸铁漏缝地板

球墨铸铁经久耐用，表面处理圆滑，不伤猪蹄。

(3)水泥漏缝地板

生产效率高，经久耐用，能够保护猪蹄部，给猪创造舒服地躺卧和清洁环境。防滑纹和棱角打磨保证地板缝隙为2 cm，边缘做成小圆棱角，防止伤害猪蹄。

7.3.6.3 饲喂设备

(1)饲料运输车

根据卸料的工作部件不同，饲料车可分为机械式和气流输送式两种。

(2)贮料仓

贮料仓多用1.5~3 mm厚的镀锌钢板压型组装而成，由4根钢管作支腿。仓体由进料口、上椎体、柱体和下椎体构成。贮料仓须密封，避免漏进雨、雪水。设有出气孔，一个完善的贮料仓，还应装有料位指示器。

(3)饲料输送机

饲料输送机是把饲料由贮料仓直接分送到食槽、定量料箱或撒落到猪床面上的设备。

(4)加料车

加料车广泛用于将饲料由饲料仓出口装送至食槽。有手推机动加料车和手推人工加料车两种。

(5)饲槽

在养猪生产中，无论采用机械化送料饲喂还是人工饲喂，都要选好饲槽，对于限量饲喂的公猪、母猪、分娩母猪一般都采用钢板饲槽或混凝土地面饲槽；对于自由采食的保育仔猪、生长猪、育肥猪多采用钢板自动落料饲槽，这种饲槽不仅能保证饲料清洁卫生，而且还可以减少饲料浪费，满足猪的自由采食。

7.3.6.4 饮水设备

(1)供水设备

猪场供水设备包括水的提取、贮存、调节、输送分配等部分，即水井提取、水塔贮存和输送管道等。供水可分为自流式供水和压力供水。现代化猪场的供水一般都是压力供水，其供水系统主要包括供水管路、过滤器、减压阀、自动饮水器等。

(2)自动饮水器

猪用自动饮水器的种类很多，有鸭嘴式、乳头式、杯式等，应用最为普遍的是鸭嘴式自动饮水器。

7.3.6.5 降温设施

(1)水帘

水帘降温是在猪舍一方安装水帘，一方安装风机，风机向外排风时，从水帘一方进风，空气在通过有水的水帘时，水的蒸发使空气温度降低，这些冷空气进入舍内使舍内空气温度降低。这是猪场使用效果较好的一种降温方式，一方面降低了温度，另一方面加强了空气流通。

(2)喷雾或滴水降温系统

喷雾降温系统原理是冷却水由加压泵加压，通过过滤器，进入喷水管系统，通过喷雾器喷出成水雾，在猪舍内空间蒸发吸热，使猪舍内空气温度降低。滴水降温系统即冷却水通过管道，在母猪上方留有滴水孔对准母猪的头颌部和背部下滴，水滴在母猪背部体表蒸发，吸热降温，未等水滴流到地面上已全部蒸发掉，不易使地面潮湿，这样既保持了仔猪干燥，又使母猪和栏内局部环境温度降低。有的猪舍降温采用水蒸发式冷风机，利用水蒸发吸热原理以达到降低舍内温度的目的，适用于干燥气候条件下使用。

(3)遮阳

利用树或安装永久可调节式挑檐等遮阳设施将直射太阳光遮住，使地面或屋顶温度降低，相应降低了舍内的温度。

(4)风扇

风速可加速猪体周围的热空气散发，较冷的空气不断与猪体接触，起到降温作用。

7.3.6.6 清洁与消毒设备

在规模化、集约化养猪场，由于采用高密度限位栏饲养工艺，加大了饲养密度、增加了猪只的发病几率，因此必须有完善的卫生防疫制度，对进场的人员、车辆、原料物品、种猪和猪舍内环境都要进行严格的清洁消毒，才能保证养猪高效率安全生产。

(1)车辆清洁消毒设施

凡是进场人员都必须经过彻底消毒，更换场内工作服，工作服应在场内清洗、消毒，更衣间主要设有更衣柜、热水器、淋浴间、洗衣机、紫外线灯等。集约化猪场原则上要保证场内车辆不出场，场外车辆不进场。为此，装猪台、饲料或原料仓、集粪池等设计在围墙边。考虑到其他特殊原因，有些车辆必须进场，应设置进场车辆清洗消毒池、车身冲洗喷淋机等设备。

(2)消毒设备

清洁消毒设备主要有喷雾消毒冲洗设备(地面冲洗喷雾消毒机、储压式喷雾器、背负式喷雾器、电动喷雾器、机动喷雾器、电动超微粒雾化喷雾器、高压清洗消毒机)、火焰消毒器、紫外线杀菌灯等。

① 喷雾消毒冲洗设备　最常用的有地面冲洗喷雾消毒机。工作时，电动机启动带动活塞和隔膜往复运动，清水或药液先吸入泵室，然后被加压经喷枪排出。该机工作压力为15~20 kg/cm^2，流量为20 L/min，冲洗射程12~14 m，是工厂化猪场较好的清洗消毒设备。

② 火焰消毒器　是利用煤油或酒精高温雾化，剧烈燃烧产生高温火焰对舍内的猪栏、饲槽等设备及建筑物表面进行瞬间高温燃烧，达到杀灭细菌、病毒、虫卵等的消毒净化目的。

③ 紫外线杀菌灯　具有强烈的杀菌作用，紫外线杀菌灯属于低压(放电)汞灯，外壳由石英玻璃管或透短波紫外线的玻璃管制成，内充低压的惰性气体和汞蒸气(少量汞)，两端为金属冷电极或热灯丝电极，通过给两极加高压(就像霓虹灯)或有触发高压后由较低电压(就像日光灯)维持放电，起杀菌作用。

7.3.6.7　粪污处理系统

(1)水冲粪

粪尿污水混合进入缝隙地板下的粪沟，每天数次从沟端的水喷头放水冲洗。粪水顺粪沟流入粪便主干沟，进入地下贮粪池或用泵抽吸到地面贮粪池。每天用清水冲洗猪圈，猪圈内干净，但是水资源浪费严重，而且固液分离后的干物质肥料价值大大降低，粪中的大部分可溶性有机物进入液体，使得液体部分的浓度很高，增加了污水处理难度。

(2)水泡粪

水泡粪在水冲粪工艺的基础上改造而来的。工艺流程是在猪舍内的排粪沟中注入一定量的水，粪尿、冲洗和饲养管理用水一并排放缝隙地板下的粪沟中，贮存一定时间后(一般为1~2个月)，待粪沟装满后，打开出口的闸门，将沟中粪水排出。粪水顺粪沟流入粪便主干沟，进入地下贮粪池或用泵抽吸到地面贮粪池。水泡粪工艺同样耗水量大，而且由于粪便长时间在猪舍中停留，形成厌氧发酵，产生大量的有害气体(如硫化氢、甲烷等)，危及猪和饲养人员的健康。

(3)干清粪

干清粪工艺的主要方法是：粪便一经产生便分流，干粪由机械或人工收集、清扫、运走，尿及冲洗水则从下水道流出，分别进行处理。干清粪工艺分为人工清粪和机械清粪两种。人工清粪只需用一些清扫工具、人工清粪车等。设备简单，不用电力，一次性投资少，还可以做到粪尿分离，便于后面的粪尿处理。其缺点是劳动量大，生产率低。机械清粪包括铲式清粪和刮扳清粪。机械清粪的优点是可以减轻劳动强度，节约劳动力，提高工效。缺点是一次性投资较大，还要花费一定的运行维护费用，由于工作部件上沾满粪便，维修比较困难。此外，清粪机工作时噪声较大，不利于猪生长。

网上资源

中国畜牧兽医信息网：http：//www. cav. net. cn
中国畜牧业信息网：http：//www. caaa. cn
中国养殖网：http：//www. chinabreed. com
畜牧网：http：//www. xoouoo. com
中国养猪网：http：//zgyzw. cunn. cn
中国猪业网：http：//www. caaa. cn/association/pig

主要参考文献

[英]John Gadd. 2015. 现代养猪生产技术——告诉你猪场盈利的秘诀[M]. 周绪斌，张佳，潘雪男，译. 北京：中国农业出版社.
董修建，李铁，张兆琴. 2012. 新编猪生产学[M]. 北京：中国农业科学技术出版社.
杨公社. 2012. 猪生产学[M]. 北京：中国农业出版社.
印遇龙. 2010. 现代仔猪营养学[M]. 北京：中国农业出版社.
印遇龙. 2011. 猪营养代谢与调控研究[M]. 长沙：湖南科学技术出版社.
李德发. 2001. 中国饲料大全[M]. 北京：中国农业出版社.
蒋思文. 2005. 畜牧概论[M]. 北京：高等教育出版社.
李建国. 2011. 畜牧学概论[M]. 2版. 北京：中国农业出版社.

思考题

1. 根据猪的生物学特性，猪场应如何进行环境调控？
2. 结合猪的生物学特点与行为学特点，谈谈养猪中注意事项。
3. 介绍家乡地方猪种保种与开发利用现况，并说说自己的思路。
4. 培育新的猪品种有什么意义？
5. 如何提高母猪年生产力？
6. 谈谈我国猪肉安全生产的现状与对策。
7. 你认为我国如何预防猪价大幅度变动。
8. 试论述猪的肥育技术管理要点。

第 8 章

家禽生产技术

家禽是指经过人类长期驯化和培育而成的，在家养条件下能正常生存和繁衍的禽类，主要包括鸡、鸭、鹅等，具有生长迅速、繁殖力强、饲料转化率高、适应密集饲养等特点，能在较短的生产周期内生产出营养丰富的蛋、肉产品，为人类提供理想的动物蛋白食品来源。

8.1 生物学特性

8.1.1 家禽的一般特征

全身被羽毛覆盖，前肢演化为翼；头小、眼大、没牙齿；骨骼大量愈合、有气室，肋骨还分节；小脑和胸腿肌肉发达；有嗉囊、肌胃、泄殖腔，无膀胱；肺小、有气囊；横隔膜只剩痕迹；雌性鸡产卵无乳腺，生殖器在左侧；雄性鸡睾丸在体内。

8.1.2 家禽的生理解剖特点

8.1.2.1 家禽的生理特点

(1)体温高，体温调节机能不完善

① 一般在40~44℃之间，成年鸡体温为41.5℃，比哺乳动物高5℃左右。

② 一般靠产热、隔热、散热来调节体温。

③ 隔热性好，皮肤没有汗腺，当气温高至26.6℃以上时，只能靠呼吸排出水蒸气来散热。

④ 鸡在7~30℃的范围内，基本上能保持恒温。

(2)新陈代谢旺盛

① 心跳快，血液循环快　禽类心(搏)率范围：160~470次/min，鸡在300次/min以上。心率受环境影响，如气温增高、惊扰、噪声等都会使其心率增高，严重者心力衰竭而死。相对于体重而言，家禽的心脏较大，且循环速度快。

② 呼吸频率高　呼吸频率范围：禽类22~110次/min，鸡40~50次/min，比大家畜高。呼吸频率受气温影响大，当环境温度过高时，其呼吸频率可加快，以水蒸气形式散发体热，受惊时也可加大呼吸频率。禽类对氧气不足很敏感，其单位体重需氧量和二氧化碳排出量均为大家畜的2倍，因此，对通风换气也有较高的要求。

(3)繁殖潜力大

雌性禽类虽然仅左侧卵巢与输卵管发育和机能正常，但繁殖能力很强，鸡卵巢上肉眼可见很多卵泡，在显微镜下则可见到上万个卵泡。高产鸡和蛋鸭年产蛋可以达到300枚以上，这些蛋经过孵化若有70%成为雏鸡，则每只母鸡一年可以获得200多个后代。

8.1.2.2 家禽的解剖特点

(1)骨骼与肌肉

①骨骼 骨骼致密、坚实且质量轻，是机体运动的结构基础，并支撑身体、保护脏器，又可以减轻体重，以利飞翔。具有以下特点：前肢形成翼，指骨与掌骨退化，为飞翔工具；鸡骨融合较多，鸡的颈椎数量多(13~14枚)，成"乙"状，能自由活动，而脊柱的其他部分则不能运动，为飞翔提供坚实有力的结构基础，锁骨、肩胛骨与乌喙骨结合在一起构成牢固的肩带，第七胸椎与腰荐椎融合；肋骨分为两段，7对肋骨中，除第1、2对及第7对(有时)外，其余各对均由两段构成，椎肋与胸肋以一定的角度结合，并有钩状突伸向后方，利于胸腔充气扩大；耻骨开张为生殖提供有利条件，耻骨间距常作为产蛋性能的标志；部分骨骼中充满空气，与呼吸系统相通，如部分椎骨、颅骨、肱骨、胸骨和锁骨；长骨(股骨、胫骨、胸骨、肋骨、肩胛骨等)的骨髓腔里，会长出一些类似海绵状的相互交接的小骨针来，功能是贮存钙盐，是产蛋母鸡的补充钙源。

②肌肉 禽类胸肌与腿肌特别发达，为主要可食部分。胸肌分布广，特别发达，以适应飞翔，其量为躯体肌肉的1/2，为体重的1/12。腿上部肌肉也发达，以适应站立和行走。肌肉的肌纤维由红肌纤维和白肌纤维组成。腿部的肌肉以红肌纤维较多，而胸肌颜色淡白，主要由白肌纤维构成。红肌纤维收缩时间长，幅度小，不易疲劳；白肌纤维收缩快而有力，易疲劳。

(2)呼吸系统

家禽的呼吸系统由鼻腔、喉、气管、肺、气囊组成，禽无甲状软骨和会厌软骨，也无声带，仅在气管分支处有鸣管(鸡称鸣管)和鼓室(鸭、鹅则称鼓室)。

家禽肺较小，缺乏弹性，海绵状，鲜红，背侧紧贴脊柱与肋骨，体积仅为同等大小哺乳动物肺的1/10。支气管进入肺后纵穿整个肺部的称为初级支气管。初级支气管的末端与腹气囊相连，沿途先后分出四群粗细不一的次级支气管。次级支气管除了与颈部和胸部的气囊连接相通外，还分出许多分支，称为三级支气管。三级支气管不仅自身相通，同时也沟通次级支气管，故禽类不形成哺乳动物的支气管树，而成为气体循环相通的管道。

气囊是装空气的膜质囊，一端与初、次级支气管相连，另一端与四肢骨骼及其他骨骼相通，共9个，即一个锁骨间气囊、两个颈气囊、两个前胸气囊、两个后胸气囊、两个腹气囊。气囊壁由单层扁平上皮组成，无血管，不能进行气体交换。当打开胸腹腔时，可在内脏器官上见到一种透明的薄膜，即气囊。气囊有以下作用：贮存空气，全部气囊比肺容纳的气体要多5~7倍；增加空气利用率，鸡有发达的气囊系统与肺相通，气囊壁薄且富有弹性，易随呼吸扩大和缩小，像风箱一样，使新鲜空气在呼气和吸气时两次通过肺，增加了空气的利用率；散发体热，靠呼出水蒸气完成；增加浮力，气囊充满空气，相对减轻体重，利于飞翔或漂浮。

(3)循环系统

①血液循环系统 心脏较大，相当于体重的0.4%~0.8%，而大家畜仅为0.15%~0.17%。成年鸡血液占体重的9%，红细胞卵圆形，有核，比哺乳动物的大。脾脏位于腺胃

和肌胃交界处的右侧，颜色为红棕色，形状为卵圆形或圆形，大小为直径 1.5 cm 左右，应激与疾病时大小有变，作用为造血、滤血和参与免疫反应。

② 淋巴系统　鸡无真正的淋巴结，仅在淋巴管上有微小淋巴结存在，在消化道壁上有集合淋巴小结存在，如盲肠扁桃体位于盲肠基部，是抗体的重要来源，起局部免疫作用。

腔上囊（法氏囊）为禽类特有，位于泄殖腔背侧，形状为犁形盲囊或球形。幼禽的腔上囊特别发达，性成熟后开始退化，最后消失。应激与疾病时，出现变化，负责循环系统中抗体的产生，是抵抗微生物入侵的主要器官。

(4) 消化系统

① 口腔　无唇、齿，有角质喙采食(陆禽：圆锥形；水禽：扁平形)唾液腺不发达，含少量淀粉酶，消化作用不大，主要起润湿作用。

② 食道与嗉囊　食道易于扩张(黏膜形成很多皱褶)，食道在刚要进入胸腔之前形成嗉囊，位于颈部右侧，起软化和贮存食物作用。健康鸡傍晚时，嗉囊饱满，能粗约反映采食情况。

③ 胃　鸡的胃分为腺胃和肌胃。腺胃主要分泌胃液(含蛋白酶和 HCl)，有许多乳头，食物停留时间很短。肌胃由强大的肌肉组成，内有黄色角质膜，借以磨碎食物。根据研究，在有沙砾的情况下，可使消化率增加 10%。

④ 肠道　鸡的肠道包括小肠和大肠两部分，全长为体长的 5~6 倍(羊 27 倍，猪 14 倍)。小肠由十二指肠、空肠、回肠组成，分泌肠液，是主要的消化、吸收部位。十二指肠“U”形弯曲处有胰腺。空、回肠以其中间的“卵黄囊痕迹”作为分界(米粒大小的小肉瘤)。大肠由盲肠与直肠组成，在小肠末端两侧各有一盲袋，为盲肠。盲肠微生物发酵可消化粗纤维，合成维生素 K。盲肠内容物单独排泄，每排粪 8~10 次可能有一次盲肠粪(含水多，黏臭)。患球虫病时，盲肠内充血，排血粪。直肠短，无消化作用，仅吸收水分。

⑤ 泄殖腔　泄殖腔为禽类所特有，是排泄和生殖的共同腔道，被两个环形褶分为粪道、泄殖道和肛道 3 部分。

⑥ 胰腺　由十二指肠所包围，为长形淡红色的腺体，分泌胰液(含淀粉酶、脂肪酶、胰蛋白酶)。

⑦ 肝脏　鸡的肝脏较大，成年鸡肝脏重约 50 g，位于心脏腹侧后方，分左右两叶，右叶(有胆囊)大于左叶，颜色为暗褐色(刚出壳时呈黄色，2 周龄后转为暗褐色)。胆囊里贮存的胆汁通过胆管流入小肠中，它能乳化脂肪以利于消化。

(5) 泌尿系统

由肾和输尿管组成。禽无肾盂，输尿管末端无膀胱，直接开口于泄殖腔。尿排入泄殖腔后，水分被重吸收，留下灰白色糊糊状的尿酸和部分尿液与粪便一起排出体外，屎尿不分。

肾脏分前中后三叶，嵌于脊柱和髂骨形成的陷窝内。质软而脆，暗褐色。尿酸盐过量沉积时，呈白色条纹状结构。

(6) 感觉器官

① 视觉　鸡眼较大，位于头部两侧，视野宽广，能迅速识别目标，但对颜色的区别能力较差，鸡只对红、黄、绿等光敏感。

② 听觉　禽无耳廓，但听觉发达。饲养管理上要求安静。

③ 味觉　过去认为禽的味觉不发达，而现有研究证明，家禽具有灵敏的味觉，能辨酸、甜、苦、咸等不同味道，但个体间差异很大，有的鸡系“盲味”，以此来解释不同的实验结果。现在肉鸡饲养上也采用各种调味剂以提高食欲。

④ 嗅觉　禽有嗅觉受体，在一定程度可辨别香味。但需要流动的空气将气味传递到受体，因禽无闻嗅行为。

(7) 生殖系统

① 公禽的生殖器官　由睾丸、附睾、输精管和交媾器(鸭、鹅称阴茎)所组成。睾丸呈豆型，乳白色，由睾丸系膜悬挂于脊柱两侧，具有形成精子，分泌雄性激素的功能；附睾包括输出小管、附睾小管和附睾管 3 部分；输精管是极弯曲的管道，沿肾脏内侧与输尿管同行，在输精管末端形成一个膨大部(贮存精子)，最后形成输精管乳头，突出于泄殖腔腹外侧，具有促进精子成熟、贮存精子、运送精子的功能；交媾器由脉管体、淋巴褶、交接器组成，鸡的交媾器只有退化的生殖突起。

② 母禽的生殖器官　母禽的生殖器官由一侧卵巢和输卵管组成，仅左侧发育完善，右侧只留残迹(孵化 7~9 d 就退化了)。

卵巢为母禽的性腺，由卵巢系膜悬挂于腹腔左边背侧，位于肺与肾之间，依靠腹膜褶与输卵管相连接。形态、大小随发育而不同，有许多呈葡萄状大小不等的卵泡。刚出壳时为平滑的小叶状，性成熟后呈葡萄串状，上面有许多大小发育不同的白色和黄色的卵泡，每个卵泡都含一个卵母细胞，卵泡仅以一柄与卵巢相连。产蛋母鸡卵巢重 40~60 g，休产鸡 4~6 g。具有产生卵子，并使之成熟，分泌性激素和孕酮等功能。

输卵管是一条弯曲长管，有弹性，管壁血管丰富，富有分泌腺，前端开口于卵巢下方，后端开口于泄殖腔，由韧带悬固着，分为 5 个部分，即漏斗部、膨大部、峡部、子宫部和阴道部。

8.2 家禽经济类型与品种

家禽品种的形成不仅与自然生态条件和饲养管理条件密切相关，而且也随人类的需要和当时的社会经济条件以及科学文化的发展而变化。20 世纪初，随着商业化养禽生产的兴起，家禽遗传育种工作发生了本质的变化，育种目标由注重体型外貌转向经济性状，培育出了一些经济价值很高品种，按用途可分为蛋用型、肉用型和兼用型品种。

8.2.1 鸡的标准品种、地方品种与现代鸡种

8.2.1.1 标准品种

标准品种是指经有目的、有计划的系统选育，按育种组织制订的标准鉴定承认的品种。标准品种强调血缘和外形特征的一致性，如对体重、冠型、耳叶颜色、肤色、胫色、蛋壳色泽等都有要求。主要的标准品种来源于欧美国家，有重要经济价值且与育成现代鸡种有关的标准品种主要有以下几种。

(1) 白来航鸡

白色单冠来航鸡为来航鸡的一个品变种，属轻型白壳蛋鸡。原产于意大利，1835 年由

意大利的来航港输往美国，1870 年输入英国、法国和德国等地，现分布于全世界各地，是世界上最优秀的蛋用型品种。来航品种按羽色和冠形可分为 10 多个品变种，其中白色单冠来航(简称白来航)是目前全世界商业蛋鸡生产中使用的主要鸡种。

白来航鸡体型小而清秀，全身紧贴白色羽毛，单冠，冠大鲜红，公鸡直立，母鸡倒向一侧。喙、跖、皮肤均为黄色，耳叶白色。白来航鸡性成熟期早，产蛋量高，160 日龄开产，年产蛋量为 200 个以上，高者达 300 个以上，蛋重约 56 g，蛋壳白色，饲料消耗少。成年公鸡体重约为 2.5 kg，成年母鸡体重约为 1.75 kg。性活泼好动，易受惊吓，无就巢性，适应能力强。

现代白壳蛋鸡生产的杂交配套系均利用白来航鸡的不同品系采用二元、三元或四元杂交，通过配合力的测定，筛选出生产性能高、饲料报酬高、抗病力强的杂交组合，如海兰 W36、北京白鸡等。

(2)洛岛红鸡

洛岛红鸡育成于美国洛德岛州，有单冠和玫瑰冠两个品变种。洛岛红鸡由红色马来斗鸡、褐色来航鸡和鹧鸪色九斤鸡与当地土种鸡杂交而成。1904 年正式被承认为标准品种。我国引人的为单冠洛岛红鸡。

洛岛红鸡羽毛为深红色，尾羽近黑色。体躯略近长方形，头中等大，单冠，喙褐黄色，跖黄色。冠、耳叶、肉垂及脸部均鲜红色，皮肤黄色，背部宽平，体躯各部的肌肉发育良好。体质强健，适应性强。体型中等，产蛋量高，年产蛋量为 160~170 个，高者达 200 个以上，蛋重较大，平均蛋重约 60 g，蛋壳褐色。成年公鸡体重约为 3.7 kg，成年母鸡体重约为 2.75 kg。

洛岛红鸡属兼用型品种，目前广泛用于褐壳蛋鸡生产，用作杂交父系。现代褐壳蛋鸡生产的杂交配套系中，最主要的配套模式是以洛岛红为父系，洛岛白或白洛克等品种作母系，生产商品代褐壳蛋鸡，利用其特有的伴性金色羽基因，通过特定的杂交形式可以实现后代雏鸡自别雌雄。

(3)新汉夏鸡

新汉夏鸡育成于美国新汉夏州，属兼用型品种，为提高产蛋量、早熟性和蛋重等经济性状，对洛岛红鸡改良选育而成。1935 年正式被承认为标准品种。1946 年引入我国，体型与洛岛红鸡相似。但背部较短，只有单冠，羽毛颜色略浅，体型大，适应性强。年产蛋量为 180~200 个，高者可达 200 个以上，平均蛋重为 56~60 g，蛋壳呈褐色。在现代蛋鸡商业杂交配套系中起着一定作用。

(4)横斑洛克鸡

横斑洛克鸡也称为芦花鸡，属于兼用型品种，是洛克鸡的 7 个品变种之一。育成于美国，在选育过程中，曾引进我国九斤鸡血液。1874 年被承认为标准品种。

横斑洛克鸡体形呈椭圆形，体型大，生长快，产蛋多，肉质好，易育肥。单冠，耳叶红色，缘、跖和皮肤均为黄色。全身羽毛呈黑白相间的横斑纹，羽毛末端应为黑边，斑纹清晰一致，不应模糊或呈“人”字形，此特征受一伴性显性基因控制，可以在纯繁和杂交时实现雏鸡自别雌雄。成年公鸡体重约 4.0 kg，成年母鸡体重约 3.0 kg，年产蛋量为 170~180 个，平均蛋重约 56 g，蛋壳呈褐色。

(5) 白洛克鸡

白洛克鸡属于兼用型，与横斑洛克同属洛克品种。1988 年列入美国标准品种，1937 年开始向肉用型改良，经改良后大大提高了早期生长速度，胸腿肌肉发达，被广泛用作生产肉用仔鸡的母系。

白洛克鸡单冠，耳叶与肉垂均红色，喙、胫、肤黄色。体大丰满，早期生长快，胸腿肌肉发达，羽色洁白，屠体美观，饲料报酬高，并保留一定的产蛋水平。成公鸡体重为 4.0~4.5 kg，成母鸡体重为 3.0~3.5 kg，年产蛋量 150~160 个，高者可达 200 个以上，蛋重约 60 g，蛋壳呈浅褐色。

(6) 白科尼什鸡

白科尼什鸡原产于英格兰，为著名的肉用型鸡品种。单冠，肉垂、冠与耳叶均为红色，缘、跖和皮肤均为黄色，全身羽毛呈白色。早期生长快，胸腿肌肉发达，肌肉丰满，胫粗壮。体大，成年公鸡体重 4.5 kg 以上，成年母鸡体重 3.5 kg 以上。肉用性能良好，但产蛋量少，年均产蛋量约 120 个，蛋重约 56 g，蛋壳呈浅褐色。白科尼什鸡是著名的肉鸡父系，目前主要用它与母系白洛克品系配套生产肉用仔鸡。

(7) 澳洲黑鸡

澳洲黑鸡属兼用型，由澳大利亚的家禽育种工作者在澳洲对奥品顿鸡着重提高产蛋性能，经 25 年选育而成。1929 年正式被承认为标准品种，我国于 1947 年引入该品种。

澳洲黑鸡体躯深而广，胸部丰满，头中等大，喙、眼、胫均黑色，脚底为白色。单冠，肉垂、耳叶和脸均为红色，皮肤白色，全身羽毛黑色而有光泽，羽毛较紧密。此鸡适应性强，性成熟早，产蛋量中等，年产蛋量 170~190 个，蛋壳呈褐色。

(8) 狼山鸡

狼山鸡属兼用型，原产于我国江苏省南通地区东县和南通县石港一带。19 世纪输入英国、美国等国，1883 年被承认为标准品种。有黑羽色和白羽色两个变种。

狼山鸡颈部挺立，尾羽高耸，呈“U”字形，喙、胫、脚底皆为黑色，胫外侧有羽毛。单冠直立，中等大小。冠、肉垂、耳叶和脸均为红色，皮肤白色。年产蛋量约 170 个，蛋重约 60 g，蛋壳呈褐色。其优点是适应性强，抗病力强，胸部肌肉发达，肉质好。

8.2.1.2 地方品种

地方品种是具有一定特点，生产性能比较高，遗传性稳定、数量大、分布广的群体。长期以来，地方品种是我国养禽业的主要生产资料，且对世界家禽品种的改良和发展有较大的贡献和影响。在我国养禽业现代化进程中，从国外引入的大量鸡种，将对我国鸡的品种组成和质量产生很大影响。多种多样的地方鸡种是鸡育种的宝贵素材。了解地方鸡种有助于促进地方品种资源的保存和利用。现列举主要的几个地方鸡品种。

(1) 仙居鸡

仙居鸡原产于浙江省中部靠近东海的台州地区，重点产区是仙居县，分布很广。头部较小，体型结构紧凑，尾羽高翘，单冠，颈部细长，背部平，动作灵敏活泼，易受惊吓，属神经质型。其外形和体态颇似来航鸡。羽毛紧密，羽色有白羽、黄羽、黑羽、花羽及栗羽之分。喙、跖多为黄色，也有肉色及青色等。成年公鸡体重 1.25~1.5 kg，成年母鸡体重 0.75~1.25 kg。

(2)大骨鸡

大骨鸡又名庄河鸡，属肉蛋兼用型，原产于辽宁省庄河县。单冠直立，体格硕大，腿高粗壮，结实有力，故名大骨鸡。胸深宽广，背宽而长，腹部丰满。公鸡颈羽、鞍羽为浅红色或深红色，胸羽黄色，肩羽红色，主尾羽和镰羽黑色有翠绿色光泽，喙、跖、趾多数为黄色。母鸡羽毛丰厚，胸腹部羽毛为浅黄或深黄色，背部为黄褐色，尾羽黑色。成年公鸡平均体重3.2 kg以上，成年母鸡平均体重2.3 kg以上。平均年产蛋量约146个，平均蛋重63 g以上。

(3)惠阳胡须鸡

惠阳胡须鸡原产东江和西枝江中下游沿岸9个县，其中惠阳、博罗、紫金、龙门和惠东5个县为主产区，河源、东莞、宝安、增城次之。惠阳胡须鸡属肉用型，其特点为体质结实，头大颈粗，胸深背宽，胸肌发达。主尾羽颜色有黄、棕红和黑色，以黑者居多。主翼羽大多为黄色，有些主翼羽内侧呈黑色。腹羽及胡须颜色均比背羽色稍淡。头中等大，单冠直立，肉垂较小或仅有残迹。背短，后躯发达，呈楔形，尤以矮脚者为甚。惠阳胡须鸡育肥性能良好，沉积脂肪能力强。成年公鸡体重1.5~2.0 kg，成年母鸡体重1.25~1.5 kg。年产蛋量70~90个，蛋重约47 g，蛋壳有浅褐色和深褐色两种，就巢性强。

(4)寿光鸡

寿光鸡原产于山东省寿光县，历史悠久，分布较广，属蛋肉兼用型鸡种。头大小适中，单冠，冠、肉垂、耳叶和脸均为红色，眼大灵活，虹彩黑褐色，喙、跖、爪均为黑色，皮肤白色，全身黑羽，并带有金属光泽，尾有长短之分。体躯近似方形，分为大、中两种类型。大型鸡外貌雄伟，体躯高大，骨骼粗壮，体长胸深，胸部发达，背稍窄，胫高而粗；中型鸡背宽，腿较短。大型公鸡平均成年体重约为3.8 kg，母鸡成年体重约为3.1 kg，年产蛋量90~100个，蛋重70~75 g。中型公鸡平均成年体重约为3.6 kg，母鸡成年体重约为2.5 kg，产蛋量120~150个，蛋重60~65 g。寿光鸡蛋大，蛋壳深褐色，蛋壳厚。成熟期一般为240~270 d，经选育的母鸡就巢性不强。

(5)北京油鸡

北京油鸡原产于北京市郊区，历史悠久。具有冠羽、跖羽，有些个体有趾羽。不少个体颌下或颊部有胡须。因此，常将这三羽(凤头、毛腿、胡子嘴)称为北京油鸡的外貌特征。体躯中等大小，羽色分赤褐色和黄色两类。初生雏绒羽土黄色或淡黄色，冠羽、跖羽、胡须明显可以看出。生长速度缓慢，性成熟晚，母鸡7月龄开产，年产蛋110个。成年公鸡体重为2.0~2.5 kg，成年母鸡体重为1.5~2.0 kg。

8.2.1.3 现代鸡种类型

由于育种的商业化，现代鸡种是在标准品种或地方品种基础上，采用现代育种方法培育出来的，具有特定商业代号的高产鸡种。现代鸡种强调整齐一致的高水平的生产性能，已脱离了原来的标准品种的名称，而用育种公司的专有商标。如京白鸡(北京市种禽公司)、星杂288(加拿大雪佛公司)和罗曼白(德国罗曼公司)，实际上均由单冠白来航选育而来。

(1)白壳蛋鸡

白壳蛋鸡全部来源于单冠来航品变种，通过培育不同的纯系来生产两系、三系或四系杂交的商品蛋鸡。体小，性成熟早，产蛋多，饲料效率高，死亡低。标准饲养条件下，20周龄产蛋率5%，22~23周龄达50%，26~27周龄进入产蛋高峰，72周龄产蛋量280~290枚，成年体重为1.5~1.8 kg，料蛋比(2.4~2.5)∶1。产生性能随选育还在提高。如京白904、星杂288、罗曼白，海兰W36，迪卡白等。

(2)褐壳蛋鸡

褐壳蛋鸡多为洛岛红、洛岛白、苏塞克斯等兼用型鸡或合成系之间的配套杂交鸡。最主要的配套模式是以洛岛红(含隐性金色基因s)为父系，洛岛白或白洛克(含S)等为母系。利用横斑基因做自别雌雄时，则以洛岛红、澳洲黑等非横斑羽品种(含b)为父系，以横斑洛克(含B)为母系。体形稍大，耗料稍多，蛋重62 g以上，蛋壳为褐色。如伊莎褐、海塞克斯褐、罗曼褐、海兰褐等。

(3)粉壳蛋鸡

粉壳蛋鸡是利用轻型白来航鸡与中型褐壳蛋鸡杂交产生的鸡种，壳色深浅斑驳不整齐。如星杂444、天府粉壳蛋鸡、伊利莎粉壳蛋鸡、尼克粉壳蛋鸡等。

(4)白羽肉鸡

白羽肉鸡父系大多采用生长快、胸腿肌肉发育良好的白科尼什，也结合少量其他品种血缘，母系最主要用产蛋量高且肉用性能也好的白洛克，在早期还结合了横斑洛克和新汉夏等品种的血缘。一般商品代6周龄体重约2.5 kg左右，料重比约1.8∶1。如爱拔益加、艾维茵、哈巴德、狄高、彼德逊等。

(5)优质肉鸡

优质肉鸡除了具有优良的肉质外，还须有较好的符合某地区和民族喜好的体形外貌(活鸡市场尤为重要)及较高的生产性能，以降低生产成本，扩大消费面。一般商品代需饲养2~3个月，体重为1.5~2.0 kg，料重比为3.0∶1左右。如优质黄羽肉鸡、乌骨鸡、各地改良土种鸡等。

8.2.2 鸭的经济类型与品种

鸭的品种按经济用途可以划分为蛋用型、肉用型和兼用型3类。

8.2.2.1 蛋用型

蛋用型鸭主要代表品种有英国的卡基康贝尔鸭，我国的绍兴鸭、金定鸭、攸县鸭、荆江鸭、莆田黑鸭等。

(1)绍兴鸭

绍兴鸭又称绍兴麻鸭、浙江麻鸭，是我国优良的高产蛋鸭品种。具有体型小、成熟早、产蛋多、抗病力强、适应性广等优点。原产于浙江省的绍兴、萧山、诸暨等地，集中分布于上海市郊区及太湖流域。其特征是体躯狭长匀称，结实紧凑，喙长颈细，腹部丰满。羽毛有带圈白翼和红毛绿翼两个类型。公母鸭成年体重差异小，平均为1.25~1.50 kg。母鸭性成熟年龄为132~135日龄，群体产蛋率达50%为140~150日龄。在正常饲养管理条件下，年产蛋量260~310枚，蛋重63~65 g，蛋壳颜色有青、白两种。

(2)金定鸭

金定鸭属于蛋用型品种。具有产蛋多、蛋重大、觅食能力强、饲料转化力高和耐热抗寒等特点。原产福建省龙湾县金定乡及厦门市郊等九龙江下游一带。公母鸭羽毛紧密结实，富有光泽，羽毛赤麻色。母鸭身体窄长，结构紧凑，脚蹼橙红色，嘴甲和爪为黑色。公鸭头大颈粗，身体略呈长方形，嘴黄绿色，爪黑色，蹼橙红色。头、颈上部羽毛为深孔雀绿色，具金属光泽。公母鸭成年体重差异小，平均为1.5~2.0 kg。母鸭110~120日龄开产，年产蛋量260~280枚，蛋重70~72 g，蛋壳以青色为主。

(3)卡基康贝尔鸭

卡基康贝尔鸭是世界著名的优良蛋用型鸭种。具有适应性广、产蛋量高、饲料利用率高、抗病力强、肉质好等优良特性。原产于英国，原种有黑色、白色、黄褐色3个品变种。鸭体型较大，近于兼用型鸭的体型，但产蛋性能好，性情温驯。成年体重为公鸭2.3~2.5 kg，母鸭2.0~2.3 kg。母鸭130~140日龄开产，年产蛋量为250~300枚，蛋重70 g左右，蛋壳白色。

8.2.2.2 肉用型

肉用型鸭主要代表品种有国外的狄高鸭、樱桃谷鸭、鲁昂鸭等，我国的北京鸭、瘤头鸭等。

(1)北京鸭

北京鸭是世界著名的优良肉用鸭种。具有生长发育快、育肥性能好的特点。原产于北京西郊一带，世界各地均有饲养。其特征是体型硕大，头较大，颈粗而中等长，羽毛洁白，紧凑匀称，性情温驯，合群性强。经选育的新型配套系商品代鸭，7周龄体重可达3.0 kg以上。

(2)樱桃谷鸭

樱桃谷鸭是世界著名的瘦肉型鸭种。具有生长快、瘦肉率高、净肉率高和饲料转化率高，以及抗病力强等优点。原产于英国，我国于20世纪80年代开始引入。其特征是体型较大，成年体重公鸭4.0~4.5 kg，母鸭3.5~4.0 kg。父母代群母鸭性成熟期26周龄，年平均产蛋210~220枚。

(3)狄高鸭

狄高鸭为世界著名肉用型鸭种。具有生长快、早熟易肥、体型大、屠宰率高等特点。原产于澳大利亚，外形与北京鸭相近似。公、母鸭成年体重平均约为3.5 kg，性成熟期约180日龄，商品鸭7周龄体重3.0 kg以上，料重比(2.9~3):1。

8.2.2.3 兼用型

兼用型鸭多为地方良种麻鸭型，适应性好，耐粗饲，肉质与蛋质均佳。主要代表品种有高邮鸭、建昌鸭、巢湖鸭等。

(1)高邮鸭

高邮鸭是较大型的蛋肉兼用型鸭品种。主产于江苏省高邮周边县市。该品种觅食能力强，善潜水，适于放牧。其特征是背阔肩宽胸深，体躯呈长方形；公鸭头和颈上部羽毛深绿色，有光泽；背、腰、胸部均为褐色芦花羽；腹部白色，臀部黑色。母鸭全身羽毛褐色，有黑色细小斑点，如麻雀羽；主翼羽蓝黑色。开产为110~140日龄，年平均产蛋140~160枚，高产群可达180枚以上。平均蛋重约76 g。成年体重公鸭2.3~2.4 kg，母鸭2.6~2.7 kg。放牧条件下70日龄体重达1.5 kg左右，较好的饲养条件下70日龄体重可达1.8~2.0 kg。

(2)建昌鸭

建昌鸭主产于四川省凉山彝族自治州境内的安宁河谷地带的西昌周边县市，是麻鸭类型中肉用性能较好的兼用品种，以生产大肥肝而闻名。其特征是体躯宽深，头大颈粗。公鸭头颈上部羽毛墨绿色而有光泽，颈下部有白色环状羽带。胸、背红褐色，腹部银灰色，尾羽黑色。母鸭羽色以浅麻色和深麻色为主，浅麻雀羽居多，占65%~70%。母鸭开产为150~180日龄，年产蛋量150枚左右。蛋重72~73 g，蛋壳颜色有青、白两种。成年公鸭体重2.2~2.6 kg，母鸭2.0~2.1 kg。

8.2.3 鹅的类型与品种

8.2.3.1 小型鹅种

小型鹅种主要代表品种有豁眼鹅、太湖鹅、雷县白鹅、长乐鹅、伊犁鹅等，几乎都产于中国。

(1)豁眼鹅

豁眼鹅原产山东省烟台一带，是目前世界上产蛋量最高的鹅种之一，也是世界上著名的小型鹅良种。其特征是鹅体型较小，体质细致紧凑，全身羽毛洁白紧贴，头呈方形、中等大小。嘴扁阔，颈细长呈弓形，背平宽，胸满而突出，前躯挺拔高抬。嘴、肉瘤、趾、蹼为橘黄色，嘴端肉红色，称为粉豆。成年公鹅体重4~4.5 kg，母鹅3.5~4.0 kg。开产日龄为210 d左右，平均蛋重约135 g。

(2)太湖鹅

太湖鹅原产于长江三角洲的太湖地区，遍布于浙江省嘉湖地区、上海市郊县以及江苏省大部。其特征是体态高昂，体质细致紧凑，全身羽毛洁白紧贴。颈细长呈弓形，无咽袋。公母差异不大，公鹅体型较高大雄伟，叫声洪亮；母鹅性情温驯，叫声较低。成年公鹅体重4.3 kg左右，母鹅3.2 kg左右。开产日龄为160 d，年产蛋约60枚，高产鹅可达80~90枚。平均蛋重约135 g，蛋壳颜色为白色。

8.2.3.2 中型鹅种

中型鹅种主要代表品种为德国的莱茵鹅、法国的朗德鹅等，我国的皖西白鹅、溆浦鹅、四川白鹅等。

(1)皖西白鹅

皖西白鹅原产于安徽省西部丘陵山区和河南省固始一带，主要分布于皖西的霍邱、寿县、六安、肥西、舒城、长丰等县以及河南的固始等县。皖西白鹅体型中等，颈细长呈弓形，胸部丰满，背宽平，全身羽毛白色。头顶有光滑的橘黄色肉瘤，大而突出。成年公鹅体重5.5~6.5 kg，母鹅体重5.0~6.0 kg。在粗放饲养条件下，60日龄仔鹅体重3.0~3.5 kg，全净膛屠宰率为73.0%左右。母鹅180日龄左右开产，母鹅就巢性很强，年产蛋25个左右，蛋壳颜色为白色。

(2)溆浦鹅

溆浦鹅原产于湖南省溆浦县溆水流域。我国南方许多省区均有饲养，其中心产区是湖南溆水县。溆浦鹅是我国肥肝性能优良的鹅种之一。溆浦鹅有灰、白两种羽色，体型高大，体质紧凑结实，属中型鹅种。公鹅肉瘤发达，颈细长呈弓形；母鹅体型稍小，后躯丰满，呈卵圆形，腹部下垂，有腹褶。成年公鹅体重6.0~6.5 kg，母鹅5.0~6.0 kg。60日龄仔鹅体重3.0~3.5 kg，全净膛屠宰率约80%。一般180日龄达性成熟，年产蛋30个左右，蛋壳颜色多为白色，少数为淡青色。

(3)朗德鹅

朗德鹅原产于法国西部的朗德周围地区。经过长期的选育，形成了世界闻名的肥肝专用品种。体型中等偏大。毛色以灰褐色为主，也有白色和灰白杂色的朗德鹅。灰褐色的朗德鹅，在颈背部接近黑色，而在胸腹部毛色较浅呈银灰色。匈牙利饲养的朗德鹅以白色的居多。鹅喙橘黄色，胫、蹼为肉色。成年公鹅体重7.0~8.0 kg，母鹅6.0~7.0 kg。仔鹅56日龄体重可达4.5 kg左右。肉用仔鹅经填肥后活重达到10.0~11.0 kg，肥肝重达0.7~0.8 kg。母鹅性成熟期180日龄，平均年产蛋量35~40个。

8.2.3.3 大型鹅种

大型鹅种主要代表品种有我国的狮头鹅、法国的图卢兹鹅等。

(1)狮头鹅

狮头鹅原产于广东省饶平县，主要分布于潮汕平原一带，是我国优良的大型鹅种。狮头鹅体躯硕大，呈方形，头大颈粗短，前额黑色肉瘤发达，向前突出，覆盖于喙上，两颊有对称的肉瘤1~2对，眼皮凸出，颌下咽袋发达，一直延伸到颈部。羽毛颜色有浅灰色和深褐色两种。成年公鹅体重9.0~10.0 kg，母鹅体重8.0~9.0 kg。肉用仔鹅在40~70日龄增重最快，60日龄仔鹅平均体重为5.0~6.0 kg，全净膛屠宰率为72%左右。母鹅开产为180~240日龄。全年产蛋量25~35个，蛋重200 g左右，蛋壳颜色为白色。

(2)图卢兹鹅

图卢兹鹅由法国野灰鹅驯化而成，是世界上体型最大的鹅种。原产于法国南部的图卢兹市郊区。其特征为羽毛灰色，头大、喙尖、颈粗短，体驱大，呈水平状态，胸深背宽，腿短而粗，颌下有明显的咽袋，腹下有发达的腹褶，喙橘黄色。早期生长速度快，产肉量高，容易沉积脂肪，用于生产肥肝，每只填肥鹅可产肥肝1.0~1.3 kg，最重的达1.8 kg。肉用仔鹅60日龄体重达3.9 kg。成年公鹅体重12.0~14.0 kg，母鹅9.0~10.0 kg。母鹅性成熟晚，300日龄左右开产。平均年产蛋30~40个，蛋重170~200 g，蛋壳颜色为白色。

8.3 人工孵化

自然条件下，家禽通常在一定的季节产一定数量的蛋后，进行抱窝，也叫自然孵化。现代高产家禽的抱窝性越来越弱，为了提高生产性能，人为创造适宜的孵化环境对家禽的种蛋进行孵化，大大提高了家禽的生产效率。

8.3.1 种蛋的管理

种蛋收集后需要经过选择、消毒、贮存等后才能进行孵化。种蛋质量受种禽质量、种蛋保存条件等因素的影响，其质量的好坏会影响种蛋的孵化效果。

8.3.1.1 种蛋来源

种蛋应来源于生产性能高、无经蛋传播的疾病、饲喂全价料、种蛋受精率高、管理良好的鸡群，患有严重传染病的种禽所产的蛋不宜做种蛋，尤其是要杜绝或严格控制经蛋传播的疾病。对于种鸡，经蛋传播的疾病主要有鸡白痢、禽白血病和支原体病等。

8.3.1.2 种蛋选择

(1)清洁度

蛋壳表面粘有粪便或被破蛋液污染后，不仅自身的孵化效果较差，还会污染其他干净的种蛋和孵化器，导致孵化率降低和雏禽质量下降，应予以剔除。轻度污染的种蛋，认真擦拭或消毒液洗后可以入孵。

(2)蛋大小

大蛋和小蛋都影响孵化率和雏鸡质量，应符合品种标准。大蛋的孵化时间较长，而小蛋的孵化时间又较短，既影响孵化率，又会导致雏鸡质量下降，都不宜做种蛋。

(3)蛋形

合格的种蛋应为接近卵圆形，蛋形指数为0.72~0.76(0.74最好)。蛋形指数是鸡蛋短轴与长轴的比值。选种蛋时应剔除细长、短圆、腰凸等不合格蛋。

(4)蛋壳颜色

壳色是品种特征之一，不同的品种蛋壳颜色不同，但是必须要求种蛋符合本品种特征。对于选择程度较低的家禽，蛋壳颜色一致性较差，留种蛋时不一定苛求蛋壳颜色完全一致。由于疾病或饲料营养等因素造成的蛋壳颜色突然变浅应暂停留种蛋。

(5)壳厚

良好的蛋壳(鸡蛋壳厚度0.35 mm左右)不仅破损率低，而且能有效地减少细菌的穿透数量，孵化效果好。蛋壳过厚，孵化时蛋内水分蒸发慢，出雏困难；蛋壳太薄，不仅易破，而且蛋内水分蒸发过快，细菌易穿透，不利于胚胎发育。要求蛋壳均匀致密，厚薄适度，壳面粗糙、皱纹、裂纹蛋不适宜做种蛋。

(6)内部质量

裂纹蛋、气室异常(如气室破裂、气室不正、气室过大)及大血斑蛋孵化率低，不适宜做种蛋。有些性状不能通过外观直接看到，也又不可能全部进行检查，只能进行照蛋透视、剖视等方法抽测。

8.3.1.3 种蛋的消毒与保存

(1)消毒

禽蛋从产出到入库或入孵前，会受到泄殖腔排泄物不同程度的污染，某些微生物能通过壳上的孔侵入蛋内。细菌进入禽蛋迅速繁殖，对孵化率和雏禽健康有很大影响。因此，收集种蛋后应进行认真消毒。

① 消毒的时间　为了尽量减少微生物通过壳上的孔侵入蛋内，种蛋收集后应马上进行第一次消毒。种蛋入孵和移盘后，可分别在入孵器内和出雏器内进行熏蒸消毒。

② 消毒的方法　常用的消毒方法有甲醛熏蒸法、过氧乙酸熏蒸法、ClO_2喷雾法等。

甲醛熏蒸法：每立方米用28 mL福尔马林加14 g高锰酸钾密闭熏蒸20~30 min。温度在24~27℃，湿度75%~80%，效果最佳。

过氧乙酸熏蒸法：过氧乙酸是一种高效、快速、广谱消毒剂，每立方米用16%过氧乙酸40~60 mL加4~6 g高锰酸钾密闭熏蒸15 min。

(2)保存

① 保存温度 家禽胚胎发育的临界温度为23.9℃，低于这个温度鸡胚发育处于休眠状态，超过这个温度胚胎就开始发育。因此，种蛋应当保存在适宜的环境温度下，直到种蛋入孵前为止。为了抑制酶的活性和细菌繁殖，种蛋保存适温为12~18℃。

② 保存湿度 75%~80%为宜，既能明显降低蛋内水分的蒸发，又可防止霉菌滋生。

③ 通风 应有缓慢适度的通风，以防发霉。

④ 种蛋保存时间 种蛋保存的时间越短越好，即使保存在适宜条件下，孵化率也会随时间的延长而下降。一般种蛋保存5~7 d为宜，不要超过2周，如果没有适宜的保存条件，应缩短保存时间。

⑤ 种蛋保存方法 保存时间为一周左右时，可直接放在蛋盘或托上，盖上一层塑料膜。保存时间较长时，锐端向上放置，这样可使蛋黄位于蛋的中心，避免粘连蛋壳。保存时间更长时，放入填充氮气的塑料袋内密封，可防霉菌繁殖，阻止蛋内物质代谢，防止蛋内水分蒸发，提高种蛋的孵化率。

8.3.2 家禽的胚胎发育

家禽属于卵生型动物，胚胎发育是依赖蛋中贮存的营养物质。另外，家禽的胚胎发育可分为母体内发育和母体外发育两个阶段，正是由于家禽有母体外发育阶段，才使人工孵化能够实现产业化。

8.3.2.1 家禽的孵化期

不同的家禽孵化期不同，即鸡21 d、鸭28 d、鹅31 d，同种家禽不同品种孵化期也有差异，体型越大、蛋越大的家禽相对孵化期越长。

8.3.2.2 胚胎的发育过程

家禽的胚胎发育分为母体内发育和母体外发育两个阶段，母体外发育过程相当复杂，其主要特征如下：发育早期(鸡1~4 d、鸭1~5 d、鹅1~6 d)为内部器官发育阶段，首先形成中胚层，再由3个胚层形成雏禽的各种组织和器官；发育中期(鸡5~14 d、鸭6~16 d、鹅7~18 d)为外部器官发育阶段，脖颈伸长，翼、喙明显，四肢形成，腹部愈合，全身被覆绒羽、胫出现鳞片；发育后期(鸡15~19 d、鸭17~27 d、鹅19~29 d)为禽胚生长阶段，胚胎逐渐长大，肺血管形成，卵黄收入腹腔内，开始利用肺呼吸。

8.3.2.3 胚膜的形成及功能

胚胎发育早期形成的4种胚外膜(即卵黄囊、羊膜、浆膜或绒毛膜、尿囊)，虽然都不形成鸡体的组织和器官，但是对胚胎的营养、排泄和呼吸等起主要作用。

8.3.3 孵化条件

家禽胚胎母体外的发育，主要依靠外界条件，即温度、湿度、通风、转蛋、卫生等。

(1)温度

是孵化最重要的条件，只有保证胚胎正常发育所需的适宜温度，家禽种蛋才能获得最好的孵化效果。在环境温度得到控制的前提下，如24~26℃，入孵器内胚胎发育的最适温度为37.5~37.8℃，出雏器最适温度为37.0~37.5℃。最适宜温度还受蛋的大小、蛋壳质量、家禽的品种品系、种蛋保存时间、孵化期间的空气湿度等因素的影响。

(2)湿度

胚胎发育对环境的相对湿度要求没有对温度的要求严格，相对湿度较大，胚蛋内水分蒸发过慢，会延长孵化的时间，使雏鸡腹大，脐部愈合不良，卵黄吸收不良；相对湿度较小，胚蛋内水分蒸发过快，易引起胚胎与壳膜粘连，或引起雏鸡脱水。禽胚对湿度的要求以入孵机50%~55%，出雏机65%~75%为宜。

(3)通风

孵化过程中通风的主要目的是气体的正常交换、均温和后期散热。胚胎在发育过程中除最初几天外，都必须与外界进行气体交换，而且随胚龄增加而加强。一般要求孵化器内空气中氧气含量为21%。可根据胚龄调节进出气孔和风扇的转速，以保证孵化器内空气新鲜，温湿度适宜。

(4)转蛋

转蛋能防止胚胎与内壳膜粘连，使胚胎各部分受热均匀，使胚胎得到运动保持胎位正常。因此，在孵化期的前两周每天要定时转蛋。鸡胚蛋以水平位置前俯后仰各45°为宜，鸭蛋50°~55°，鹅蛋55°~60°。多数自动孵化器设定的转蛋次数为1~18 d为每2 h一次。

8.3.4 孵化管理技术

8.3.4.1 孵化前的准备

为了保证雏鸡不受疾病感染，要对孵化室、孵化器内、蛋盘和出雏盘进行彻底的消毒。为避免孵化中途发生事故，孵化前应做好孵化器的检修工作，确保孵化器的温度、湿度、通风和转蛋等自动化控制系统正常。入孵之前应先将种蛋由冷的贮存室移至22~25℃的室内预热6~12 h以除去蛋表面的冷凝水，使孵化器升温快，对提高孵化率有好处。

8.3.4.2 孵化期的操作管理技术

(1)入孵

现在多采用推车式孵化器，将种蛋码放到孵化盘上，种蛋码好后整车推进孵化器中，尽量整进整出。

(2)孵化器的管理

立体孵化器由于构造已经机械化、自动化，机械的管理非常简单。主要注意孵化器和孵化室的温度、湿度、通风情况，确保孵化过程中前、中、后期的各个孵化条件适宜。

(3)凉蛋

孵化后期胚胎散热较快，热量散发不出去就会造成孵化器内温度升高，需要关闭电热源甚至将孵化器门打开，让胚蛋温度下降。每次凉蛋的时间在20~30 min，每昼夜2~3次。传统孵化缺少有效的散热系统，有时需要凉蛋。现在的自动孵化器设计的排风散热功能强，一般不需要凉蛋。

(4)照蛋

孵化期内一般照蛋1~2次，目的是及时验出无精蛋和死精蛋，并观察胚胎发育情况。前两次照检可作为调整孵化条件的依据。移盘时进行照蛋，挑出死胎蛋，同时作为掌握移盘时间和控制出雏的环境的参考。照蛋日期和胚胎特征如表8-1所示。

表8-1 照蛋日期和胚胎特征

照蛋	鸡(d)	鸭(d)	鹅(d)	胚胎特征
头照	5	6~7	7~8	"黑眼"
抽验	10~11	13~14	15~16	"合拢"
二照	19	25~26	28	"闪毛"

头照时正常胚胎为血管网鲜红，扩散面较宽，胚胎上浮隐约可见。弱胚为血管色淡而纤细，扩散面小。无精蛋为蛋内透明，转动时可见卵黄阴影移动。

抽验透视锐端，正常胚为尿囊已在锐端合拢，并包围所有蛋内容物。透视可见锐端血管分布。弱胚：尿囊尚未合拢，透视时蛋的锐端淡白。死胎为见很小的胚胎与蛋黄分离，固定在蛋的一侧，蛋的小头发亮。

二照时正常胚为除气室外胚胎已占满蛋的全部空间，气室边缘弯曲，并可见粗大血管，有时可见胚胎在蛋内闪动，胚蛋暗黑。弱胚为气室较小，边界平齐。中死胚为气室周围无血管分布，颜色较淡，边界模糊，锐端常常是淡色的。

(5)移盘

鸡胚在孵化第19天(鸭第25天、鹅第28天)或1%雏鸡轻微啄壳时进行移盘，将孵化器蛋架上的蛋移入出雏器的出雏盘中，此后停止转蛋。移盘也称移蛋或落盘，移盘时可进行照蛋，以观察胚胎发育情况。

(6)出雏

出雏期间根据出壳情况，应分2~3次捡雏，以利继续出雏，但不可经常打开机门。出雏期如气候干燥，孵化室地面应经常洒水以利保持机内足够的湿度。

(7)停电时的措施

大型孵化厂应自备发电机，以便停电时能事先做好准备。没有自备发电机的孵化室应备有加温用的火炉，停电时使室内温度达到30~37℃，打开全部机门，每隔0.5~1 h转蛋一次，同时在地面喷洒热水，以调节湿度。

(8)清扫消毒

孵化场易成为疾病传播场所，应重视出雏间隔期间的消毒。在每批孵化结束后立即对孵化室、出雏室以及所有的孵化设备进行彻底清扫消毒。

(9)孵化记录

应把每次孵化的入孵日期、种蛋来源、种蛋数、照蛋情况、孵化结果、孵化期内的温、湿度变化等记录下来，以便了解各台孵化器各批种蛋的情况，统计孵化成绩或做总结工作时参考。

8.3.5 孵化效果的检查与分析

8.3.5.1 孵化效果的检查

(1)照蛋

照蛋检查孵化效果详见8.3.4.2孵化期的操作管理技术中照蛋技术内容。

(2)出雏期间的观察

① 出雏的持续时间　孵化正常时，出雏时间较一致，有明显出雏高峰，雏鸡一般21 d全部出齐；孵化不正常时无明显的出雏高峰，出雏持续时间长，“毛蛋”较多，至第22天仍有不少未破壳的胚蛋。

② 初生雏观察　主要观察绒毛、脐部愈合情况、精神状态和体形等。发育正常的雏鸡体格健壮，精神活泼，脐部愈合良好、干燥、无黑斑，绒毛干燥、有光泽，雏鸡站立稳健，叫声洪亮。发育不好的弱残雏反应迟钝，脐部愈合不好，绒毛污乱、无光泽，精神不振，叫声无力。

(3)死雏和死胎进行病理解剖及微生物检查

种蛋品质差或孵化条件不良时，除了孵化率低之外，死雏和死胎一般表现出病理变化。要对死胎、死雏进行外表观察和解剖，同时定期抽验死雏、死胎及胎粪、绒毛等，做微生物检查，以便确定疾病的性质及特点，及时了解造成孵化效果不良的原因。

8.3.5.2　孵化效果的分析

孵化效果受内部和外部两方面因素的影响。内部因素是指种蛋品质，必须科学地饲养健康、高产的种鸡，抓好种鸡场综合卫生防疫措施，确保种蛋品质优良，不带传染性病原微生物。为此，种鸡营养要全面，必须认真执行“全进全出”等卫生防疫制度。外部因素是指种蛋管理和孵化条件，加强种蛋管理，确保入孵前种蛋质量，创造良好的孵化条件，对提高孵化率和雏鸡质量至关重要。

8.4　鸡标准化饲养管理技术

8.4.1　商品蛋鸡生产技术

8.4.1.1　雏鸡的培育

(1)雏鸡的生理特点

① 体温调节机能弱　初生雏的体温较成年鸡低2~3℃，3周龄左右体温调节中枢机能逐渐趋于完善，7~8周龄后体温接近成年鸡，才具有适应外界环境温度变化的能力。幼雏绒毛稀短，皮薄，早期自身难以御寒。因此，0~6周龄的雏鸡必须提供适宜的环境温度。

② 生长发育迅速　雏鸡代谢旺盛，生长发育迅速。蛋用雏2周龄体重为初生时的2~3倍，6周龄为10~12倍，肉仔鸡生长更快，以后随日龄增长而生长速度逐渐减慢。因此，育雏期必须严格按照营养标准予以满足，保证雏鸡的营养需要。

③ 羽毛生长更新速度快　雏鸡3周龄时羽毛为体重的4%，4周龄时为7%，以后大致不变。羽毛中蛋白质含量高达80%~82%，为肌肉中蛋白质的4~5倍。因此，雏鸡日粮的蛋白质(尤其是含硫氨基酸)水平要高。

④ 消化机能尚未健全　幼雏胃肠容积小，进食量有限，消化腺也不发达(缺乏某些消化酶)，肌胃研磨能力差，消化力弱。因此，要注意喂给纤维含量低、易消化的饲料，并且要少喂勤添。

⑤ 抗病能力弱　雏鸡免疫机能较差，对各种疾病的抵抗力弱。因此，要严格控制环境

卫生，切实做好防疫隔离。

⑥ 胆小，易受惊吓　雏鸡比较胆小怕惊吓，各种异常声响以及新奇的颜色都会引起雏鸡骚乱不安。因此，育雏环境要安静，并有防止兽害设施。

(2) 育雏方式

育雏按其占地面积和空间的不同及给温方法的不同，其管理要点与技术也不同，可分为地面育雏、网上育雏和立体育雏3种类型。

① 地面育雏　根据房舍的不同，地面育雏可以用水泥地面、砖地面、土地面，地上铺上5 cm左右的垫料，室内设有喂食器、饮水器及保暖设备。这种方式占地面积大，管理不方便，易潮湿，空气不好，雏鸡易患病，受惊后容易扎堆压死，只适于小规模暂无条件的鸡场采用。为便于消毒起见，应用水泥地面较好。

② 网上育雏　是把雏鸡饲养在离地50~60 cm高的铁丝网或特制的塑料网或竹网上，网眼大小一般不超过1.5 cm × 10 cm，要求稳固、平整，便于拆洗。网上育雏的优点是可节省垫料，比地面平养增加30%~40%的饲养密度，鸡粪可落入网下，减少了鸡白痢、球虫病及其他疾病的传播；雏鸡不直接接触地面的寒湿气，降低了发病率，育雏率较高。

③ 立体育雏　是将雏鸡饲养在分层的育雏笼内，育雏笼一般4层，采用层叠式，热源可用电热丝、热水管等，也可以采用煤炉或地下烟道等设施来提高室温。立体育雏可以增加饲养密度，节省垫料和热能，便于实行机械化和自动化，同时可预防鸡白痢和球虫病的发生和蔓延，但笼育投资大，对温度控制、通风换气等要求较为严格。

(3) 育雏前的准备

① 鸡舍及设备的检查与维修　进行检查维修，如修补门窗、封死老鼠洞，检修鸡笼、取暖、供水及照明设备等。

② 鸡舍及设备的消毒　首先要清扫和冲洗舍内地面、鸡笼、各种用具(如饮水器、盛料器、承粪盘等)。冲洗干净充分干燥后，进行化学性消毒。消毒时将所有门窗关闭，以便门窗表面能喷上消毒液。最后进行熏蒸消毒，熏蒸前将舍内密封好，放回所有育雏所用器具，按每立方米空间用40%甲醛液18 mL和高锰酸钾9 g，密闭24 h。消毒后的鸡舍，应空闲至少2~4周方可使用，以阻断舍内残留的一部分病原微生物的生命周期。

③ 鸡舍试温与用具　在进雏前1~2 d，必须进行试温，安装好灯泡，整理好供暖设备(如红外线灯泡、煤炉、烟道等)，使舍温达到育雏温度要求。观察室内温度是否均匀、平稳，加热器的控制元件是否灵敏，温度计的指示是否正确。料槽、饮水器要求数量足够，设计合理，保证料、水供应。

(4) 雏鸡的选择和运输

① 初生雏的选择　雏鸡的选择方法可概括为“一查、二看、三摸、四听”。

“一查”，主要是了解种鸡及孵化厂的情况，包括无传染病发生、免疫情况和抗体水平、营养状况、孵化效果等；“二看”，就是看雏鸡的精神状态。健雏一般活泼好动，眼大有神，羽毛整洁光亮，腹部卵黄吸收良好，而弱雏一般缩头闭目，羽毛蓬乱不洁，腹大，松弛，脐口愈合不良、带血等；“三摸”，就是摸雏鸡的膘情、体温。手握雏鸡感到温暖、体态匀称、有弹性、挣扎有力的就是健雏，而手感较凉、瘦小、轻飘、挣扎无力的就是弱雏；“四听”，就是听雏鸡的叫声。健雏叫声洪亮清脆，而弱雏叫声微弱、嘶哑，或鸣叫不休、有气无力。

② 初生雏的运输　运雏用具包括交通工具、雏鸡箱及防雨、保温用品等。雏鸡箱一般长50~60 cm，宽40~50 cm，高20~25 cm，箱子四周有直径2 cm左右的通气孔若干，箱内分4个小格，每个小格放25只雏鸡，可防止挤压。没有专用雏鸡箱的，也可用厚纸箱等，但要留有一定数量的通气孔。雏鸡运输过程中，保温与通风是一对矛盾，只注意保温，不注意通风换气，会使雏鸡受闷、缺氧，以致窒息死亡；只注意通风，忽视保温，雏鸡会受凉感冒，容易诱发鸡白痢，成活率下降。因此，装车时要注意将雏鸡箱错开安排，箱子周围要留有通风空隙，重叠层数不能太多。

(5)雏鸡的饲喂技术

① 饮水　雏鸡出壳后一定要先饮水后喂食，而且要保证清洁饮水持续不断的供给。给雏鸡首次饮水习惯上称为"初饮"。雏鸡出壳后，一般应在其绒毛干后12~24 h开始初饮，此时不给饲料。雏鸡的饮水量与体重、环境温度等有关。体重越大，饮水量越多；环境温度越高时饮水量越大。一般情况下，雏鸡的饮水量是其采食干饲料的2~2.5倍。雏鸡在不同气温和周龄下的饮水量见表8-2。

表8-2　蛋用雏鸡饮水量　　L/100只

周　龄	21℃以下	32℃	周　龄	21℃以下	32℃
1	2.27	3.90	4	6.13	10.60
2	3.97	6.81	5	7.04	12.11
3	5.22	9.01	6	7.72	12.22

(引自王宝维，1998)

② 饲喂　给初生雏鸡第一次喂料称为开食。适时开食非常重要，原则上要等到鸡群羽毛干后并能站立活动，且有2/3的雏鸡有寻食表现时进行。一般开食的时间掌握在出壳后24~36 h进行，此时雏鸡的消化器官才能基本具备消化功能。开食时使用浅平食槽或食盘，或直接将饲料撒于反光性强的已消毒的硬纸、塑料布上，当一只雏鸡开始啄食时，其他雏鸡也纷纷模仿，全群很快就能学会自动吃料、饮水。

(6)雏鸡的管理

给雏鸡创造适宜的环境，是提高雏鸡成活率，保证雏鸡正常生长发育的关键措施之一。其主要内容包括提供雏鸡适宜的温度、湿度和密度，保证新鲜的空气、合理的光照、卫生的环境等。

① 温度　温度控制程序为1~3 d，采用35~36℃，4~7 d采用32~33℃；以后每周降低2~3℃，至室温达20℃恒温。前3周温度下降幅度较小，以后几周降幅略大。随着鸡龄增加，育雏器与育雏室的温度差逐渐缩小，最后保持在16℃以上才能满足雏鸡的需要。育雏的适宜温度如表8-3所示。

育雏温度掌握得是否得当，温度计上的温度反映的只是一种参考依据，重要的是要会"看鸡施温"，即通过观察雏鸡的表现正确地控制育雏的温度。育雏温度合适时，雏鸡在育雏室(笼)内均匀分布，活泼好动，采食、饮水都正常，羽毛光滑整齐，雏鸡安静而伸脖休息，无奇异状态或不安的叫声；育雏温度过高时，雏鸡远离热源，精神不振，展翅张口呼吸，不断饮水，严重时表现出脱水现象，雏鸡食欲减弱，体质变弱，生长发育缓慢，还容易引发呼吸道疾病和啄癖等；育雏温度过低时，雏鸡靠近热源而打堆，羽毛蓬松，身体发抖，

表8-3 雏鸡的适宜温度

日 龄	笼养温度(℃)		平养温度(℃)	
	育雏器	育雏室	育雏器	育雏室
1~3	35~36	24~22	35	24
4~7	33~34	22~20	33	22
8~14	30~33	20~18	31	20
15~21	27~29	18~16	29	18~16
22~28	24~27	18~16	27	18~16
29~35	21~24	18~16	24	18~16
36~42	18~20	18~16	18~20	18~16

不时发出尖锐、短促的叫声，因为打堆可能压死下层的雏鸡，还容易导致雏鸡感冒，诱发雏鸡白痢。

脱温要逐渐进行，即用3~5 d，逐渐撤离保温设施，防止感冒。避开各种逆境(如免疫、转群、更换饲料等不良刺激)，选择风和日暖的晴天。

② 湿度　育雏的适宜湿度为55%~70%，在常温下很多地区都可以达到这一要求。初生雏鸡体内含水量高达76%(成禽72%左右)，在干燥的环境下，雏鸡体内的水分会通过呼吸大量散发出去，这就影响到雏鸡体内剩余卵黄的吸收，使绒毛发干且大量脱落，使脚趾干枯；雏鸡可能因饮水过多而发生下痢，也可能因室内尘土飞扬易患呼吸道病。可以通过育雏室内放水盘、地面喷洒水等方法增加空气中相对湿度。

③ 通风　经常保持育雏舍内空气新鲜，这是雏鸡正常生长发育的重要条件之一。雏鸡生长快，代谢旺盛，需氧量大，单位体重排出的二氧化碳比大家畜高出2倍以上。有害气体对雏鸡的生长和健康都很不利，尤其在饲养密度大，或用煤炉供暖时(一氧化碳易超标)，更要注意通风换气。育雏室内氨的浓度应低于20 mg/m^3；二氧化碳的浓度应低于0.5%；硫化氢的浓度应低于10 mg/m^3。

④ 密度　饲养密度是否合适，与雏鸡的发育和鸡舍的充分利用有很大关系。饲养密度过大，育雏室内空气污浊，二氧化碳浓度高，氨味浓，湿度大，易引发疾病，雏鸡吃食和饮水拥挤，生长发育不整齐，容易引起雏鸡互啄癖；饲养密度过小，房舍及设备的利用率降低，人力增加，育雏成本提高，经济效益下降。雏鸡的适宜密度为：1~2周龄，笼养60只/m^2，平养30只/m^2；3~4周龄，笼养40只/m^2，平养25只/m^2。

⑤ 光照　光照不仅使鸡看到饮水和饲料，促进鸡的生长发育，而且对鸡的繁殖有决定性的刺激作用，即对鸡的性成熟、排卵和产蛋均有影响。

2月龄以后，小鸡的性腺发育加快，光照对性腺的促进增强，加上现代商品杂交蛋鸡在遗传上有早熟特性，使得性成熟期早于体成熟期，提前开产，影响生产性能。因此，必须对光照进行控制，以使性成熟延迟，与体成熟同步发育，才能提高生产性能。生产上一般从育雏结束后开始控制光照时间和强度，最迟不超过10周龄，最长不超过每天12 h，最好控制在8~9 h，光照强度在10 lx以下。光照太强，鸡易神经质，易发生惊群和啄癖，活动量大，体重下降。光照时间和强度在允许范围内，若逐渐增加光照时间和强度对性成熟也有促进作用，所以育成期尤其是后期，不可延长光照时间，不可增加光照强度。产蛋期光照时间逐渐增加到一定小时数后保持恒定，切勿减少。

对光照时间和强度的控制非常重要，并已形成制度。

密闭式鸡舍：完全依靠人工光照照明，容易控制光照。初生雏最初 48 h 内保持 23~24 h 光照时间，在喂食器高度的光照强度为 20 lx，使水和料易于被发现，便于饮食。从第 3 天起到第 2 周末，光照时间逐渐降为每天 16 h，强度逐渐降为 5 lx。第 3~18 周，光照时间逐渐降为每天 8~9 h，强度不变。19 周龄再开始逐渐增加光照至 16 h。

开放式鸡舍：受自然光照影响较大，而自然光照在强度和时间上随季节变动大，如北半球6~7 月日照时间为14~15 h，而12 月至次年1 月约为9 h。所以，必须用人工光照对自然光照加以调整和补充，才能适应雏鸡的生长发育。

调整和补充时要根据出雏日期、育成期、当地日照时间的变化及最长日照时数来进行。前2 周光照制度基本与密闭式鸡舍相同，从第3 周开始要以农历节气夏至(公历6 月22 日左右)与冬至(公历12 月22 日左右)为基点制订方案。这两天是一年中日照时间最长和最短的一天，从初生到18 周龄期间，经过夏至这一天，育雏从3 周龄开始将光照逐渐或直接减少到夏至这一日的日照时间，夏至后变为自然光照，19 周龄再开始逐渐增加光照至16 h。如果经过冬至这一日，就要查出18 周龄末这一日的日照时间，以这一天日照时间为准从3 周龄后进行人工补光，恒定至18 周龄末。19 周龄再开始逐渐增加光照至16 h。开放式蛋鸡舍光照程序如表8-4 所示。

表8-4 开放式蛋鸡舍光照程序

周 龄	光照时间	
	4/5~25/8 出雏	26/8~次年3/5 出雏
0~1	22~23 h	22~23 h
2~7	自然光照	自然光照
8~17	自然光照	恒定此期间最长光照
18~68	每周增加0.5~1 h至16 h恒定	每周增加0.5~1 h至16 h恒定
69~72	17 h	17 h

(引自杨宁，2002)

为了使光照均匀，一般光源间距为其高度的 1~1.5 倍，安装两列以上的灯泡时要注意交叉排列，使舍内照度均匀。注意鸡笼下层的光照强度是否满足鸡的要求。不同类型的鸡需要的光照强度如表8-5 所示。

表8-5 蛋鸡对光照强度的要求

项 目	年 龄	光照强度(lx)			
		W/m^2	最佳	最大	最小
雏鸡	1~7 日龄	4~5	20	—	10
育雏育成鸡	2~20 周龄	2	5	10	2
产蛋鸡	20 周龄以上	3~4	7.5	20	5

(引自杨宁，2002)

(7)断喙

断喙的目的在于防止啄癖，尤其是在开放式鸡舍高密度饲养的雏鸡必须断喙，否则会造成啄趾、啄羽、啄肛等恶癖，使生产受到损失。断喙对早期生长有些影响，但对成年体重和产蛋无显著影响，并可避免鸡只扒损饲料而提高养鸡效益。

原则上断喙在开产前任何时候都可进行，为方便操作，且对雏鸡的应激较小，重断率低等方面考虑，宜在6~10日龄进行，此期间要进行新城疫和法氏囊等病的免疫，要和断喙错开2 d以上，近几年有的孵化厂在1月龄断喙。

断喙前要先确保断喙器能正常工作，刀片加热到暗樱桃红(约800℃)时，将雏鸡喙用手固定好放在断喙器两刀片间，用拇指将雏头稍向下按，食指轻压雏咽使其缩舌，将上喙切去1/2，下喙切去1/3，灼烧2 s左右，以止血。注意：不能让上喙长于下喙，这样不方便采食。

8.4.1.2 商品育成鸡的培育

(1)育成鸡的生理特点

这一阶段仍处于生长迅速、发育旺盛的时期，机体各系统的机能基本发育健全。羽毛更换勤，禽类羽毛占活量的4%~9%，且羽毛中粗蛋白质含量高达80%~82%，频繁的换羽会给禽类造成一种很大的生理消耗。因此，要注意营养的供给，尤其是要保证足够的蛋白质，如含硫氨基酸等。骨骼和肌肉生长迅速，脂肪沉积与日俱增，是体重增长最多的时期，应注意防止鸡体过肥。育成中后期生殖系统加速发育，刚出壳的小母鸡卵巢为平滑的小叶状，重约0.03 g，性成熟时由于未成熟卵子的迅速生长，使卵巢呈葡萄状，上面有许多大小不同的白色和黄色卵泡，卵巢重40~60 g。输卵管在卵巢未迅速生长前，仅8~10 cm长，当卵泡成熟能分泌雌激素时，输卵管即开始迅速生长，并达到80~90 cm，故育成鸡的腹部容积逐渐增大。其他内脏系统的协同发育，育成鸡的消化机能逐渐增强，消化道容积增大，各种消化腺的分泌增加，采食量增大，饲料转化率逐渐提高，为其他内脏器官及骨骼、肌肉的发育奠定了基础。此外，育成鸡的胸腺和法氏囊从出壳后逐渐增大，接近性成熟时达到最大，使育成鸡的抗病力逐渐增强。

(2)育成鸡饲养管理技术

① 换料时间与方法 育成鸡需要的饲料营养成分含量比雏鸡低，特别是蛋白质和能量水平较低，需要更换饲料。当鸡群7周龄平均体重和胫长达标时，即将育雏料换为育成料。若此时体重和胫长达不到标准，则继续喂雏鸡料，达标时再换；若此时两项指标超标，则换料后保持原来的饲喂量，并限制以后每周饲料的增加量，直到恢复标准为止。

更换饲料要逐渐进行，如用2/3的雏鸡料混合1/3的育成料喂2 d，再各混合1/2喂2 d，然后用1/3育雏料混合2/3育成料喂2~3 d，以后就全喂育成料。

② 限制饲养 是指在鸡的育成期，为避免因采食过多，造成产蛋鸡体重过大或过肥，在此期间对日粮实行必要的数量限制，或在能量、蛋白质上给予限制。限饲要根据标准体重而决定，不要盲目进行。育成鸡在自由采食状态下有过量采食而体重超标和早熟的倾向，使得开产提前，也影响产蛋的持久性。限饲的目的是控制鸡的生长，使性成熟适时化，提高产蛋量。育成鸡一般从7~8周龄开始限饲，到开产前3~4周结束，即在开始增加光照时间时结束(一般为18周龄)。常用方法是把每天的饲喂量减少到正常采食量的90%。

③ 正确掌握喂料量 喂料量可参考本品种和相同体型鸡种的喂料量及其对应的标准体重表进行。整个限饲过程中，饲喂量不能减少，当体重超标时，保持上一次的饲喂量，直到恢复标准再增加饲喂量；当体重达不到标准时，加大饲料增幅，直到达标后，按正常增幅加料。育成蛋鸡的体重和耗料如表 8-6 所示。

表 8-6 NRC(第九版)育成蛋鸡的体重和耗料

周龄	白壳品系		褐壳品系	
	体重(g)	耗料(g/周)	体重(g)	耗料(g/周)
8	660	360	750	380
10	750	380	900	400
12	980	400	1 100	420
14	1 100	420	1 240	450
16	1 220	430	1 380	470

④ 补充砂砾和钙 从 7 周龄开始，每周每 1 000 只鸡应给予 5~10 kg 砂砾，前期用量少且砂砾直径小(<1 mm)，后期用量多且砂砾直径大(<3 mm)，可提高鸡的消化能力。从 18 周龄到产量率 5% 阶段，日粮中钙的含量应增加到 2%，以供小母鸡形成髓质骨，增加钙盐的储备。

⑤ 适时转群 雏鸡 6~7 周龄左右应转入育成舍，如实行两段制，直接转入产蛋鸡舍时，转群的时间推后 2 周。炎热季节最好在清晨或傍晚进行，冬季可在晴天中午进行。转群时需做到以下几点：

第一，准备好育成或产蛋舍，鸡舍和设备必须进行彻底的清扫、冲洗、和消毒，在熏蒸后密闭 3~5 d 再使用。

第二，调整饲料和饮水，转群前后 2~3 d 内增加多种维生素 1~2 倍或饮电解质溶液；转群前 6 h 应停料。

第三，临时增加光照，转群的当天连续光照 24 h，使鸡尽早熟悉新环境，尽早开始吃食和饮水。

⑥ 适宜的密度 为使育成鸡发育良好和均匀度好，须保持适宜的饲养密度。饲养密度大小除与周龄和饲养方式有关外，还应随品种、季节、通风条件等而调整。育成期间饲养密度可参照表 8-7。

表 8-7 育成鸡的饲养密度

周龄	网上平养	立体笼养
6~8	20	26
9~15	14	18
16~20	10	14

注：笼养所涉及的面积是指笼底面积。

⑦ 适宜的光照 在饲料营养平衡的条件下，光照对育成鸡的性成熟起着重要作用，必须掌握好，特别是 10 周龄以后，要求光照时间应短于光照阈 12 h，并且时间只能缩短而不

能增加，强度也不可增强。具体的光照控制办法见8.4.1.1中"雏鸡的管理"部分。

⑧ 适当的通风 鸡舍空气应保持新鲜，使有害气体减至最低量，以保证鸡群的健康。随着季节的变换与育成鸡的生长，通风量要随之改变。

⑨ 卫生、免疫与驱虫 不同地区应根据传染病的流行特点和生产实际情况，制订科学合理的免疫接种程序。地面平养的育成鸡比较容易患寄生虫病(蛔虫、涤虫或螨类)，应及时对体内寄生虫病进行预防，增强鸡只体质和改善饲料效率。

⑩ 控制性成熟和促进骨骼发育 不同品种的母鸡各有一定的性成熟期，必须采用适当的光照制度和育成期限制饲养相结合，才能有效地控制性成熟。同时，要重视育成鸡体重和骨骼的发育，才能有较好的产蛋性能。

育成鸡的体重和骨骼发育都很重要。若只注重体重而不重视骨骼的发育，就必定会出现带有过多脂肪的小骨架鸡。因此，建议生长阶段从第四周龄开始，每隔两周进行一次体重和胫长的测定。

⑪ 均匀度测定 均匀度是育成鸡的一项非常重要的质量指标。均匀度与遗传有关，但主要受饲养管理水平的影响，可以用体重和胫长两指标来衡量。性成熟时达到标准体重和胫长且均匀度好的鸡群，则开产整齐，产蛋高峰高而持久。

均匀度测定方法：从鸡群中随机取样，鸡群越小取样比例越高，反之越低。如500只鸡群按10%取样，1 000~2 000只按5%取样，5 000~10 000按2%取样。取样群的每只鸡都称重、测胫长，不加人为选择，并注意取样的代表性。

10%均匀度是指群体中体重落入平均体重(+-)10%范围内鸡只所占的百分比。还有要求得较高的8%和5%均匀度等衡量办法。胫长均匀度也由此类推。一般，蛋鸡群中10%体重均匀度应达80%，5%胫长均匀度应在90%。如果鸡群均匀度不好，应设法找到原因，以便今后改进，如疾病、寄生虫、过于拥挤、高温、营养不良、断喙过度、通风不当等。

(3)高产蛋鸡开产体重的调控

蛋鸡开产时体重对于蛋鸡生产能力的影响至关重要，适宜的开产体重是蛋鸡高产的前提。早熟蛋鸡开产体重过小，是产蛋高峰不高或产蛋率降低过快的原因。在后备母鸡的培育过程中，达到适宜体重可能是一个极为重要的因素。鉴于我国蛋鸡生产中存在的问题，提出如下调控建议。

① 明确开产体重目标 不同品种的蛋鸡开产时的体重标准不同，任何一个品种的蛋鸡都有固定的性成熟体重标准，了解饲养品种（配套系）的体重指标，对于饲养者至关重要。后备鸡开产体重目标可参照表8-8。

表8-8 早熟后备母鸡体重指标

品系	18周龄体重	产蛋率达1%~2%体重	产蛋率达50%体重	产蛋高峰体重
白壳蛋鸡	1.25~1.35	1.45	1.55	1.65
褐壳蛋鸡	1.45~1.55	1.61	1.73	1.93

（引自朗丰功，2000）

② 重视后备鸡日粮的营养因素，不能盲目采用限饲技术 在蛋鸡的育成阶段，低蛋白、低能量日粮往往被人们所忽视，在后备鸡全价日粮中加入过多的麸皮，而相对减少了能量饲

料玉米的用量，很少利用油脂，同时鱼粉、豆粕等蛋白原料的添加量也不足，这样会使蛋白和能量一般达不到标准要求，对日粮进行了质的限制。因此，建议在蛋鸡日粮中注意添加鱼粉、豆粕等优质蛋白原料及鱼油、玉米油或其他油脂，以改变我国目前蛋鸡日粮蛋白、能量水平不足的现状。对饲喂量的限制要根据所使用的日粮营养水平而决定，不要盲目进行。

③ 延迟开始光照刺激的时间　后备母鸡在接受开产光照刺激之前必须达到适宜的体重。体重不足，过早进行光照刺激，提前开产的母鸡往往产蛋小，双黄蛋多，脱肛现象严重，产蛋高峰低，持续时间短，而且使整个产蛋期的死亡率提高。因此，在生产中补充光照的时间要根据母鸡的体重而定，在18周龄称体重，如母鸡体重达不到标准，光照开始刺激的时间向后延迟直到体重达标时开始进行光照刺激。

④ 育成母鸡饲养密度的调整　鸡群的饲养密度与育成母鸡体重大小和均匀度有着直接的关系。饲养密度过大会严重影响开产时母鸡的体重与均匀度。尤其是目前鸡舍环境控制不良好的条件下，饲养密度大，对鸡群的发育及健康影响更大。因此，适宜的饲养密度对母鸡按时达到开产体重是有益的。

8.4.1.3　商品产蛋鸡的饲养管理

蛋鸡饲养管理的中心任务是尽可能消除与减少各种逆境，创造适宜的环境条件，充分发挥其遗传潜力，达到高产、稳产的目的，同时降低鸡群的死淘率和蛋的破损率，尽可能地节约饲料，最大限度地提高蛋鸡的经济效益。

(1) 产蛋前的准备

① 鸡舍整理与消毒　当鸡群即将转入产蛋鸡舍时，必须对鸡舍及设备进行彻底清洗和消毒，对供水、供电、通风、照明、保暖等设施进行及时的检查和维修。在鸡舍最后一次消毒前应对供水、供料、供电、清粪系统检查试运行，确保工作状态正常。产蛋鸡舍的清理和消毒参照育雏前的鸡舍清理和消毒程序。

② 整顿鸡群　母鸡转群上笼前后应保持良好的健康状况。鸡群在转群上笼或转入其他饲养方式的产蛋鸡舍之前要进行整群，对精神不好、拉稀、消化道有炎症的鸡进行隔离治疗；对失去治疗价值的病、残、弱不良个体及时淘汰；对生长缓慢、体重较小的鸡单独饲养，给予较好的饲料，加强营养，促其尽快增重。在开产前对全群鸡进行驱虫，主要驱除肠道线虫。针对育成鸡的发病历史，全群投药1~2次，疗程3~5 d，进行鸡体净化。经过整顿后，使鸡群健康一致，有一个理想的体重和体形。

③ 转群　后备蛋鸡转入蛋鸡舍称为转群。转群会引起应激，对大型蛋鸡场来说，这是一项任务重、时间紧、用人多的突击性工作，需要周密筹划和全面安排。为了便于管理，有利于控制全场疾病，以提高经济效益，必须实行“整栋鸡舍的全进全出”。

在转群前两天内，为了加强鸡体的抗应激能力和促进因捉鸡及运输所导致鸡体损伤的恢复，应在料中或饮水中添加抗生素和双倍的多种维生素及电解质。转群当日停料供水4~6 h，将剩余的料吃净或剩余不多时再转出。

转群前要准备充足的饮水和饲料，使鸡一到产蛋舍就能吃到水和料。转群工作量大，时间紧，应组织好人力，做好安排。捉鸡要捉双脚，不要捉颈或翅，且轻捉轻放，以防骨折和惊恐。同时，转群过程中要逐只进行选择，严把质量关，把发育不良的、病弱的鸡只淘汰掉，断喙不良的鸡也要重新修整，并计好鸡数。

转群上笼应尽量选择气候适宜的时间，要选择气温适宜的天气进行，避开阴雨天气。冬季转群时应在中午较暖和的时候进行，夏季炎热季节转群时则最好在清晨或晚上较凉爽时进行，夜间抓鸡易捕捉，可避免惊群，减少应激。刚转群时要注意观察鸡群的动态，处理突发事件，特别是笼养鸡，防止挂头、扎翅等伤亡事故，跑出笼外的鸡要及时抓回笼内。

④ 开产前后饲养管理　母鸡在开产前后除了对来源于外界转群、饲养环境改变等产生应激外，还来源于自身的生理刺激，主要有生殖系统的发育、性激素的刺激等。为了适应鸡体在此阶段的生理性变化，配合鸡群向产蛋期转换，应采取以下饲养管理措施。

• 更换日粮：由育成期饲料改换成产蛋期饲料，18～19 周龄更换较为适宜，也可在鸡群产蛋率达到5%时更换。更换方法：产蛋期饲料按比例逐渐替换育成期饲料，直到全部替换为产蛋期饲料。

• 补充光照：一般应在18～19 周龄开始增加光照时间和强度，此时要测定鸡群的体重，若达不到标准体重，可将补光时间往后推迟一周，当鸡达到体重标准后再补充光照。补光的幅度一般为每周增加0.5～1 h 直至增加到16 h。光照控制必须与母鸡体重调整相一致，才能使母鸡的生殖系统与体躯协调发育。

• 避免应激：鸡性成熟时精神亢奋，行动异常，高度神经质，容易惊群，应尽量避免惊扰鸡群而造成应激，否则将严重影响产蛋率和经济效益。

(2)产蛋期的饲养管理

①饲喂与饮水

• 喂料：整个产蛋期以自由采食为宜，日喂2～3 次，夜间熄灯前无剩料。产蛋鸡食物在消化道中的排空速度很快，仅4 h就排空一次。因此，熄灯前喂足料非常重要，以便为夜间鸡蛋的形成准备充足的营养。

• 饮水：饮水量一般是采食量的2～2.5 倍，饮水不足会使产蛋率急剧下降。在产蛋及熄灯之前各有一次饮水高峰。因此，应自由饮水，保证饮水干净、卫生。

② 产蛋后期饲养管理　产蛋后期一般是指43～72 周龄。蛋鸡经过产蛋高峰后体质下降，产蛋后期的产蛋率每周下降1%左右，蛋重有所增加，鸡的体重几乎不再增加，同时由于体内钙质消耗过大，蛋壳质量也逐渐下降。此阶段应主要做好以下几方面的工作：

• 适时调整日粮配方：参照各类鸡产蛋后期的饲养标准进行，一般可适当降低粗蛋白水平(降低0.5%～1%)，能量水平不变，适当补充钙质。这样，既可降低饲料成本，又能防止鸡体早衰和过肥而影响产蛋。

• 及时发现并淘汰停产鸡：在产蛋后期应注意观察鸡群的产蛋情况，留意鸡群里的不产蛋鸡或低产鸡，如发现应及时淘汰，有利于节省饲料，降低饲养成本。

• 增加光照时间：在全群淘汰的前3～4 周，可适当地逐渐增加光照时间，可刺激多产蛋。

• 抽样称重：每两周抽样称鸡体重一次，了解鸡群体况变化。

③ 四季管理　四季气温及日照差异大，因此应给予不同的管理。

• 春季管理：春季气温逐渐升高，日照时间逐渐延长，且波动较大，也是微生物大量繁殖的季节。因此，管理上应采取相应措施，包括充分满足蛋鸡营养需要，日粮营养全价，以满足蛋鸡产蛋需要；加强卫生防疫工作，防止各种病原微生物滋生繁殖，减少疾病的发生，最好在天气变暖前进行彻底清扫和消毒工作。在气温尚未稳定的早春，要注意协调保温与通风之间的矛盾。

• 夏季管理：夏季气温较高，日照时间长，管理上要注意防暑降温，最好控制在27℃以下，并降低开放式鸡舍的照度，想办法促进采食，以保证营养的足够食入，维持生长生产的需要。舍内气温高时，应使用抗热应激添加剂，如在饮水或饲料中添加0.03%的维生素C或0.5%的碳酸氢钠等可缓减热应激反应。此外，要做好经常性的灭鼠和灭蝇工作，减少疾病传播和饲料浪费；要注意防止鸡虱、羽螨的繁殖和传播。

• 秋季管理：秋季天气渐凉，昼夜温差较大，日照渐短，要注意补充人工光照。早秋天气闷热，雨多潮湿，白天要加大通风量排湿，饲料中经常投放预防呼吸道病和肠道病的药物。开放式鸡舍要做好夜间保温工作，适当关闭部分窗户。对于秋天进入产蛋高峰的鸡群，要特别注意气温的变化和人工光照的补充，否则会使产蛋高峰下跌并难以恢复。

• 冬季管理：冬季气温低，日照时间最短，要注意防寒保暖和补充人工光照(天气阴暗的白天也应开灯)，使舍温不低于8℃。有条件的可加设取暖设备，条件差的要关紧鸡舍门窗，在南面留几扇窗户换气，晴天中午换气时间可久些，以免有害气体积留舍内，处理好通风换气和保温的矛盾。此外，还可适当提高日粮能量水平，增加饲喂量。

④ 日常管理　鸡舍的日常管理工作除喂料、拣蛋、打扫卫生和生产记录外，最重要、最经常的任务是观察和管理鸡群，掌握鸡群的健康及产蛋情况，及时准确地发现问题和解决问题，保证鸡群的健康和高产。

• 观察鸡群：清晨开灯后随时注意观察，若发现病鸡应及时挑出隔离饲养或淘汰；若发现死鸡尤其是突然死亡且数量较多时，要立即送兽医确诊，及早发现和控制疫情。

喂料给水时，观察饲槽和水槽的结构和数量是否能满足产蛋鸡的需要。每天应统计耗料量，发现鸡群采食量下降时，都应及时找出原因，加以解决。对饮水量的变化也应重视，往往是发病的先兆。

多数鸡开产后，应注意观察有无脱肛、啄肛现象，及时将啄肛鸡和被啄鸡分开，并对伤者进行治疗。及时解脱挂头、别脖、扎翅的鸡，捉回挣出笼的鸡；发现好斗的鸡及受强鸡欺压不能正常采食、饮水、活动的弱鸡，及时调整鸡笼，避免造成损失；防止飞鸟、老鼠等进入鸡舍引起惊群、炸群和传播疾病。

由于人工调节环境及饲料营养不良等原因，可能引起鸡群生长异常，应采取有效措施进行调节。对那些体重过大或过小发育不良的鸡等和产蛋高峰后鸡冠萎缩发白的低产鸡和停产鸡及时淘汰。

观察鸡只有无甩鼻、流涕行为，倾听鸡只有无呼吸道所发出的异常声响，如呼噜、咳嗽、喷嚏等，尤其是夜晚关灯后倾听更好。若有必须马上挑出，不能拖延，并隔离治疗，以防疾病传播蔓延。

观察鸡群健康与否，是观察的主要内容，可从精神、食欲、粪便、行为表现等方面加以区别。健康鸡只精神活泼、食欲旺盛、站立有神、行走有劲、羽毛紧贴、翅膀收缩有力、尾羽上翘，冠髯红润；粪便较干，呈盘曲圆柱形，灰褐色，表面覆盖着一层白色尿液。病鸡精神沉郁、两眼常闭、羽毛松弛、翅尾下垂、食欲差或无；冠苍白或紫黑，常伏卧；呼吸带声，张嘴伸脖，有的口腔内有大量黏液，有的嗉囊充气，有的腹部肿胀发硬，有的体重极轻，龙骨刀状突起；有的肛门附近脏污，粪便稀薄，呈黄绿色或灰白色或带血。

总之，观察管理蛋鸡的内容很多，在饲养实践中，凡是影响鸡群正常生活、生产的情况，均属观察管理的内容。高的产蛋水平来源于细致的观察和精心的管理。

• 减少应激：蛋鸡对环境变化非常敏感，尤其是轻型蛋鸡尤为神经质，环境的突然改变能引起应激反应。如高温、抓鸡、断喙、接种、换料、断水、停电等，都可能引起鸡群食欲不振、产蛋下降、产软壳蛋、精神紧张，甚至乱撞引起内脏出血而死亡。这些表现往往需要数日才能恢复正常，因此，保持稳定而良好的环境，减少应激，对产蛋鸡非常重要。

为了创造稳定而良好的环境，必须严格制订和认真执行科学的鸡舍管理程序，保证适宜的环境条件(温度、光照、通风等)和饲喂条件(定时定量喂料、饮水)，饲养操作动作要轻，人员固定，按作业日程完成各项工作：如定时开关灯、按时喂料、捡蛋、打扫卫生等。

• 采用全价优质日粮，防止饲料浪费：蛋鸡饲料成本占总支出的60%~70%，节约饲料能明显提高经济效益。饲料浪费的原因是多方面的，采用新鲜全价优质饲料是防止饲料浪费的一个很有效的措施。生产实践证明，不少养鸡场由于饲喂劣质或霉败变质的饲料的确是一个值得注意、应认真解决的问题。

• 保证水质及全天供水：水是鸡生长发育、产蛋和健康所必需的营养，但在大群生产中往往被忽视(尤其是水质)。从日常管理来说，必须确保水质良好的饮水全天供应，每天清洗饮水器或水槽。产蛋鸡的饮水量随气温、产蛋率和饮水设备等因素不同而异，大约每天每只的饮水量为200~300 mL。有条件的最好用乳头式饮水器。

• 捡蛋：捡蛋的起止时间必须固定，尤其是截止时间，不可任意推后和提前。捡蛋时要轻拿轻放，尽量减少破损，全年破损率不得超过3%。捡蛋次数以每日上午、下午各捡一次(产蛋率低于50%，每日可只捡一次)。捡蛋的同时要注意检查蛋壳颜色、蛋壳质量、蛋的形状和重量有无异常变化。

• 作好生产记录：要管理好鸡群，就必须做好鸡群的生产记录。日常的生产纪录很多，主要含有以下内容：日期、鸡龄、存栏数、产蛋量、存活数、死亡数、淘汰数、耗料量、蛋重和体重。通过这些记录，可以及时了解生产、指导生产，发现问题、解决问题，这也是考核经营管理效果的重要根据。

⑤ 减少饲料浪费　饲料成本占鸡蛋总成本的70%左右，如何降低成本，是提高饲养效益的主要措施之一。因此，必须重视减少饲料浪费。饲料浪费量很大，通常占全年消耗量的5%~10%，甚至更多。为了减少浪费，应注意以下几点：

• 供给全价配合饲料：既不缺少也不多给，因为饲料营养不全面是最大的浪费。

• 料槽（桶)的构造及高度：料槽过小，很容易添满而出现“撒料”。料槽过深，饲料采食不净而产生霉变浪费。料槽所放位置过低易被鸡拨弄造成浪费。所以，料槽应大小适中，其高度以高出鸡背2 cm为宜。笼养鸡因料槽侧板上有一定宽度的檐，所以浪费较少。使用规格的料桶，吊置高度适中也可节省饲料。

• 喂料量：一次加料过多，是饲料浪费的主要原因。料槽的加料量应不多于1/3，料桶应不超过1/2。

• 饲料颗粒度：蛋鸡生产中主要使用干粉料，应注意防止过细，过细适口性差，易飞散，颗粒度对成鸡以0.4~0.5 cm为宜。过粗，鸡易择食，采食不均匀，易造成营养不平衡。

• 水槽中水位高度：水槽中的水位不能太高，特别是喂干粉料时，鸡喙上所沾的饲料会留到水槽中而浪费，同时还会污染饮水。据报道，此项浪费每年每只鸡为1.4~1.8 kg。所以，定时给水比常流水能减少一些饲料浪费。

• 断喙：不仅可以避免“啄癖”，而且能有效地防止饲料浪费，据调查，断喙的鸡比未断喙的鸡饲料浪费减少约3%。

• 及时淘汰低产鸡和停产鸡：腹部容积小和油脂沉积、鸡冠发育厚、肿、肥的低产鸡和不产蛋鸡应及时淘汰，以节约饲料。

• 饲料保存要避光、防潮、防鼠害：日光直射可使饲料脂肪氧化，破坏一些维生素A、维生素E、核黄素等；饲料吸潮会发霉变质，造成浪费；饲料房和鸡舍还不能有鼠类，否则会被吃掉大量饲料。

8.4.2 肉仔鸡生产技术

肉仔鸡的生产特点为：肉仔鸡单位饲养量的收益微薄，必须靠规模效益取胜，而且肉仔鸡饲养管理全过程基本实现了机械化、自动化，为大规模饲养提供了可能；早期生长发育越来越快，肉鸡在10周龄前，生长发育最快，体重达成年的2/3；饲料效率高，生活力强；屠宰率高，肉质嫩；易发生胸囊肿、腹水症、腿部疾病和猝死症。

8.4.2.1 肉仔鸡的饲养

肉用仔鸡的饲喂和饮水方法参照蛋鸡育雏期的饲养。

8.4.2.2 肉仔鸡的管理

给肉用仔鸡创造适宜的环境，是提高成活率，保证肉用仔鸡正常生长发育的关键措施之一。其主要内容包括提供肉用仔鸡生活的适宜的温度、湿度和密度，保证新鲜的空气、合理的光照、卫生的环境条件等。

(1) 温度

开始保持33~35℃，从第二周开始每周降3℃，直到4周龄末温度降至21~24℃，以后维持此温度不变。在生产中要注意与看鸡施温相结合，效果才会更好。温度适合时，分布均匀，体态自然，无挤堆现象；温度高时，雏鸡表现伸翅，张口喘气，不爱吃料，频频喝水；温度低时，雏鸡表现挤堆，闭眼缩脖，不爱活动，发出尖叫声，饲料消耗增多。

(2) 湿度

育雏适宜的湿度第一周应保持60%~65%，以后逐渐降至50%~60%。湿度过高或过低对肉用仔鸡的生长发育都有不良影响。

(3) 光照

光照有连续和间歇光照两种方法。连续光照：施行23 h连续光照，1 h黑暗；间歇光照：在全密闭鸡舍，光照和黑暗交替进行，即全天采用1~2 h光照、2~4 h黑暗循环交替。在整个饲养期，光照强度原则是由强到弱。

(4) 通风换气

鸡舍内良好的空气环境是养好肉用仔鸡的重要条件，足够的氧气可使肉用仔鸡维持正常的新陈代谢，保持健康，发挥出最佳生产性能。一般室内二氧化碳含量不应超过0.5%，氨气浓度不应超过 20 mg/m^3。

(5) 饲养密度

影响肉用仔鸡饲养密度的因素主要有周龄与体重、饲养方式、通风情况等。一般来说，通风良好，饲养密度可适当大些，笼养密度大于网上平养，而网上平养又大于地面厚垫料平养。建议饲养密度为环境控制鸡舍到出场时最大承载量为每平方米 30 kg 活重，若出场体重为3.0 kg，则每平方米最多容纳 10 只。

8.4.2.3 肉仔鸡饲养管理的其他要点

(1) 公母分群饲养

公、母雏生理基础(生长速度、沉积脂肪的能力、羽毛生长速度)不同，对生活环境和营养条件的要求也不同。分群饲养可以按公母调整日粮营养水平，分期出售。

(2) 非传染性疾病防控

肉仔鸡的非传染性疾病会严重影响肉仔鸡的生产，必须从饲养管理上入手，改善鸡舍环境条件，预防非传染性疾病的发生。

① 胸囊肿　肉仔鸡卧地时胸部支撑，胸部受压时间长、压力大，引起胸部皮下发生的局部炎症，影响胴体的品质。应该针对产生原因采取以下措施：尽力使垫草干燥、松软，保持垫草应有的厚度；应采取少喂多餐的办法，促使鸡站起来吃食活动，减少肉仔鸡卧地的时间；若采用金属网平养或笼养时，应加一层弹性塑料网。

② 腿部疾病　随着肉仔鸡生产性能的提高，腿部疾病的发生越来越严重。预防肉仔鸡腿病，应采取以下措施：完善防疫保健措施，杜绝感染性腿病；提供全价配合饲料，预防营养不良引起的腿部疾病；加强管理，确保肉仔鸡合理的生活环境，避免因垫草湿度过大、脱温过早以及抓鸡不当而造成的脚病。

③ 腹水症　是一种非传染性疾病，其发生与缺氧、缺硒及某些药物的长期使用有关。预防肉鸡腹水症发生应采取以下措施：改善环境条件，注意鸡舍要通风良好，饲养密度不要太大；适当降低前期料的蛋白质和能量水平；防止饲料中缺硒和维生素 E；饲料中呋喃唑酮药不能长期使用。

④ 猝死症　其症状是一些增重快、体重大、外观正常健康的鸡突然死亡。剖检常发现肺肿、心脏扩大、胆囊缩小。预防肉鸡猝死症发生应采取以下措施：在饲粮中适量添加多种维生素；加强通风换气，防止密度过大；避免突然的应激。

(3) 肉仔鸡出场

肉用仔鸡出场的中心任务是尽可能防止碰伤，保证肉仔鸡的商品合格率，这是非常重要的。出场时应有计划的在出场前 4~6 h 使鸡吃光饲料。为了减少鸡的骚动，出场应在弱光下或夜晚进行，抓鸡要轻巧敏捷，抓双脚，不可以粗暴。为了减少失重和死亡而造成的损失，应尽可能缩短抓鸡、装运和候宰的时间。

8.4.3 种鸡的饲养管理

种鸡是养鸡生产的重要生产资料，其质量的好坏直接关系到商品鸡生产质量的高低。饲养种鸡的目的是为了提供优质的种蛋和种雏。因此，在种鸡的饲养管理中，重点是保持良好的体质和旺盛的繁殖能力，以尽可能多地生产合格的种蛋，提高受精率、孵化率和健雏率。

种鸡的基本饲养管理技术与商品蛋鸡相同，这里主要概述种鸡的一些特殊的饲养管理措施。

8.4.3.1 育雏育成期的饲养管理

(1)饲养方式与密度

蛋种鸡多采用离地网上平养和笼养。育雏期笼养多采用四层重叠式育雏笼，育成期笼养时可用两层或三层育成笼。种鸡的饲养密度比商品鸡小30%~50%即可，并随饲养方式、种鸡体型与日龄而调整，生产中可结合断喙、接种等工作进行，并实行强弱分群饲养，淘汰过弱的鸡只。育成种公鸡应备有运动场。

(2)分群饲养

高产配套系的种鸡，它们在配套杂交方案中所处的位置是特定的，不能互相调换，因此，各系在出雏时都要佩戴不同的翅号或断趾或剪冠，以示区别。各系还应分群饲养，以免弄错和方便配种计划的编制，也便于根据各系不同的生长发育特点进行饲养管理。

另外，种公母鸡6~8周龄前混养，9~17周龄分开饲养。公鸡最好采用平养育成，以锻炼体格，并注意饲养密度不能太大。6周龄后，种公鸡应有450~500 cm^2/只，成年种公鸡应有900 cm^2/只。在此期间，还可将过重和过轻者分开饲养，针对性地进行限饲和补饲。分群后，公母鸡应按同样的光照程序进行管理；控制饲喂量，公鸡比母鸡多喂10%左右。育成后期至产蛋高峰前逐渐增加光照时数，母鸡增加到16 h，公鸡增加到12~14 h为止。如果公母混养，以母鸡的光照要求为准。

(3)公鸡断喙

公鸡断喙的合理长度为母鸡的一半(如采用自然交配，公鸡可不断喙，但要断内侧第一、二趾，以免配种时抓伤母鸡)；适宜时间与商品鸡相同，即7~10日龄，在12周龄左右将漏切、喙长、上下喙扭曲等异常喙进行补切或重切。

(4)育成期限饲

目前，中型蛋种鸡在育成期一般都实行限饲，轻型蛋种鸡通常都未实行。是否采用限饲应由鸡种要求和鸡群体重的实际情况而定。限饲的具体操作可参考育成蛋鸡的限饲，并结合本品种的体重标准进行。

(5)体重标准与胫长标准

现代蛋鸡都有其能最大限度发挥遗传潜力的各周龄的体重标准和胫长标准，是要通过科学的、精细的饲喂并及时调控等综合措施才能达到的，绝不是在自由采食状态下的体重。种鸡育成期和性成熟时，适宜的体重和胫长显得更为重要。具体跖长的控制标准要参照不同育种公司的管理指南来掌握。

(6)种公鸡的选择

种公鸡的质量直接影响到种蛋受精率及后代的生产性能，其影响大于种母鸡，必须进行严格的选择。

① 第一次选择　在育雏结束公母分群饲养时进行，选留个体发育良好、冠髯大而鲜红者。留种的数量按1∶(8~10)的公母比选留(自然配种按1∶8，人工授精按1∶10)，并做好标记，最好与母鸡分群饲养。

② 第二次选择　在17~18周龄时选留体重和外貌都符合品种标准、体格健壮、发育匀称的公鸡。自然交配的公母性比为1∶9；人工授精的性比为1∶(15~20)，并选择按摩采精时

有性反应的公鸡。

③ 第三次选择　在20周龄，自然交配的此时已经配种2周左右，主要把那些处于劣势的公鸡淘汰掉，如鸡冠发紫、萎缩、体质瘦弱、性活动较少的公鸡，选留比为1:10。进行人工授精的公鸡，经过1周按摩采精训练后，主要根据精液品质和体重选留，选留比例可在1:(20~30)。

8.4.3.2 产蛋期的饲养管理

(1)饲养方式和密度

① 饲养方式　有地面垫料平养、离地网上平养、地网混合、个体笼养和小群笼养等几种。除个体笼养需搞人工授精外，其他的饲养方式都采用自然配种。平养还需配备产蛋箱，每4只母鸡配1个。采用小群笼养时，要注意群体不可太小，以免限制公母鸡之间的选择范围，使受精率不高。繁殖期人工授精的公鸡必须单笼饲养，一笼两只鸡或群养时，由于公鸡相互爬跨、格斗等而影响体质及精液品质。

② 饲养密度　与饲养方式和种鸡的体型有关，各种饲养方式下不同体型母鸡的饲养密度可参考表8-9，公鸡所占的饲养面积应比母鸡多1倍。

表8-9　蛋种鸡的饲养密度

鸡体型	地面平养		网上平养		混合地面		笼　养	
	m^2/只	只/m^2	m^2/只	只/m^2	m^2/只	只/m^2	m^2/只	只/m^2
轻型蛋种鸡	0.19	5.3	0.11	9.1	0.16	6.2	0.045	22
中型蛋种鸡	0.21	4.8	0.14	7.2	0.19	5.3	0.050	20

注：笼养所指的面积为笼底面积。

(2)转群时间

由于蛋种鸡比商品鸡通常迟开产一周，故转群可在18~19周龄进行，产蛋期进行平养的要求提前1~2周(即17~18周龄)转群，目的是让育成母鸡充分熟悉产蛋箱，减少窝外蛋。

(3)公母合群与留种时间

进行自然配种时，一般在母鸡转群后的第2天投放公鸡，以晚间投放为好。最初可按1:8的公母比放入公鸡，以备早期因斗架所致的淘汰和死亡。待群序建立后，按1:10的公母比剔除多余的体质较差的公鸡。放入公鸡后2周即能得到较好的种蛋受精率。但收集种蛋的适宜时间还与蛋重有关，一般蛋重必须在50 g以上才能留种，即从25周龄开始能得到合格种蛋。这里有个问题，为什么不在留种前2周即23周龄放入公鸡？这是为了避免给已开产的母鸡造成不必要的应激，以致影响今后的产蛋。

人工授精条件下，只要提前1周训练公鸡适应按摩采精即可进行采精和输精，最初两天连续输精，第三天即可收集种蛋，受精率可达95%以上。对于老龄的种母鸡，最好用青年公鸡配种，受精率较高。

(4)种鸡体况检查与健康管理

实施人工授精的公鸡，应每月检查体重一次，凡体重下降在100 g以上的公鸡，应暂停采精或延长采精间隔，并另行饲养，甚至补充后备公鸡。对自然配种的公鸡，应随时观察其采食饮水、配种活动、体格大小、冠髯颜色等，必要时换用新公鸡，应在夜间放入。

随时检查种母鸡，及时淘汰病弱鸡、停产鸡，可通过观察冠髯颜色、触摸腹部容积和泄殖腔等办法进行。如淘汰冠髯萎缩，苍白，手感冰冷，腹部容积小而发硬，耻骨开张较小(三指以下)，泄殖腔小而收缩的母鸡。

8.5 水禽生产

8.5.1 大型肉用仔鸭生产

8.5.1.1 大型肉用仔鸭的生产特点

大型肉用仔鸭具有生长速度快、饲料转化率高、产肉率高、肉质好、生产周期短等特点，适于采用全进全出制的批量生产，是现代肉仔鸭集约化生产的主要方式。主要生产性能指标为7周龄活重可达3.4~3.8 kg，料重比为(2.4~2.8)∶1。

8.5.1.2 大型肉用仔鸭雏鸭期(0~3周龄)的饲养管理

(1)育雏前准备

进雏鸭之前，应进行检查维修仔鸭舍及饲养设备，并准备好饲槽、饮水器、承粪盘设备等育雏用具。育雏之前，应对育雏舍及设备进行彻底的消毒，先将舍内地面、育雏笼、饮水器等用具清洗干净，充分干燥。消毒时将所有门窗关闭，以便门窗表面能喷上消毒液。选用广谱、高效、稳定性好的消毒剂，如用0.1%新洁尔灭、0.2%次氯酸等喷雾育雏笼、墙壁，用10%~20%的石灰水泼洒地面，用0.1%的新洁尔灭或0.1%的百毒杀浸泡塑料盛料器与饮水器。制订育雏计划，建立育雏记录等制度，包括育雏的时间、育雏的数量、育雏期间的死亡等。在进雏前1~2 d，必须进行对鸭舍环境控制设备进行调试，如安装好灯泡，整理好供暖设备，使舍温达到育雏温度要求。

(2)雏鸭的饲喂

① 适时饮水和开食　雏鸭出壳后，一般应在其绒毛干后12~24 h或雏鸭群中有30%的雏鸭有觅食表现时开始训练饮水和采食，使用浅平食盘，或直接将饲料撒于反光性强的已消毒的硬纸、塑料布上，以便雏鸭及早发现啄食。一般采用直径为2~3 mm的颗粒料开食。

② 饲喂次数　1周龄内雏鸭采用自由采食，保持喂料器内常有饲料；1周龄以后要采用定时喂料，一般每日喂料次数为4~6次。

(3)育雏的环境条件

给雏鸭创造适宜的环境，保证雏鸭的正常生长发育，直接关系到雏鸭的成活率和健康状况。其主要的环境条件是提供雏鸭适宜的温度、湿度和饲养密度，保证新鲜的空气、合理的光照、卫生的环境等。

① 适宜的温度　育雏温度会影响到雏鸭的体温调节、采食、饮水以及对饲料的消化吸收，进而影响到雏鸭的生长发育。1~3 d，采用31~35℃，随着鸭日龄增长，育雏温度逐渐降低，最后保持在20℃以上才能满足雏鸭的需要。在生产实践中，应根据雏鸭的活动状态来掌握适宜的温度。温度过高时，雏鸭远离热源，张口喘气；温度过低时，雏鸭打堆，互相挤压，容易造成伤亡，并会影响雏鸭的生长发育；温度适宜时，雏鸭分布均匀，吃饱后静卧

而无声。

② 湿度 初生雏鸭体内含水量为70%左右，在干燥的环境下，雏鸭体内的水分会通过呼吸大量散发出去，这就影响到雏鸭体内剩余卵黄的吸收，育雏初期由于室内温度较高，空气的相对湿度往往太低，影响健康和生长发育。第一周育雏舍内给予较高的湿度，必须注意室内水分的补充，使雏鸭舍的相对湿度达到60%~65%。一周龄以后，随着年龄与体重的增加，育雏的温度又逐周下降，高湿还能促进病原性真菌、细菌和寄生虫的生长繁殖，易导致饲料和垫料的霉变，容易使雏鸭暴发病等。因此，雏鸭7日龄后，育雏室内要注意加强通风，勤换垫料，尽可能将育雏室的相对湿度控制在55%~60%。

③ 适宜的密度 饲养密度与育雏室内空气的质量有着直接的关系。饲养密度过大，育雏室内空气污浊，二氧化碳浓度高，氨味浓，湿度大，易引发疾病，雏鸭吃食和饮水拥挤，生长发育不整齐。饲养密度过小时，房舍及设备的利用率降低，人力增加，育雏成本提高，经济效益下降。雏鸭的适宜密度为：1~2周龄，地面垫料饲养10~20只/m^2，网上平养15~30只/m^2；3周龄，地面垫料饲养7~10只/m^2，网上平养10~15只/m^2。

④ 正常的通风 经常保持育雏舍内空气新鲜，是雏鸭正常生长发育的重要条件之一。育雏舍内有害气体对雏鸭的生长和健康都很不利，尤其在饲养密度大，或用煤炉供暖时(一氧化碳易超标)，更要注意通风换气。

⑤ 光照 光照可以促进雏鸭的采食和运动，有利于雏鸭的健康和生长发育。为了能使雏鸭尽早熟悉环境，3日龄内可采用23~24 h光照。在4日龄以后，白天可利用自然光照，早、晚开灯喂料。

8.5.1.3 肥育期(22日龄至上市)的饲养管理

(1)喂料及饮水

采食量增大，从4周龄起换用育肥期日粮，应注意添加饲料，保证育肥期肉仔鸭的采食量。育肥期日粮的蛋白水平低于育雏期，成本也较低。随时保持有清洁的饮水，不可以断水。

(2)饲养密度

适宜的饲养密度为：4周龄7~8只/m^2，5周龄6~7只/m^2，6周龄5~6只/m^2。冬季的饲养密度可以适当增加，夏季气温高，适当降低饲养密度。

(3)上市日龄

不同地区或加工目的不同，肉仔鸭上市体重要求不一样。因此，最佳的上市日龄要根据销售对象、加工用途等确定。由于消费水平和消费习惯的变化，有些地区(如成都、重庆、云南等)市场，4周龄活重达到2.0 kg左右即可上市。如果用于分割肉生产，则以8~9周龄上市最理想。肉仔鸭一旦达到上市体重应尽快出售，否则会降低经济效益。

8.5.1.4 放牧肉用仔鸭的生产

(1)放牧肉用仔鸭的生产特点

我国南方水稻主产区，习惯采用当地麻鸭类型的品种，如高邮鸭、建昌鸭等，以放牧补饲的饲养方式大量饲养肉用仔鸭。这种方式饲养肉鸭具有以下特点：

① 投资少，成本低 放牧养鸭只需要简易的鸭棚。其投资部分主要包括鸭苗和放牧补饲的饲料。这种饲养方式的最大优点是降低养鸭成本，还可利用农村闲散劳动力或半劳动力

进行饲养，而且鸭舍设备投资少、收效快。

② 节约粮食　传统的放牧养鸭利用本地品种或杂交肉鸭和蛋鸭品种，这些品种的放牧性能较强，采取放牧和补饲相结合。可充分利用麦地或稻田中的遗谷、浮游微生物作为饲料，每天根据鸭的采食情况进行适当补饲。

③ 农牧结合，季节性生产　放牧型肉用仔鸭的生产与当地农作物的栽播收割时间紧密相关，形成了明显的季节性生产和销售。每年5月下旬和9~11月为全年肉用仔鸭上市的高峰期，形成产销旺季。

④ 生产产品符合市场需要　放牧肉用仔鸭产品质量好，肉质鲜美，脂肪含量少，深受消费者的欢迎。

(2)放牧肉用仔鸭的饲养管理

① 饲养方式　主要是指利用麻鸭品种觅食能力强的特点，以稻田放牧与补饲相结合的饲养方式生产肉仔鸭。

② 肉用仔鸭生长肥育期的饲养管理　第一，选择好放牧路线：选择放牧路线要根据当年一定区域内水稻栽插时间的早晚而定，先放牧早收割的稻田，按照选定的放牧路线放牧结束时，该鸭群正好达到上市体重，便可及时上市出售。第二，保持适当的放牧规律：鸭群在放牧过程中，按照其活动、生活规律进行放牧。在春末秋初，每天要出现3~4次采食高峰，同时也出现3~4次戏水过程。在秋后至初春气温低，日照时间较短，一般在早、中、晚出现3次采食高峰，是适宜的放牧时间。第三，训练放牧群：鸭具有较强的合群性，从育雏开始进行放牧训练，建立起听从放牧人员口令和放牧竹竿指挥的条件反射，可以使鸭群得到放牧人的控制。

8.5.2 商品蛋鸭生产

商品蛋鸭一般分为雏鸭(0~4周龄)、育成鸭(4~18周龄)和产蛋鸭(18周龄~淘汰)3个阶段，且多采取舍饲圈养方式。

8.5.2.1 育雏、育成期的饲养管理

(1)温度

室温保持在24℃，1~3日龄32~30℃，4日龄后每天降温1℃，28日龄后达到18℃左右，温度要适宜，通风要良好，防止贼风，以防感冒，冬季舍温要保持在10℃以上。

(2)饲养密度

平养时饲养密度，1周龄30~40只/m^2，2周龄25~30只/m^2，3~4周龄20~25只/m^2，1个月龄后15只/m^2，育成期8~10只/m^2，每个围栏以饲养100~200只为宜。

(3)通风

舍内通风要良好，降低有害气体的浓度，保证雏鸭正常生长发育。

(4)光照

1~3日龄可采用23 h光照，以后逐渐缩短光照时间，直到采用自然光照，夜间喂料时给予弱光照明。

8.5.2.2 产蛋期的饲养管理

(1)产蛋初期和前期的饲养管理

鸭群开始产蛋后，产蛋率逐日递增。日粮中营养水平要随着产蛋率的递增而调整，使鸭群尽快达到产蛋高峰。此期内光照时间逐渐增加，达到产蛋高峰期时光照时间应增加到每天16~17 h，强度为5~10 lx，且保持不变，一直到产蛋鸭群淘汰。进入产蛋高峰要保证稳定的全价日粮，创造适宜的环境条件，使鸭群尽可能保持较长时间的产蛋高峰，充分发挥其遗传潜力，达到高产稳产的目的。

(2)产蛋中期的饲养管理

随着鸭群进入产蛋高峰期，保持产蛋高峰的持久是此期内的主要任务。日常管理中，应注意细心观察鸭群的精神、食欲、粪便、呼吸、意外伤害、行为表现等，减少各种应激，如换料、停水、停光、异常声音等，采用综合性卫生防疫措施，保证日粮新鲜、全价、无污染，保证水质及全天供水，做好生产记录，以便发现问题及时采取必要的措施。

(3)产蛋后期的饲养管理

随着产蛋率的逐渐下降，减缓下降幅度是此期内的主要任务。如果饲养管理良好，此期内鸭群的平均产蛋率仍可以保持75%~80%。此期内应按照鸭群的体重和产蛋率的变化调整日粮的营养水平。

8.5.3 种鸭的饲养管理

8.5.3.1 种鸭的饲养

种鸭有两种饲养方式：一种是以放牧为主，适当补饲的饲养方式；另一种是舍饲。

(1)放牧饲养

一年四季因气候不同，天然饲料的生长期不同，所以放牧的时间、地点均不同。俗话说："春放阳，夏放凉，秋放收割后的稻谷茬，冬放背风朝阳、籽粒丢失多的好牧场"。

(2)舍饲

舍饲的种鸭对饲料的要求比较严格，饲料种类要多，营养成分要全面，适口性要好。在种鸭的饲养过程中还应注意防止母鸭过肥，过肥会使种鸭的产蛋率下降，甚至停止产蛋。发现种鸭过肥时，可在日粮中增加一些青绿饲料和糠麸类饲料，减少籽实类饲料的给量，并相应减少日粮的给量，同时加强运动和洗浴。大型肉用种鸭在育成期间应进行限制性饲养，即有计划地控制饲喂量或限制日粮的蛋白质和能量水平，使鸭群适时达到性成熟和适时开产。

8.5.3.2 种鸭的管理

(1)严格选择，养好公鸭

提高种蛋受精率，公鸭的作用很大，必须养好，使体质强壮，性器官发达健全，性欲旺盛，精子活力好、健康。因此，留种公鸭应按种公鸭的标准经过育雏、育成和性成熟初期3个阶段的选择。在青年鸭阶段，公母最好分群饲养，采用以放牧为主的方法，充分采食野生饲料，多锻炼，多活动，在配种前20 d放入母鸭群中。

(2)适合的公母比例

蛋用型麻鸭品种，公鸭的配种性能都很好，受精率高。如绍鸭，早春季节气温较低时，公母配比为1∶20，夏秋季节气温高，公母配比为1∶(25~33)，受精率可达90%以上。肉用种鸭的公母配比应为1∶(5~6)。如发现某一群鸭受精率偏低，要找出原因，尤其要检查公鸭，发现不合格的个体，要立即更换。

(3)种鸭的光照管理

在20~26周龄，每周逐渐增加人工光照的时间，直到26周龄时每天光照时间达到16~17 h。26周龄至产蛋结束，每日的光照时间应保持16~17 h，且不可减少每日光照的时间。

(4)种鸭的日常管理

舍内垫草应干净清洁，及时翻晒和更换；及时收集种蛋，并消毒和贮存；保持鸭舍环境安静，防止惊扰鸭群；低温季节应注意舍内保温，高温季节应注意舍内通风降温；随时观察鸭群的健康状况和精神状态，发现问题及时采取有效措施。

8.5.4 肉用仔鹅生产

8.5.4.1 肉用仔鹅的饲养方式

饲养方式主要有放牧补饲育肥法和舍饲育肥法。放牧补饲育肥是采用放牧为主、补料为辅的饲养方式，根据牧场饲草状况，补喂一些精料。舍饲育肥法是指在56~70日龄时进行肥育，通常育肥10~14 d。采用限制肉仔鹅的活动，喂以高能饲料，置于安静的环境中，促进体内脂肪的沉积，从而达到育肥的目的。饲喂方式可采用自由采食，也可将饲料制成粉糊状强制填饲。

8.5.4.2 肉用仔鹅的饲养管理

(1)肉用仔鹅的饲喂

雏鹅出壳12~24 h，先开饮水后开食，以25℃的清洁水为宜，饮水后即开食。开食时，将饲料撒在浅食盘内或塑料薄膜上，让其自由采食。2日龄后逐渐增加青绿多汁饲料的饲喂量，最好用青菜、嫩草切碎喂给。设置饲料槽和饮水器，自由采食和自由饮水。

(2)肉用仔鹅的管理

① 饲养密度　一般雏鹅平面饲养时，1~2周龄为10~20只/m^2，3周龄为6~10只/m^2，4周龄为4~6只/m^2。

② 保温与防湿　刚出壳鹅苗，体温调节机能差，需要适宜的环境温度。适宜的育雏温度为1周龄28~32℃，2周龄25~28℃，3周龄22~25℃，4周龄18~22℃。气温适宜时，在5~7日龄时即可逐步脱温，但早晚还需适当加温，3周龄后可以完全脱温。1周龄内应保证相对湿度为60%~65%，以后随着雏鹅体重增加，呼吸量和排泄量也增加，垫草含水量增加，室内易潮湿，此时应注意舍内的通风换气，并及时清除粪便，保持舍内垫草干燥和清洁卫生。

③ 适时放牧与放水　放牧要与放水相结合，放牧地要有水源或靠近水源，将雏鹅赶到放牧地的浅水处让其自由下水。如果天气好，气温适宜时，在5~7日龄时开始每天中午可让其外出放牧，气温低时则在10~20日龄开始放牧。放牧时应注意冬季防寒、夏季防暑，要避开大风、寒冷阴雨天等恶劣气候下放牧，避免在烈日下放牧，以防中暑。

④ 适时出栏　采用“全进全出”的饲养管理模式。肉仔鹅生长快、饲料利用率高、饲养周期短，60~70 d即可出栏上市。为获取最佳的经济效益，必须根据市场行情，做到适时

出栏。

8.5.5 种鹅的饲养管理

8.5.5.1 种鹅育雏期的饲养管理

见 8.5.4 肉用仔鹅生产内容。

8.5.5.2 育成期的饲养管理

5~30 周龄为种鹅的育成期，一般分为生长阶段、限制饲养阶段和恢复饲养阶段。饲养管理的重点是对种鹅进行限制饲养，以达到适时的性成熟，以提高鹅的种用价值。

(1)生长阶段

生长阶段指 80~120 日龄这一时期，中鹅处于生长发育时期，需要较多的营养物质，不宜过早进行限制饲养，应根据放牧地草质状况逐渐减少补饲的次数，并逐步降低日粮的营养水平，使青年鹅机体得到充分发育。

(2)限制饲养阶段

限制饲养阶段从 120 日龄开始至开产前 50~60 d 结束。根据鹅的体质，灵活掌握饲料的营养水平和喂料量，使鹅维持正常的体质。控料要有过渡期，逐步减少喂量，或逐渐降低饲料营养水平。要注意观察鹅群动态，对弱小鹅要单独饲喂和护理。搞好鹅场的清洁卫生，及时换铺垫草，保持舍内干燥。

(3)恢复饲养阶段

限制饲养的种鹅在开产前 60 d 左右进入恢复饲养阶段，应逐步提高补饲日粮的营养水平，并增加喂料量和饲喂次数。日粮蛋白质水平控制在 15%~17% 为宜。经 20 d 左右的饲养，种鹅的体重可恢复到限制饲养前的水平。这阶段种鹅开始陆续换羽，为了使种鹅换羽整齐和缩短换羽的时间，可在种鹅体重恢复后进行人工强制换羽，即人工拔除主翼羽和副主翼羽。拔羽后应加强饲养管理，适当增加喂料量。公鹅的拔羽期可比母鹅早 2 周左右进行，使鹅能整齐一致地进入产蛋期。

8.5.5.3 产蛋期的饲养管理

(1)适时调整日粮的营养水平

在后备鹅群开产前 1 个月左右将日粮粗蛋白含量调整到 15%~16%，产蛋率达到 30%~40% 时，将日粮粗蛋白含量提高到 17%~18%。

(2)光照制度

产蛋种鹅每天光照 13~14 h，光照强度 25 lx/m^2。开产前逐渐增加光照时间，使种鹅每天的光照时间达到 13~14 h，以后维持到产蛋结束。

(3)公母比例

为提高受精率，要及时调整好公母的配种比例，公母比例视品种不同而异。公母配种比例以 1:(4~6)为宜。

(4)种蛋收集

每天拣蛋 2~3 次，存放在温度 12~18℃、相对湿度 65%~75% 的蛋库内。

(5)控制就巢性

许多鹅种在产蛋期间都表现出不同程度的抱窝性(就巢性)，在一个繁殖周期中，每产一窝蛋(8~12个)后，就要停止产蛋抱窝孵小鹅。如果发现母鹅有就巢表现时，及时隔离，关在光线充足、通风凉爽的地方，只给饮水不喂料，2~3 d后喂一些干草粉、糠麸等粗饲料和少量精料，使其体重不过多下降，待醒抱后能迅速恢复产蛋。

(6)产蛋管理

母鹅的产蛋时间大多数集中在凌晨至上午9：00前。因此，产蛋鹅上午9：00前不能外出放牧，在鹅舍内补饲，产蛋结束后再外出放牧。上午放牧的场地应尽量靠近鹅舍，以便部分母鹅回窝产蛋。产蛋时间内应特别注意保持环境安静，饲养员不要频繁进出鸭舍，视鹅群大小每天拣蛋2~3次即可。

8.5.5.4 休产期的饲养管理

种鹅的产蛋期一般为7个月左右，除品种外，气候不同，产蛋期也不一样。休产期的种鹅应以放牧为主，日粮改为育成期限制饲养阶段日粮，既降低饲养成本，又促使种鹅消耗体内脂肪，以利于换羽。

网上资源

家禽信息网：http：//www.okk7.com/

中国家禽业信息网：http：//www.zgjq.cn/

中国家禽：http：//www.zgjqzz.net/ch/index.aspx

主要参考文献

杨宁．2010. 家禽生产学[M]. 北京：中国农业出版社．

岳文斌．2002. 畜牧学[M]. 北京：中国农业大学出版社．

呙于明．1997. 家禽营养与饲料[M]. 北京：中国农业大学出版社．

杨山，李辉．2001. 现代养鸡[M]. 北京：中国农业出版社．

思考题

1. 家禽的主要生理特点是什么？对家禽的管理和生产有何意义？
2. 现代商业鸡种分为几类？了解一些重要的家禽标准品种。
3. 影响孵化效果的3个主要因素是什么？
4. 孵化的基本条件是什么？

5. 如何根据雏鸡的生理特点来养好雏鸡？
6. 简述商品蛋鸡开产前后的饲养管理。
7. 如何选择蛋种鸡留用种蛋的时间？并说明理由。
8. 简述肉仔鸡的饲养管理要点。
9. 简述水禽的生产特点。
10. 论述提高鸭、鹅产蛋率的综合技术措施。

第9章

牛生产技术

我国养牛历史悠久，但养牛业一直作为种植业的副业而存在。直到20世纪70年代初，养牛业才逐步摆脱作为农业副业的地位。奶牛业于20世纪70年代初以大批引进黑白花奶牛为基础迅速发展起来；肉牛业于80年代末开始萌芽，随着国外新品种引进、黄牛改良成功、出栏率提高、出栏体重增加，肉牛业逐渐发展壮大。目前，我国奶牛业和肉牛业基本形成区域化、规模化、专业化的产业格局。

9.1 牛种及其品种

由于地理条件、人类选择和饲养条件的不同，不同的牛在外貌特征、生产性能和遗传特点等方面表现出差异。全世界现有1 000多个牛的品种。

按照牛的生活习性、外部形态和解剖学结构等特征，结合细胞学、分子学等现代技术，将牛类动物分为六大属，不同属内包括不同的牛种。其中，普通牛种在全世界分布最广、数量最多，对人类的经济价值最大。在世界的局部地区，瘤牛、牦牛和水牛有重要的经济价值。牛类动物的系统分类学列名如下：

家牛属(*Bos*)

　普通牛(*Bos taurus*)

　瘤牛(*Bos indicus*)

牦牛属(*Poephagus*)

　牦牛(*Bas grunniens*)

水牛属(*Bubalus*)

　亚洲水牛(*Bubalus bubalus*)

　菲律宾水牛(*Bubalus mindorensis*)

　印度尼西亚水牛(*Bubalus depressicornis*)

非洲野水牛属(*Syncerus*)

　克鲁斯水牛(*Syncerus caffer*)

　非洲赤野水牛(*Syncerus nanus*)

准野牛属(*Bibos*)

　爪哇牛(*Bibos banteng*)

　印度野牛(*Bibos gaurus*)

　大额牛(*Bibos frontalis*)

老挝、柬埔寨树林牛(*Bibos sauveli*)

野牛属(*Bison*)

美洲野牛(*Bison bison*)

欧洲野牛(*Bison bonasus*)

9.1.1 普通牛

根据主产品的种类和用途，通常将普通牛品种划分为乳用牛、肉用牛、兼用牛和役用牛四大经济类型。

9.1.1.1 乳用牛

乳用牛是指以产乳性能为主要选择目的，经过系统选育，达到一定水平的专门化牛种。

乳用牛的外貌特征：轮廓清秀，骨骼细致，肌肉不发达，皮下脂肪沉积不多；胸腹宽深，后躯和乳房十分发达，头、颈、鬐甲、尻部和后腿等部位的棱角明显，侧望、前望和背望均呈楔形，属细致紧凑体型。

主要代表品种有荷斯坦牛、娟姗牛、爱尔夏牛、更塞牛、瑞士褐牛、乳用短角牛等。

(1)荷斯坦牛

原产于荷兰的荷斯坦和弗里生地区，是最典型的大型乳用品种。最有代表性的荷斯坦牛，全身黑白花片，故又称为黑白花牛。其体格高大，乳用特征明显，具有典型的乳用体型。产奶性能和饲料报酬均为各乳用品种之首，是世界范围内，产奶量的纪录保持者。

(2)娟珊牛

原产于英国的娟姗岛，以乳脂率高而著称。其体格较小，体质细致紧凑、四肢端正、尾细长；乳房容积大且发育匀称。被毛有褐色、灰褐色和深褐色，以浅褐色为主。鼻镜、舌和尾帚为黑色。尤其是乳脂色黄、脂肪球大、风味好，适于制作黄油。对热带、亚热带地区的气候条件适应性好。

9.1.1.2 肉用牛

肉用牛是指经过选育和改良，在经济及体型上最适于生产牛肉的专门化品种。其特点是生长快、成熟早，屠宰后净肉率高、肉质好。

肉用牛的理想体型是从侧望、前望、后望和背望均呈“长方形”，体躯宽深，腰、臀、大腿等部位丰满。

世界上的肉牛品种按体型、早熟性和血液来源，划分成3个类型：大型品种、中小型早熟品种、含瘤牛血液的品种。

(1)大型品种

夏洛来牛是大型品种的典型代表。原产于法国夏洛来地区，该牛是经过长期严格的本品种选育育成的专门化大型肉用品种，肌肉丰满，性情温驯，具有生长快、肉量多、体型大、耐粗放等优点。毛色多为乳白色或草黄色，具有双肌臀特征。我国多次引入夏洛来牛改良当地黄牛，杂种优势明显，在黑龙江、辽宁、吉林等地杂交改良牛超过百万头。

利木赞牛，原产于法国利木赞高原，也是大型肉用品种。其毛色多为一致的黄棕色、黄褐色，角和蹄为白色；被毛浓厚而粗硬，有利于抗拒严酷的放牧条件。我国数次引入利木赞牛，在河南、山西、内蒙古、山东等地改良当地黄牛，杂种优势明显。

(2)中小型品种

安格斯牛是典型的中小型品种，原产于英国安格斯郡，是英国最古老的早熟小型肉牛品种之一。安格斯牛的外貌特点为全身黑色、无角，较低矮，头小、额宽，全身肌肉丰满。具有生长快、早熟易肥等特点。

海福特牛原产于英国海福特郡。体格较小、骨骼纤细，具有典型的肉用体型；毛色主要为浓淡不同的红色，并具有“六白”特征，即头、四肢下部、腹下部、颈下、鬐甲和尾帚出现白色。其特点是生长快，早熟易肥，肉品质好，饲料利用率高。

(3)含瘤牛血液的品种

婆罗门牛为该类的最典型品种。该牛是美国育成的肉用瘤牛品种，适应于炎热地区饲养，多分布在美国西南部，现已在热带、亚热带的许多国家和地区有广泛分布。婆罗门牛全身银灰色，多数公牛的颈和瘤峰毛色较深。头较长，耳大下垂，有角，瘤峰隆起。生长快，屠宰率高，肉质好。

契安尼娜牛原产于意大利契安尼娜山谷，与瘤牛有一定的亲缘关系，是世界上体型最大的肉用牛品种。成年牛毛色为纯白色、尾毛呈黑色。犊牛出生时被毛为黄色到褐色，2 月龄内逐渐变为白色。具有适应性强，适宜放牧，肉质好等特点。

9.1.1.3 兼用牛

兼用牛是指经过对两种或两种以上经济性状系统选育的培育牛种，可分为乳肉兼用牛和肉乳兼用牛，代表品种分别为西门塔尔牛、蒙贝利亚牛和皮埃蒙特牛等。

(1)西门塔尔牛

原产于瑞士，在法国、德国和奥地利也有分布，是世界范围内最著名的大型乳肉兼用品种。该品种是除荷斯坦牛外，世界第二大头数最多的牛品种。

西门塔尔牛的角细长，向外向前弯曲；毛色多为黄白花或红白花。西门塔尔牛生长良好，乳产量高，适应性强。全世界多个国家引入该牛品种，均有较好的生产性能和适应性表现。我国从 20 世纪 50 年代开始集中引进西门塔尔牛，在内蒙古、黑龙江、河南、山东等地。西门塔尔牛改良各地的黄牛，都取得了比较理想的效果。

(2)乳肉兼用型的荷斯坦牛

与纯乳用型品种相比，其体格略低矮，全身肌肉较为丰满，体躯轮廓性欠明显；但生活力和早熟性较好。肉用性能表现突出。

9.1.1.4 役用牛

役用牛指经过役用性能选育的普通牛，使役上要求挽力大、性情温顺，淘汰后作为肉食来源。其外貌特征为头稍宽，口大而方，眼大有神，颈部粗壮，背腰平直；前胸宽而发达，尻部倾斜，四肢强健，前肢端正而后肢弯曲，蹄大而圆；皮厚而有弹性，肌肉坚实，筋键明显有力，全身结构匀称，属粗糙紧凑体型。代表品种主要是我国的黄牛品种，包括秦川牛、南阳牛、鲁西牛、晋南牛、延边牛和蒙古牛。

(1)秦川牛

原产于陕西省关中地区，属大型役肉兼用品种。秦川牛毛色有紫红、红、黄 3 种，以紫红和红色者居多；鼻镜多呈肉红色。体格大，骨骼粗壮，肌肉丰满，四肢粗壮结实，后躯发育稍差。秦川牛的肉质细嫩，柔软多汁，大理石状纹理明显。

(2)南阳牛

主产于河南省南阳地区，属大型役肉兼用品种。南阳牛的毛色有黄、红、草白3种，以深浅不等的黄色为最多；鼻镜多为肉红色，其中部分带有黑点，黏膜多数为淡红色；蹄壳以黄蜡色、琥珀色带血筋者较多。体格高大，结构紧凑，皮薄毛细，公牛颈侧多有皱褶，肩峰隆起。南阳牛生长快，肥育效果好，肌肉丰满，肉质细嫩，颜色鲜红，大理石状纹理明显，味道鲜美，肉用性能良好。

(3)鲁西牛

主产于山东省西南部的菏泽和济宁地区。鲁西牛体躯结构匀称，细致紧凑，具有较好的肉役兼用体型。体成熟较晚，性情温顺，易管理。肉用性能好，皮薄骨细，产肉率较高，肌纤维细，脂肪分布均匀，呈明显的大理石状花纹。

(4)晋南牛

主产于山西省南部汾河下游的晋南盆地，属大型役肉兼用品种。晋南牛毛色以枣红为主，鼻镜和蹄多呈粉红色。体格粗壮，胸部及背腰宽阔，成年牛前躯较后躯发达。

(5)延边牛

主产于吉林省延边朝鲜自治州，并分布于黑龙江省和辽宁省部分地区，属寒温带山区的役肉兼用品种，是我国的大型牛之一。毛色多呈浓淡不同的黄色，鼻镜一般呈淡褐色，带有黑斑点。延边牛肉质柔嫩多汁、鲜美适口，大理石状斑纹明显。

(6)蒙古牛

原产于蒙古高原，广泛分布于内蒙古、黑龙江、新疆、河北、山西、陕西、青海、宁夏、吉林、辽宁等地。蒙古牛短宽而粗重，角长而向上前方弯曲，呈蜡黄或青紫色，毛色多为黑色或黄色。

9.1.2 瘤牛

瘤牛鬐甲高耸，称为瘤峰。耳大下垂，颈垂、脐垂发达，被毛细短、柔软、光泽，利于散热。因此，瘤牛较为耐热，多生活在热带、亚热带地区。

代表品种为巴基斯坦的辛地红牛、沙希瓦牛和我国的温岭高峰牛、云南高峰牛。辛地红牛和沙希瓦牛被引种到世界各地，目前分布于亚洲、非洲和澳洲的热带地区。我国也在20世纪将这些品种引入到我国南方地区，与我国当地品种杂交，取得了很好的改良作用。

9.1.3 牦牛

牦牛体躯强壮，心肺功能发达，全身被毛粗长，毛丛内有发达的绒毛。因此，牦牛耐寒、耐稀薄氧气，是适合在高海拔、高寒地区生长和繁衍的唯一牛种。牦牛是当地农牧民重要的生产、生活资料，有役、奶、肉、毛多项用途。

我国是世界上牦牛数量最多的国家，约有1 500万头，占全世界总量的90%左右，分布于我国的青藏高原、四川、新疆等地。代表品种有西藏高山牦牛、四川麦洼牦牛和甘肃天祝白牦牛。

蒙古、阿富汗、尼泊尔、俄罗斯等国也有牦牛分布。

9.1.4 水牛

水牛适合于热带、亚热带地区生长。全世界约有1.4亿头水牛，其中，97%分布于亚太地区。印度是世界上水牛数量最多的国家，约有7 000万头。我国位列第二，约有2 000万头。

水牛可分为沼泽型和河流型。

沼泽型水牛以役用性能好而著称，角粗长，向左右平伸，呈新月形，鬐甲隆起、前驱宽深，四肢粗壮。我国的水牛基本上均为沼泽型，代表品种有上海水牛、德昌水牛、西林水牛等。

河流型水牛的产奶性能较佳，一般用作乳用。角细短，向外延伸再向内弯曲，呈螺旋状。头清秀、被毛稀疏，乳房发育良好。代表品种有印度的摩拉水牛和尼里－瑞菲水牛。

9.2 乳用牛饲养管理技术

乳用牛又称为奶牛，其饲养管理技术的中心任务是提高牛群的产乳性能和产乳效率，同时平衡产奶成本和牛群增长。主要的饲养管理技术包括阶段饲养管理技术、全混合日粮(total mixed rations, TMR)管理技术、舒适度管理技术、挤奶管理技术和奶牛群改良(dairy herd improvement, DHI)技术。

9.2.1 影响乳用牛泌乳量的主要因素

(1)遗传因素

不同品种的奶牛，产奶量和乳成分等方面有很大差异。而且同一品种内，不同个体的泌乳性能也存在一定差异。这些差异就是遗传背景的不同，也是奶牛选种选配的基础和目标。

(2)饲养管理技术

奶牛各个阶段、各个环节的管理水平，均影响奶牛的器官发育、机体健康水平和乳产量。犊牛阶段的饲养管理影响着瘤胃发育和机体遗传潜力的发挥程度，决定着奶牛泌乳量的约10%；育成牛的饲养管理影响着乳腺发育状况；干奶牛饲养决定奶牛的产后代谢疾病发生率和泌乳初期的采食量，进而影响乳产量；泌乳牛饲养将直接影响奶牛的乳产量和使用年限。

(3)环境因素

饲养环境对奶牛产奶量影响较大。环境因素不仅包括温度、湿度、光照和风速等温热因子，也包括人员操作环境、牛群密度、群内争斗、转群频繁性等牛群生活环境。

(4)饲料营养水平

饲料原料种类和日粮营养平衡性极大地影响奶牛的生产性能。在不同的生理阶段，奶牛对营养物质的需求不同。应根据奶牛的生理阶段和环境因素，结合当地优势饲料资源，配制适宜奶牛生长和生产的平衡日粮。

9.2.2 乳用牛阶段饲养管理技术

不同生理阶段的奶牛对饲料营养和饲养管理的需求也不同。生理状态是划分奶牛饲养阶段的依据。我们依据瘤胃发育、生理机能和乳腺发育特点，将奶牛分为犊牛、育成、干奶和泌乳4个阶段。下面分别介绍各阶段的饲养管理要点。

9.2.2.1 犊牛

犊牛一般是指从出生到6月龄的牛。犊牛培育是奶牛养殖中最重要和最关键的时期之一，该阶段的饲养管理水平至少可决定犊牛在成年后10%的产乳量。优质初乳和精细饲养管理可增强机体免疫力，降低死亡率，促进犊牛生长发育。

犊牛在1月龄以内主要以母乳为主要营养来源；7~10日龄开始训练采食开食料，以后随着瘤胃迅速发育，消化功能逐渐完善，采食量增加；3~4月龄时，小牛的瘤胃已接近成年牛。

(1)新生犊牛的护理

犊牛离开母体后，生活环境和条件发生了突然变化，为减少环境变化造成的影响，必须做好新生犊牛的护理工作。胎儿出生后，应首先清除身上、口及鼻孔中的黏液，以免妨碍呼吸。接产人员的手必须消毒，在距犊牛腹部5~10 cm处用消毒剪刀剪断脐带，挤出脐带中的黏液，并用1%的碘酊充分消毒，以免发生脐炎。然后，称量初生体重。刚出生的犊牛应放置在清洁、干燥、无风、温度为16~24℃的区域。尤其在冬季，需要注意防风、保暖，直到身体干燥后才能转移到犊牛舍饲养。

初生犊牛通过初乳获得抗体，建立自身的免疫系统，抵抗疾病入侵。及时喂初乳对犊牛健康非常关键。初乳是母牛产犊后第一次挤出的牛奶。初乳较黏稠、呈淡黄色，富含免疫球蛋白。犊牛在出生时肠道可以以胞饮的形式吸收免疫球蛋白，这种能力在出生24 h后丧失。实践中，应在出生后1 h以内饲喂第1次初乳，饲喂量为2 L，12 h以内再补喂2 L。

(2)哺乳犊牛的饲养管理

犊牛出生后从第2天之后饲喂常乳或代乳粉。目前有两种成功的常乳饲喂方法可供选择：一是早晚各饲喂2~4 L牛乳，中午不饲喂牛乳，以鼓励犊牛采食开食料；二是使用自动的代乳液制作设备或酸化奶装置，供犊牛自由吮吸乳液，促进犊牛生长。

犊牛舍需要提供清洁的料桶和水桶，保证料桶内24 h均有开食料，水桶内有干净的水，供犊牛自由采食和饮水。料桶和水桶之间需要间隔至少20 cm，以防互相污染。

犊牛舍要保证通风良好，排水通畅，以降低犊牛患呼吸道疾病、传染性疾病和消化道疾病的概率。

(3)犊牛断奶依据

目前，犊牛断奶时间一般为40~70 d，但断奶时间应以采食开食料的重量来确定，而不是以犊牛日龄和体重作为断奶的标准。采食开食料可促进瘤胃发育，降低犊牛的断奶应激，有利于犊牛的健康和生长发育。犊牛连续3 d采食开食料达到1.0~1.5 kg时可以断奶。

(4)断奶犊牛饲养

断奶后，犊牛要着重于瘤胃和身体发育。犊牛在断奶后继续饲喂开食料，逐渐开始采食粗饲料，粗饲料以优质的苜蓿干草和燕麦草为宜。断奶犊牛瘤胃发育逐渐完全，到5月龄时建立起完善的瘤胃消化系统。

9.2.2.2 育成牛和青年牛

育成牛一般指从7月龄到母牛配种阶段的牛，青年牛是指第一次配种到第一次分娩阶段的牛。育成牛和青年牛培育是奶牛养殖中很重要的时期，该阶段的饲养管理可决定配种和产犊时间、乳腺发育水平，以及产奶后的生产水平。由于育成牛还不产奶，没有直接的盈利来源，奶牛场及饲养人员往往忽视此阶段的饲养，造成生长缓慢、饲养期延长、头胎产犊时间推迟、难产率增加，结果增加饲养成本，影响其终身的产奶潜力，最终造成长期的健康影响和经济损失。

(1)生理阶段划分

按照育成牛和青年牛的发育特点，一般将其分为3个阶段：

育成牛阶段：7月龄至第一次配种(13~15月龄)，着重于生殖系统和泌乳系统的发育。

青年牛阶段：第一次配种至产犊前2月，着重于自身协调生长和胎儿发育。

待产阶段：产犊前2月内，着重犊牛和乳腺的快速生长。

(2)育成牛的饲养与管理

育成牛阶段是奶牛乳腺发育的重要时期。乳腺细胞的增殖速度是身体发育的3倍。确保这一时期的日粮养分平衡对乳腺发育和身体发育至关重要。如果蛋白质相对缺乏，则会抑制乳腺细胞的发育和增殖，影响成年奶牛的泌乳性能；如果能量相对缺乏，则会降低生长速度，推迟配种和产犊。

(3)青年牛的饲养与管理

妊娠期间需要平衡母牛自身生长和胎儿发育，因而需要注重日粮养分平衡。高能日粮可以促进胎儿发育良好，产犊时育成牛发育充足。然而，日粮中能量和蛋白质过高会导致脂肪沉积，骨骼和肌肉生长发育受阻。肥胖导致难产率提高，产后代谢病发生率较高。

妊娠后期胎儿接近线性生长。胎儿组织在妊娠190 d时可占到子宫干重的45%，270 d时则达到80%。妊娠后期，泌乳导管系统细胞开始成熟并形成能够分泌牛奶的腺泡结构，乳腺发育速率是体重增加的3倍。因此，日粮除满足母牛自身生长外，还需提供胎儿额外的矿物质、维生素和其他养分。

9.2.2.3 干奶牛

产犊前2个月使泌乳母牛停止泌乳即进入干奶期。其目的是为奶牛提供恢复时间，使乳腺组织得以更新，为下一个泌乳期做准备；促进胎儿生长发育，蓄积营养。据研究，同样饲养条件下，不经干奶期的母牛比干奶期母牛第二胎产奶量下降25%，第三胎时则下降38%。干奶期为奶牛下一个泌乳期打下基础，因而，奶牛的泌乳周期起始于干奶期。

理想的干奶期是40~70 d，干奶期太短，达不到干奶的预期效果，会降低下一个泌乳期的产乳量；干奶期太长会增加产后代谢疾病的发生率，增加饲养成本，同样会降低下一个泌乳期的产乳量。

(1)干奶方法

目前推荐一次性快速干乳法。在1周内，调整日粮、环境和饮水量，将产奶量调节至10 kg以下。最后一次挤奶时，充分按摩乳房，完全将牛奶挤净，用干奶药，分4份注入每个乳头。乳房内积存的奶汁会被逐渐吸收、乳腺组织停止泌乳。

(2)干奶期划分

一般将停止挤奶到乳房内的残乳被全部吸收为止的时期称为干奶前期，临分娩 21 d 以内的时期称为干奶后期。干奶前期主要进行奶牛乳腺的停奶、修复。干奶后期主要进行乳腺再生、初乳合成。在干奶后期也需逐步调整日粮，使瘤胃逐步适应产后高精料型日粮，并要调节生理和代谢状况，降低产后代谢疾病的发生率。

(3)干奶期管理技术

干奶期奶牛的生理状态特殊，必须与泌乳牛分开饲养。并且干奶前期和干奶后期牛需要分开饲养。减少精料用量，注意饮水卫生，防止臌气和流产，适当增加母牛运动时间，牛床上多铺垫料，增加干奶牛休息。分娩前应观察精神和生理状态，及时转入产房。

9.2.2.4 泌乳牛

泌乳期是指从奶牛分娩后开始泌乳到停止泌乳的这一段时间。母牛分娩后在甲状腺素、促乳素和生长激素的作用下开始泌乳，直到干奶期，通常为305 d。泌乳期内奶牛的产乳量呈先升高、后下降的规律性变化。奶牛泌乳高峰一般出现在20~70 d，采食高峰出现在50~100 d，相差20~30 d，这就引起了奶牛的能量负平衡、导致体失重。体失重过多会影响奶牛自身健康，并降低采食量、产奶量和繁殖性能。

我们依据采食量、产乳量和体重变化这些生理指标，将泌乳期分为新产期、泌乳前期、泌乳中期和泌乳后期。新产期是产犊至产犊后21 d；泌乳前期一般为产犊后 22~100 d；泌乳中期一般在101~200 d；泌乳后期为201 d至干奶。

(1)新产牛的营养需要和饲养管理

新产期是指产犊至产犊后21 d。母牛分娩后，在神经刺激和激素调节下开始泌乳，采食未恢复正常，机体能量处于负平衡状态，易发生各种代谢疾病和消化障碍。因此，此期饲养管理的重点是在高能量日粮的情况下，确保产后牛健康的进入产奶高峰。

新产牛的日粮应介于围产期日粮和高产日粮之间。提供优质粗饲料，确保日粮中纤维的含量，避免淀粉含量过高而引起瘤胃酸中毒。提高日粮能量浓度，限制脂肪添加量，改善日粮的适口性，促进采食。日粮干物质中，CP为16%~18%，能量介于7.2~7.4 MJ/kg。

新产母牛的饲养管理应监控饲料采食情况，新产牛的体温，瘤胃运动情况；观察子宫排出物的气味和颜色；采集血样、乳样或尿样，检测酮体值和血钙含量，以此评估奶牛机体的代谢状况。

(2)泌乳前期母牛的营养需要和管理

泌乳前期一般为产犊后22~100 d，此期的泌乳量占泌乳期总泌乳量的40%~50%。在催乳素、生长激素等激素的作用下，泌乳量迅速增加，于20~70 d时达到泌乳峰值；泌乳量牵引着采食量的增加，但采食量的增加滞后于泌乳量，于50~100 d达到采食高峰。因而此阶段奶牛需要动用机体储备以满足泌乳需要，能量处于负平衡，体况下降。

泌乳前期结束的时间主要依据干物质采食量(DMI)峰值和能量负平衡的结束时间，一般在产犊后70~100 d内变化，这与牧场的管理水平密切相关。

泌乳前期日粮干物质中，CP为16%~18%，其中过瘤胃蛋白占38%~42%，确保赖氨酸和蛋氨酸的平衡(3∶1)。适当提高日粮内淀粉和可溶性糖的水平，可提高奶牛的采食量，为瘤胃微生物提供充足的可利用能量，但淀粉和可溶性糖之和不能超过35%，否则会影响

NDF 的消化率，造成瘤胃酸中毒。

泌乳前期母牛的饲养管理以提高采食量和消化率为目标。每日监控饲料采食情况，通过提高饲料的能量，提供优质粗饲料，增加饲喂次数，允许奶牛在任何时间都能接触饲料，加强饲槽管理等措施以提高采食量；适时配种；控制体况下降程度，饮水清洁。

(3)泌乳中期母牛的营养需要和管理

泌乳中期一般在 101～200 d，此期泌乳量占泌乳期产量的30%左右。由于胎儿发育，胎盘和黄体分泌的激素增多，抑制了脑垂体分泌的催乳素，奶牛泌乳量逐渐下降，经产牛每月下降9%，头胎牛每月下降6%。如果乳产量、乳蛋白率和乳脂率下降过快，表明日粮营养含量不足。此阶段采食量高峰可支撑产乳量的高峰，奶牛处于能量正平衡状态，每日增重 0.25～0.5 kg。

泌乳中期母牛的饲养管理以优化采食量、控制体况为主。体况一般控制在 2.5～3.0 分；关注乳产量的下降、乳蛋白率、乳脂率、脂蛋比、乳尿素氮。

(4)泌乳后期母牛的营养需要和管理

泌乳后期为泌乳 201 d 至干奶，此期以控制体况为主。母牛进入妊娠后期，胎儿迅速发育，进一步抑制脑垂体分泌催乳素，泌乳量进一步下降，母牛体重增加加速，每日体重增加一般为0.45～0.68 kg。此阶段可适当提高日粮粗饲料比例，降低日粮 CP 含量至14%，降低过瘤胃蛋白(RUP)含量。泌乳后期母牛的饲养管理重点是控制奶牛体况，使其在干奶时体况评分(BCS)为 3.0～3.5。

9.2.3 TMR 管理技术

TMR 是指根据奶牛的饲料配方，将粗饲料、精料补充料、一些副产品和添加剂在饲料搅拌设备内充分混合而得到的一种营养平衡的日粮。TMR 管理技术始于 20 世纪 60 年代，首先在欧美国家推广应用，目前已被奶业发达的国家普遍采用。我国从 80 年代开始推广该技术，近些年已得到普遍使用。

9.2.3.1 TMR 的优势

① 所有饲料原料混合均匀，避免挑食，使牛采食的每一口都是均匀的日粮，避免瘤胃酸中毒，有效确保奶牛消化和代谢机能的正常。

② 可供牛自由采食，增加干物质采食量，有利于发挥牛的生产潜力。

③ 可根据不同牛群的营养和生理需求，精准调整日粮配方。

④ 改善适口性，增加副产品利用量，可拓展饲料来源。

⑤ 符合机械化、规模化的牛生产要求，高效、省工、省时，适应现代牛生产的发展趋势。

总之，全混合日粮管理技术是推动现代奶牛养殖模式变革的一种关键技术。

9.2.3.2 TMR 混合机类型

按混合轴方向的不同，可将 TMR 混合机分为卧式混合机和立式混合机(图 9-1、图 9-2)。卧式和立式混合机的混合轴均有单轴和双轴之分。卧式混合机混合效率较高，稳定性更佳，机车箱体低，饲料装填方便；但易损件更换麻烦、成本较高，且不易切碎粗饲料。立式混合机切碎大型草捆的能力更加显著，维护效率较高、成本较低；但箱体太高，饲料装填不方便，而且物料少时，混合均匀度较差。

按牵引方式的不同，可将TMR机分为固定式、牵引式和自走式。固定式TMR机无牵引设备、固定安装，成本低、油耗少、稳定性较佳；但青贮等湿物料常需要堆放在TMR机周围，易产生二次发酵，且使用人工较多。固定式TMR机多适用于中小型牧场。牵引式TMR机是用拖拉机或卡车牵引混合机箱体，改善了填料和撒料的便利程度；但油耗较大、维修保养费用较高，多适用于中大型牧场。自走式TMR机是将牵引机械动力、混合箱体和自取料装置融为一体，增加了取料准确性和便利性，节省人工，改善了生产效率和管理效率，但车辆价格昂贵、维护费用高。

图9-1 单轴卧式、牵引式TMR混合机(俯视图)

图9-2 双轴立式、自走式TMR混合车(俯视图)

9.2.3.3 投料与搅拌

混合时，原料投料顺序需要遵循如下原则：先长后短、先干后湿、先轻后重。一般投料顺序为干草、精料补充料、青贮饲料、湿的副产品等。

配制TMR是以饲料配方为基础，这就要求各原料组分必须计量准确。

一批TMR的混合时间共需20~30 min，在最后一种饲料原料加入后搅拌3~5 min，即可卸料。搅拌时间过长，会导致饲料颗粒过小，导致牛发生瘤胃酸中毒；物料温度上升，影响采食量；也增加油耗。

9.2.3.4 定期检测

(1)定期检测饲料原料营养含量

测定原料的实际营养成分含量是制作全混合日粮的基础。实际生产中，尤其要测定青贮等饲料的干物质含量。

(2)每日检查 TMR 的干物质含量和长度分布

干物质含量适宜、长度合适的日粮是保证奶牛健康、提高采食量的基础。TMR 的干物质含量在 50%~55% 为宜。长度分布应采用宾州筛进行检测。

(3)检查饲喂效果

注意观察奶牛的采食量变化、反刍比例和粪便情况，如出现异常，需要及时调整，以保障饲喂效果。

9.2.4 舒适度管理技术

牧场舒适度是牛日常生活环境的舒适程度的总称。生活环境包括环境温湿度、光照、风速的温热环境，以及可供采食、饮水、挤奶、逍遥、排粪、排尿、休息、站立的环境。舒适度管理的目标是为奶牛提供清洁、舒适、方便的生活场所，保障奶牛有充足的休息时间，每日的躺卧时间达到 12~14 h，避免长时间处于冷热应激、疲劳应激和心理应激等。

9.2.4.1 环境因子

环境因子主要包括环境温度、相对湿度、风速、光照、太阳辐射和有害气体浓度等。

成年奶牛适宜的环境温度为 0~18℃、犊牛为 12~25℃。育成期和泌乳期奶牛，每日光照时间以 14~18 h 为宜，干奶期奶牛以 8~12 h 为宜。牛舍内的氨气浓度受粪污清理频率、日粮蛋白质利用效率的影响，控制在 40 μL/L 以下为宜，超过此范围会造成动物呼吸道疾病、繁殖力下降、生产性能降低等问题。

9.2.4.2 运动场

运动场可增加奶牛舒适度，降低肢蹄病发生率，降低淘汰率，提高发情鉴定率。但运动场的维护非常关键。在雨水多的地区，运动场维护难度大，可采用没有运动场的自由卧栏式牛舍饲养奶牛。

运动场的大部分区域应是沙土地面，且中心高于周边，以便于奶牛行走和排水。在运动场中心应搭建遮阳棚，最好南北走向，棚下应铺入细沙，雨雪天气有益于奶牛在此区域休息。每日需用旋耕机松耙运动场，提高躺卧舒适度，降低粪污污染。

实践证明，泥泞的运动场会降低奶牛采食量和饲料利用效率，并增加乳房炎的患病概率。

9.2.4.3 卧床

自由卧栏的设计和管理是现代奶牛舒适度管理的重点内容。卧床管理主要包括卧床的尺寸(宽度、长度)、颈挡杆、胸挡板、垫料的厚度和坡度等(图 9-3)。卧床应视奶牛体格大小进行相应的调整。

卧床垫料分为无机和有机两种类型。常用的无机垫料为沙子；有机垫料包括锯末、秸秆、稻壳、干燥牛粪等。牧场应根据实际情况，选择合适的垫料。目前一般推荐，沙子作为牛床垫料效果最佳，微生物滋生少，关节损伤度轻，成本低廉，获取容易。

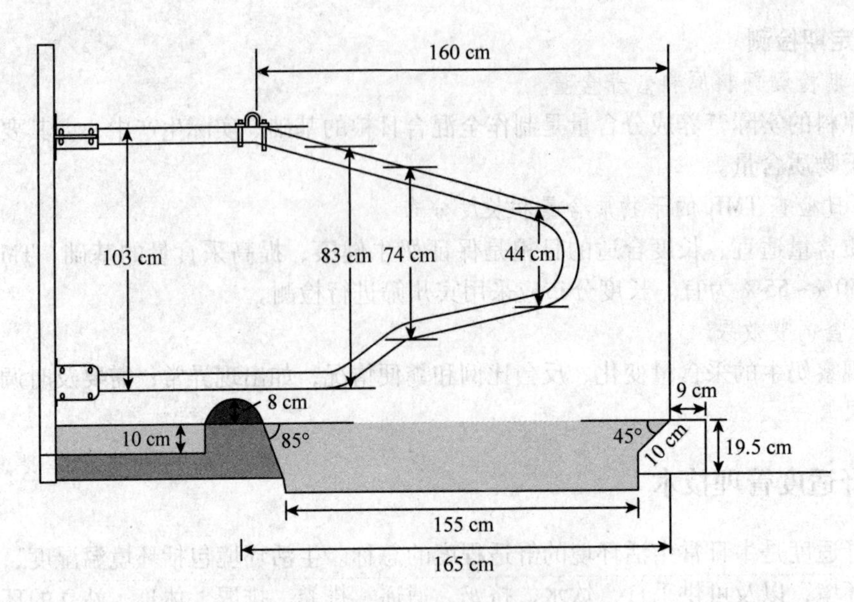

图 9-3 单列式卧床的主要设计参数

填沙和松耙是卧床管理的重点工作。一般是在奶牛挤奶时，清理卧床。移走并替换粪便污染的垫料，填加新垫料，耙平卧床，保持卧床的干燥、整洁、疏松。

9.2.4.4 行走、站立地面

奶牛每日有约一半的时间在站立或行走，地面舒适性直接影响肢蹄健康，进而影响采食量、产奶量和繁殖性能。

目前，牛舍内的地面多为水泥地面。水泥地面要确保坚硬，开设凹槽，间隔 7~10 cm，防止奶牛滑倒。在奶牛的行走通道、采食通道、待挤区和挤奶厅的站立地面尽量铺设橡胶垫。

运动场有利于奶牛的肢蹄健康和观察繁殖行为，可降低淘汰率，提高繁殖性能。运动场以三合土为宜，平整、无石子，有 3%~5% 的坡度。

9.2.5 DHI 技术

DHI 技术即奶牛群改良技术，也称牛奶记录体系。DHI 技术本质上是建立一套准确、完整的奶牛生产性能测定、记录体系。DHI 技术是奶牛群遗传改良的基础性工作，在美国、加拿大等奶业发达的国家已制度化、规范化、商业化。我国此项工作开始于 20 世纪 90 年代，目前在多个省建立 DHI 实验室，DHI 工作已基本普及。

9.2.5.1 DHI 技术的作用

① 为奶牛选种选配提供依据，加速牛群改良。

② 为科学饲养提供依据，不断提高牛群饲养管理水平。

③ 对奶牛健康进行早期预警，为疾病防治提供依据。

④ 为奶牛良种登记和评比工作提供依据。

⑤ 用可靠的数据筛选出优秀的种公牛。

9.2.5.2 DHI 工作的过程

DHI 工作涉及奶样采集、奶样检测、数据处理和报告生成这 4 项工作。

(1)奶样采集

采集奶样必须准确，奶液需要有代表性。如果 3 次挤奶，早中晚奶样分别按 4:3:3 混匀；如果 2 次挤奶，早晚奶样按 6:4 混匀。奶样需要在低温下保存，1 d 内送至 DHI 实验室进行分析。

(2)奶样检测

这是 DHI 的核心工作。奶样检测需要用专门化仪器、标准化方法测定，指标包括牛奶固型物含量、乳脂率、乳蛋白率、乳糖率、体细胞数和乳尿素氮含量。

(3)数据处理

利用软件，把奶牛胎次、泌乳天数、乳产量和乳成分数据进行处理，将异常数据整理出来。

(4)报告生成和反馈

得到 DHI 综合报告和专项报告，反馈给牧场，以供参考。

9.2.5.3 DHI 报告可提供的信息

(1)奶牛胎次和泌乳天数

提供每一头奶牛的胎次、干奶日期和分娩日期，以此计算出干奶天数和泌乳天数。一般推荐，正常牛群的平均胎次在 2.5~3.0 胎、平均泌乳天数在 150~180 d 为宜，超出范围需要检查繁殖状况和淘汰标准。

(2)奶产量

提供每一头奶牛的乳产量，以及平均乳产量。管理者可根据每一头牛的乳产量、胎次和泌乳天数，对牛群进行分群和转群，也可根据平均乳产量，对照上月乳产量，检查管理措施、天气状况和日粮变化等因素的影响，帮助管理者找到有效的应对措施。

(3)峰值日、峰值奶

峰值日及峰值奶分别指该牛达到最高奶产量的泌乳天数以及相应的日乳产量。经产牛的峰值日一般出现在产后 50~70 d，头胎牛峰值日为 70~100 d。峰值奶与奶牛每胎乳产量呈正相关关系，峰值奶越高，总乳产量越高。乳产量在 8，9，10 t 的奶牛，峰值奶相应为 40，45，50 kg/d 左右。如果峰值日过大、峰值奶偏低，需要检查产前体况、围产保健、产后代谢疾病、采食量、肢蹄健康，以及乳房炎、育成牛饲养发育等方面，以找到应对措施。

(4)持续力

持续力一般指峰值日过后，奶产量的持续性。经产牛的持续力一般在 90%~95% 之间，头胎牛的持续力一般在 94%~99% 之间。持续力可反映奶牛营养状况、饲养管理精细度和奶牛峰值奶潜力。

(5)乳蛋白率、乳脂率、乳糖率

乳蛋白率、乳脂率、乳糖率是衡量乳品质的指标，多反映日粮的平衡性、冷热应激程度，以及干奶期、泌乳期的饲养管理水平。脂蛋比即乳脂率和乳蛋白率的比值，一般介于 1.16~1.25。脂蛋比偏低，表明瘤胃酸中毒风险增加或日粮不平衡；脂蛋比偏高，表明日粮添加大量的过瘤胃脂肪，或者代谢蛋白质相对缺乏。

(6)乳尿素氮(MUN)

乳尿素氮(MUN)是乳液中尿素的含量，可反映日粮的平衡性。MUN一般介于12~18 mg/100mL。MUN偏低，表明奶牛缺乏代谢蛋白质；MUN偏高，说明日粮中代谢蛋白质相对过剩，或者可溶性蛋白、瘤胃降解蛋白含量偏高。

(7)体细胞数(SCC)

乳汁中的体细胞多为中性白细胞、单核细胞等，正常的奶牛乳液中，SCC为每毫升5万~10万/mL。当微生物通过乳头孔入侵乳腺组织，引发乳房炎症，使乳房血流量增加、血管通透性增大，造成中性白细胞、单核细胞等白细胞向炎症病灶聚集，引起乳液中SCC增大。因此，SCC是反映乳房炎严重程度的有利指标。一般而言，SCC超过每毫升40万，奶牛患有隐性乳房炎，超过每毫升200万，奶牛患有临床乳房炎。

9.2.6 挤奶管理技术

挤奶是奶牛场最关键的工作之一，影响奶牛的生产性能和乳房健康。目前，我国已普及使用机器来挤奶。机器挤奶不仅能提高劳动效率，而且还能改善鲜奶品质。

9.2.6.1 挤奶设备的选择

挤奶设备主要包括提桶式、管道式、厅式和机器人全自动挤奶系统。挤奶厅是我国目前规模化饲养普遍采用的挤奶设备。美国和欧洲的牧场，目前有30%~50%采用机器人全自动挤奶系统。每种挤奶设备都是通过挤奶杯组(图9-4)，利用真空和脉动系统完成挤奶。

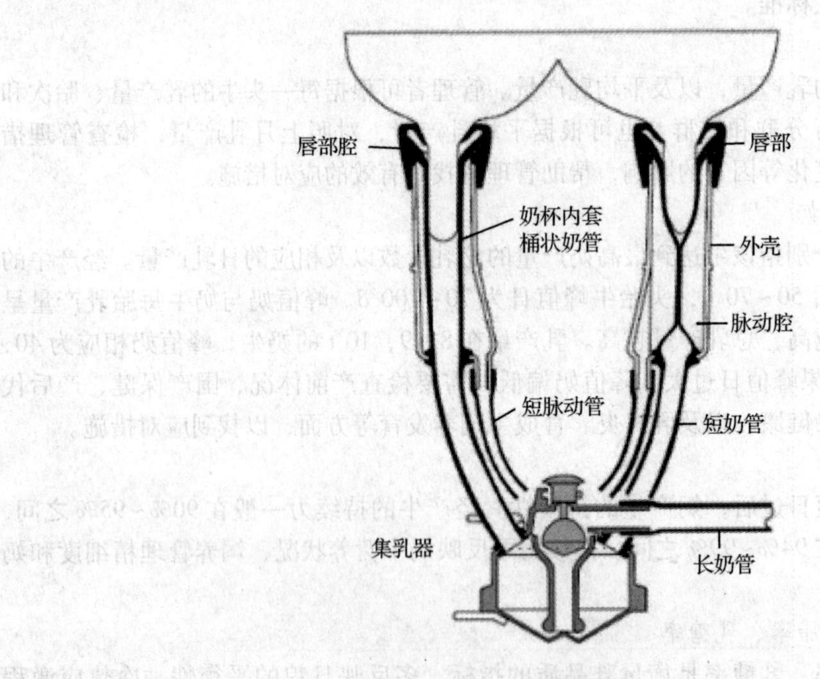

图9-4 挤奶杯组

按照挤奶机在挤奶厅中的排列方式，可分为并列式(图9-5)、鱼骨式、转盘式(图9-6)挤奶厅。牧场可根据饲养方式和牛群大小选择合适的挤奶设备。并列式挤奶设备成本低、易

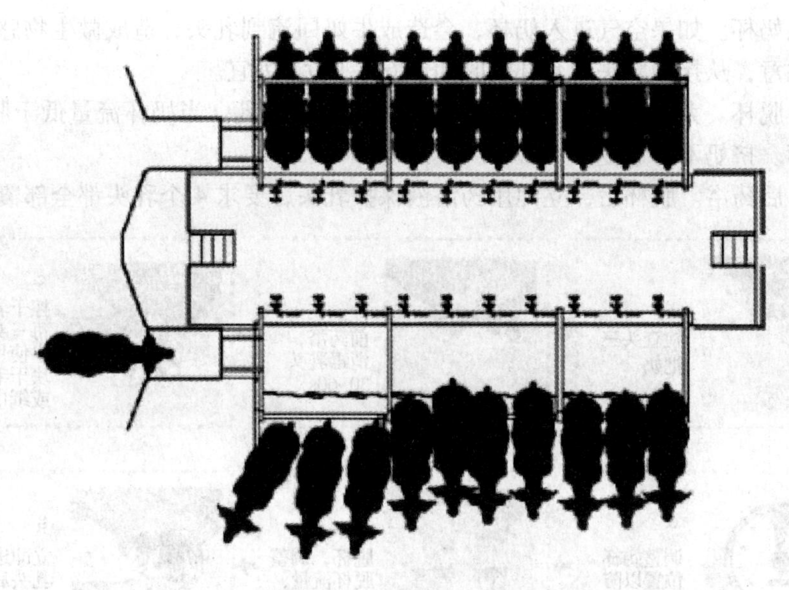

图 9-5 并列式挤奶厅

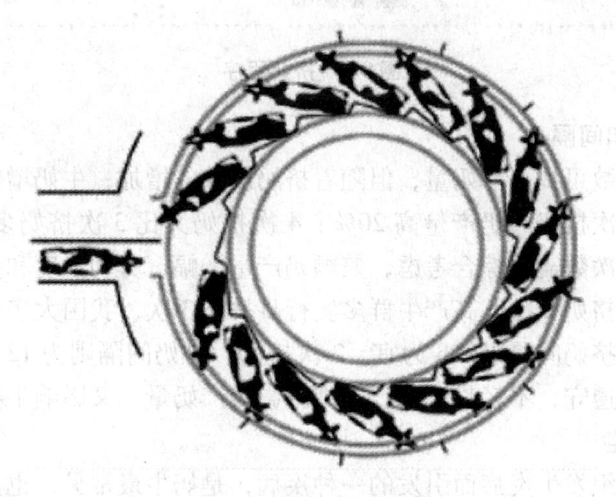

图 9-6 转盘式挤奶厅

于调节，适用于中小奶牛场。转盘式挤奶机工作效率高，但位数固定、不易调节，适用于大型奶牛场。

9.2.6.2 挤奶程序

挤奶程序见图 9-7。

第 1 步，挤掉头 3 把奶。第 1 步的作用是告知奶牛挤奶即将开始，按摩乳房，让牛形成良好的放乳反射，避免应激；弃掉富含微生物的牛奶；检查奶牛是否患有临床乳房炎。

第 2 步，前药浴。使用装有药浴液的消毒杯浸泡消毒乳头，要求 4 个乳头都进行全部覆盖药浴液的消毒。

第 3 步，擦干。用干毛巾或纸巾擦干乳头，要求药浴液在乳头上至少停留 30 s。

第 4 步，套杯。将挤奶杯组套到 4 个乳头上，调整奶杯，使挤奶杯组处于乳房正下方，避免空气进入奶杯。如果空气进入奶杯，会造成牛奶回流到乳头，造成微生物感染，引起乳房炎。需要注意，从接触乳头到套杯的时间以60~120 s为宜。

第5步，脱杯。大多数奶牛都会在2~5 min内完成排乳。当奶杯流量低于脱杯流量时，奶杯自动脱落。挤奶不可过度。

第6步，后药浴。脱杯后，立即用药浴液保护乳头，要求4个乳头都全部覆盖药浴液。

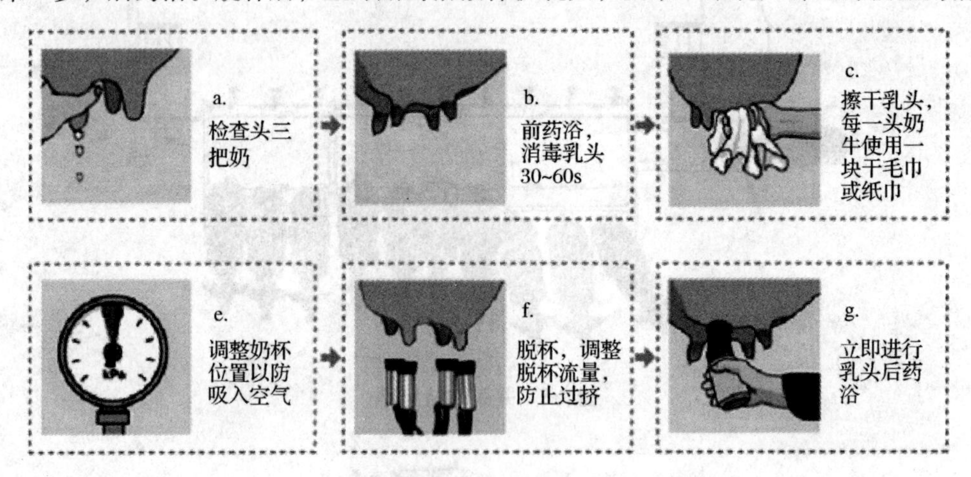

图9-7 挤奶程序

9.2.6.3 挤奶次数和间隔

适当增加挤奶次数可提高产奶量，但随着挤奶次数的增加，牛奶增幅逐渐下降。高产奶牛每日3次挤奶较2次挤奶的奶产量高20%；4次挤奶又比3次挤奶多10%奶产量。实践中，奶牛每日的挤奶次数需要综合考虑，兼顾奶产量增幅、劳动强度和生产消耗。一般国外中低产牛群多实行日挤奶2次、高产牛群多实行日挤奶3次，我国大多地区采用3次挤奶。

采用3次挤奶，挤奶间隔以8 h为宜。2次挤奶，挤奶间隔则为12 h。挤奶时间、次数一经确定，必须严格遵守，不轻易改变，否则既影响产奶量，又影响牛群健康。

9.2.6.4 乳房炎防控

乳房炎是乳腺组织发生炎症而引发的一种疾病，是奶牛最常见，也是造成经济损失最大的疾病之一。

依照炎症的严重程度，可将乳房炎分为临床型和亚临床型两类。临床乳房炎是肉眼可观察到乳汁有絮状沉淀、或清水样、血样乳汁，严重时乳汁结块、乳房红肿、乳房内有可触的硬块；奶牛患有亚临床乳房炎时，乳腺有轻微炎症，但乳汁和乳房均没有发生可观察的明显变化，奶牛无系统症状，但奶产量有一定程度的下降，体细胞数有一定程度的提高。

依照引起乳腺炎症的微生物来源，可将乳房炎分为传染性和环境性两类。传染性乳房炎的细菌来自于已经感染细菌的奶牛乳房及被微生物污染的挤奶器械。传染性乳房炎的微生物多为无乳链球菌、金黄色葡萄球菌等。环境性乳房炎的细菌来自于卧床垫料、运动场土壤、粪便、脏水等。传染性乳房炎的微生物多为环境链球菌和大肠杆菌等。

乳房炎防控的主要环节：

① 定期维护挤奶机　一年至少维护挤奶机1~2次，保证挤奶机的真空度、脉动和脱杯

流量正常。

② 保证环境舒适度 保证卧床垫料干燥、清洁，运动场无积水、积粪，牛体清洁。

③ 规范奶厅管理 选用合适、有效的前后药浴液，正确、严格的挤奶步骤，减少奶牛在挤奶厅的应激。

④ 规范乳房炎检测 利用加利福尼亚乳房炎检测法(CMT)，定期检查奶牛乳房炎的严重程度。CMT 检查时，在挤奶开始前，弃去头三把奶，分别从每个乳区挤几把奶到检测盘中，倾斜检测盘中多余的牛奶，加入等量的 CMT 检测液，旋转混合，观察混合物的沉淀情况。沉淀越严重，说明乳房炎越严重。结合头三把奶状况、DHI 的 SCC 数据和 CMT 结果，定期、细致地筛查牛群中的临床乳房炎奶牛和严重的亚临床乳房炎奶牛。

⑤ 规范乳房炎奶牛的治疗和淘汰方法 将临床乳房炎奶牛和严重的亚临床乳房炎奶牛的乳汁取样、冷藏，1 d 内送至实验室，进行微生物培养和药敏试验，根据微生物种类实施淘汰，并用敏感抗生素治疗乳房炎奶牛。

⑥ 干奶牛处理 干奶期是治疗乳房炎最佳时期，干奶初期和临产期也是奶牛新感染乳房炎的高危时期。干奶时，使用药物处理乳头后，乳头浸入封闭剂，产前 10 d 到临产前，每隔 3 d 浸入一次封闭剂，可以有效地治疗和预防乳房炎。

9.3 肉用牛饲养管理技术

肉用牛饲养管理技术的核心任务是提高牛群产肉性能和肉用犊牛提供率，改善牛群生产效率，降低基础母牛饲养成本。肉用牛在各阶段的生产特点和饲养管理技术不同。根据生产特点，我们将肉用牛分为犊牛、繁殖母牛和育肥牛 3 个阶段。

9.3.1 犊牛饲养管理

初生至断奶前的小牛，称为犊牛。由于肉牛的犊牛通常在 6 个月内和母牛在一起饲养，所以哺乳期一般为 6 个月，故习惯上将 6 个月龄以前的幼牛称为犊牛。目前，养殖水平高的牧场，肉用犊牛的哺乳期为 2~4 个月。肉用犊牛的培育分为初生期和哺乳期两个阶段。

9.3.1.1 初生期培育

初生期犊牛是指出生至 3 日龄的牛。这一阶段是影响犊牛成活率和腹泻率最关键的时期。管理要点如下：

(1)接生

母牛分娩时，应让犊牛出生在干燥、清洁、柔软的垫草上。一般情况，犊牛会顺利产下。如果出现难产或产程过长，需要助产。犊牛出生后，接产人员要及时去除口、鼻、耳里的黏液。有时犊牛口腔内蓄积大量黏液，犊牛不呼吸或呼吸微弱，若不及时救护，将出现死亡。需要将犊牛倒挂、拍打背部，使黏液流出。正常情况下，母牛会舔干犊牛身上的黏液，如果母牛不能舔干，应尽快人工擦干犊牛身上的黏液。

(2)剪去脐带

用消毒剪刀，在离腹部 5~10 cm 处剪断，挤出脐带中的黏液，并用 1% 的碘酊充分消毒，以免发生脐炎。

(3)饲喂初乳

让初生犊牛尽早吸吮初乳是此期饲养管理的重点。犊牛出生后几天内免疫功能极低，初乳能够提供大量免疫球蛋白和营养物质。初乳中的免疫球蛋白含量随时间推移而逐渐降低。另外，犊牛肠黏膜吸收免疫球蛋白的能力随着时间的推移而逐渐降低，24 h后几乎无吸收免疫球蛋白的能力。所以，犊牛应在出生后1 h内接触母牛，饮到初乳。

肉用犊牛一般采用随母哺乳的方法培育。如母牛死亡或因病无乳，可饲喂同期分娩的其他健康母牛的初乳或冷冻储藏的初乳。

9.3.1.2 哺乳期培育

初生期后进入哺乳期，肉牛的哺乳期一般为4~6个月。此阶段是犊牛机体发育最快的时期，尤以瘤胃的发育最为迅速。此期管理要点如下：

(1)哺乳

肉牛通常以自然哺乳为主，即犊牛随母哺乳，犊牛每天哺乳7~10次，每次持续约10~15 min。当犊牛哺乳过于频繁，每次哺乳时总顶母牛乳房、吞咽次数不多，说明母牛奶量低、犊牛饮奶量不足，应适当增加母牛精料补饲量，以及犊牛的开食料补饲量。

肉用犊牛有时也采取人工喂乳的方式，器具多为奶桶或奶壶。人工喂奶时，要注意做到定时、定量、定温。

肉用犊牛也有采用酸化奶自由饲喂方式，补充母牛奶水不足，以提高犊牛成活率、改善犊牛生长发育，同时促进母牛提早发情、配种。

(2)补饲

犊牛在出生后3个月内母牛的泌乳量可基本满足犊牛生长发育的营养需要。3个月后，母牛的泌乳量逐渐下降，犊牛的营养需要却逐渐增加，母牛的奶量满足不了犊牛的营养需要，随着犊牛的生长两者之差越来越大。为此，应提早补饲固体饲料，这样既满足犊牛营养需要，还可促进瘤胃发育。犊牛开食料富含易消化的碳水化合物和蛋白质，呈颗粒状。补饲一般在出生后10 d开始。首先训练犊牛采食开食料，从出生后30~60 d，开始补饲优质干草。

(3)断奶

犊牛断奶应根据月龄和开食料采食情况而定。一般在犊牛3~6月龄，犊牛连续3 d能采食1.0 kg以上开食料即可断奶。若犊牛体质较弱，可适当延长哺乳时间。断奶前15 d，逐渐减少哺乳时间，增加开食料饲喂量。断奶第一周，应隔离母牛和犊牛，避免相互接触。早期断奶是指出生后2月内断奶，其优点是减轻泌乳母牛负担，确保每年繁殖一头犊牛。犊牛应提早补饲开食料，促进瘤胃发育，降低断奶应激。并加强犊牛饲养管理，降低发病率，保障犊牛的正常生长发育。

9.3.2 育成繁殖母牛饲养管理

育成繁殖母牛指断奶后到初次分娩前的母牛。育成期是母牛的骨骼、肌肉、消化系统和繁殖系统发育最快时期。育成繁殖母牛的饲养管理水平决定着母牛的自身生长发育、繁殖性能和所产犊牛的生长发育，以及最终的总体饲养效益。因此，这个阶段是肉用牛饲养管理过程中最重要的环节之一。

衡量繁殖母牛饲养管理水平的指标包括：犊牛的初生重、断奶时间、断奶体重和成活率，母牛的各阶段体重、产后返情时间、空怀天数和饲养成本。

9.3.2.1 断奶至一岁

此阶段是体躯生长、消化道、繁殖器官发育最快的时期。

断奶后，犊牛逐渐增加植物性饲料的采食量，瘤胃容积增大、瘤胃乳头急剧增长，反刍机能逐渐成熟，消化粗饲料的能力逐渐提高。12月龄左右瘤胃功能日趋完善，此期的瘤胃消化机能不足以利用足够的粗饲料以满足此期强烈生长发育的营养需求。因此，日粮中除了饲喂优良的粗饲料外，还必须适当补充一些精料补充料，以补充能量和蛋白质的不足。一般推荐，日粮干物质中50%~80%来源于粗饲料、20%~50%来源于精料补充料。粗饲料以优质干草为主，限制青贮饲料的用量。

6~9月龄，卵巢开始有成熟卵泡排出，母牛开始发情、排卵。由于母牛体躯较小，繁殖机能尚不健全，此时不能进行配种，否则会影响母牛的生长发育。

9.3.2.2 一岁至妊娠

育成母牛的消化器官容积继续增大，已接近成熟，消化机能增强。优质粗饲料基本上能满足母牛的营养需要。

生殖器官和卵巢功能趋于健全。15~18月龄，体重可达成年母牛的60%，生长速度逐渐降低，无妊娠和产奶负担。

粗饲料基本能满足该阶段母牛的营养需要，包括青草、优质干草和青贮饲料。一般推荐，日粮干物质中80%~100%来源于粗饲料，适当补饲精料补充料。

9.3.2.3 妊娠期

育成妊娠母牛的营养需要和胎儿的生长有直接关系，提高犊牛初生重和成活率必须从妊娠母牛抓起。

妊娠前6个月，胚胎生长发育缓慢，组织器官处于分化期。因此，妊娠的额外营养需求较小，母牛营养需要量没有明显增加。育成牛自身在生长发育，需要额外营养以供母牛增重需要。此期以优质青干草及青贮饲料为主，适当添加精料补充料。

妊娠后3个月，胎儿生长发育加速，骨骼、肌肉、内脏器官生长迅速，此阶段的增重占犊牛初生重的75%以上。因此，母牛需要大量的营养物质摄入，以满足胎儿的高速生长发育，也满足母牛自身的生长，以及一定的营养贮存，以供乳腺发育、初乳合成和分娩所需。因此，此阶段应适当增加精料补充料饲喂量，多供给蛋白质、能量浓度高的饲料。精料补充料喂量应逐渐增加，一般饲喂量在2~3 kg/d。最大喂量不宜超过母牛体重的1%，否则易沉积脂肪，造成难产。

9.3.3 成年繁殖母牛饲养管理

9.3.3.1 泌乳期

母牛产后应立即驱赶让其站立，并舔干初生犊牛。引导犊牛吸吮乳汁。胎衣排出后，可让母牛适当运动。母牛产后从生殖道内排出大量恶露，最初的恶露为红褐色，之后为黄褐色，最后为无色、透明。恶露排出时间一般持续10 d。当10 d后恶露仍然持续排出，且颜色暗红，需要检查母牛子宫恢复情况，必要时需要加以治疗。

哺乳母牛饲养管理的主要任务是让其多产奶，以满足犊牛生长发育所需的营养。母牛分娩后70 d内是非常关键的泌乳时期，此时期的饲养水平直接影响母牛的泌乳、产后发情、配种受胎，以及犊牛的生长发育和断奶体重。

母牛分娩3周后，泌乳量迅速上升，产奶量可达8~12 kg/d。此时，应增加精料饲喂量到3~5 kg/d。每日干物质采食量为9~11 kg，日粮干物质中的粗蛋白含量以12%~15%为宜。无论是舍饲还是放牧，均可添加食盐或专用舔块供其舔食。

产后母牛的体质逐渐恢复，生殖器官也逐渐复原到正常状态。阴道、骨盆和韧带等约需1周时间恢复，子宫和卵巢机能约需要1个月的时间恢复。营养水平良好的母牛在产后1~2月龄开始发情，2~3月间配种比较适宜。饲养水平低时，母牛营养不佳、体质较弱，加之犊牛吸吮乳头，抑制母牛发情。因此，这种情况下，犊牛断奶后母牛才可发情。

一般在犊牛3~6月龄、连续3 d能采食0.7 kg的开食料即可断奶。若犊牛体弱可适当延长哺乳时间。早期断奶是指出生后2月内断奶，其优点是减轻泌乳母牛负担，促进母牛提早发情、参加配种。

9.3.3.2 干奶期

犊牛断奶后，母牛即进入干奶期。干奶期分为干奶前期和干奶后期。

干奶前期一般指妊娠前7个月，胎儿生长发育缓慢。妊娠的额外营养需求较小，母牛的营养需要量以维持需要为主。日粮以干草和青贮饲料为主。国外繁殖母牛多以放牧饲养为主，易于管理、饲养成本降低。

干奶后期一般指妊娠最后2个月，胎儿生长发育迅速。母牛也需要大量的营养物质储备，以满足乳腺发育、初乳合成和分娩所需。在前期日粮基础上，逐渐增加精料补充料的补饲量到2~3 kg/d。

9.3.4 肉牛育肥期的饲养管理

肉牛育肥是指通过提高日粮营养水平，使之尽快增加体重、生长肌肉和囤积脂肪，从而提高个体产肉量和牛肉品质的饲养方法。

不同的自然环境条件、饲料资源和人群消费习惯，人们采用不同的肉牛育肥方式。育肥方式的不同，导致牛肉品质和经济效益的差异。按生产目的的不同，肉牛的育肥方式常分为犊牛持续育肥、后期强度育肥、小白牛肉生产和高档牛肉生产这4种类型。

9.3.4.1 影响肉牛育肥效果的主要因素

(1)遗传因素

不同品种的牛，不仅在增重速度、成熟月龄、最佳屠宰体重等方面有差异，而且育肥期营养物质需要量也存在差别。

(2)月龄

不同月龄的牛，体组织的生长强度和增重类型也不同。出生到24月龄的牛，其生长速度最佳，超过24月龄，其生长速度下降；育成牛的增重以肌肉、内脏和骨骼为主，成年牛的增重除肌肉外，主要以沉积脂肪为主。

(3)环境因素

环境温度对肉牛育肥影响较大，肉牛育肥的舒适温度为7~27℃。低于7℃，增加了牛体散热量，饲料报酬降低。环境温度高于27℃时，影响肉牛的消化活动，牛采食量减少，消化率降低。空气湿度也会影响肉牛的育肥，高湿会加剧低温和高温对牛的危害。

(4)饲料营养水平

饲料原料种类和日粮营养平衡性极大地影响肉牛饲喂效果。在不同的育肥阶段，肉牛对营养物质需求也不同。幼龄牛需要较高的蛋白质，成年牛和育肥后期牛需要较高的能量。饲料转化为肌肉的效率要高于转化为脂肪的效率。饲料配制时要多加注意。

9.3.4.2 持续育肥

持续育肥是指利用幼牛生长快的特点，将犊牛从断奶后直接进入高强度育肥阶段，一直饲喂高营养浓度的日粮、维持较高的日增重，在15~24月龄、体重达到400~600 kg出栏。采用这种育肥方式，肉牛的生长速度快，饲料利用效率高，成本也相对较高。这种方式生产的牛肉，肉质鲜嫩多汁、脂肪含量低，是优质牛肉的代表。

持续育肥可以采用舍饲圈养，也可以采用全放牧或半放牧半舍饲的饲养方式。

(1)舍饲育肥

舍饲育肥方式是肉牛从育肥开始到出栏，全部采用舍饲圈养方式。其优点是使用土地少，饲养周期短，牛肉质量好；缺点是投资大，需要精料多，育肥成本高。舍饲育肥可采用拴系饲养和群饲。舍饲持续育肥方式一般包括3个阶段：适应期、生长期和催肥期。适应期一般为1个月，促使犊牛逐步适应快速生长期的日粮和环境，使犊牛从哺乳阶段平稳过渡到快速生长期；生长期一般为6~12个月，持续采食高营养浓度的日粮，日增重一般维持在1.0 kg/d左右；催肥期一般为2~6个月，饲喂更高营养浓度的日粮，日增重达到1.2~1.5 kg/d。

(2)放牧育肥

放牧育肥是指从犊牛育肥到出栏为止，完全采用草地放牧的育肥方式。这种育肥方式适合于草地充足、降水量充沛、牧草丰盛的地区。例如，新西兰基本上肉牛以放牧育肥为主，一般饲养至18月龄、体重达400 kg便可出栏。

(3)半放牧半舍饲

半放牧半舍饲的饲养方式是牛群在夏季青草期在草地上放牧饲养，寒冷干旱的枯草期将牛群转移到牛舍内的饲养方式。此种育肥方式可充分利用草地资源、节约投入，也可在屠宰前3~4个月舍饲育肥，从而达到最佳的育肥效果。

9.3.4.3 短期强度育肥

短期强度育肥也称为架子牛快速育肥。架子牛是指在犊牛断奶后，饲喂低质饲料，在粗放的饲养条件下饲养到一定月龄，后期的补偿生长明显的牛。架子牛一般是指12~24月龄左右的牛，有些地方也指3~4岁左右的牛。短期强度育肥是从市场上选购架子牛，利用架子牛补偿生长的特点，经过一定时间适应后，利用高精料型日粮，进行3~5个月的短期强度育肥，达到出栏体重，即可出售、屠宰的育肥方式。这种育肥方法消耗精料少、成本较低，并可增加育肥牛只的周转次数，经济效益较好。但这种育肥方式生产的牛肉肉质一般，嫩度差。

(1)架子牛选择

①品种　应选择生产性能优良、饲料利用效率高的品种，如杂交牛品种，其杂交优势可达10%~25%。尽量减少选择原始的地方品种。

② 月龄和体重　选购已经断奶的肉牛。一般选择7~24月龄、体重250~450 kg的架子牛。月龄越大、体重越大的肉牛，增重潜力越低。

③ 体型　选择头宽、胸深、背腰平宽、臀部宽广、管围粗壮的架子牛，这样的肉牛在肥育期间增重速度更高。

④ 来源　应选择来自于肉牛集中产地的架子牛，这样既能够满足规模化需要的大量肉牛、降低运输成本，也可以减少群饲期间的打斗。

⑤ 健康状况　在选购前要仔细观察牛只，并做常规检查。选择精神状态良好，被毛光亮、鼻镜湿润、尾巴有力的牛只，不能选购发烧、流涕、咳嗽、腹泻、精神抑郁的牛只，也要排除感染传染性疾病的牛只。

(2)架子牛调运管理

长途运输过程中的驱赶、拥挤、颠簸、禁水禁食、气温过高过低、生活节奏和环境改变等均会对架子牛产生较大的应激损伤，从而引起牛只生理机能发生变化，导致体重下降、疾病发生率提高，这种反应称为运输应激反应。

为了降低运输应激，应做好运输前准备，包括装运人员、用具、车辆和药剂。运输前6 h，饲喂1次优质干草，停喂其他饲料。运输前2 h，停止饮水。装运前，每头牛肌注50万IU维生素A、2 000 mg维生素E和氯丙嗪(2.5%药剂，每100 kg体重注射1.7 mL)。装车过程中，切忌粗暴行为，每只架子牛需要1.0~1.5 m^2，防止过度拥挤。

运输时间越长，架子牛的运输应激反应越强。一般建议，运输时间以12 h以内为宜，最长时间不要超过24 h，否则架子牛失重会超过8%，疾病发生率升高，会出现牛只死亡现象。

运输过程中，切忌车速忽快忽慢和行驶在颠簸路面。

(3)新进期的饲养管理

新进架子牛一般需要15 d，才能弥补运输期间的失重。在此期间，架子牛需要适应育肥的圈舍环境、高能日粮和饲养管理措施。

架子牛到场的前1周，清理牛舍，并用2%火碱溶液对场区、牛舍地面和墙壁进行消毒。

架子牛经过长期运输，应激反应大，胃肠食物少，体内严重缺水。新进架子牛第1次饮水时，饮水量控制在每头15 L、食盐50 g，切忌暴饮；第2次饮水控制在第1次饮水后3~6 h，饮水量控制在每头30 L；从第3次开始，可以采用自由饮水。

第1次饲喂控制在第2次饮水后，以优质干草为主，辅以青贮饲料和精料补充料。干物质饲喂量控制在每头5 kg以内，切忌暴食。2~3 d逐渐增加饲喂量，4 d以后可以采用自由采食或正常饲喂。

第6日对架子牛进行驱虫、健胃。驱虫药常选用左旋咪唑、丙硫苯咪唑、阿飞米丁等，在架子牛空腹时使用。健胃常用中药制剂。

根据架子牛体型大小和来源地，将新进架子牛分群或拴系饲养。

(4)育肥期的饲养管理

育肥期饲喂高营养浓度的日粮，平均日增重可达到1.0~1.5 kg/d。育肥期长短和阶段划分视架子牛开始体重和出栏体重而定。出栏体重一般以500~600 kg为宜，出栏体重过大，饲料利用效率降低，效益下降。育肥牛多采用拴系式饲养方式，限制活动、防止争斗。饲养方式可以采用定时定量饲喂、饮水，或者自由采食、自由饮水。

育肥期一般包括2个阶段：育肥前期和育肥后期。

架子牛开始体重在350 kg以下，育肥期一般为6~8个月，平均日增重为1.1~1.3 kg/d。育肥前期一般为3~5个月，饲喂中等精料的日粮，精粗比一般为50:50；育肥后期一般为3个月，饲喂高精料的日粮，精粗比一般为80:20。

架子牛开始体重在350 kg以上，育肥期一般为3~6个月，平均日增重为1.3~1.5 kg/d。育肥前期一般为1~3个月，饲喂中等精料的日粮，精粗比一般为50:50；育肥后期一般为2~3个月，饲喂高精料的日粮，精粗比一般为80:20。

9.3.4.4　小白牛肉生产

小白牛肉是指犊牛生后14~16周龄内，完全用全乳、脱脂乳或代乳粉饲喂，不采食固体饲料，使其体重达到95~125 kg、屠宰后所产的犊牛肉。小白牛肉肉色偏白，稍带浅粉色，肉质鲜嫩、味道鲜美、风味独特，是一种高档牛肉。小白牛肉生产的饲喂成本高，牛肉售价是一般牛肉的8~10倍。

小白牛肉生产的技术要点：

(1)品种

生产小白牛肉需要选择早期生长发育速度快的牛品种，要求初生重38~45 kg、健康无病、无缺损、生长发育快、消化机能强，3月龄前的平均日增重必须达到0.7 kg以上。

(2)性别

生产小白牛肉，选择公犊牛为佳，因为公犊初生体重大、生长快，可以提高牛肉生产率和经济效益。

(3)饲养

犊牛出生后3 d内，与其母亲在一起饲养，吃足初乳。3 d后与母牛分开，实行人工哺乳，每日哺喂3次、自由饮水。严格控制全乳或代乳粉中铁的含量，强迫犊牛在缺铁条件下生长，这是小白牛肉生产的关键技术。生产小白牛肉不能饲喂精、粗饲料等固体饲料。

1~30日龄，每头平均喂奶量为6.4 kg/d；31~60日龄，平均饲喂量为8.3 kg/d；60日龄以后，平均饲喂量为9.5 kg/d。全期平均日增重为0.8~1.1 kg/d。

近年来，采用代乳粉进行人工喂养犊牛越来越普遍。代乳粉要求尽量模拟全牛乳的营养成分，特别是氨基酸的组成、能量的供给等都要适应犊牛的消化生理特点和要求。

小白牛肉生产应控制犊牛不能接触土地和垫草，因此牛栏多采用水泥的漏缝地板。

9.3.4.5　高档牛肉生产

高档牛肉是指制作高档牛肉食品的优质牛肉，其色泽鲜亮、肌肉纤维细嫩、大理石花纹明显，所做食品鲜嫩可口、细腻柔滑、风味独特。高档牛肉产业在日本和欧美国家起步较早，现已形成完整的生产和评价体系。我国高档牛肉业起步较晚，尚未形成成熟、独立的生产体系。

评价高档牛肉品质的指标主要包括大理石状花纹程度、牛肉风味、嫩度、多汁性、肉色、脂肪颜色、脂肪硬度等项目。评价高档牛肉时，不仅需要达到牛肉品质要求，而且也需要达到重量标准，才可称之为高档牛肉。

影响高档牛肉品质的主要因素包括：牛的品种、育肥期长度、日增重、饲料原料种类和日粮营养组成。高档牛肉生产的技术要点有：

(1)品种

生产高档牛肉应选择专门品种，包括国外优良的肉牛品种(日本和牛、安格斯、利木赞牛)、我国优良地方品种(秦川牛、渤海黑牛、晋南牛、鲁西牛)，以及国外品种和我国品种的杂种牛。这些的牛生产性能好，易于沉积肌内脂肪、形成大理石花纹状牛肉。

(2)性别

性别对牛肉品质影响较大，无论对风味，还是嫩度、多汁性均有影响。通常用于生产高档优质牛肉的牛一般要求阉牛，去势可以改善牛肉品质。阉牛的胴体等级高于公牛，生长速度高于母牛。因此，在生产高档牛肉时，应对育肥牛去势。日本、韩国、澳大利亚等国，高档牛肉已广泛选用阉牛。去势时间在3~4月龄内进行较好。

(3)育肥期长短

生产高档牛肉对育肥期有严格要求。育肥时间过短，牛肉风味物质沉积受限、大理石花纹不明显；育肥时间过长，牛肉嫩度降低、脂肪沉积过多。目前，高档牛肉育肥期多为26~30月龄，出栏体重以550~650 kg为宜。

(4)控制各阶段的增重速度

在肉牛从犊牛、育成牛到成年牛的生长过程中，饲养者需要控制肉牛在不同阶段的增重速度，这样才能生产出品质优良、重量达标的高档牛肉。在特定生长阶段，肉牛增重过快或过慢均会影响高档部位的牛肉品质和部位重量。

(5)日粮

日粮原料种类和营养组成是影响肉品质的主要因素之一。育肥前期，选用优质精饲料和粗饲料原料，促进生长。在育肥的最后3~6个月，增加精料的饲喂量，饲喂高能量、低蛋白质的日粮，限制粗饲料。挑选精饲料、粗饲料和蛋白质饲料种类，不饲喂青绿饲料和青贮饲料等绿色饲料，促进脂肪和风味物质沉积，改善脂肪颜色和硬度。也需要控制脂溶性维生素不能超标，促进大理石花纹的形成。

(6)屠宰、排酸和分割

屠宰过程要减少肉牛应激，否则会降低牛肉品质。

排酸就是将刚屠宰后的胴体吊挂于调至特定温度、湿度和风速的排酸间中至少48 h，促进胴体内的乳酸分解成二氧化碳、水和乙醇后充分挥发，并且在糖酵解的作用下，肌肉组织软化、纤维断裂、蛋白质结构松弛，肉质变得柔嫩多汁，易于人体消化。牛的热胴体进入排酸间，温度控制在12°C、相对湿度95%、风速1~2 m/s，经过10~16 h，使胴体温度下降至15~16°C。接着把库温降至0~5°C、相对湿度95%，再悬挂36 h，胴体肌肉变软，肌肉pH值下降到5.4~5.8，即完成排酸过程。

排酸结束后即进行胴体的分割。高档牛肉通常指牛柳、西冷和眼肉这3块分割肉，有时也包括嫩肩肉和胸肉这两块分割肉。这些部位的分割肉一般占牛胴体重量的10%左右。胴体分割过程对高档部位的出售和食用至关重要。

网上资源

中国畜牧业信息网 http：//www. caaa. cn

中国牛业网 http：//www. caaa. cn/association/cattle

中国畜牧网 http：//www. Chinafarming. com

主要参考文献

昝处森．2007. 牛生产学[M]. 2 版．北京：中国农业出版社．

莫放．2010. 养牛生产学[M]. 2 版．北京：中国农业大学出版社．

王根林．2014. 养牛学[M]. 3 版．北京：中国农业出版社．

泰勒，恩斯明格(美)．2007. 奶牛科学[M]. 张沅，译．北京：中国农业大学出版社．

费尔德，泰勒(美)．2008. 肉牛生产与经营决策[M]. 4 版．孟庆翔，译．北京：中国农业大学出版社．

思考题

1. 根据主产品的种类和用途，可将普通牛品种分为哪几类经济类型？
2. 影响乳用牛泌乳性能的主要因素包括哪些？
3. 根据生理特点，可将奶牛划分为哪几个阶段？
4. 乳用新生犊牛的管理要点包括哪些？
5. TMR 的中文名称？TMR 技术的优势有哪些？
6. DHI 的中文名称？DHI 技术的作用有哪些？
7. DHI 技术的主要过程包括哪些？
8. 奶牛舒适度管理技术主要涉及哪些方面？
9. 挤奶的主要程序包括哪些？
10. 乳房炎防控的主要环节包括哪些？
11. 肉牛的肥育方式包括哪几类？
12. 影响肉牛肥育效果的主要因素包括哪些？
13. 架子牛的选择要点包括哪些？
14. 生产小白牛肉的技术要点包括哪些？
15. 生产高档牛肉的技术要点包括哪些？

第 10 章

羊生产技术

养羊业是我国畜牧业的重要组成部分，我国养羊业历史悠久，绵羊、山羊品种资源丰富，草地资源面积辽阔，农作物秸秆等农副产品资源丰富，这些为我国养羊业的发展提供了有利条件，奠定了重要基础。但目前我国养羊业还存在生产粗放、生产效率低下等问题。本章主要内容包括羊的生物学特性、羊的经济类型与品种以及羊的饲养管理。

10.1　羊的生物学特性

10.1.1　外貌

目前，全世界现有 1 314 个绵羊品种、570 多个山羊品种，体型外貌是羊综合品质的表现，是识别羊只的重要内容，与羊的生产性能息息相关，在生产实践中，羊按经济用途分为乳用型、肉用型、毛用型、绒用型、皮用型、兼用型等。

① 乳用型羊品种　是一类以生产羊奶为主的品种。乳用羊的典型外貌特征是：具有乳用家畜的楔形体型，轮廓鲜明，细致紧凑型表现明显。

② 肉用型羊品种　是一类以生产羊肉为主的品种。肉用羊的典型外貌特征是：整个体型呈“圆筒状”，体质结实，皮薄而疏松，头短而宽，鼻梁稍向内弯曲或呈拱形；颈部宽深、短而呈圆形，肌肉发达；鬐甲宽而平，背腰宽平直；臀部与背腰部一致，肌肉丰满，后视两腿开张呈倒“U”字形；胸宽而深，肋骨开张良好，肋间肌肉较发达；四肢坚实，短而细，前后肢开张良好且宽。

③ 毛用型羊品种　是一类以生产羊毛为主的品种。毛用羊的典型外貌特征是：全身披有波浪形弯曲，长而细的羊毛纤维，体型长呈圆形，背直，四肢短。

④ 绒用型羊品种　是一类以生产羊绒为主的品种。绒用羊的外貌特征是：体表绒、毛混生，毛长绒细，被毛洁白有光泽，体大头小，颈粗厚，背平直，后躯发达。

⑤ 皮用型羊品种　是一类以生产裘皮与猾子皮为主的品种。皮用羊的外貌特征是：表皮覆盖长短不一，色泽有异，有花纹和卷曲的毛纤维。青山羊具有“四青一黑”的特征；中卫山羊具有头型清秀，体躯深短呈方形的特征。

⑥ 兼用型羊品种　是一类具有两种专有性能(既产肉又产奶，或既产肉又产皮为主)的羊品种。兼用型羊的外貌特征介于两个专用品种之间。肉乳兼用型体型结构与生理机能，既符合奶用型羊体型，又具有早熟性、生长快、易肥的特点。

10.1.2 生活习性及生态适应性

(1)喜群居、合群性强

羊具有很强的群居性，容易建立起相对稳定的群体结构。羊可以通过视觉、听觉、嗅觉和触觉等，传递和接受信息，来保持和调整羊群的联系和活动，头羊的建立以及羊群内的优胜序列有助于维持这种稳定的结构。在自然群体中，羊群中的头羊一般为年龄较大且子孙较多的母羊(图10-1)，人工饲养时可选行动敏捷、容易训练且记忆力好的羊只做头羊。饲养中应注意的是，经常掉队的羊一般是因为疾病或者老弱而跟不上群。

图10-1 头羊的确定与优胜序列

一般情况下，绵羊的合群性要好于山羊。不同季节中，夏、秋季节的合群性优于冬、春。在羊只的饲养生产中，利用羊的合群性，在放牧时可以节省人力、物力，为大群饲养管理和羊只的转场等提供方便。放牧中在出入圈、通过桥梁或者河道等需要驱赶羊群时，只要“头羊”先行，其他羊只就会跟随而来，而且放牧中离群的羊，一经呼唤，也能迅速入群。合群性强，有时会给管理带来不便。当羊群间距离较近时，容易造成混群，因此在管理上应当防范。

(2)采食能力强、饲料利用广泛

羊面长嘴尖，唇薄齿利，上唇运动灵活，下颚门齿有向外的倾斜度，有利于采食地面低草以及灌木枝叶。羊的啃食能力强，利用的植物种类也很广泛。天然牧草、树叶、灌木、藤蔓以及农副产品，都可以作为羊的饲料。因为羊可以采食低矮牧草的特性，能够利用牛、马无法采食的短小牧草，因此可以牛、羊混牧。羊可以利用牧草的种类远比其他家畜多，如在半荒漠草场上，牛不能很好利用的植物种类高达66%，而绵羊、山羊则仅有38%。山羊的食性要比绵羊更广，除采食杂草外，山羊还偏爱灌木枝叶和树皮等，因此山羊不仅可以利用贫瘠的草场，还能利用坡度较大的山地、峡谷。绵羊中的粗毛羊，采食中吃的是“走草”，游走较快，能扒雪吃草，对当地毒草有较高的识别能力；而细毛羊吃“盘草”，游走较慢，常落在后面，扒雪吃草和识别毒草的能力较差。

(3)喜干燥清洁、怕湿热

羊天性喜欢干燥，厌恶湿热，因此在羊只的饲养中，放牧场地、圈舍以及休息场所均应选择在高燥的地方，俗语有“水马旱牛羊”“羊性喜干厌湿，最忌湿热湿寒，利居高燥之地”之说。如果羊长期处于潮湿的地方，容易患寄生虫病和腐蹄病，对绵羊来说，还会导致毛质降低、脱毛等问题。不同绵羊、山羊品种对气候的适应性也不同，细毛羊喜欢温暖、干旱、半干旱的气候，而肉用、肉毛兼用羊则喜欢温暖、湿润、全年温差较小的气候。绒山羊和安哥拉山羊能很好地适应干燥、寒冷的气候。我国北方地区相对湿度一般为40%~60%，适于大多数羊种的饲养，特别是细毛羊；而在南方高温高湿地区则较适于山羊和肉用羊的养殖。同时，羊喜欢干净环境，应保持圈舍、饮水、草料、食槽的清洁。

(4)适应性、抗病力强

羊对不良的自然环境条件有很好的适应性，从热带、亚热带地区到寒带地区，以及干旱的荒漠、半荒漠地区，都有羊只的饲养。羊在极端恶劣的条件下，具有惊人的生存能力，主要表现在耐粗饲、耐渴、耐热、耐寒、抗病等能力。

羊有很好的耐粗性，能够依靠营养价值低的粗劣秸秆、树叶维持生命。山羊粗纤维消化率要高于绵羊3.7%，因此耐粗饲能力也比绵羊突出。羊的耐渴性较强，尤其是在夏秋季节缺水时，羊可以在清晨沿牧场快速移动，用唇和舌搜集叶上凝结的露珠。山羊较绵羊更能耐渴，更能适应干旱的荒漠、半荒漠地区。山羊每千克体重代谢需水188 mL，绵羊则需水197 mL。

羊的耐热性能也很好。羊毛的绝热作用能阻止太阳辐射热迅速传到皮肤，所以羊较能耐热。绵羊的汗腺不发达，主要靠喘气散热，致使绵羊的耐热性较山羊差。在夏季中午炎热时，绵羊常有停食、喘气和“扎窝子”等表现。绵羊中粗毛羊比细毛羊更耐热，只有当气温高于26℃时才出现扎窝现象，而细毛羊在22℃左右就会有此种表现。相比绵羊，山羊耐热性能更好，且不会出现“扎窝子”现象，在正午气温37.8℃时仍能继续采食。羊的耐寒性也很好。与山羊相比，绵羊有厚密的被毛和较多的皮下脂肪，故其耐寒性高于山羊。不同品种的羊耐寒性能也不相同，细毛羊虽然被毛较厚，但皮板偏薄，因此其耐寒能力不如粗毛羊；绒山羊会周期性长绒以抵御寒冷，因此耐寒性要比其他品种的羊好。

羊的抗病力比其他家畜强，放牧条件下的各种羊，只要能吃饱喝足，一般全年很少发病，在夏秋膘肥时期，更是体壮少病。同时，羊对疾病的耐受力较强，一般不表现症状，所以要注意观察羊群，及时发现病羊并采取治疗措施，做到早发现早治疗。山羊的抗病能力要强于绵羊，粗毛羊的抗病能力又较细毛羊及其杂种为强。

(5)其他特性

羊有一定的偏食性，具有好盐性，俗语有“春不啖盐夏不好，伏天不啖不吃草”之说，因此羊只无论在放牧还是舍饲饲养管理中，都应在放牧草场或羊舍内放置盐砖，以便补盐。羊嗅觉灵敏，可用于母羊识别羔羊及日常识别草料、饮水等。神经活动中，山羊机警灵敏，活泼好动，易训练；绵羊性情温驯，胆小怯懦易受惊，反应迟钝，管理中应防止出现“炸群”现象。

10.1.3 消化机能特点

10.1.3.1 羊的消化器官特点

羊是反刍动物，具有复胃，分别为瘤胃、网胃、瓣胃和皱胃4个室。羊的前3个胃称为前胃，壁黏膜中没有胃腺，犹如单胃动物胃中的无腺区；羊的皱胃称为真胃，类似于单胃动物的胃，胃壁黏膜上有腺体。据测定，绵羊的胃总容积约为30 L，山羊为16 L左右，山羊和绵羊各胃室容积占总容积比例也不相同。在4个胃中，瘤胃的容积最大，可以贮藏采食的未经充分咀嚼的牧草，待动物休息时反刍，同时瘤胃内有大量的微生物，可以降解食物中的纤维素、粗蛋白等营养成分并合成微生物蛋白。网胃位于瘤胃的前部，但与瘤胃不完全分开，瘤胃中食糜可以自由地在两个胃内移动。网胃内皮有蜂窝状凸起，因此网胃也被称为蜂窝胃。网胃主要起过滤功能，可以筛选饲料中的重物，如钉子和铁丝等都会存在其中。瓣胃位于腹腔前部右侧，其黏膜形成许多大小不等的新月状瓣页，能够阻留食物中颗粒较大的部分，将其压榨磨细并输送较稀的部分进入皱胃，瓣胃还可以吸收大量水分和酸。皱胃位于动物的右侧腹底部，上连瓣胃，下接十二指肠。皱胃的消化腺主要分布在胃底处和幽门处，可以分泌盐酸、胃蛋白酶和凝乳酶等。皱胃内呈酸性，pH 值在 1.05~1.32 之间，因此皱胃的胃液还可以杀死食糜中的微生物，为反刍动物提供微生物蛋白。

羊的小肠细长曲折，长度为 17~34 m(平均约 25 m)，相当于羊体长的 25~30 倍。经皱胃消化后的食糜进入小肠后，经肠道中各种消化液(胰液和肠液等)进行化学性消化，分解成小分子营养物质被小肠吸收。剩余未能被消化吸收的食糜残渣，会随着小肠的蠕动送入大肠。羊的大肠比小肠短，长度为 4~13 m(平均为 8.5 m)，不能分泌消化液。大肠的主要功能是吸收食糜残渣中的水分和形成粪便。进入大肠的食糜残渣，被大肠的消化酶和大肠中存在的微生物继续消化并吸收，剩余的部分会形成粪球排出体外。

10.1.3.2 羊的消化生理特点

(1)反刍

反刍是反刍动物特有的消化活动，指未经充分咀嚼的草料咽入瘤胃后，经过一段时间的浸泡软化、混合发酵，将半消化的牧草从瘤胃中经食管逆呕到口腔进行重新咀嚼和重混唾液，然后再咽下的全过程，俗称“倒沫”。反刍的机制是胃中的饲料刺激网胃、瘤胃前庭和食管的黏膜引起动物反射性逆呕。反刍是羊的重要消化生理特点，某些疾病会导致羊停止反刍，如瘤胃疾病、皱胃积食或食物中毒等。由于绵羊的瘤胃容积大，可在短时间内采食大量草料，贮藏在瘤胃中，待休息时再慢慢反刍咀嚼。反刍时羊多为侧卧姿势，也有少数站立。反刍次数的多少及持续时间的长短，与采食草料的质量有密切关系，饲草中粗纤维含量越高，反刍时间越长。反刍通常开始于采食后 0.5~1 h 的休闲时，每次反刍的时间可由 1 min 到 2 h，每一个食团都要咀嚼 70~80 次后再吞咽入腹，如此逐一进行，一日的逆呕食团数在 500 个左右，一昼夜有 6~8 个反刍周期。反刍时间可持续 8 h 左右。反刍中的羊也可随时转入吃草。反刍时间与采食牧草时间的比值约为(0.5~1.0)∶1。羔羊在出生时，瘤胃尚未发育完全，一般在出生后 40 d 左右开始出现反刍行为。如果在哺乳期早期补饲优质牧草，能够刺激前胃的发育，可使反刍行为提前出现。

(2)瘤胃微生物的作用

正常情况下，瘤胃处于动态的稳定状态，温度一般为 38~41℃，平均为 39℃。受食糜中挥发性脂肪酸与唾液中碱性缓冲盐相互作用等因素的影响，瘤胃 pH 值在 6~7.5 之间波动，渗透压为 260~340 mOsm/L，有大量的水分和食糜，还有大量呈弱碱性的唾液(一只成年绵羊的唾液分泌量为 6~16 L)，可以中和瘤胃发酵产生的酸，形成一个相对稳定的厌氧环境，为许多非致病厌氧微生物的生存、繁衍提供有利条件。瘤胃中的微生物包括厌氧性的细菌、真菌、古菌和原虫四大类，其中 1 g 瘤胃内容物含有 10^9~10^{10} 个细菌、10^5~10^6 个原虫。瘤胃中的原虫主要为纤毛虫，其体积大，约为细菌的 1 000 倍。羊采食的大量草料，在瘤胃微生物的作用下消化分解，最终为动物所利用并转化为畜产品。

瘤胃微生物与宿主之间、微生物与微生物之间处于一种既协同又制约的动态平衡关系，形成了一个独特的生态系统，使瘤胃成为高效的厌氧发酵罐。瘤胃微生物群落的数量及整个微生物区系的组成受诸多因素的影响，其中日粮以及饲喂方式尤为重要。一般而言，采食高精料动物的瘤胃细菌浓度往往高于采食粗饲料的动物。而瘤胃内不同微生物种群的数量和比例，又影响到瘤胃的发酵功能和饲料的消化率。

羊能够采食粗纤维含量高的饲料，并将其转化为畜产品，主要就是靠瘤胃微生物的复杂消化代谢过程。在这一过程中，瘤胃微生物的主要作用是：

① 消化碳水化合物，尤其是消化纤维素　羊采食的碳水化合物，在瘤胃内由于受到多种微生物分泌的消化酶的共同作用，分解并形成挥发性脂肪酸（VFA），如乙酸、丙酸、丁酸等。形成的这些 VFA 可以被瘤胃内壁吸收，然后通过血液循环，参与机体代谢，是羊只最为重要的能量来源。羊可以消化饲草中 55%~95% 的碳水化合物和 70%~95% 的纤维素。

• 粗纤维的消化吸收：前胃是反刍动物消化粗饲料的主要场所。前胃内微生物每天消化的碳水化合物占采食粗纤维和无氮浸出物的 70%~90%。其中，瘤胃相对容积大，是微生物寄生的主要场所，每天消化碳水化合物的量占总采食量的 50%~55%，具有重要营养意义。

饲料中粗纤维被反刍动物采食后，在口腔中不发生变化。进入瘤胃后，瘤胃细菌分泌的纤维素酶将纤维素和半纤维素分解为乙酸、丙酸和丁酸。3 种脂肪酸的摩尔比例，受日粮结构的影响而产生显著差异。一般地说，饲料中精料比例较高时，乙酸摩尔比例减少，丙酸摩尔比例增加，反之亦然。约 75% 的挥发性脂肪酸经瘤胃壁吸收，约 20% 经皱胃和瓣胃壁吸收，约 5% 经小肠吸收。碳原子含量越多，吸收速度越快，丁酸吸收速度大于丙酸。3 种 VFA 参与体内碳水化合物代谢，通过三羧酸循环形成高能磷酸化合物（ATP），产生热能，以供动物应用。乙酸、丁酸有合成乳脂肪中短链脂肪酸的功能，丙酸是合成葡萄糖的原料，而葡萄糖又是合成乳糖的原料。

瘤胃中未分解的纤维性物质，到盲肠、结肠后受细菌的作用发酵分解为 VFA、CH_4、CO_2。VFA 被肠壁吸收、参与代谢，CH_4、CO_2 由肠道排出体外，最后未被消化的纤维性物质由粪排出。

• 淀粉的消化吸收：由于反刍动物唾液中淀粉酶含量少、活性低，因此饲料中的淀粉在口腔中几乎不被消化。进入瘤胃后，淀粉等在细菌的作用下发酵分解为 VFA 和 CO_2，VFA 的吸收代谢与前述相同，瘤胃中未消化的淀粉与糖转移至小肠，在小肠受胰淀粉酶的作用，变为麦芽糖。在有关酶的进一步作用下，转变为葡萄糖，并被肠壁吸收，参与代谢。小肠中未消化的淀粉进入盲肠、结肠，受细菌的作用，产生与前述相同的变化。

② 利用植物性蛋白质和非蛋白含氮化合物（NPN）合成微生物蛋白　饲料中的蛋白质会在瘤胃微生物的作用下分解为肽、氨基酸和氨，饲料中的非蛋白氮也会在微生物的作用下降解成氨。瘤胃微生物可以利用这些降解产物，在能源供应充足的情况下合成自身菌体蛋白，以供自身生长繁殖。微生物蛋白富含各种氨基酸，组成稳定，有很高的生物学效价。随食糜进入皱胃后，会被皱胃中的酸性环境杀死，并以优质蛋白的形式进入小肠，作为蛋白质饲料被动物消化利用。因此，瘤胃微生物的作用提高了劣质牧草的营养价值。在羊的养殖中，可以饲喂部分非蛋白氮（如尿素、铵盐等）作为补充蛋白饲料，以代替部分真蛋白来降低饲料

成本。

饲料蛋白质进入瘤胃后，一部分被微生物降解生成氨。生成的氨除用于微生物合成菌体蛋白外，其余的氨经瘤胃吸收，入门静脉，随血液进入肝脏合成尿素。合成的尿素一部分经唾液和血液返回瘤胃再利用，另一部分从肾排出，这种氨和尿素的合成和不断循环，称为瘤胃氮素循环。它在反刍动物蛋白质代谢过程中具有重要意义，可减少食入饲料蛋白质的浪费，并可使食入蛋白质被细菌充分利用合成菌体蛋白，以供畜体利用(图10-2)。

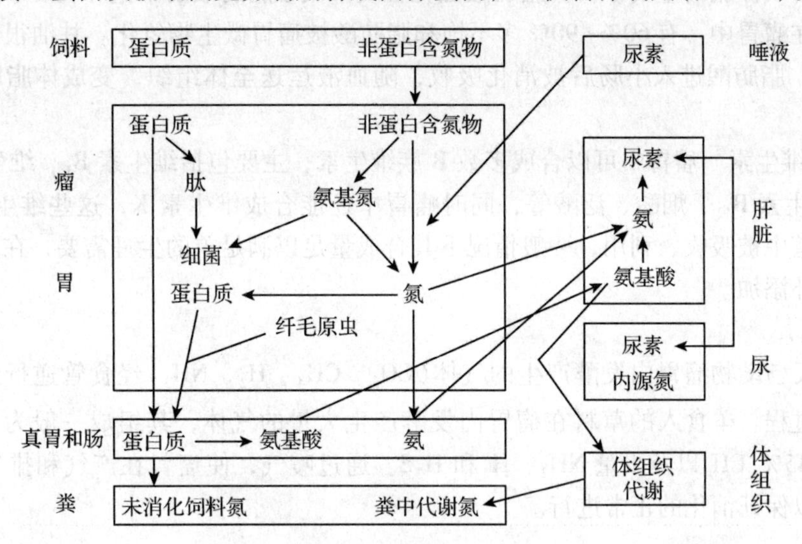

图10-2 反刍家畜体内蛋白质的消化代谢

饲料蛋白质经瘤胃微生物分解的那一部分称为瘤胃降解蛋白质(RDP)，不被分解的部分称为非降解蛋白质(UDP)或过瘤胃蛋白。饲料蛋白质被瘤胃降解的那部分的百分含量称为降解率。各种饲料蛋白质在瘤胃中的降解率和降解速度不一样，蛋白质溶解性越高，降解越快，降解程度也越高。例如，尿素的降解率为100%，降解速度也最快；酪蛋白降解率90%，降解速度稍慢。植物饲料蛋白质的降解率变化较大，玉米为40%，饼粕类蛋白质的降解率在60%~80%。

瘤胃中80%的微生物能利用氨，其中26%可全部利用氨，55%可以利用氨和氨基酸，少数的微生物能利用肽。成年羊瘤胃微生物能在氮源和能量充足的情况下，合成足以维持正常生长的蛋白质。瘤胃微生物蛋白质的品质次于优质的动物蛋白，与豆饼和苜蓿叶蛋白相当，优于大多数的谷物蛋白。羔羊时期(2~3月龄前)瘤胃机能发育不全，微生物合成功能不完善，不能合成必需氨基酸。

对瘤胃微生物在反刍动物营养中的作用也得一分为二：一方面它能将品质低劣的饲料蛋白质转化为高质量的菌体蛋白，这是主流；同时它又可将优质的蛋白质降解。尤其是妊娠后期、泌乳期母羊需要较多的优质蛋白质，而供给时又很难逃脱瘤胃的降解，为解决这个问题，可对饲料进行预处理使其中的蛋白质免遭微生物分解，即所谓保护性蛋白质。主要处理方法有：对饲料蛋白质进行适当热处理；用甲醛、鞣酸等化学试剂进行处理；用某种物质(如鲜猪血)包裹在蛋白质外面，这样可使饲料中过瘤胃蛋白增加，使更多的氨基酸进入小肠。

③ 脂肪的消化吸收 牧草中的脂类主要包括半乳糖脂、磷脂和蜡等，而谷物中的脂类主要为甘油三酯，这些脂类含有较高比例的 C_{18} 不饱和脂肪酸，如亚麻酸、亚油酸等。饲料中的各种脂类进入瘤胃后被微生物酯酶水解，产生甘油和各种脂肪酸，其中不饱和游离脂肪酸可被瘤胃微生物(主要是细菌)氢化为饱和脂肪酸，有些不饱和游离脂肪酸需经过异构化，产生的共轭亚油酸等中间产物再被氢化，从而产生一系列顺式和反式的十八烷酸异构体，这是反刍动物合成体脂的重要原料。脂肪酸氢化程度取决于脂肪酸的不饱和程度、饲喂水平和饲喂频率。在瘤胃中，有60%~90%多不饱和脂肪酸被瘤胃微生物氢化。甘油很快被微生物分解成VFA。脂肪酸进入小肠后被消化吸收，随血液运送至体组织，变成体脂肪贮存于脂肪组织中。

④ 合成维生素 瘤胃中可以合成多数B族维生素，主要包括维生素 B_1、维生素 B_2、维生素 B_6、维生素 B_{12}、烟酸、泛酸等，同时瘤胃中还能合成维生素K，这些维生素合成后，在瘤胃和肠道中被吸收、利用，一般情况下其合成量足以满足羊的生理需要，在羊的营养供应上不需另外添加。

(3) 嗳气

嗳气是反刍动物瘤胃内发酵产生的气体(CO_2、CH_4、H_2、NH_3)经食管逆行到口腔，并排出体外的过程。羊食入的草料在瘤胃内发酵产生大量的气体，其组成一般为50%~70% CO_2，20%~45% CH_4 以及少量 NH_3、H_2 和 H_2S。通过嗳气，使瘤胃在产气和排气之间不断维持平衡，以保证消化的正常进行。

10.1.4 营养物质利用特点

(1) 以粗饲料为主

粗饲料是瘤胃的主要填充物，能够使羊产生机械饱感，同时刺激瘤胃进行反刍。粗饲料被瘤胃微生物降解后作为其能源物质，对于维持瘤胃微生物区系和正常的瘤胃pH值有重要作用。

(2) 能量需要特点

羊采食的碳水化合物在瘤胃内被分解为VFA，羊能量代谢的70%由VFA提供。分解的效率取决于饲料中能量与氮的比例，因此能量供给必须同时考虑可发酵有机物与可利用氮的比例关系，在以精料为主的情况下，能量利用率低于单胃动物。

(3) 氮营养特点

瘤胃微生物可以利用一定量的非蛋白氮(如尿素等)合成微生物蛋白，但添加量一般应在3%以下，瘤胃微生物蛋白是羊氮营养的主要来源，瘤胃微生物也会将饲料中的优质蛋白降解后合成微生物蛋白，明显降低了蛋白质的利用效率。目前使用的有尿素、缩二脲、羟甲基尿素、异丁基二脲和淀粉糊化尿素等。在应用NPN喂反刍动物时应注意以下几个问题：供给足够的碳源；日粮中硫、磷、铁、钴等含量应充足，氮与硫适宜比例为(10~14)∶1；日粮蛋白质水平不易太高；用量要适宜。NPN只能用于瘤胃发育完全的成年羊，不能喂小羊羔，日粮中尿素用量可按羊体重的0.02%~0.05%供给，占羊日粮中粗蛋白质总量的1/3左右为宜，并且要与其他饲料均匀混合后再分次饲喂。如果日粮是含NPN高的饲料(如青贮料），尿素用量可减半。尿素用量应逐渐加入，需 2~4 周时间作为适应期。喂后不可立即饮水，严禁单独饲喂或溶于水中饮用，以防止尿素分解太快发生中毒。饲喂尿素期间可适当添加一些易于消化的含糖类饲料。羊只如果食入过量尿素发生中毒，可立即灌服食醋或 5% 乙酸溶液解毒。

(4) 矿物质营养特点

矿物元素是维持羊正常生长、发育所必需的，生长繁殖适量的矿物元素水平对于维持瘤胃内环境稳态具有重要意义。

(5) 维生素营养特点

瘤胃微生物能够合成足够的 B 族维生素和维生素 K，但不能合成维生素 A，且对摄入的维生素 A 有一定的破坏作用。

10.2 羊的经济类型与品种

10.2.1 绵羊品种的分类

10.2.1.1 按尾型划分

绵羊按尾型可以分为长瘦尾羊、短瘦尾羊、短脂尾羊、长脂尾羊和肥臀羊 5 种类型(图 10-3)。其中，短瘦尾羊的代表品种有西藏羊和罗曼诺夫羊，短脂尾羊的代表品种有蒙古羊和湖羊，长瘦尾羊的代表品种有中国美利奴羊和无角道赛特羊，长脂尾羊代表品种有大尾寒羊等，肥臀羊的代表品种有哈萨克羊和吉萨尔羊。

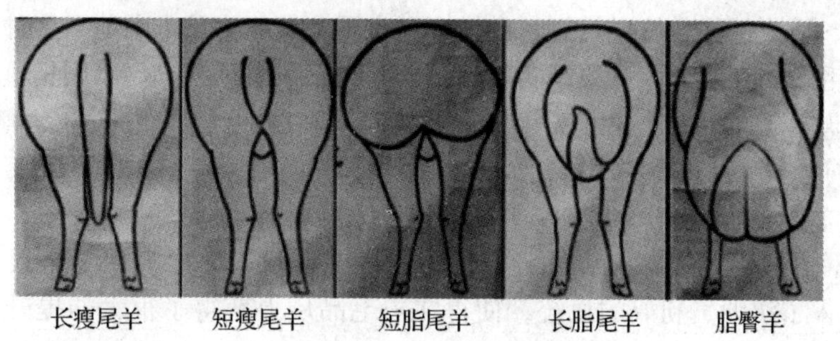

图 10-3 绵羊的尾型

10.2.1.2 按生产方向划分

绵羊根据生产方向的不同进行分类，便于选择、介绍和利用。但是因部分羊属于兼用品种，在不同国家和地区的偏重不同，会带来一定的不便。目前，该方法在我国和俄罗斯等国家普遍采用。绵羊根据生产方向主要分为七大类：

① 细毛羊　如毛用细毛羊的澳洲美利奴羊，毛肉兼用的新疆细毛羊和高加索羊，以及肉毛兼用的德国美利奴羊等。

② 半细毛羊　代表品种有毛肉兼用的半细毛羊茨盖羊和肉毛兼用的边区莱斯特羊和考力代羊等。

③ 粗毛羊　代表品种有西藏羊、蒙古羊和哈萨克羊等。

④ 肉脂兼用羊 代表品种有阿勒泰羊等。

⑤ 裘皮羊 代表品种有滩羊、罗曼诺夫羊等。

⑥ 羔皮羊 代表品种有湖羊、卡拉库尔羊等。

⑦ 乳用羊 代表品种有东佛里生羊等。

10.2.2 山羊品种的分类

山羊根据生产方向可以分为六大类：

① 绒用山羊 代表品种辽宁绒山羊、内蒙古绒山羊、陕北白绒山羊等。

② 毛皮山羊 代表品种有济宁青山羊、中卫山羊等。

③ 肉用山羊 代表品种有波尔山羊、南江黄羊等。

④ 毛用山羊 代表品种有安哥拉山羊等。

⑤ 奶用山羊 代表品种有萨能奶山羊、吐根堡山羊、关中奶山羊等。

⑥ 兼用山羊 代表品种有新疆山羊和西藏山羊等。

10.2.3 代表性绵羊、山羊品种介绍

10.2.3.1 代表性绵羊品种

(1) 中国主要的绵羊品种

① 新疆细毛羊 新疆细毛羊的育种始于1934年，是新疆维吾尔自治区选用高加索细毛羊、哈萨克羊、泊列考斯和蒙古羊进行复杂杂交，于1954年育成的第一个细毛羊品种。因其毛肉性能好、适应性强、抗逆性好，已推广至全国各地作为父本参与了多种细毛羊的品种培育。新疆细毛羊体型较大，体质结实匀称，公羊鼻梁微微隆起，母羊则呈直线。公羊大多有螺旋形角，母羊无角或有小角。成年公羊体高75 cm，剪毛后体重88 kg，剪毛量11.6 kg，母羊体高65 cm，剪毛后体重48.6 kg，剪毛量5.2 kg。净毛率为48.1%~51.5%，细度64~66支，经产母羊产羔率为130%。

因为该品种在羊毛的光泽、弹性、白度以及净毛产量等方面表现不是很理想，我国于1972年开始导入了澳洲美利奴的血统，使得在羊毛品质上获得了很大的提升。因此，目前新疆细毛羊品种已不同程度地混入了澳洲细毛羊的血统，而纯种的新疆细毛羊则基本不存在了。

② 小尾寒羊 产于河北南部、河南东部和东北部、山东南部及安徽北部、江苏北部一带；主要分布于山东省的曹县、汶上、梁山等县及江苏北部、安徽北部、河南的部分地区。

小尾寒羊体形结构匀称，侧视略成正方形；鼻梁隆起，耳大下垂；短脂尾呈圆形，尾尖上翻，尾长不超过飞节；胸部宽深，肋骨开张，背腰平直。体躯长，呈圆筒状；四肢高，健壮端正。公羊头大颈粗，有发达的螺旋形大角，角根粗硬；前躯发达，四肢粗壮，有悍威、善抵斗。母羊头小颈长，大都有角，形状不一，有镰刀状、鹿角状、姜芽状等，极少数无角。全身被毛白色、异质，有少量干死毛，少数个体头部有色斑。按照被毛类型可分为裘毛型、细毛型和粗毛型3类，裘毛型毛股清晰，花弯适中美观。

小尾寒羊6月龄即可配种受胎，年产2胎，胎产2~6只，有时高达8只；平均产羔率

每胎达266%以上。小尾寒羊4月龄即可育肥出栏，年出栏率400%以上；体重6月龄可达50 kg，周岁时可达100 kg，成年羊可达130~190 kg。周岁育肥羊屠宰率55.6%，净肉率45.89%。小尾寒羊肉质细嫩，肌间脂肪呈大理石纹状，肥瘦适度，鲜美多汁，肥而不腻，鲜而不膻，而且营养丰富，蛋白质含量高，胆固醇含量低，富含人体必需的各种氨基酸、维生素、矿物质元素等。

③ 湖羊 中心产区位于太湖流域的浙江湖州市的吴兴、南浔、长兴和嘉兴市的桐乡、秀洲、南湖、海宁，江苏的吴中、太仓、吴江等县；分布于杭州的余杭、德清、海盐，江苏的苏州、无锡、常熟，上海的嘉定、青浦、昆山等县。该品种以生长发育快，成熟早，全年发情，多胎多产，生产优质羔皮而驰名中外。

湖羊头型狭长，鼻梁隆起，耳大下垂，公、母羊均无角。颈、躯干和四肢细长，肩胸不发达，体质纤细。全身被毛白色，是世界上目前唯一的白色羔皮用羊品种。湖羊羔皮品质以初生1~2日龄宰剥的为好，称“小湖羊皮”。皮板薄而轻柔，毛色洁白如丝，光耀夺目，具有波浪式花形，甚为美观，被誉为“软宝石”，在国际市场享有盛名，为我国传统出口商品。羔羊出生后60 d以内宰剥的皮称为“袍羔皮”，皮板薄而轻，毛细柔，光泽好，是上好的裘皮原料。成年公、母羊平均体重分别为52.0 kg和39.0 kg，剪毛量分别为2.0 kg和1.2 kg。净毛率55%，屠宰率46%~57%。湖羊性成熟早，四季发情、排卵，终年配种产羔。在正常饲养条件下，可实现2年3胎，每胎一般产双羔，经产母羊平均产羔率220%以上。

④ 滩羊 是我国独特的裘皮绵羊品种，主要产于宁夏贺兰山东麓的银川市附近各县；主要分布在宁夏及陕西、内蒙古、甘肃等省、自治区交界处。原属蒙古羊，是在当地自然生态条件的作用下，以及劳动人民不断地精心选择下，经过长期的培育而从蒙古羊中分化出来的裘皮用绵羊品种。

滩羊体格中等，体质结实。鼻梁稍隆起，耳有大、中、小3种，公羊角呈螺旋形向外伸展，母羊一般无角或有小角。背腰平直，胸较深。四肢端正，蹄质结实。属脂尾羊，尾根部宽大，尾尖细呈三角形，下垂过飞节。体躯毛色纯白，多数头部有褐、黑、黄色斑块。毛被中有髓毛细长柔软，无髓毛含量适中，无干死毛，毛股明显，呈长毛辫状。成年公、母羊平均体重分别为47.0 kg和35.0 kg；成年羯羊的屠宰率为45.0%，成年母羊为40.0%。滩羊肉质细嫩，膻味轻，剥取二毛皮的羔羊肉肉质更加细嫩，味道更加鲜美，备受人们青睐。一年剪2次毛，公、母羊平均剪毛量分别为2.03 kg和1.70 kg，净毛率为52%~80%。滩羊7~8月龄性成熟，每年8~9月为发情配种旺季。一般年产一胎，产双羔者很少，产羔率103.0%左右。

二毛皮是滩羊的主要产品，是羔羊出生后30 d左右宰杀剥取的羔皮。底绒少，绒根清晰，不粘连，具有波浪形花弯，俗称“九道弯”。毛长、柔软、灵活、光润，毛色多为纯白色，也有少数为纯黑色。鞣制好的二毛皮平均重为0.35 kg，毛皮美观，具有保暖、结实、轻便和不毡结等特点。

⑤ 藏羊 产于青藏高原的西藏和青海，四川、甘肃、云南和贵州等省、自治区与青藏高原毗邻地区也有分布。依据其生长的生态环境，结合生产、经济特点，藏羊可分为草地型、山谷型和欧拉型。

草地型藏羊：体质结实，体格高大，四肢较长，公、母羊均有角，公羊角长而粗壮，呈螺旋状向左右平伸，母羊角细而短，多数呈螺旋状向外上方斜伸，鼻梁隆起，耳大，前胸开阔，背腰平直，十字部稍高，扁锥形小尾。体躯被毛以白色为主，被毛异质，毛纤维长。成年公、母羊平均体重分别为51.0 kg和43.6 kg。繁殖力不高，母羊每年产羔一胎，每胎产一羔，双羔率极少。屠宰率43.0%~47.5%。

山谷型藏羊：体格较小，结构紧凑，体躯呈圆桶状，颈稍长，背腰平直。头呈三角形，公羊多有角，短小，向后上方弯曲，母羊多无角，四肢矫健有力，善于登山远牧。成年公羊平均体重40.65 kg，成年母羊为31.66 kg。屠宰率约为48%。

欧拉型藏羊：体格高，体重大，肉脂性能好，对高寒草原的低气压、严寒、潮湿等自然条件和四季放牧、常年露营放牧管理方式适应性很强。欧拉羊头稍长，呈锐角三角形，鼻梁隆起，公、母羊绝大多数都有角，角形呈微螺旋状向左右平伸或略向前，尖端向外。四肢高而端正，背平直，胸、臀部发育良好。尾呈扁锥形，尾长13~20 cm。成年公羊平均体重66.82 kg，成年母羊为52.76 kg。1.5岁羯羊胴体重18.05 kg，内脏脂肪重0.74 kg，屠宰率47.81%；成年母羊胴体重25.83 kg，内脏脂肪重2.15 kg，屠宰率48.1%；成年羯羊上述指标相应为30.75 kg、2.09 kg和54.19%。欧拉羊繁殖率不高，每年产羔1次，在多数情况下每次产羔1只。

(2)从国外引入我国的主要绵羊品种

① 澳洲美利奴羊　产于澳大利亚。从1797年开始，由英国及南非引进的西班牙美利奴、德国萨克逊美利奴、法国和美国的兰布列品种杂交育成，是世界上最著名的细毛羊品种。我国于1972年以后开始引入澳洲美利奴羊，对提高和改进我国的细毛羊品质有显著效果，并以此为主要素材之一培育出了中国美利奴羊。澳洲美利奴羊多作为提高我国细毛羊品种的被毛质量和净毛率而改良杂交的父本。

澳洲美利奴羊具有毛丛结构好、羊毛长而明显弯曲、油汗洁白、光泽好、净毛率高、毛密度大、细度均匀的特点，对各种环境气候有很强的适应性。体型近似长方形，腿短、体宽、背部平直，后躯肌肉丰满；公羊颈部由1~3个发育完全或不完全的横皱褶，母羊有发达的纵皱褶。羊毛覆盖头部至两眼连线，前肢达腕关节，后肢达飞节。

在澳大利亚，美利奴羊被分为3种类型，它们是超细型和细毛型(super fine wool merino; fine merino)，中毛型(medium wool merino)及强毛型(strong wool merino)。其中，又分为有角系与无角系两种。细毛型成年羊体重，公羊为60~70 kg，母羊为38~42 kg；剪毛量，公羊为7.5~8.5 kg，母羊为4~5 kg，羊毛细度70~80支，毛长7~10 cm，净毛率63%~68%。中毛型成年羊体重，公羊为65~90 kg，母羊为40~44 kg；剪毛量，公羊为8~12 kg，母羊为5~6 kg，羊毛细度60~64支，毛长7~13 cm，净毛率62%~65%。强毛型成年羊体重，公羊为70~100 kg，母羊为42~48 kg；剪毛量，公羊为8.5~14 kg，母羊为5~6.5 kg，羊毛细度58~60支，毛长9~13 cm，净毛率60%~65%。

② 萨福克羊　原产英国东部和南部丘陵地，南丘公羊和黑面有角诺福克母羊杂交，在后代中经严格选育形成，以萨福克郡命名。现广布世界各地，是公认的用于终端杂交的优良父本品种。

萨福克羊的特点是早熟，体格大，生长发育快，肉质好，繁殖率高，适应性强。成年公羊体重100~136 kg，成年母羊70~96 kg。剪毛量，成年公羊5~6 kg，成年母羊2.5~3.6 kg，毛长7~8 cm，细度50~58支，净毛率60%左右，体躯主要部位被毛白色，但偶尔可发现有少量的有色纤维。头和四肢为黑色，并且无羊毛覆盖。产羔率141.7%~157.7%。头短而宽，鼻梁隆起，耳大，公、母羊均无角，颈长、深且宽厚，胸宽，背、腰和臀部长宽而平。肌肉丰满，后躯发育良好。

我国自20世纪70年代起先后从澳大利亚、新西兰等国引进萨福克羊，主要分布在新疆、内蒙古、北京、宁夏、吉林、河北和山西等省、自治区、直辖市，对杂交改良地方绵羊品种效果显著。

③ 杜泊羊　是由有角陶赛特羊和波斯黑头羊杂交育成，最初在南非较干旱的地区进行繁殖和饲养，因其适应性强、早期生长发育快、胴体质量好而闻名。

根据其头颈的颜色，分为白头杜泊和黑头杜泊两种。这两种羊体驱和四肢皆为白色，头顶部平直、长度适中，额宽，鼻梁微隆，无角或有小角根，耳小而平直，既不短也不过宽。颈粗短，肩宽厚，背平直，肋骨拱圆，前胸丰满，后躯肌肉发达。四肢强健而长度适中，肢势端正。整个身体犹如一架高大的马车。杜泊绵羊分长毛型和短毛型两个品系。长毛型羊生产地毯毛，较适应寒冷的气候条件；短毛型羊被毛较短(由发毛或绒毛组成)，能较好地抗炎热和雨淋，在饲料蛋白质充足的情况下，杜泊羊不用剪毛，可自行脱落。

杜泊羊不受季节限制，可常年繁殖，母羊产羔率在150%以上，母性好、产奶量多，能很好地哺乳多胎后代。杜泊羊生长速度快，3.5~4月龄羔羊，活重约达36 kg，胴体重16 kg左右，肉中脂肪分布均匀，为高品质胴体。虽然杜泊羊个体中等，但体躯丰满，体重较大。成年公羊和母羊的体重分别在120 kg和85 kg左右。

④ 特克赛尔羊　原产于荷兰的一个岛上。现已被欧洲和亚洲许多国家引入，作为经济杂交的亲本生产羊肉，具有多胎、羔羊生长发育快、体大、产肉和产毛性能好的特性。

特克赛尔羊头大小适中，颈中等长而粗，体格大，胸圆，鬐甲平，被毛白色，头和四肢均不长毛，头形似鹿，鼻、唇、蹄壳均为黑色，胸体宽深，后躯发育良好。

成年公羊体重为110~140 kg，母羊为70~90 kg。羔羊生长发育快，1月龄羔羊的体重可达15 kg，4月龄的公羔体重可达45 kg，母羔可达38 kg。

性成熟早，母羔7~8月龄即可配种繁殖。母羊发情季节比较长，平均产羔率为200%。

⑤ 无角道赛特羊　原产大洋洲的澳大利亚和新西兰，我国新疆和内蒙古自治区曾从澳大利亚引入该品种。

无角道赛特羊体质结实，头短而宽，公母羊均无角，毛被及蹄质为白色。具有良好的肉用体型，颈短、粗，背宽平而长，胸宽而深，后躯丰满。

无角道赛特羊具有早熟、生长发育快、肉用性能好的特点。成年公羊体重为90~100 kg，母羊为55~65 kg。在良好的饲养管理条件下，断奶体重达35 kg以上，哺乳期日增重350 g以上，4~6月龄羔羊平均日增重250 g，6月龄体重45~50 kg。母羊1年之内可多次发情，产羔率为120%~150%。

10.2.3.2 代表性山羊品种

(1)中国主要的山羊品种

① 辽宁绒山羊　主产区位于辽东半岛的盖州。公、母羊均有角，有髯，公羊角发达，向两侧平直伸展，母羊角向后上方。额顶有自然弯曲并带丝光的绺毛。体躯结构匀称，体质

结实。颈部宽厚，颈肩结合良好，背平直，后躯发达，呈倒三角形状。四肢较短，蹄质结实，短瘦尾，尾尖上翘。被毛为全白色，外层为粗毛，且有丝光光泽，内层为绒毛。

辽宁绒山羊所产山羊绒因其优秀的品质被专家称作“纤维宝石”，是纺织工业最上乘的动物纤维纺织原料。其羊绒的生长开始于6月，9~11月为生长旺盛期，2月趋于停止，4月陆续脱绒。脱绒的一般规律为：体况好的羊先脱，体弱的羊后脱；成年羊先脱，育成羊后脱，母羊先脱，公羊后脱。一般抓绒时间在4月上旬至5月上旬。据国家动物纤维质检中心测定，辽宁绒山羊羊绒细度平均为15.35 μm，净绒率75.51%，强度4.59 g，伸直长度51.42 cm，绒毛品质优良。

② 中卫山羊　又叫沙毛山羊，是我国特有的裘皮用山羊品种，产于宁夏的中卫、中宁、同心、海原，甘肃中部的皋兰、会宁等县及内蒙古阿拉善左旗。

被毛以纯白色为主，也有少数全黑色。成年羊头部清秀，面部平直，额部丛生一束长毛，颌下有长须，公母山羊均有角，呈镰刀形。中等体型，体躯短、深，近似方形。背腰平直，体躯各部结合良好，四肢端正，蹄质结实。公山羊前躯发育好，母山羊后躯发育好。

中卫山羊所产山羊肉细嫩，脂肪分布均匀，膻味小。羯羊屠宰率平均为44.8%。成年公羊体重为54.25 kg，母羊37 kg。中卫山羊在6月龄性成熟，1.5岁配种，产羔率为103%。

中卫山羊盛产花穗美观、色白如玉、轻暖、柔软的沙毛皮而驰名中外。沙毛皮是宰杀生后35日龄的羔羊所剥取的毛皮。沙毛皮有黑、白两种，白色居多，黑色毛皮油黑发亮。沙毛皮具有保暖、结实、轻便、美观、穿着不赶毡的特点。毛股长7~8 cm，多弯曲，弯曲的波形有两种：一种是正常波形；另一种是半圆形。平均裘皮面积为1 709 cm^2。冬羔裘皮品质比春羔好。成年公羊抓绒量164~240 g，母羊140~190 g。剪毛量低，公羊平均400 g，母羊300 g，毛长14.5~18 cm，具有马海毛的特征。

③ 济宁青山羊　主要分布在菏泽和济宁地区，以曹县、郓城、菏泽、鄄城、单县、成武、定陶、金乡、嘉祥、邹县等县数量多、质量好。

青山羊体格较小，公、母羊均有角，角向上、向后上方生长。颈部较细长，背直，尻微斜，腹部较大，四肢短而结实。被毛由黑白二色毛混生而成青色，其角、蹄、唇也为青色，前膝为黑色，故有“四青一黑”的特征，因被毛中黑白二色毛的比例不同又可分为正青色（黑毛数量占30%~60%）、粉青色（黑毛数量在30%以下）、铁青色（黑毛数量在60%以上）3种。按照毛被的长短和粗细，可分为4个类型，即细长毛（毛长在10 cm以上者）、细短毛、粗长毛、粗短毛。其中以细长毛者为多数，且品质较好。初生的羔羊毛被具有波浪形花纹、流水形花纹、隐暗花纹和片花纹。

主要产品是猾子皮，羔羊出生后3 d内屠宰，其特点是毛细短，长约2.2 cm；紧密适中，在皮板上构成美丽的花纹，花型有波浪、流水及片花，为国际市场上的著名商品。皮板面积1 100~1 200 cm^2，是制造翻毛外衣、皮帽、皮领的优质原料。皮板薄而致密，鞣制后厚度不超过0.55 mm，被毛呈丝光或银光光泽。制成女式大衣仅重0.85 kg，为轻裘上品。

④ 南江黄羊　产于四川省南江县，不仅具有性成熟早、生长发育快、繁殖力高、产肉性能好、适应性强、耐粗饲、遗传性稳定的特点，而且肉质细嫩、适口性好、板皮品质优。南江黄羊适宜于在农区、山区饲养。

头大小适中，耳大长直或微垂，鼻微拱，有角或无角；体躯略呈圆桶形，颈长度适中，前胸深广、肋骨开张，背腰平直，四肢粗壮。南江黄羊被毛黄褐色，毛短而富有光泽，面部毛色黄黑，鼻梁两侧有一对称的浅色条纹，从头顶部至尾脊有一条宽窄不等的黑色毛带，公羊颈部及前胸着生黑黄色粗长被毛。

南江黄羊成年公羊体重50~70 kg，母羊34~50 kg。公、母羔平均初生重为2.28 kg，2月龄体重公羔为9~13.5 kg，母羔为8~11.5 kg。南江黄羊初生至2月龄日增重，公羔为120~180 g，母羔为100~150 g；至6月龄日增重，公羔为85~150 g，母羔为60~110 g；至周岁日增重，公羔为35~80 g，母羔为21~36 g。南江黄羊8月龄羯羊平均胴体重为10.78 kg，周岁羯羊平均胴体重15 kg，屠宰率为49%，净肉率为38%。南江黄羊性成熟早，3~5月龄初次发情，母羊6~8月龄体重达25 kg开始配种，公羊12~18月龄体重达35 kg参加配种。成年母羊四季发情，发情周期平均为19.5 d，妊娠期148 d，产羔率200%左右。

(2)从国外引入我国的主要山羊品种

①萨能奶山羊　原产于瑞士，分布最广，除气候十分炎热或非常寒冷的地区外，世界各国几乎都有，半数以上的奶山羊品种都有它的血缘。

萨能奶山羊体型具乳用家畜的典型特征。公母羊均有角，部分个体颈下有一对肉垂。公羊颈粗短，母羊颈扁而长，胸宽而深，背腰平直，尻部宽长，乳房大而发育良好，四肢长。被毛白色，毛尖偶有土黄色；随年龄增长鼻端和乳房常出现深色斑点。一般泌乳期8~10个月，产乳600~1 200 kg，乳脂率3.8%~4.0%。性成熟早，秋季发情，12月龄开始配种，产羔率160%~200%。萨能奶山羊对我国奶山羊产业的发展起了重大作用。

②波尔山羊　原产于南非，被称为世界“肉用山羊之王”，是世界上著名的生产高品质瘦肉的肉用山羊品种。具有体型大，生长快，繁殖力强，产羔多的优点。该品种作为种用，已被非洲许多国家以及新西兰、澳大利亚、德国、美国和加拿大等国引进。自1995年我国首批从德国引进波尔山羊以来，许多地区包括江苏省、山东省等地也先后引进了一些波尔山羊，并通过纯繁扩群逐步向周边地区和全国各地扩展，显示出较好的肉用特征、广泛的适应性、较高的经济价值和显著的杂交优势。

波尔山羊毛色为白色，头颈为红褐色，并在颈部存有一条红色毛带。波尔山羊耳宽下垂，被毛短而稀。头部粗壮，眼大、棕色，口颚结构良好。

成年波尔山羊公羊、母羊的体高分别达75~90 cm和65~75 cm，体重分别为95~150 kg和65~95 kg。屠宰率较高，平均为48.3%。波尔山羊属非季节性繁殖家畜，一年四季都能发情配种产羔。母羊6月龄成熟，秋季为性活动高峰期，而春夏季性活动较少。产羔率为160%~200%，一般每8个月产1胎。波尔山羊可维持生产价值至7岁。此外，波尔山羊的板皮品质极佳，属上乘皮革原料。

10.2.4 羊的主要产品

10.2.4.1 绵羊毛

绵羊毛是毛用绵羊的主要产品，是一种天然、有光泽的动物纤维。因其坚韧有弹性，并且产量高，已成为毛纺业重要的工业原料。

(1)绵羊毛纤维的构造

① 形态学构造　在形态学上羊毛可以分为3个部分，毛干、毛根和毛球。毛干是羊毛纤维露出皮肤的那部分，是生产中剪毛时剪下的部分。毛根位于绵羊皮肤内，上端与毛干相连，下端和毛球相连。毛球位于毛根的底部，是毛纤维最下端的部分，毛球围绕毛乳头，外形膨大成球状，因此称为毛球。毛球通过毛乳头获得营养，促使球内细胞不断地增值而使羊毛生长。

② 组织学构造　组织学构造上，有髓毛包含鳞片层、皮质层和髓质层，而无髓毛只有鳞片层和皮质层。鳞片层是由一层扁平的角质化表皮细胞组成。因其呈鱼鳞状覆盖在毛干的表面，称其为鳞片层(图10-4)。无髓毛的鳞片像环一样，一个鳞片就环绕毛干一周，而且鳞片的边缘相互覆盖，这种鳞片称为环状鳞片，侧面观察可以发现两侧有锯齿状的凸起。有髓毛由2~3个或者更多的鳞片环绕毛纤维一周，称为非环状鳞片，也叫瓦状鳞片。完好的鳞片层可以保护羊毛的皮质层不受外界的伤害，也可以维持羊毛的光泽、擀毡性和缩绒性。皮质层位于鳞片层下面，占毛纤维总重的90%，一般羊毛越细，皮质层所占的比例越大。皮质层由梭形的角质化细胞和细胞基质组成，其决定羊毛的物理和机械特性，同时皮质层还和羊毛的色泽有关。髓质层位于毛纤维的中央，是有髓毛的主要特征。髓质层是由不规则的空心细胞所组成的，成海绵状，内含大量的空气。在显微镜下观测，因为光的反射而呈黑色，若除去髓质层的空气，则可以看到多空的无色组织。

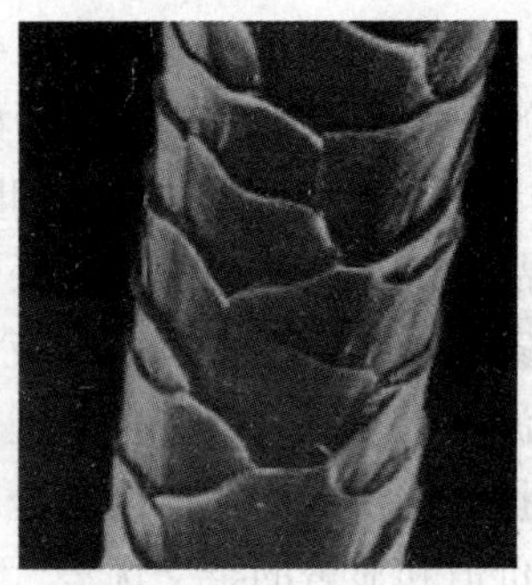

图10-4　羊毛纤维的鳞片层

③ 羊毛纤维的类型　根据羊毛的形态学和组织学特性，可以把羊毛分为刺毛、有髓毛、无髓毛和两型毛4个类型。刺毛又称覆盖毛，分布在羊的面部和四肢下部，部分羊尾端也有分布。和其他毛相比，刺毛短、硬、粗，而且呈弓形，因此在毛纺业中无利用价值。有髓毛分为正常有髓毛、干毛和死毛3种。正常的有髓毛是一种粗长、少弯曲的羊毛，是粗毛羊及其低代杂种的羊毛。干毛则是有髓毛的变态形式，组织学上同有髓毛相同，但毛纤维较脆，没有光泽。死毛也是有髓毛的一种，具有粗、短、硬、脆等特点，缺少光泽，无法染色。无髓毛又称为绒毛，一般细、短、弯曲多且整齐，其组织结构只有鳞片层和皮质层，是毛纺工业的优质原料。两型毛是一种在细度、长度以及其他特性都介于有髓毛和无髓毛之间的一种毛纤维，其有3层组织，但髓质层呈点状或断续点状，工艺价值比有髓毛高但低于无髓毛。

(2)绵羊毛的物理特性

羊毛的物理特性主要有细度、长度、强伸度、弯曲和吸湿性等。细度是羊毛品质的主要指标之一，世界各国都以细度作为基础对羊毛进行分级。羊毛的细度用羊毛纤维直径的平均数表示，单位为 μm。目前，国内外的羊毛生产、销售以及毛纺工业中，广泛采用品质支数来表示羊毛的细度。品质支数是指 1 kg 精梳毛能纺成 1 000 m 长度的毛纱数。羊毛越细，单位重量的羊毛可纺成的毛纱越长，品质支数就越高(表 10-1)。羊毛细度受很多因素的影响，如遗传、年龄、性别、营养等影响。

根据羊毛细度不同，可分为超细毛、细毛、半细毛和粗毛。细毛是由较细的无髓毛所组成的羊毛，纤维的平均细度小于 25 μm，品质支数在 60 支或 60 支以上，变异系数不超过 25.6%。外观上弯曲多而整齐，油汗较多，羊毛纤维长短一致。超细毛是由更细的无髓毛所组成的羊毛，细毛中平均细度小于 18 μm，品质支数在 70 支以上的羊毛称为超细毛，是高档的精纺原料。目前世界上只有超细型澳洲美利奴羊等极少数品种生产超细毛。半细毛是由较粗的无髓毛或者两型毛所组成，平均细度在 25.1～67.0 μm，品质支数在 32～58 支之间。外观上一般比细毛稍粗、长，弯曲稍浅但整齐明显。粗毛由几种类型的毛纤维混合组成，毛被底层为绒毛，上层为有髓毛和两型毛，甚至混有干毛和死毛。平均细度在 67.0 μm 以上，纤维间细度、长度差异大。

自然状态下，羊毛是有一定弯曲的，所以羊毛的长度可以分为自然长度和伸直长度两种。自然长度是指羊毛在自然状态下的长度，单位为 cm。伸直长度是指用外力把羊毛纤维拉直，但还没有延伸时的长度，单位为 mm。自然长度在养羊生产和绵羊育种工作中应用较多，而伸直长度则在毛纺工业中应用较多。羊毛的强度是指羊毛纤维被拉断时所用的力，用 g 表示。羊毛的伸度是指把已经伸直的羊毛纤维，再拉伸到断裂时所增加的长度占原来伸直长度的百分比。这两个指标和纺织品的结实性、耐用性都有相关。自然状态下，羊毛具有吸收和保持水分的能力，一般用回潮率表示。回潮率指的是净毛中所含水分占净毛绝干重的百分比。

表 10-1　羊毛细度和品质支数对照表

品质支数	细度范围(μm)	标准差(±μm)	变异系数(%)	品质支数	细度范围(μm)	标准差(±μm)	变异系数(%)
80	14.5～18.0	3.60	20.0	50	29.1～30.0	9.00	29.0
70	18.1～20.0	4.51	22.0	48	30.1～34.0	10.20	30.0
66	20.1～21.5	4.97	22.7	46	34.1～37.0	11.85	32.0
64	21.6～23.0	5.43	23.6	44	37.1～40.0	13.20	33.0
60	23.1～25.0	6.40	25.6	40	40.1～43.0	15.48	36.0
58	25.1～27.0	7.28	27.0	36	43.1～55.0	22.55	41.0
56	27.1～29.0	8.12	28.0	32	55.1～67.0	31.49	47.0

(3)净毛率

净毛率是指羊毛中的净毛重与原毛重的比值，是羊毛重要的经济指标之一。羊毛中含有绵羊的油汗，有利于减少杂质侵入毛丛，能够防止羊毛纤维干枯和相互毡结。油汗是绵羊羊毛脂(蜡)和汗液的统称。刚剪下来的原毛经过洗涤，除去杂质晾干后称为净毛。通过净毛率可以估算羊只的产毛量，在育种工作中，净毛率也可以作为重要的选种指标。净毛率的计算公式为：

$$净毛率 = [净毛绝干重(1 + 公定回潮率)]/原毛重 \times 100\%$$

生产中普通净毛率要求净毛中剩余油脂含量不超过净毛总重的1.5%，植物性杂质不超过净毛重的1.0%。标准净毛率要求净毛中纯净毛纤维含量不低于86%，水分不超过净毛总重的12%，油脂含量不超过净毛总重的1.5%，粗灰分含量不超过净毛总重的0.5%，植物性杂质不得检出。

由于羊毛还具有从周围环境中吸收和放出水分的能力，而且我国地缘辽阔，气候差异较大，各地在不同季节的空气相对湿度有很大差异。为了便于统一，我国制订了公定回潮率：细毛的公定回潮率为16%，半细毛和粗毛为15%。

10.2.4.2 山羊毛

山羊毛主要包括普通山羊毛和马海毛两种。马海毛(Mohair)是从安哥拉山羊身上剪下来的毛，其年生长量达20~25 cm。马海毛和绵羊毛很像，细度一般为10~90 μm，是一种有明亮光泽的白色动物毛纤维。组织学上马海毛鳞片较少，鳞片扁平地贴在毛干上，而且之间很少重叠，具有竹筒般的外形。马海毛的纤维很少弯曲，对一些化学药剂比一般羊毛敏感，和染料有较强的亲和力。马海毛的纤维柔软，坚牢度高，同时其耐用性好，不毡化，不起毛起球，是一种优质的高档毛纺原料。目前，马海毛的主要产地为土耳其，美国、南非和阿根廷等国家也有马海毛生产，但品质较土耳其差。普通山羊毛是指除了马海毛以外的其他所有山羊的粗长毛，主要由有髓毛组成，覆盖在山羊毛被的外层，外观较粗而直。与绵羊毛相比，普通山羊毛弯曲少，鳞片少，而且鳞片间的覆盖度差。这种羊毛在纺织上一般用于生产地毯、毛毯和各种粗呢料等，同时部分山羊品种的毛也可以用于毛笔、画笔等生产。

10.2.4.3 山羊绒

山羊绒是指山羊毛被的内层绒毛，也称底绒，由山羊皮肤中次级毛囊形成的无髓毛纤维，一般在秋季日照短时开始生长，到春夏时脱落，以利于山羊平安过冬。在国际市场上被统称为"开司米(Cashmere wool)"，是世界上最细的动物纤维，细度一般在13~18 μm之间，为纺织工业的高档原料。山羊绒有4种颜色，分别为白、紫、青和红，其中白绒可以做成浅色或其他颜色衣物，而紫绒等只能做成深色衣物，加上白绒占世界绒产量的1/3左右，因此白绒较其他绒珍贵。山羊绒在形态和组织上接近绵羊的细毛，但山羊绒弯曲少，而且不规则整齐，不能形成毛束和毛丛。组织结构上，羊绒鳞片的长宽积分相等，边缘光滑，而且覆盖间距也比绵羊毛大。对酸、碱、热的反应比细毛敏感。世界上山羊绒主要产于亚洲，其中中国是山羊绒的主要产地，约占世界总产量的70%，而且羊绒品质也较其他国家好。

10.2.4.4 羊肉

羊肉具有高蛋白、低脂肪和低胆固醇等优点，深受消费者欢迎。《本草纲目》提到，羊肉能暖中补虚，补中益气，开胃健身，益肾气，养胆明目，治虚劳寒冷，五劳七伤等功效。不论是冬、夏，适时地食用羊肉可以去湿气、避寒冷、暖心胃。同时，羊肉肉质细嫩，易消化。羊肉分为山羊肉、绵羊肉和野羊肉3种，一般市场上常见的为绵羊肉和山羊肉。山羊肉的胆固醇含量比绵羊肉低，有防止心血管硬化的作用，适合高血脂患者和老人食用。同时中医上认为，山羊肉凉而绵羊肉热，所以绵羊肉有很好的补养作用，适合产妇、病人食用，而山羊肉则适合烧烤和清炖。近年来，羔羊肉因其味道鲜美、劳动生产率高、售价高等优点在世界各地迅速发展，在欧美等发达国家羔羊肉占羊肉总产量的一半以上。肥羔是指育肥后在4~6月龄屠宰的羊，肥羔肉瘦肉多，脂肪少，鲜美多汁，深受消费者喜爱。

羊肉中蛋白质含量高于猪肉、低于牛肉，且羊肉中可消化蛋白质高，易于吸收利用，氨基酸的种类和数量符合人体的营养需要，赖氨酸、精氨酸、组氨酸、丝氨酸的含量高于牛肉、猪肉、鸡肉。热值低于猪肉、高于牛肉。胆固醇含量低，每100 g肉中，山羊肉含胆固醇60 mg，绵羊肉含胆固醇70 mg，成年牛肉含胆固醇106 mg，犊牛肉含胆固醇140 mg，猪肉含胆固醇126 mg，鸡肉含胆固醇60~70 mg，兔肉含胆固醇65 mg。羊肉中矿物质含量高，钙、磷、铁丰富，铜、锌含量显著高于其他肉类。羊肉的特点及营养价值见表10-2、表10-3。

表10-2 几种主要肉类的化学成分及产热量比较

	绵羊肉	山羊肉	牛肉	猪肉
蛋白质(%)	12.8~18.6	16.2~17.1	16.2~19.5	13.5~16.4
脂肪(%)	16.0~37.0	15.1~21.1	11.0~28.0	25.0~37.0
热值(MJ/kg)	38.5~66.9	36.8~56.5	31.4~56.1	52.7~68.2
水分(%)	48.0~65.0	61.7~66.7	55.0~60.0	49.0~58.0
矿物质(%)	0.8~0.9	1.0~1.1	0.8~1.0	0.7~0.9
钙(mg/100g)	45.0	—	20.0	28.0
磷(mg/100g)	202.0	—	172.0	124.0
铁(mg/100g)	20.0	—	12.0	3.0

表10-3 几种肉类每100 g蛋白质中必需氨基酸含量 g

种类	羊肉	牛肉	猪肉	鸡肉
赖氨酸	8.7	8.0	3.7	8.4
精氨酸	7.6	7.0	6.6	6.9
组氨酸	2.4	2.2	2.2	2.3
色氨酸	1.4	1.4	1.3	1.2
亮氨酸	8.0	7.7	8.0	11.2
异亮氨酸	6.0	6.3	6.0	—
苯丙氨酸	4.5	4.9	4.0	4.6
苏氨酸	5.3	4.6	4.8	4.7
蛋氨酸	3.3	3.3	3.4	3.4
缬氨酸	5.0	3.8	6.0	—
合计	52.2	51.2	46.0	42.7

10.2.4.5 羊皮

羊屠宰后剥下的鲜皮称为生皮，生皮分为毛皮和板皮两种，其中带毛鞣制成的产品称为毛皮，去毛的称为板皮。毛皮又根据羊只屠宰时的年龄分为羔皮、裘皮和大羊皮3种。羔皮是指从流产或者出生后1~3 d内屠宰获得的毛皮，裘皮则是指出生后一个月以上宰杀的羊所获得的毛皮，而大羊皮则是1岁以后屠宰剥取的毛皮。羔皮缝制的大衣、皮帽、皮领等产品一般毛丛向外，而裘皮制成的产品则毛丛向内，大羊皮则主要用于制作毛领或者毛面向里的皮大衣。专门用来生产羔皮的绵羊、山羊品种主要有湖羊、卡拉库尔羊、济宁青山羊等，专门生产裘皮的有滩羊、中卫山羊等。板皮是生皮在鞣制过程中去毛后得到的羊皮，分为山羊板皮和绵羊板皮两种。我国山羊皮又根据产地分为四川路、汉口路、华北路、云贵路和济宁路5种，其中以四川路品质最好。四川路的代表性品种有成都麻羊、板角山羊等；汉口路的代表性品种有黄淮山羊、马头山羊等；济宁路的代表性品种有济宁青山羊；华北路的代表性品种有新疆山羊、西藏山羊、太行山羊等；云贵路的代表性品种有隆林山羊、贵州白山羊等。板皮可鞣制成各种皮革，如服装革、鞋面革等。

10.2.4.6 羊奶

羊奶分为绵羊奶和山羊奶两种，在世界范围内，绵羊奶、山羊奶产量各占1/2。绵羊奶适合加工成干酪，因此喜爱干酪的欧洲地区更加重视绵羊奶的生产。而我国没有挤绵羊奶的习惯，因此我国的羊奶一般均为山羊奶。羊奶的营养价值丰富，其中蛋白质、脂肪、矿物质和维生素含量均高于人奶和牛奶，而乳糖含量则低于人奶和牛奶。羊奶的蛋白质品质好，酪蛋白低于牛奶，而易消化的白蛋白和球蛋白含量则较高，因此容易消化。山羊奶的脂肪球直径比牛奶脂肪球小得多，因此，山羊奶与消化液接触面积大，很快就能被消化吸收。与牛奶不同的是，羊奶具有膻味，从而导致部分消费者不能忍受，羊奶可以通过脱膻处理除掉膻味。羊奶中的膻味物质主要是由一些短链的挥发性脂肪酸（C_4~C_{10}），特别是辛酸、壬酸、癸酸等所引起。

10.2.4.7 其他副产品

羊肠衣是养羊业的一项重要副产品，可以用于灌制各种香肠、腊肠等食品生产，而且还可以制成手术缝合线、弓弦等产品。

10.3 羊的饲养管理

10.3.1 羊的饲养方式

我国各地均饲喂绵、山羊，但各地的生产条件不同，因此对绵、山羊的饲养方式就各不相同。牧区的绵、山羊饲养一般为大群放牧，而农区则多以舍饲、半舍饲方式饲养。

10.3.1.1 放牧

我国的西北牧区，主要包括内蒙古、甘肃、新疆、青海和西藏五大牧区，放牧是绵、山羊的主要饲养方式。牧区的放牧场地分为夏季牧场和冬季牧场，甚至还有春（秋）季牧场之分。放牧的羊主要依靠草地放牧，一般在冬季会补饲少量的精料，以保证安全过冬。

在我国传统的牧区，放牧饲养方式导致养羊产业效率低下，其主要原因是牧区仍处于靠天养畜的状态，气候条件恶劣，自然灾害（干旱和暴风雪等）频繁是造成羊生产不稳定的重要因素；其次草场严重超载造成草地严重退化，草地改良速度远远赶不上草地退化的速度。为改变这种状况，需要合理的组织放牧羊群，采用科学的放牧方式。

（1）羊群的组织

合理地组织羊群，既能节省劳力，又便于羊群的管理。牧区和草场面积大的地区羊群的组织要按数量、品种、性别、健康状况、体质强弱和放牧场的地形地貌等进行分群。在同一品种或改良程度相同的羊群中，要把公、母分开，接下来是要把大羊、小羊分开，分别组群。规模较大的种羊场，还可分为种公羊群、试情公羊群、成年母羊群、育成公羊群、育成母羊群、羯羊群等。公、母羊同群放牧易发生乱交乱配现象，不利于品种改良；大小强弱不同的羊在一起放牧，会影响小羊的健康发育。此外，种羊群的数量要小于繁殖群，高产性能的羊群要小于低产性能的羊群。地形复杂、植被不好，不宜组织大群放牧，羊群编组要小一些，应根据草地载畜量来确定羊的饲养量，做到以草定畜。

(2)四季放牧技术

应根据放牧地的地形和牧草生长的茂密程度来确定放牧的方法和放牧的队形排列。在生产实践中为了使羊只采食到足够的牧草，提高放牧利用率，应灵活掌握放牧的队形。通常放牧的队形有3种：

① 横排式队形　俗称一条鞭队形。其特点是使羊群大致排成一字形横队，放牧员在羊群前面，保持一定距离，面向羊群缓步后退，挡住抢在前面的羊只，并通过助手哄赶落伍的或走向两边的羊群。无助手时，放牧员要勤吆喝、掷石块、打口哨，勤向两边走动，使整个羊群呈"一"字形横队向前，边走边采食牧草。这种队形适用于地形比较平坦、牧草丰富而分布均匀的放牧地，目的是增加羊的采食量，并提高放牧地的利用率。这种队形对土种羊容易控制，只要稍加调教就可做到。

② 分散式队形　俗称满天星队形。这种队形是使羊群比较均匀地散布在一定的放牧地范围内自由采食，放牧员站在附近看管羊群。散布面积的大小，要根据羊群的大小和牧草的丰茂程度来定。在密度大、产量高的牧地上，羊群散开的面积就小。这种放牧队形适用于牧草稀疏、零散、分布不均的放牧地，尤其是丘陵、坡多的放牧地。在山区采用这种方式时，放牧员要站在高处，以免羊群起堆。满天星队形的优点是羊散布均匀，可均匀采食，避免游走距离过长，但是，放牧员必须勤加看管，防止羊只走失。

③ 簸箕掌式队形　春季牧草初出，稀疏低矮，为了使羊群吃到青草，放牧员应站到中间挡羊，使羊群缓缓前进，逐渐让中间羊群的羊走得慢，两边的走得快，边走边吃。

放牧时，要把握一个"稳"字，避免羊群走冤枉路和狂奔。刚出牧时要控制好羊群，刚到牧地可采用一条鞭放牧法放牧，即放牧员在羊群前面来回行走，押住羊群，使之散开，形成一字形，边慢走边吃草，等羊群逐渐放慢行走速度吃草时，便可放松控制羊群，使其散开自由吃草，即改为满天星放牧方法。总之，要遵循"早出一条鞭，中午满天星，晚归簸箕掌"的放牧方法。放牧一天，最好能使绝大部分羊吃饱卧下并反刍3次或3次以上的程度。要做到这点，放牧员必须事先为羊找好牧地，不让羊过度跑动，避免羊吃肥跑瘦。

根据四季牧场的划分，按季节轮流放牧。对于传统的牧区，四季牧场的选择是春洼、夏岗、秋平、冬暖，选择合适的地方进行放牧。四季放牧技术要点：

① 春季放牧　羊群经过了漫长的冬春枯草季节，营养水平下降，膘情差，嘴馋，易贪青而造成下痢，或误食毒草中毒，或是青草胀(瘤胃鼓气)。因此，春季放牧一要防止羊"跑青"；二要防止羊"臌胀"，常有"放羊拦住头，放得满肚油；放羊不拦头，跑成瘦马猴"的说法。春季放牧开始时可先放老草坡或喂一些干草，然后再放牧于青草坡。春季草嫩，含水量高，早上天冷，不能让羊吃露水草，否则易引起拉稀。当羊放牧食青草以后，要每隔5~6 d

喂1次盐，喂时把盐炒至微黄时为好，加一些磨碎的清热、开胃的饲料和必需的添加剂。这样可帮助消化，增加食欲，补充营养。同时，每天至少要让羊群饮水1次。

② 夏季放牧　夏季日暖昼长，青草茂密，羊群经过晚春放牧、剪毛后负担减轻，体力大增，是羊只抓膘的有利时机。夏季的气候特点是炎热、暴雨、蚊虫多，应做好防暑降温工作。放牧时应注意早出晚归，中午炎热时，要防羊“扎窝子”，应让羊群到通风、阴凉处休息，必要时，在放牧中途适当休息。夏季多雨，小雨可照常放牧，背雨前进，如遇雷阵雨，可将羊赶至较高地带，分散站立，如果雨久下不停，应不时驱赶羊群运动产热，以免受凉感冒。同时，要做好防蚊、驱虫工作，要多给羊群饮水，并适当喂些食盐。

③ 秋季放牧　秋季是羊群抓膘配种季节，放牧中，注意将羊放饱、放好，这对冬季育肥出栏、安全过冬和羊的繁殖都很重要。秋季天高气爽，牧草丰富，而且草籽逐渐成熟，应该是“满山遍野好放羊”的季节。因此，秋季放牧应选择草高而密的沟河附近或江河两岸，草茂籽多的地方放牧，尽可能延长放牧时间，每天放牧不少于10 h。在半农半牧区，应结合茬地放牧，抢茬时羊只主要捡食地里的穗头和嫩草，跑动大，此时要注意控制羊群。抢放豆茬地时，不可停留太久，以免吃豆过多引起膨胀。

④ 冬季放牧　冬季气候寒冷，风雪频繁，因此，冬牧场应选择避风向阳、地势高燥、水源较好的山谷或阳坡低凹处。采取先远后近、先阴后阳，先高后低、先沟地后平地的放牧方法，晚出早归，慢走慢游。冬季放牧不可走得太远，这样，遇到天气骤变时，能很快返回牧场，保证羊群安全。同时，要修好羊舍，注意保暖。

放牧时应注意的事项：

① 放牧前发现病羊要留圈观察治疗，发现发情羊要及时记录和配种。放牧过程中要勤数羊数。

② 随身配带药物器械，如可治中暑的十滴水、可放气的套管针等。

③ 出牧、归牧时不要走得太快，放牧距离要适中，放牧时严禁用石块掷打羊，防止惊群。

④ 不要让羊群吃冰冻草、露水草、发霉草，不要饮污水，防止暴食暴饮。

⑤ 搞好三防：一防狼害，二防蛇咬，三防毒草。

由于草场四季特点，草地资源的不平衡，会制约养羊业的发展。对于完全依靠天然草场放牧，四季营养供应不平衡，易造成羊只膘情“夏壮、秋肥、冬瘦、春乏”恶性循环，冬春掉膘、死亡损失大。因此，对于牧区，补饲是提高养羊业生产水平的重要措施之一。补饲时间是当饲草不能满足羊只生长繁殖需要时，需要补充饲草料，原则是从羊只体重开始出现下降时开始，最迟也不能迟于春节前后。饲草料分配上保证“优羊优饲”。种公羊和核心群母羊量多些，其他成年羊、育成羊按“先弱后强、先幼后壮”的顺序。补饲时，采用“先精后粗”的方法饲喂。

10.3.1.2　舍饲

除西部5个牧区省、自治区外，我国其他省份多为农区与农牧交错区。在资源环境方面，牧区草原退化严重，推行禁牧、休牧、轮牧和草畜平衡制度，转变草原畜牧业发展方式、保护草原生态环境的任务艰巨。由于生态条件的约束以及封山禁牧政策的实施，国家在标准化规模化舍饲养殖场建设加大支持，全国特别是西部牧区养羊业生产加快转型，农牧结合、舍饲圈养的措施是保护草原生态环境，加快养羊业发展的重要途径。

舍饲养殖的农牧结合生产方式是当前中国农区小农户仍普遍采用的一种生产系统。农区饲养的条件要比牧区优越得多，首先，农区的气候条件好，羊在舍饲条件下可减少自然灾害的危害；其次，农区的种植业为畜牧业发展提供充足饲料资源，养羊业反过来又为种植业发展提供粪肥，构成一种良性循环的生产体系；最后，农区比牧区更接近广大的消费市场。舍饲养殖要注意以下几点：

① 定时、定量、定质、定人。要按时喂羊，使羊形成条件反射，利于消化吸收。根据不同羊只，确定喂草量、料量，要既能吃饱，又不浪费。有条件的要按饲养标准制订配合日粮，满足羊营养需要。

② 饲草、饲料、饮水要清洁，不喂霉变草料，饲草不能带水，冬天最好饮用温水。

③ 保持羊舍清洁干燥，做到冬暖夏凉，粪便要经常打扫。

④ 要搞好春秋两次防疫和经常性的驱虫。

⑤ 搞好羊场平时的卫生、消毒工作，羊粪要堆积发酵处理后使用。

⑥ 增加羊只运动，保持羊体卫生。

10.3.2 各类羊的饲养管理

10.3.2.1 种公羊的饲养管理

俗话说："公羊好，好一坡，母羊好，好一窝"，种公羊在整个羊群中具有重要的地位，良种公羊对整个羊群的生产性能有直接影响。养种公羊的根本目的是用于配种，种公羊配种能力的强弱是检验种公羊饲养管理水平的标准。因此，必须将种公羊单独组群饲养，适当调剂，以保证其发挥良好的种用性能。种公羊应全年保持均衡的营养状况，不肥不瘦，精力充沛，性欲旺盛，即所谓种用体况。种公羊的饲养管理可分为配种期和非配种期两个阶段。

(1)配种期的饲养管理

这个时期的任务是对公羊加强营养和体质锻炼，以使公羊适应紧张繁重的配种任务。据研究，一次射精需消耗蛋白质25~37 g，一只公羊每天采精2~3次，需消耗大量的营养物质和体力，所以在配种期种公羊的日粮应由营养全面、适口性好、易消化的饲料组成。日粮中高蛋白质对提高公羊性欲、增加精子密度和射精量有决定性作用；维生素缺乏时，可引起公羊睾丸萎缩，精子受精能力降低，畸形精子增加，射精量减少；钙、磷等矿物质也是保证精子品质和种羊体况不可缺少的重要元素。豆类、谷物、高粱、小麦、麸皮等都是公羊喜吃的良好精料，干草以豆科和禾本科青干草为好，此外刈割的鲜草、玉米青贮和胡萝卜等多汁饲料也是很好的维生素饲料。粉碎的玉米易消化，含热量高，但喂量不宜过多，占精料的1/4~1/3即可。

种公羊进入配种期，其神经处于兴奋状态，经常心神不定，不安心采食，这个时期的管理要特别精心，要少喂勤添，多次饲喂。要不断根据种公羊体重、膘情和配种频率调整种公羊的日粮，主要是增加混合精料的比例和用量。种公羊在配种期前1.0~1.5个月，日粮由非配种期逐渐变为配种期日粮。日粮中禾本科干草占35%~40%，多汁饲料占20%~25%，精料占45%；放牧的种公羊，除保证在优质草场放牧外，每日补饲1.0~1.5 kg混合精料。体重80~90 kg的种公羊配种期每日需饲喂：混合精料1.2~1.4 kg，苜蓿干草或其他优质干草2 kg，胡萝卜0.5~1.5 kg，食盐12~20 g，骨粉5~10 g，血粉或鱼粉5 g。每日的饲草分2~3次供给，充分饮水。采精频繁时，每只羊每日增加1~2枚鸡蛋。在配种期内，有一段时间母羊的发情比较集中，我们称之为配种盛期。这时，对配种任务繁重的优秀种公羊，每天的混合精料的饲喂量要调整为1.5~2 kg，并在日粮中增加部分动物性蛋白质饲料，如鸡蛋、牛奶等，以保持种公羊良好的精液品质。

在加强营养的同时还应保证有足够的运动量，这是配种公羊管理的重要内容，关系到精液品质和种公羊的体况。若运动不足，公羊会很快发胖，出现精子活力降低，射精量减少等现象，严重时不射精，但运动量也不宜过大，否则消耗能量多，不利于健康。舍饲条件下，除运动场上自由运动外，尚须保证运动道上人工驱赶运动每日不少于2 h(早晚各1 h)。放牧条件下，种公羊放牧运动时间不低于6 h。对精子活力较差、运动量不足的种公羊，每天早上可酌情定时、定距离和定速度人工驱赶运动1次。公羊运动时，应快速驱赶与自由行走相交替，快速驱赶的运动量以羊体发热而不致喘气为宜，速度为5 km/h左右。

为使公羊在配种时期养成良好的条件反射，使各项配种工作有条不紊的进行，必须拟定种公羊的饲养管理日程，日程的拟定因地而异，应以饲养管理和配种强度为根据。实践证明，种公羊最大采精频率可达15次/d。但是为了保证精液品质、羊体健康及其使用寿命，必须适当控制每天的采精次数。种公羊在配种前一个月开始采精，检查精液品质。开始采精时，1周采精1次，继后1周2次，以后2 d 1次。到配种时每天采精1~2次，成年种公羊每天采精可多达3~4次。多次采精的种公羊，两次采精的时间间隔不少于2 h，保证其有足够的休息时间。种公羊的采精次数应根据种羊的年龄、体况和种用价值确定。

(2)非配种期的饲养管理

配种结束以后，种公羊的体况都有不同程度的下降，此时种公羊进入了非配种阶段。为了使种公羊的体况尽快恢复，在配种刚结束的1~2个月内，种公羊的日粮应与配种期基本一致，但对日粮的组成可以做适当调整，增加日粮中优质青干草或青绿多汁饲料的比例，并根据种公羊体况恢复的情况，逐渐转为饲喂非配种期的日粮。种公羊在非配种期，虽然没有配种任务，但仍不能忽视饲养管理工作，应以恢复和保持其体况为目的，供应充足的能量、蛋白质、维生素和矿物质，保持中等膘情，为配种期奠定基础。对营养水平的要求不高，略高于正常养殖标准已能满足种公羊的营养需要。非配种期时间长达10个月之久，这期间虽然无配种任务，但种公羊的饲养管理直接影响到种公羊全年的膘情、配种期的配种能力以及精液品质。因此，种公羊的饲养管理不能忽视，一定要坚持以放牧为主、补饲为辅的原则。

10.3.2.2 繁殖母羊的饲养管理

为充分发挥繁殖母羊的生产力，应创造良好的饲养管理条件，以提高母羊的受胎率、多胎多羔率和产羔成活率。母羊生产周期分：空怀期、妊娠期和哺乳期，管理要点如下：

(1)空怀期的饲养管理

空怀期是指羔羊断奶后到母羊再次配种前的时期，一般为3个月左右，随着产羔季节的不同而不同。这一阶段的营养状况对母羊的发情、配种、受胎以及以后的胎儿发育都有很大关系，在此期间饲养的重点是抓膘复壮，使体况恢复到中等以上，为配种打好基础。在配种前1~1.5个月，应对母羊加强放牧，根据母羊群及个体的营养情况，补饲精料每天每只0.2~0.3 kg，以保证母羊的营养水平，及时配种。应按照饲养标准配制日粮进行短期优饲，对体况差、营养不良的母羊，泌乳力高或带双羔的母羊要加强营养管理，使母羊获得足够的蛋白质、矿物质、维生素，以及保持良好的体况，保证母羊发情早、排卵多、发情度整齐，提高受胎率和多羔率。配种前15~20 d注重蛋白质与维生素，特别是维生素E饲料的供给。有条件的养殖场或农牧民可在配种前3周肌肉注射维生素E和亚硒酸钠，促进卵泡发育。切忌日粮能量浓度过高，对于体质过肥的母羊，应采取限制饲养的方法，饲料供应以粗饲料为主，甚至完全饲喂粗饲料，以恢复母羊的种用价值。

(2)妊娠期的饲养管理

妊娠期是指母羊怀孕到分娩阶段，这一阶段的任务是保胎，并使胎儿发育良好。母羊妊娠期一般分为前期(3个月)和后期(2个月)。妊娠母羊在怀孕期的前3个月内胎儿发育较慢，所需养分较少，要求母羊保持良好的膘度。在怀孕后期的2个月内，胎儿生长迅速，羔羊90%的初生重都在此时期内完成。在母羊怀孕期必须加强补饲，还要增加蛋白质、钙、磷的补充。能量水平不宜过高，避免过肥，以免对胎儿造成不良影响。要注意保胎，防止拥挤、滑跌，羊舍要保持温暖、干燥、通风良好。

① 妊娠前期　胎儿发育较慢，需要的营养物质少，但应保持良好膘情，维持配种时的体况，日粮营养水平略高于空怀母羊或与其相当，以满足母羊和胎儿体重增长的需要。营养均衡供给，此时期胎儿生长发育缓慢，所需营养和空怀期基本相近，一般的母羊可适当增加精料或不增加精料。除饲喂青贮料外，每天每只补饲0.3~0.4 kg精料即可满足需要。但是必须严格保证饲料质量、营养平衡和母羊所需营养物质的全价性。在舍饲情况下，应补喂一定量的优质蛋白质饲料。在管理上要避免吃霜冻或霉烂变质的草料，不饮冰水，不使其受惊猛跑，以防发生流产。

② 妊娠后期　胎儿生长迅速，羔羊初生重90%是在这一时期增加的，如果这一阶段母羊营养供应不足，就会带来一系列的不良后果，如羔羊体小、毛少、吸吮反射推迟、生理机能不健全等，因此，应加强饲养，增加饲料供给量，保证充足营养物质的供应。要注意供给优质、全价营养、体积较小的饲料饲草。在产前15 d左右多喂一些多汁料和精料，以促进乳腺分泌。每只母羊每天应饲喂精料0.4~0.5 kg，干草1~1.5 kg，青贮料1.5 kg。在产前1周，要适当减少精料喂量，以免胎儿过大造成难产。要注意蛋白质、钙、磷等微量元素的补充，能量水平不宜过高，避免此期母羊过肥。需加强运动，每天放牧可达6 h以上，游走距离8 km以上，但要缓慢运动，否则会使母羊的体力下降，使产羔时难产率增加。

(3)哺乳期的饲养管理

哺乳期是指母羊分娩到断奶阶段，这一阶段的任务是保证母羊有充足的奶水供给羔羊。母乳是羔羊生长发育所需营养的主要来源，特别是产后20~30 d，母羊奶多，羔羊发育良好，抗病力强，成活率高。如果母羊养得不好，不但母羊消瘦，产奶量少，而且影响羔羊的生长发育。母羊在产后的泌乳量逐渐增加，在产后4~6周达到高峰，14~16周又开始下降。在泌乳前期，母羊通过迅速利用体储来维持产乳，对能量和蛋白质的需要很高。此时是羔羊生长发育最快的时期，羔羊生后两周也是次级毛囊继续发育的重要时期，在饲养管理上要设法提高母羊泌乳量。母羊在产后4~6周应增加精料补饲量，多喂多汁饲料。在泌乳后期的2个月中，母羊的泌乳能力逐渐下降，即使增加补饲量也难以达到泌乳前期的产乳量，羔羊在此阶段已开始采食青草和饲料，对母乳的依赖程度减少。从3月龄开始，母乳只能满足羔羊营养的5%~10%，因此，需进行羔羊早期断奶，在羔羊断奶的前1周，要减少母羊的多汁料、青贮料和精料喂量，以防止发生乳房炎。

① 泌乳前期母羊饲养管理 泌乳期是母羊整个生产周期中生理代谢最为旺盛的时期，营养需求量大、且需保证日粮质量。因此，应根据母羊的体况及所哺乳羔羊的数量，按照营养标准配制日粮。日粮中精料比例相对较大，粗饲料宜多喂优质青干草、多汁饲料、青贮料，糟渣类饲料慎喂，新鲜番茄渣以不超过粗饲料总量的20%为宜，饮水要充足。泌乳前期第1个月，母子分离饲养、定时哺乳、晚间合群，以便羔羊补饲和母羊采食及休息。羔羊一般不随母羊外出放牧，1个月后母子合群外出放牧，但晚间母子分离，羔羊继续补饲。单、双羔分群分圈饲养，适当照顾初产母羊。母羊产后1周内的母子群应舍饲或就近放牧，1周后逐渐延长放牧距离和时间，阴雨天、风雪禁止舍外放牧。泌乳前期母羊应以舍饲为主，放牧为辅。母羊产前和产后1 h左右都应饮温水，产后第一次饮水(可以是麸皮水或红糖水)不宜过多。冬季产羔，注意保暖、保持圈舍干燥，切忌饮用冰冷水。产后3 d开始对母羊补饲精料，酌情逐渐增加精料的喂量，注意避免消化不良或乳房炎发生。

② 泌乳后期母羊饲养管理 泌乳后期母羊的营养与日粮应按照母羊在该时期的饲养标准配制，日粮中多汁饲料、青贮饲料和精料比例较泌乳前期减少，营养水平也有所下降。泌乳后期母羊应以放牧为主，逐渐取消补饲，处于枯草期的泌乳期母羊，可适当补喂青干草。泌乳后期放牧和饲养条件较差的地方，羔羊断奶日龄以90~120 d为宜；一般舍饲羔羊断奶日龄以60~90 d为宜；使用羔羊代乳料饲喂的多羔母羊，羔羊断奶日龄以30~45 d为宜。要经常检查母羊乳房，发现异常情况及时采取相应措施处理。为预防乳房炎的发生，可在羔羊断奶前一周内在母羊日粮(精饲料)中适量加入维生素E，也可饮水口服或肌肉注射。

10.3.2.3 羔羊的饲养管理

羔羊指出生至4月龄的羊。羔羊培育，不仅影响其生长发育，而且将影响其终生的生长和生产性能。加强培育，对提高羔羊成活率，提高羊群品质具有重要作用，因此，必须高度重视羔羊的培育。

(1)初乳期

母羊产后2~3 d以内的乳称为初乳，是羔羊生后唯一的全价天然食品。初乳中含有丰富的蛋白质(17%~23%)、脂肪(9%~16%)等营养物质和抗体，具有营养、抗病和轻泻作用。羔羊初生后及时吃好初乳，对增强体质、抵抗疾病和排出胎粪具有很重要的作用。因此，应让初生羔羊尽量早吃、多吃初乳，吃得越早，吃得越多，增重越快，体质越强，发病越少，成活率越高。对因自身体质较弱、母羊母性不强难以自己吃奶的羔羊，须人工协助(保定母羊、辅助羔羊)使其吃到第一次初乳；对于丧母、母亲无奶、初奶不下的羔羊，须寻找保姆羊使其尽早吃到初乳。

(2)常乳期(6~60日龄)

这一阶段，奶是羔羊的主要食物，辅以少量草料。从初生到45日龄，是羔羊体长增长最快的时期，从出生到75日龄是羔羊体重增长最快的时期。此时母羊的泌乳量虽也高，营养较好，但羔羊要早开食，训练吃草料，以促进前胃发育，增加营养来源。一般从10日龄后开始给草，将幼嫩青干草捆成把吊在空中，让小羊自由采食。出生后20 d开始训练吃料，在饲槽里放上用开水烫后的半湿料，引导小羊去啃，反复数次小羊就会吃了。注意烫料的温度不可过高，应与奶温相同，以免烫伤羊嘴。

(3)奶、草过渡期(2月龄至断奶)

2月龄以后的羔羊逐渐以采食为主，哺乳为辅。羔羊能采食饲料后，要求饲料多样化，注意个体发育情况，随时进行调整，以促使羔羊正常发育。日粮中可消化蛋白质以16%~30%为宜，可消化总养分以74%为宜，此时的羔羊还应给予适当运动。随着日龄的增加，把羔羊赶到牧地上放牧，母子分开放牧有利于增重、抓膘和预防寄生虫病，断奶的羔羊在转群或出售前要全部驱虫。

(4)羔羊代乳料与人工育羔技术

① 羔羊代乳料　羔羊代乳料的加工工艺和原料使用、配比非常重要，代乳料的可溶性、乳化性和适口性等因素都与饲喂效果密切相关。不具备一定生产条件的饲料加工厂所生产的羔羊代乳料达不到预期的效果，难以保证羔羊正常成活和生长发育所需的营养需要。

羔羊代乳料按照蛋白质来源可分为植物蛋白源性代乳料和乳蛋白源性代乳料，植物蛋白源性代乳料的蛋白源主要是大豆蛋白、玉米蛋白和小麦面筋蛋白，乳蛋白源性代乳料蛋白源主要是脱脂奶粉。羔羊代乳料适用于7~45日龄以内超前断奶的羔羊，出生时母羊无奶或少奶的羔羊，超过母羊哺乳能力的一胎多羔羊。

② 人工育羔技术　人工育羔是指用代乳料人工代替母羊哺育羔羊，人工育羔最初是在母羊产后死亡、无奶或多羔的情况下采用的应急性技术措施，随后发展为羔羊早期断奶的一项专门技术。目前，人工育羔已成为发展多胎肉羊、推行两年三产高频繁育技术的关键技术之一。

人工育羔的关键是要做到早吃初乳、早期补饲、专人管理和“三定一讲”(定温、定时、定量和讲究卫生)。

10.3.2.4 育成羊的饲养管理

育成羊是指羔羊从断奶后到第一次配种的公、母羊，多在4~18月龄，其特点是生长发育较快，营养物质需要量大，如果此期营养不良，就会影响到生长发育，从而形成体长不足、体躯狭小、体质瘦弱、采食能力差、体重小的“僵羊”，同时还会使羊体型变弱、被毛疏落且品格不良、性成熟和体成熟推延、不能按时配种，而且会影响一生的生产性能，甚至失去种用价值。

刚断奶离群后的育成羊，正处在早期发育阶段，这一时期是育成羊生长发育最旺盛时期，应在青草期充分利用青绿饲料，增进羊体消化器官的发育。因此，夏季青草期应以放牧为主，加上少量补饲。放牧时要训练头羊，节制好羊群，不要养成好游走、挑好草的不良习惯。在枯草期，尤其是第一个越冬期，育成羊还处于生长发育时期，而此时饲草干枯、营养素含量低，加之冬季时间长、气候冷、风大，消耗能量较多，需要摄取大量的营养物质以抵御寒冷侵袭，保障生长发育，所以必须加强补饲。在枯草期，除坚持放牧外，还要保证有足够的青干草和青贮料。精料的补饲量应视草场情况及补饲粗饲料情况而定，通常每天喂混杂精料0.2~0.5 kg。因为公羊通常生长发育快，所需营养多，所以公羊要比母羊多饲喂精料，同时还应对育成羊补饲矿物质(如钙、磷、食盐)及维生素A、维生素D。

4~6月龄是育成羊培育最关键的时期，这时期的羊正处于快速发育阶段，对营养的要求水平较高。而这时期又恰在刚断奶、春草萌发、青黄不接的饲料转换阶段，成为羔羊培育成育成羊阶段的桎梏。因此，刚断奶的羔羊营养需求主要来自精饲料，混合精料补饲至少应延长1个月，结合放牧补饲一定量的优质青干草(苜蓿)和青绿多汁饲料(玉米青贮)，不要断然停止补饲。在舍饲养殖条件下育成羊日粮仍以精饲料为主、优质青干草为辅，注意补充维生素和微量元素添加剂或块根、块茎类饲料，块根、块茎类饲料要切片，饲喂时要少喂勤喂。

对于舍饲饲养的育成羊，若有品质优良的豆科类干草，其日粮中精料的粗蛋白以12%~13%为宜。若干草品质低劣，可将粗蛋白的含量提高到16%。混合精料中能量以不低于全部日粮能量的70%~75%为宜。同时，还需要注意矿物质(钙、磷、食盐)的补给。育成公羊由于生长发育比母羊快，因此，精料需要量多于育成母羊。

饲料类型对育成羊的体型和生长发育影响巨大，优良的干草、充足的运动是培育育成羊的关键。给育成羊饲喂大量优质干草，不仅有利于促进消化器官的充分发育，而且培育的育成羊体格高大，乳房发育明显，产奶多。充足的阳光照射和充分的运动可使其体壮胸宽，心肺发达，食欲旺盛，采食多。只要有优质饲料，可以少给或不给精料，精料过多，运动不足，容易肥胖，早熟早衰，利用年限缩短。

自断奶之日起，羊只应公、母羊分群、单独管理，严禁公、母羊混群饲养或邻近放牧，防止偷配早配。同性别的断奶羔羊也应按其年龄、体格大小重新组群，分别管理，以免群体发育不均衡，影响整体水平。有条件的养殖场或农牧民养殖户还应定期(每月一次)测定体尺体重，按培育目标及时调整饲养方案。若欲实行早期配种，受配母羊体重须达成年体重的70%以上。

10.3.2.5 育肥羊饲养管理

(1)育肥方式

育肥方法取决于养羊生产的条件，包括场地、饲料、人力和经济等方面。应根据当地的条件和经济状况选用最适合和最能取得高效益的方式。目前，我国采用的肉羊育肥方式主要有放牧育肥、舍饲育肥和混合育肥3种。

① 放牧育肥 是草地畜牧业采用的基本育肥方式，是最经济的育肥方式，也是我国牧区和农牧交错区传统的育肥方式。这种方式的特点是利用天然牧场、人工牧场或秋茬地放牧抓膘，成本低、效益高。

我国羔羊断奶普遍在4~6月，此时正是牧草生长旺季，很适宜刚断奶羔羊的采食，加之夏季昼长夜短，早晚凉爽，放牧时要坚持早出牧、晚归牧，延长放牧时间，让羔羊吃饱吃好。进入秋季，牧草结籽、营养丰富，是抓膘的黄金时节，可保证育肥羊能采食到足够的饲草。放牧时要控制羊群，稳步少赶轮流择草放牧。夏、秋季节羔羊日采鲜草量可达4~5 kg。

② 舍饲育肥 是按舍饲标准配制日粮，并以较短的育肥时间和适当的投入获得羊肉的一种强度育肥方式，适合在农区推广。舍饲育肥虽然饲料的投入相对较高，但可按照市场的需要实行适度规模化、集约化、工厂化养羊。选用3~4月龄的羔羊经60 d左右的强度育肥，日增重200~250 g，活重35~40 kg即屠宰出栏。

舍饲育肥的育肥期比混合育肥和放牧育肥都短，舍饲育肥日粮精粗比以45∶55较合适。强度育肥时精料含量最高可达60%~70%，此时要注意预防羔羊肠毒血症和尿结石病的发生。与放牧育肥相比，舍饲育肥的同龄羔羊宰前活重高出10%，胴体重高出20%。因此，舍饲育肥效果好，育肥期短，能提前上市。

③ 混合育肥　也称半放牧半舍饲育肥，兼顾放牧育肥和舍饲育肥两个方面，即放牧加补饲。适合在半农半牧区、农牧交错区实行。白天放牧，晚间补饲一定数量的混合精料，以确保育肥羊营养需要。开始补饲时混合精料量200～300 g，最后一个月要增加到500～600 g。混合育肥可使育肥羊在整个育肥期的增重比单靠放牧育肥提高50%，羊肉的味道也较好；饲养成本减低，经济效益显著提高。

育肥羊采用不同的育肥方式，可获得不同的增重效果。采用舍饲和混合育肥方式都可获得理想的经济效益。但从饲料转化率而言，混合育肥获得的效益最佳，适宜于在半农半牧区推广。采用舍饲育肥方式，增重效果最好，但投入成本较高，舍饲育肥羊的生产方式适用于在饲草料资源相对丰富的农区推广。

(2) 饲养管理要点

① 饲喂　适度规模化育肥场，精饲料按配方比例计算、经一次性粉碎与混合之后，即可按预定的精粗比通过全混合日粮(TMR)混合机与粗饲料混合(无青贮饲料、块根块茎、微贮饲料的需要加适量的水)，制成全混合饲粮，运往羊舍或运动场饲喂育肥羊。无一次性粉碎与混合饲料机的适度规模化育肥场或大型农牧民养殖户，先将各种精饲料原料用普通锤式粉碎机各自粉碎之后，按精料配方人工拌和成混合精料，然后铺于事先摊好切碎喷湿的粗饲料上，利用“倒杠子”的办法搅拌3～4次混合均匀，最后用手推车将育肥精饲料运到饲槽旁，人工添加到槽中供育肥羊采食。

② 精粗饲料处理　饲料资源有限、饲料比较单一、以玉米为主要精饲料(70%以上)的适度规模小型育肥场或农牧民养殖户，配合好的精饲料与粗饲料人工拌匀之后，以稍加发酵后喂给育肥羊较佳。具体办法是取适量的混合精料置于较暖的地方，加入适量净水(为精料量的15%～20%或以握之见水落地即散为度)，搅拌均匀后用塑料薄膜盖严，堆放12 h左右即可使用(也可与粗饲料一起拌匀发酵)。发酵后的饲料会闻到一股清香味，既可以防止“臌胀病”发生、改善粗饲料的适口性、增加采食量，又可以减少饲料抛散。但应注意不可发酵过度(闻到酸味)，以免使饲料中热量损失及影响饲料的适口性，造成育肥羊酸中毒。

③ 饲喂方法　育肥羊一般早、晚各饲喂1次，每次精粗料为当天的一半。日饲喂3次的只是在中午给未吃饱的弱势育肥羊适当补充一点粗饲料。育肥期内，日粮的饲喂量和精粗比随育肥期的延长而变化，即随着羊只体重的增长，日粮投饲量逐渐增加，日粮精粗比倒置——精饲料饲喂量和比例逐渐增加，粗饲料给量和比例逐渐减少，最后达到65∶35甚至更高水平。当然，这种调整不是每天都在进行，而是每隔几天调一次。适度规模化、标准化育肥场一般3～5 d调一次，适度规模农牧民养殖户可7～10 d调一次。每次精料的增加量也因育肥羊的种类不同而异。育肥羔羊一般为100～200 g，成年育肥羊200～300 g；粗饲料相应减少，以育肥羊吃饱为度。

④ 补盐与舔砖　适度规模标准化育肥场采用的是全价日粮配方，一般无需另外补盐，适度规模农牧民养殖户育肥羊饲养管理相对粗放，为了保险可将羊盐放入槽一端，让育肥羊自由舔食即可。舔砖是给羊补充盐和微量元素的一种最直接简单的方式，一般悬挂于槽上方或放置于饲槽内，让羊自由舔食即可。

10.3.3 羊的一般管理技术

10.3.3.1 编号

给羊编号是为观察种羊及其后代的生长发育情况和生产性能，建立种羊档案，既能有计划地进行选种选配，又能避免近亲繁殖，所以编号是羊的育种和管理工作中必不可少的管理项目。常见的编号方法有耳标法、剪耳法、墨刺法、烙角法等。一般在羔羊出生后5~7 d进行编号。

(1)耳标法

耳标分为金属耳标和塑料耳标两种，形状有圆形、长条形、凸字形等。使用金属耳标时，先用钢字钉将编号打在耳标上，习惯上编号的第一个字母代表年份的最后一位数，第二、三个数代表月份，后面跟个体号，“0”的多少由羊群规模大小而宜。种羊场的编号一般采用公单母双进行编号。例如20600018，“206”代表该羊是2002年6月生的，后面的“00018”为个体顺序号，双数表示此羊为母羊。耳标一般佩戴在左耳上。也有人将纯种羊的耳标、杂种羊的耳标分别戴在左耳和右耳上，以示区别。打耳标时，先用碘酊消毒，然后在靠近耳根软骨部避开血管，用打孔钳打上耳标。塑料耳标目前使用很普遍，在用前先把羊的出生年月及个体号同时用记号笔写在耳标上，然后将耳标打在羊的耳朵上。塑料耳标成本低，适用性更强，大多数羊场采用该方法。

(2)剪耳法

一般用作等级标记，是利用耳号钳在羊耳朵上剪缺口，不同的耳缺，代表不同的数字，再将几个数字相加，即得所要的耳号。具体方法：先保定羊，用碘酒消毒耳钳、打洞器和羊耳，然后用器械标号，操作时注意避开血管。编号原则：左大右小，上1下3，公单母双，右耳上缘缺为1，下缘缺为3，耳尖缺为100，中间打洞为400；左耳上缘缺为10，下缘缺为30，耳尖缺为200，中间打洞为800。例如，314号母羊的剪耳号方法为左耳尖缺1个，右耳尖缺1个，左耳上缘缺1个，右耳上缘缺、下缘缺各1个。

(3)墨刺法

该法是用特制的刺耳钳在羊耳内表面刺字编号。编号同耳标法。刺标时动作要麻利、准确，装针的一边就会刺破耳朵皮肤，涂以油墨即可留下永久标记。本方法简便经济，且不掉号，缺点是时间长了，字迹模糊，不易辨认。

(4)烙角法

烙角法即用烧红的钢字或烙铁，把号码烙在羊角上。这种方法常用于有螺旋大角的公羊，也可以于有角母羊作为辅助编号，检查起来比较方便。

10.3.3.2 剪毛与梳绒

剪毛与梳绒依当地气候变化而定，我国从南至北，气候差异大，因此剪毛与梳绒时间也差异大。一般剪毛可在春、秋季各剪1次，春季剪毛，在气候变暖、并稳定时进行，多在4月中旬至5月中旬。秋季剪毛多在9月进行。梳绒一般在4月上旬至中旬，视羊绒脱落情况而定。

(1)剪毛

剪毛方法主要有手工剪毛和机械剪毛两种，相较来说，机械剪毛具有速度快、质量好、效率高的特点，逐步成为主要的剪毛方法。

机械剪毛的主要程序如下：

抓羊→剪腹毛→剪右后腿毛→剪尾毛→剪左后腿毛→剪前腿毛→剪头毛→剪体躯毛和颈部毛→羊只离开剪毛区

剪毛应注意的事项有：

① 剪毛前10~12 h内停止采食和饮水。无论用手剪或机械(电)剪毛，剪毛剪都应贴近皮肤，将羊毛一次剪下，留茬要低。若毛茬高了，也不必再重剪，因重剪下的短毛在毛纺上无法利用，留在羊体上等下次剪毛时再剪，不会造成浪费。

② 剪毛动作要轻快且协调，尽量避免剪破皮肤，特别注意不要剪伤母羊的乳头、公羊的阴茎包皮。凡剪伤的皮肤伤口，应及时涂碘酊，大的伤口要进行缝合。

③ 剪完毛的羊只在10 d内不宜远牧，一般在羊舍附近放牧，若遇下雨时可及时回圈，以免羊只遭雨淋而受凉。

④ 剪毛前应制订剪毛计划。一般先剪质量较差的羊，如羯羊、等外羊等，后剪质量较好的羊，如种公羊、核心群母羊等。羊群中如有有色毛和异质毛毛被的羊只时，则应先剪无色和同质的羊，然后剪有色或异质毛毛被的羊，且要把它们的羊毛单独包装。

⑤ 被毛被雨水淋湿的羊不能进行剪毛，待毛干后再剪。

⑥ 堆放毛包或羊毛的房屋要干燥、通风。如果屋顶漏雨，受湿的羊毛很易腐败，造成不必要的经济损失；剪毛之前应把剪毛处打扫干净，以免杂物混入套毛中。

(2)梳绒

凡见到山羊耳根、眼圈周围有絮状绒毛外露时，就可用手扒开体侧部的被毛，检查底绒是否已开始脱离皮肤。若见绒毛已开始脱离皮肤，就应进行梳绒。梳绒用的钢丝梳有两种：一种是密梳，由12~24根钢丝组成，钢丝间的间距为0.5~1.0 cm；另一种为稀梳，由7~8根钢丝组成，钢丝间的间距为2~2.5 cm。稀梳用于梳理被毛和除掉被毛中的杂质，密梳用来梳绒。

抓绒前，一般先将山羊的两前肢和右后肢捆在一起。先用稀梳顺着羊毛的方向梳理被毛，去除被毛中的杂质和粪块，先从颈部，然后从一侧胸部、肩胛部、体侧和后躯进行梳理，然后再用同样的顺序梳理羊体的另一侧，随后再用密梳依照上述的顺序抓下绒毛。不同的是密梳抓绒的走向是逆着羊毛的方向，每个部位的被毛要连续重复抓几次，以防绒毛从梳子上退下时散开。随后把梳下的整块绒毛放入袋中。山羊绒应按毛色、粗毛含量的多少分别存放。一般绒山羊在梳绒后再进行剪毛。

10.3.3.3 去势

去势也称阉割，去势后的羊通常称为羯羊，凡不做种用的公羊都应去势。羔羊去势后，性情变温顺，易管理，食欲增强，增重快，更重要的是肉质鲜美，膻味降低，经济价值提高。凡不作种用的公羔在出生后2~3周应去势。给羊去势的方法大体有4种。

(1)手术切除法

先将阉畜固定，阴囊外部用碘酒消毒，成年公羊还应在睾丸根部点状注射普鲁卡因作局部麻醉，然后用消毒好的左手紧握阴囊上方，右手持消毒过的手术刀在阴囊下端与阴囊中隔平行切开切口(3~5 cm)，以能挤出睾丸为宜，切开后把睾丸连同精索拉出，结扎精索上部，切断结扎下端把睾丸摘除。可用同样方法取出第二个睾丸。有经验者在取第二个睾丸时不用另外切口子，只将阴囊皮下纵隔切开便可取出第二个睾丸。睾丸摘除后把剪断的精索上部送入阴囊内，切口对齐，涂上碘酒，撒上消炎粉，也可涂上百草霜拌茶油防蝇叮咬和感染。第二天检查如阴囊收缩则为阉割顺利，如阴囊肿胀，可挤出其中的血水再撒上消炎粉，一般5~10 d伤口愈合。

(2)结扎法

适用于7~10日龄的小公羔，将睾丸挤到阴囊里，并拉长阴囊，先将公羔的睾丸挤到阴囊底部，然后用橡皮筋或细绳将阴囊的上部紧紧扎住，以阻断血液流通。经过10~15 d，其睾丸及阴囊便肿胀坏死、萎缩，自然脱落。在去势期间要注意检查，防止结扎部位发炎，必要时可涂碘酒及消炎药品。此法简单易行、无出血、无感染。

(3)去势钳法

用专用的去势钳在公羔的阴囊上部将精索夹断，睾丸便逐渐萎缩。该方法快速有效，但操作者要有一定的经验。

(4)药物去势法

目前有以下3种药物可做公畜去势用。

① 高浓度碘酒溶液　采用30%和15%两种不同浓度的碘酒。30%碘酒溶液的配制方法是：取碘化钾15 g，加入蒸馏水15 mL，待碘化钾溶解于蒸馏水后，加入30 g碘片，搅拌溶解，再加入95%无水酒精至100 mL备用。本药液主要用于大家畜的去势，其用药量按公畜的睾丸长度而定，当公畜睾丸长度在6 cm以下时，按每厘米用药1~1.5 mL。睾丸长度超过6 cm时，按每厘米用药2 mL。15%碘酒溶液的配制方法与30%碘酒液的配制方法相同，只是碘化钾、蒸馏水和碘片的配合比减半。本药液主要用于幼龄小家畜的去势，其用药剂量也按睾丸长度而定，公畜睾丸长度在5 cm以下时，每厘米用药0.5~1 mL，睾丸长度为5~6 cm时，按每厘米用药1~1.5 mL，睾丸长度超过6 cm的成年公羊，可按每厘米用30%碘酒溶液2 mL。

② 7%高锰酸钾溶液　取7 g高锰酸钾溶解于100 mL蒸馏水中即成。本药液可采用精索注射和睾丸注射两种方法用药。精索注射，大家畜每侧精索内注射4~6 mL，小家畜每侧精索内注射2~4 mL；睾丸注射药液剂量按睾丸长度每厘米用药1 mL。

③ 氯化钙普鲁卡因溶液　50 mL 10%氯化钙注射液中加2%普鲁卡因注射液10 mL即成。进行睾丸注射时按睾丸长度每厘米用药1 mL。本药液注射时如有不慎而漏于皮下，易引起组织坏死，其使用的局限性较大，用药要特别小心。据试验，凡药液配制得当，药量准确，药液均匀注射于睾丸内，则去势效果可达100%。术后家畜精神、食欲大部分正常，睾丸在术后1~2 d开始肿胀变硬，4 d后肿胀逐渐消退。

操作人员一手将公羔的睾丸挤到阴囊底部，并对其阴囊顶部与睾丸对应处消毒，另一手拿吸有消睾注射液的注射器，从睾丸进行顶部顺睾丸长径方向平行进针，扎入睾丸实质，针尖抵达睾丸下1/3处时慢慢注射。边注射边退针，使药液停留于睾丸中1/3处。依同法做另一侧睾丸注射。公羔注射后的睾丸呈膨胀状态，所以切勿挤压，以防药物外溢。药物的注射量为0.5~1 mL/只，注射时最好用9号针头。

10.3.3.4 断尾

断尾的目的是为了避免粪尿污染羊体，或夏季苍蝇在母羊外阴部下生蛆而感染疾病，而且断尾有利于配种。断尾的时间一般选择羔羊生后1周左右，当羔羊体质瘦弱，或天气过冷时，羔羊断尾时间可适当延长。断尾时选择晴天的早上开始，不要在阴雨天或傍晚进行断尾，早上断尾后有较长时间用于观察羔羊，如有出血的羔羊可以及时处理。具体方法是：

(1)结扎法

用弹性强的橡皮圈，如废旧的假阴道内胎、自行车内胎等，剪成直径0.2~0.3 cm的胶圈，在第4~5尾椎骨中间，用手将此处皮肤向尾上端推后，即可用胶圈缠紧。羔羊经10 d左右的时间，由于结扎处以下尾巴血液循环断绝，结扎处干燥坏死，尾部便逐渐萎缩，自然脱落(不要剪割，以防感染破伤风)。结扎法的要点是结扎要紧，否则会延长断尾时间，尾巴脱落如有化脓等要及时涂上碘酒。此方法简单易行，不流血、愈合快、效果好，但因羔羊受苦时间较长，后期发育受到一定影响。

(2)热断法

可用断尾铲或断尾钳进行。用断尾铲断尾时，首先要准备两块20 cm见方的木板，一块木板的下方挖一个半月形的缺口，木板的两面钉上铁皮，另一块两面钉上铁皮。操作时，一人保定羔羊，两手分别握住羔羊的四肢，把羔羊的背贴在固定人的胸前，让羔羊蹲坐在木板上。操作者用带有半月形缺口的木板，在尾根第三、四尾椎间，把尾巴紧紧地压住，用灼热的断尾铲紧贴木块稍用力下压，切的速度不宜过急，用力均匀，使断口组织在切断时受到烧烙，起到消毒、止血的作用。若有出血，可用热的断尾铲再烫一下，然后用碘酒消毒。

10.3.3.5 修蹄

羊是以放牧为主的家畜，为使羊只行走敏捷，便于放牧，对蹄子的保护十分重要。如果长期不修整，会引起蹄子变形，蹄尖上卷裂开，肢姿不正，行走困难，影响放牧采食，造成营养不良，健康受损，母羊产奶量下降，公羊精液品质变劣，严重者蹄叉腐烂。每年春季至少要修蹄一次，或根据情况随时修整。修蹄一般在雨后进行，或先在潮湿的草场放牧，使蹄壳变软，随后再进行修蹄。修蹄用的工具，可以用果树整枝剪或小镰刀，甚至磨快了的小刀。修蹄时，先把较长的或变形的蹄壳剪(割)掉，然后用剪刀或小镰刀将蹄周围的蹄壳修平。如果蹄壳变形很严重，则应分几次修剪，逐步把蹄形矫正过来。每次不可削得太多，当看到蹄底呈淡红色时，要特别小心，以免出血。若遇有轻微出血，可涂以碘酊，若出血较多，可用烙铁烧烙止血，但速度要快，时间要短，以免引起烫伤。修理后的蹄，底部平整，形状方圆，站立自然。

10.3.3.6 去角

去角是舍饲羊饲养管理的重要环节。羊有角容易引起角斗而发生创伤，不便于管理，个别性情暴烈的种公羊还会攻击饲养员，造成人身伤害。因此，采用人工方法去角十分重要。羔羊一般在出生后7~10 d去角，人工哺乳的羔羊，最好在学会吃奶后进行，对羊的损伤小。去角的方法主要有：

(1)烧烙法

将烙铁于炭火中烧至暗红后(也可用功率为300 W左右的电烙铁)，对保定好的羔羊的角基部进行烧烙，烧烙的次数可多一些，但每次烧烙的时间不超过1 s，当表层皮肤破坏，并伤及角质组织后可结束，对术部进行消毒。在条件较差的地区，也可用2~3根40 cm长的锯条代替烙铁使用。

(2)化学去角法

化学去角法，即用棒状苛性碱(氢氧化钠)在角基部摩擦，破坏其皮肤和角质组织。术前应在角基部周围涂抹一圈医用凡士林，防止碱液损伤其他部分的皮肤。操作时先重、后轻，将表皮擦至有血液浸出即可。摩擦面积要稍大于角基部，术后应将羔羊后肢适当捆住(松紧程度以羊能站立和缓慢行走为标准)。由母羊哺乳的羔羊，在半天以内应与母羊隔离；哺乳时，也应尽量避免羔羊将碱液污染到母羊的乳房上而造成损伤。去角后，可给伤口撒上少量的消炎药。

10.3.3.7 刷拭与挤奶

(1)刷拭

皮肤不仅是机体与外界环境联系的感受器，而且能够阻止各种病原菌进入畜体。经常刷拭能保持皮肤清洁，消灭体外寄生虫，促进血液循环，改善消化机能，提高羊的泌乳能力，增强机体的抗病力。奶羊每天都要刷拭1~2次，用硬鬃刷或草刷，从前到后，自上到下，先逆毛后顺毛，在饲喂和挤奶后进行，以免污染饲料和奶品。

(2)挤奶

挤奶是奶山羊生产中一项重要工作内容，挤奶技术的好坏，对产奶量和乳品质影响很大。挤奶方法分为手工挤奶和机器挤奶两种。

① 手工挤奶　奶山羊在产羔后应将其乳房周围的毛剪去，挤奶员清洗手臂，放好奶桶，引导奶山羊上挤奶台。初调教时，台上的小槽内要添上精料，经数次训练后，每到挤奶时间，只要呼喊羊号，奶羊会自动跑出来跳上挤奶台。先用40~50℃的湿毛巾擦洗乳房和乳头，再用干毛巾擦干，然后按摩乳房。按摩方法是两手托住乳房，先左右对揉，后由上而下按摩，动作要轻快柔和，每次按摩轻揉3~4次即可。

按摩后开始挤奶，最初挤出的几滴奶废弃不要。手工挤奶方法有拳握式(压榨法)和滑挤式(滑榨法)，以双手拳握式为佳。拳握式操作方法为先用拇指和食指握紧乳头基部，以防乳汁倒流，然后其他手指依次向手心紧握，压榨乳头，把奶挤出。滑挤式适用于乳头短小的羊，操作方法为用拇指和食指指尖捏住乳头，由上向下滑动，将乳汁捋出。挤奶时两手同时握住两乳头，一挤一松，交替进行。动作要轻巧、敏捷、准确、用力均匀，使羊感到轻松。每天挤奶2~3次为宜，挤奶速度每分钟80~120次。产后第一次挤奶要洗净母羊后躯的血痂、污垢，剪去乳房上的长毛。首次挤完后，应再次按摩乳房，并挤净余奶。挤奶过程是个条件反射，奶的排出受神经与激素共同调节，因而挤奶时间、挤奶场所和人员不能经常变动，每次挤奶应在5 min内完成。

② 机器挤奶　在大型奶山羊场，为了节省劳力，提高工作效率，主要采用机械化挤奶。机器挤奶的要求为：

• 有宽敞、清洁、干燥的羊舍和铺有干净褥草的羊床，以保护乳房而获得优质的羊奶。

• 有专门的挤奶间，内设挤奶台、真空系统和挤奶器等，贮奶间内装冷却罐、清洁无菌的挤奶用具。

• 按适当的挤奶程序定时挤奶：羊只进入清洁而宁静的挤奶台，冲洗并擦干乳房，进行乳汁检查，戴好挤奶杯并开始挤奶(擦洗后 1 min 之内)，按摩乳房并给集乳器上施加一些张力，使乳房萎缩，奶流停止时轻巧而迅速地取掉乳杯，然后用消毒液浸泡乳头并放出挤完奶的羊只，最后清洗用具及挤奶间。

• 经常保持挤乳系统的卫生，定期进行挤乳系统检查与维修。

10.3.3.8 驱虫与药浴

(1)驱虫

寄生虫病是羊的三大疾病(传染病、寄生虫病和普通病)之一，主要寄生于羊的体表、消化道或内脏器官。寄生虫通过吸取羊的血液和其他营养，造成羊只贫血、消瘦、营养不良、内脏机能受损、生产性能下降，严重者可导致死亡。某些寄生虫病所造成的经济损失，并不亚于传染病，对养羊业构成严重威胁。因此，要重视羊体内外寄生虫病的防治。

常用的驱虫药物主要有：

① 丙硫苯咪唑　为体内蠕虫广谱驱虫药，可驱除体内线虫、绦虫、吸虫，主要用于羊群的春季驱虫。成羊 10~12 片/只，育成羊 5~6 片/只，内服。

② 伊维菌素　为广谱体内外驱虫药，可驱除体内线虫及体外虱、疥癣、痒螨等，是目前最常用的一种驱虫药，对孕羊比较安全可靠，广泛用于春、秋两季的驱虫，每只羊按体重 0.02 mL/kg 皮下注射。目前该药在市场有多种商品名称，如大地维新片、三马先锋等，其主要成分是伊维菌素。

③ 阿维菌素　方法及效果基本上同伊维菌素，其特点是广谱抗虫，具有高效、低毒、安全等特点，对绝大多数线虫、体外寄生虫及其他节肢动物都有很强的驱杀效果(虫卵无效)。主要用于春、秋季驱虫，每只羊按每千克体重 0.02 mL 用量皮下注射，切勿肌肉、静脉注射。

④ 碘硝酚　该药是驱除体内外寄生虫的药物，可有效驱除体内线虫及体外虱、疥癣等，是最常用的一种驱虫药，对孕羊比较安全可靠。按每只羊每 10 kg 体重 0.5 mL 皮下注射。

⑤硝氯酚　用于低湿沼泽地区的春、秋驱除吸虫，效果明显。剂量：大羊 2 片/只，小羊 1 片/只，内服。

⑥ 吡喹酮　可驱除脑包虫及多种寄生虫，每千克体重 40~80 mL，一次口服，连用 3~5 d。

在具体生产中要注意以下问题：

① 驱虫必须是健康羊只，对于病羊要治愈疾病后再驱虫，严格按厂家推荐的剂量使用，不可随意加大给药量。

② 春季出生的羔羊，一般在当年的 9~10 月进行首次驱虫。幼羊在秋季受到断奶等营养应激，易受寄生虫侵害。因此，秋季要进行保护性驱虫。

③ 妊娠母羊可安排在产前 1 个月、产后 1 个月各驱虫 1 次，不仅能驱除母羊体内外寄生虫，而且有利于哺乳，并减少寄生虫对幼羔的感染。剂量按正常剂量的 2/3 给药。

④ 驱虫时先做小群试验，无不良反应后方可进行大群驱虫。

⑤ 驱虫时先给大羊驱虫，再给小羊驱虫。

⑥ 做好解毒准备。准备好解毒措施或药物，驱虫后，要密切观察羊只的活动及生理状态，看是否有毒性反应，尤其是大规模驱虫时，要特别注意。出现毒性反应时，要及时采取有效措施消除毒性反应。

⑦ 羊体外寄生虫在第1次驱虫的7~10 d后，再重复用药1次，以巩固疗效。

⑧ 加强饲养管理，提高羊只的体质和抗病力。保持羊圈、运动场等环境的清洁卫生。要认真进行场地清扫和消毒，以便把随粪便排出的虫体及虫卵一起清除掉，放牧的羊只要留圈3~5 d，将粪便集中堆积发酵。如有条件，应对粪便中寄生虫卵定期监测。同时要消灭中间宿主，并注意搞好饲料、饮水卫生，避免虫卵污染饲料和饮水。

(2) 药浴

为了消灭绵、山羊的体外寄生虫，特别是疥癣，每年要进行两次药浴。第1次在剪毛后10 d左右进行，这时皮肤伤口基本愈合。再过10 d再进行第2次药浴。药浴应在专设的药浴池内进行。如果羊只数量少，可在大缸或木桶内依次进行药浴。

药浴常用的药有杀虫脒(0.1%~0.2%的水溶液)、敌百虫(1%水溶液)、速灭菊酯(80~200 mg/L)、溴氢菊酯(50~80 mg/L)。药浴时应注意的事项有：

① 药浴应选在暖和、无风的晴天进行。

② 羊群应在药浴前8~10 h内停止放牧、采食，药浴前应给羊群充分饮水。

③ 药浴液的温度应保持在30℃左右。

④ 先药浴健康的羊只，后药浴病羊。

⑤ 药液配好后，应先挑出部分羊只进行试验性药浴，观察羊只对药液有无中毒反应，只有确定药浴浓度准确，试验药浴的羊只没有异常反应后，才能进行大群药浴，否则可能造成较大的经济损失。

网上资源

国际山羊协会：http：//www. iga－goatworld. com/

中国羊网：http：//www. sheep. agri. cn/

中国养羊网：http：//www. zgyangyang. com/

奶羊网：http：//dairygoatnet. nwsuaf. edu. cn/

陕北白绒山羊：http：//www. chinagoats. com/

主要参考文献

田可川．2015. 绒毛用羊生产学[M]. 北京：中国农业出版社．

赵有璋．2011. 羊生产学[M]. 北京：中国农业出版社．

李建国．2002. 畜牧学概论[M]. 北京：中国农业出版社．

国家畜禽遗传资源委员会．2011. 中国畜禽遗传资源志·羊志[M]. 北京：中国农业出版社．

王志武，闫益波，李童．2013. 肉羊标准化规模养殖技术[M]. 北京：中国农业科学技术出版社．

思考题

1. 绵羊和山羊在采食特点上有何不同?
2. 什么是反刍? 羊的反刍行为有哪些特点?
3. 试述羊毛的形态学特征和组织学构造。
4. 简述羊毛纤维类型划分的依据及各类型羊毛纤维的特点。
5. 如何根据季节性气候变化特点规划羊的四季牧场?
6. 什么是小区轮牧? 有何优点? 有哪些技术要点?
7. 种公羊饲养管理有哪些基本要求?
8. 简述羔羊从出生到断奶期间的饲养管理要点。
9. 如何确定绵羊的剪毛时间和次数? 剪毛前应做好哪些准备工作?
10. 羊药浴的目的? 实施中应注意哪些事项?